数字媒体与艺术设计人才培养精品教材

网页美工设计

主 编 孟庆岩 苗 娜
副主编 万 波 郭子军 张桂美
李中明 李永佳

北京希望电子出版社
Beijing Hope Electronic Press
www.bhp.com.cn

内 容 简 介

本书介绍了网页美工设计相关知识，旨在帮助读者掌握网页设计的核心技能，将创意转化为兼具美学价值与实用功能的网页作品。全书共 11 个模块，内容涵盖网页视觉设计、网页创意开发、网页图像设计与制作、网页文字编排、网页版式布局、网页配色应用、Photoshop 网页效果图设计、Dreamweaver 网页设计、网页动画设计、网页制作技术、综合网页设计实例。

本书适合作为网页美工设计课程的教材，也可作为网页设计师的案头工具书。

图书在版编目（CIP）数据

网页美工设计 / 孟庆岩, 苗娜主编. -- 北京 : 北京希望电子出版社, 2025. 1（2025.7 重印） -- ISBN 978-7-83002-909-8

Ⅰ. TP393.092.2

中国国家版本馆 CIP 数据核字第 2025YR7333 号

出版：北京希望电子出版社

地址：北京市海淀区中关村大街 22 号

中科大厦 A 座 10 层

邮编：100190

网址：www.bhp.com.cn

电话：010-82620818（总机）转发行部

010-82626237（邮购）

经销：各地新华书店

封面：黄燕美

编辑：全　卫

校对：龙景楠

开本：787mm×1092mm　1/16

印张：16.75

字数：397 千字

印刷：三河市骏杰印刷有限公司

版次：2025 年 7 月 1 版 2 次

定价：59. 80 元

前言

在数字化浪潮席卷全球的今天，网页作为信息传递的核心载体，已成为连接用户与数字世界的桥梁。优秀的网页设计不仅是技术与艺术的结合，更是用户体验与品牌价值的双重表达。如何系统掌握网页美工设计的核心技能，将创意转化为兼具美学价值与实用功能的网页作品，成为设计师与开发者共同关注的课题。

本书立足于网页设计的全流程视角，以“理论奠基、实践赋能”为编写理念，系统梳理了现代网页设计的知识体系与技术框架。全书共分为十一个模块，内容编排遵循循序渐进的学习规律：从创意构思到视觉呈现，从界面设计到动态交互，帮助读者逐步构建完整的网页设计思维。书中不仅深入解析网页设计的核心要素——包括版式布局的黄金法则、色彩搭配的心理学应用、文字编排的信息层级构建，更结合前沿的响应式设计理念与动态网页技术，帮助读者跨越静态界面与动态交互的鸿沟。

为强化实践应用能力，本书采用“工具+案例+方法论”三位一体的教学模式进行编写。通过Photoshop的视觉设计精要、Dreamweaver的代码实现技巧、Animate的动态效果创作等工具链的整合应用，配合电商页面、企业官网、移动端H5等典型场景的案例拆解，引导读者在真实项目情境中锤炼设计思维。

本书由孟庆岩和苗娜担任主编，由万波、郭子军、张桂美、李中明和李永佳担任副主编。

在编写过程中，我们力求内容丰富、实用性强。不仅详细阐述了网页美工设计的基本原理和方法，还紧跟行业发展趋势，融入最新的设计理念和技术应用。网页设计领域发展迅速，技术不断更新，加之编者水平有限，书中难免存在一些不足之处甚至错误。希望大家能够不吝赐教，给予批评指正，以便我们在未来的修订中不断完善。

编者

2025年2月

目录

模块1 网页视觉设计

模块2 网页创意开发

模块3 网页图像设计与制作

模块4 网页文字编排

模块6 网页配色应用

模块7 Photoshop网页效果图设计

模块8 Dreamweaver网页设计

模块9 网页动画设计

模块10 网页制作技术

模块11 综合网页设计实例

模块1 网页视觉设计

内容概要

网页通过色彩、文字、图像等视觉元素实现信息内容的传达，网页视觉设计关系到网站的可读性及体验度。

知识要点

- 网页设计理念
- 网页设计分类
- 网页设计的构成
- 网页设计流程
- 网页设计原则

1.1 网页设计概述

网页设计属于视觉传达设计的范畴，通过图文并茂的页面设计，实现信息传达；通过使用合理的颜色、字体、图片、样式等元素进行页面设计美化，给予浏览者较好的视觉体验。

1.1.1 网页设计理念

网页设计随着时代的发展一直在不断发生变化，下面介绍网页设计的理念。

1. 主题鲜明

网页设计，是视觉设计范畴的一种，其最终目的是达到最佳的主题诉求效果。这种效果的达成，一方面通过对网页主题思想运用逻辑规律进行条理性处理，使之符合浏览者获取信息的心理需求和逻辑方式，让浏览者快速地理解和吸收；另一方面通过对网页构成元素运用艺术的形式美法则进行条理性处理，更好地营造符合设计目的的视觉环境，突出主题，增强浏览者对网页的注意力，增进浏览者对网页内容的理解。只有二者有机统一，才能实现最佳的主题诉求效果。

优秀的网页设计必然服务于网站的主题，也就是说，什么样的网站，应该有什么样的设计。例如，设计类的个人站点与商业站点性质不同，目的也不同，所以评判的标准也不同。网页艺术设计与网站主题的关系应该是这样的：首先，设计是为主题服务的；其次，设计是艺术和技术结合的产物，也就是说，即要“美”，又要实现“功能”；最后，“美”和“功能”都是为了更好地表达主题。

只注重主题思想的条理性而忽视网页构成元素空间关系的形式美组合，或者只重视网页形式上的条理而淡化主题思想的逻辑，都将削弱网页主题的最佳诉求效果，难以吸引浏览者的注意力，导致平庸的网页设计或使网页设计以失败而告终。

要使网页从形式上获得良好的引导力，鲜明地突出诉求主题，具体可以通过对网页的空间层次、主从关系、视觉秩序及彼此间逻辑性的把握运用来达成。

2. 形式与内容统一

网页设计既要体现出独具的分量和特有的价值，又要确保网页上的每一个元素都有存在的必要性。通过认真设计和充分的考虑，在体现美感的同时实现全面的功能，也就是实现形式与内容的统一。

网页具有多屏、分页、嵌套等特性，设计网页时可以对其进行形式上的适当变化，以达到多变性处理效果，丰富整个网页的形式美。这就要求网页设计时在注意单个页面形式与内容统一的同时，更不能忽视同一主题下多个分页面组成的整体网页的形式与整体内容的统一。

3. 强调整体

网页的整体性包括内容和形式上的整体性。网页是传播信息的载体，它要表达的是一定的内容、主题和理念，在适当的时间和空间环境中为人们所理解和接受，以满足人们的实用和需求为目的。设计时强调其整体性，可以使浏览者更快捷、更准确、更全面地认识和掌握它，并给人一种内部有机联系、外部和谐完整的美感。整体性也是体现一个站点独特风格的重要手段之一。

网页的结构形式是由各种视听要素组成的。在设计网页时，强调页面各组成部分的共性因素或者使诸部分共同含有某种形式特征，这是求得整体性的常用方法，主要从版式、色彩、风格等方面入手。一个站点通常只使用2~3种标准色，并应注意色彩搭配的和谐。对于分屏的长页面，不可设计完第一屏再考虑下一屏。同样，整个网页内部的页面，都应统一规划，统一风格，让浏览者体会到设计者完整的设计思想。

1.1.2 网页设计分类

一个内容丰富、排版合理、色调搭配舒适的网站才能吸引浏览者长期的关注。只有了解了网页的不同类型以及特点，才能根据不同的特点进行网页设计。

从形式上，可以将网页设计分为3类。

1. 资讯类

如新浪、网易、搜狐等门户网站。这类网页为访问者提供大量的信息，而且访问量较大。因此网页设计时需注意页面的分割、结构合理、页面的优化和界面的亲和力等问题。

2. 资讯和形象相结合

比如一些较大的公司、国内的高校等。这类网页在平面设计上要求较高，既要保证资讯类网站的上述要求，同时又要突出企业、单位的形象。

3. 形象类

比如一些中小型的企事业单位。这类网页需要实现的功能也较为简单，网页设计的主要任务就是突出企业形象，网页设计需要美观。因此，需要把网页设计形式进行艺术化的处理，更要把美观和实用性相结合，方便浏览和阅读。

1.1.3 网页视觉设计

网页视觉设计原则关系到网站的用户体验，网页设计师只有充分了解设计原则才能设计出更好的网页。下面介绍网页的视觉设计原则。

1. 视觉要素

视觉要素包括通过字体表达产品风格、通过配色展示产品定位、营造统一的品牌形象、设计更具冲击力的产品造型、模拟现实世界匹配用户心智模型等，下面进行具体介绍。

- 通过字体表达产品风格：在视觉设计中，字体的选择对于产品风格的表现作用是明显的，同一段文字，用不同字体编排，感觉千差万别。
- 通过配色展示产品定位：这是设计师必用的方法。视觉设计前期的调研阶段，常常通过情绪版提炼适合目标用户的颜色，形成一整套的配色方案。
- 营造统一的品牌形象：品牌形象是一个很大的领域，具体到某个产品的品牌感，更多地还是通过视觉形象来传达。这就需要视觉设计师制定一套系统的视觉体系，让用户看一眼就能清晰地辨认。

- 设计更具冲击力的产品造型：在视觉设计中，夸张的造型对用户的冲击力非常大，很容易一下抓住用户。
- 模拟现实世界匹配用户心智模型：原型设计中经常强调操作方式应符合用户的心智模型，这一原则同样适用于通过将现实世界的元素融入设计中，可以创造出身临其境的体验。

2. 交互与视觉配合

交互与视觉配合包括首屏的重要内容、有层次有重点的页面、更富于情感的热血插图、页面图标的精彩使用、提升用户体验和降低开发维护成本的栅格化等，下面进行具体介绍。

- 重要内容留在首屏：首屏相当于报纸的头版，是网页视图呈现给访问者的第一屏幕，在不需要滚动条的前提下可观看的浏览面积。首屏是访问者对网站的第一眼印象，因此重要内容留在首屏非常重要。
- 让页面有层次有重点：交互设计师完成页面布局设计，突出页面重点，方便用户浏览信息、完成任务。视觉设计阶段，好的设计稿对于延续前期交互理念、引导用户操作是非常有帮助的。
- 插图让产品更有情感：在文章页面中使用一张张插图，使产品更富于情感。
- 巧用图标，页面更精彩：图标设计是视觉设计非常重要的一部分，很多难懂的内容配上图标图形化解释会更容易理解。相反，如果图标的设计元素不合适，或是将图标和背景乱用，就会干扰用户对信息内容的理解。
- 栅格化提升用户体验和开发成本：在视觉设计中，栅格化越来越受重视。栅格化可以统一页面的布局，提升用户的浏览操作体验；将页面模块的尺寸标准化，降低开发和维护的成本。同时，栅格化也是网页设计专业性的体现。

1.2 网页设计的构成

在网页设计中，要实现信息内容的有效传达，就需通过将网页设计的各构成要素进行设计编排实现。

1.2.1 构成要素

网页的构成要素包括文字、图像、色彩、版式等。

1. 文字

文字是最容易传递信息和最通用的一种沟通方式。文字在一些应用实例中，甚至不需要任何装饰与组合，便能独立地成为一个完美的视觉传达。

在网页设计中，文字作为画面构成的基本要素，通过平面设计展现自身极强的表现力。在设计网页时，根据网页的内容，选择使用3~4种字体，通过精心的平面规划与编排，使文字配合网页画面达到和谐与统一。

总之，文字的主要功能是在视觉传达中向大众传达设计者的意图和各种信息。要达到这一目的，应做到以下几点：提高文字的可读性；文字的位置符合网页设计要求；视觉和色彩在形式上给人以美感；在整体设计上要有独特风格和色调，并力求形式上的创新。

2. 图像

图片是除了文字以外最早引入网络中的多媒体对象，它大大美化了网页。可以说，要使网页在纯文本的基础上变得更有趣味，最为简捷省力的方法就是使用图片。对于一条信息来说，图片对浏览者的吸引力远远超过单纯的文字。

网页图片的质量要求不高，通常分辨率为 72 px，是大多数图片的最佳选择。网页中的图片在网络传输中受到带宽的限制，因此，图片的文件尺寸在一定范围内越小越好。

图片的位置、面积、数量、形式、方向等因素直接关系到网页的视觉传达效果。在选择和优化图片时，应考虑图片在整体网页设计中的作用，注意统一、悦目、突出重点，以达到和谐整齐。

3. 色彩

进入网站，首先映入眼帘的就是网页的色彩。在网页设计中，要根据网站内容，设计适合的色调组合，形成“总体协调，局部对比”的特点，即页面的整体色彩设计在色调上应形成自己独特的风格，在一些特定的版面上可以有小范围的色彩对比。

一个成功的网页设计，首先应清楚定位网站信息所要传达给的浏览者，然后根据页面内容的性质，确定最适合的色调设计，这样才能使浏览者被网页的整体色调感觉所吸引，从而提高网站的点击率与回访率。

在网页设计时，应选择一种能表现主题的主色调，然后根据具体的需要，应用颜色的近似与对比完成整个页面的配色方案。设计任务不同，配色方案也随之不同。再考虑到网页的适用性，选色时应尽量选择网页安全色。一般而言，一个网页的颜色尽量不要超过 4 种，使用太多的色彩会让人感觉没有重点。在特定的情况下，也需要有所变化，比如娱乐性网站要绚丽多彩些。

4. 版式

网页版式设计是技术性与艺术性的高度统一，是视觉传达的重要手段，也是网页设计的重要组成部分。它是指将文字、图形等视觉元素进行组合配置，使页面整体的视觉效果美观且易读，便于阅读理解，实现信息传达的最佳效果。

1.2.2 设计特性

网页有其自身的设计特性，包括信息传达性、主题明确性、形式简洁性、界面一致性、使用便利性等。

1. 信息传达性

虽然网页设计是将技术性和艺术性融为一体的创造性活动，但网页设计应时刻围绕“信息传达”这一主题来进行。从根本上来看，它是一种以功能性为主的设计。网页设计是一项创造性的工作，要求网页设计师通过有效吸引视线的艺术形式，清晰、准确、有力地传达信息。网页审美从属于网页内容，其本身不可能独立存在。网页设计的审美功能不仅由界面形式所决定，很大程度上也受到操作顺畅程度、信息接收心理及信息接受形式等因素的影响，具有很明显的综合性。网页设计需要充分体现功能第一的原则，以功能要求为设计的主要出发点，综合考虑，整体设计，以求达到最佳效果。

2. 主题明确性

对网页中主题形象的构思要基于主题明确、易于接受的原则来设计。应尽量让各层次的浏览者都能接受，吸引浏览者的注意，以引发他们的联想从而直接了解信息。尽量避免令人费解的、冷漠的形象进行说教式信息的传递。

3. 形式简洁性

形式简洁能加强网页界面的视觉冲击力，起到迅速传递信息的作用。网页的形式应力求“删繁就简”“以少胜多”，摒弃一切分散浏览者注意力的图形、线条等可有可无的装饰性元素，使参与形式构成的诸元素均与想传递的内容直接相关。各种元素的编排也应简明、清晰。另外，形式简洁也符合形式美的要求。简洁的图形、醒目的文字、大的色块更符合形式美和当今人们的欣赏品味。

4. 界面一致性

界面一致性是实用性的关键。网页设计应保持一贯性，若网站内导航的位置、页面的版式等不能保持一致性，则会给用户带来混乱感，无法找到需要的信息。另外，网页界面设计应遵循普遍原则，符合浏览者的阅读习惯，才能让用户容易适应。

5. 使用便利性

在网页设计时，最重要也是最关键的一点就是站在浏览者的立场上去思考设计。做到既能给浏览者带来方便，又兼备视觉冲击力。不能盲目为了网页美观而设计网页，如将网页中的文字调小或变换颜色，使其接近背景色而更具美感，这样的设计只能给浏览者带来浏览网页的不便。

1.3 网页设计的实现

网页设计的实现包括对网页设计师的要求，了解网页设计的误区，熟悉网页设计的流程，及掌握网页设计的原则。

1.3.1 网页设计师的要求

在信息时代的今天，互联网无处不在，网页设计师角色的重要性不断凸显。网页设计师的基本要求如下：

1. 用心与责任

用心与责任，这是对设计师最基本的要求。设计师是否用心去设计，是否考虑到整个网站的各个细节，每个细节是否都用心去处理，这是判定一个网页设计师合格与否的基本标准。

2. 端正的态度

网页设计师必须具备端正的态度和良好的心态，这是一个心理素质问题。一个优秀的网页是需要通过不断修改、不断完善来完成的，而合格的设计师能够接受别人的批评，正确审视自己的作品，不断找出并修正问题，进而设计出优秀的作品。

3. 沟通与交流

沟通与交流，也是作为一名合格设计师的基本素质。设计网页时，应该换位思考，站在不同角度分析整个网站的设计思路，进行充分沟通，才能保证设计思想获得认可。

4. 富有审美能力

审美能力是作为设计师最基本的素质之一。在平面设计中的对比、均衡、重复、比例、近似、渐变及节奏美、韵律美等审美观点，都能在网页设计中展示出来。当然并不是页面做得好看、具有美感的网页就一定让人感兴趣，好的网页也要建立在好的内容基础上。网页的界面设计应该以布局的美为标准，有规律可循。

5. 掌握软件知识

技术是作为网页设计师最基本的要求。网页设计师应熟练掌握以下几种软件。

- Photoshop：熟悉图像处理、制作图像特效、文字特效、图像切片等操作。
- Dreamweaver：熟练样式应用、框架布局、排版、网页交互、静态网页、表单网页、动态网页的制作等。
- Animate：制作各种动画效果，包括游戏、贺卡、MTV、动画短片、教学课件等。

6. 熟悉脚本语言

作为网页设计师，需要学习掌握 HTML 超文本设计语言的原理与语法、CSS 层叠样式表单，以及了解 Javascript 脚本语言、Animate 中的 Action Script 等。

1.3.2 网页设计误区

设计出一个非常好的网页是非常不容易的事情。为了帮助设计初学者少走弯路，下面列出了一些网页设计上的误区。

1. 缺乏空白区域

很多设计初学者都想在第一个页面上提供更多的内容，从而忽略了网页的留白。只有适当地保留一定的空白区域，才能使网页设计及布局更符合访问者的浏览习惯，也能最大限度地避免视觉疲劳。

2. 不合理的颜色搭配

初学者在网页设计时，往往一味追求视觉冲击力，很容易忽略产品本身的作用，不合理使用颜色，从而影响网页的浏览体验。因此，在网页设计前，需要先了解色彩、色彩的搭配及色彩的心理效应等知识。

3. 页面内容过多

在网页布局中可以有很多空白区域，同时也可以包含大量信息。通常人们都是先大致浏览页面布局，因此设计人员应该让整个布局可被快速浏览。一个拥有信息太多的网站，如插入太多的图标、按钮和图片等，会非常难以浏览，让网站的易用度大打折扣。

4. 图片使用不当

一张图片可能抵得上上百文字，但是如果使用不当，那布局设计就失败了。文字内容、布局和图片应该组合使用，它们并不是分割的个体。图片应能有效地说明网站需要表达的信息，这是在设计时最先需要考虑的因素。

5. 忽略文字排版

文字排版不是一个简单选择字体的过程，它还包含了句子、段落、标题的组织方式，以及文字与图片的组合编排等。

6. 忽略网页的可用性及使用感受

网页的可用性关乎浏览者的体验感受，如网页中链接的高亮显示、人们浏览网页的习惯、网站各个页面设计的一致性等，都关系到网页的可用性。

7. 缺乏事先思考

初学者由于缺乏经验，在设计网页时可能会再三修改，总不能确定最终方案。因此，在网页设计前充分思考整个布局的大概设计，可以节省很多时间和资源。

1.3.3 网页设计流程

企业需要通过网站呈现产品、服务、理念、文化，或向浏览者提供某种功能服务，因此网页设计必须明确设计主题，做出切实可行的设计方案。具体的网页设计流程如下：

1. 明确主题

在目标明确的基础上，完成网站的构思创意，即总体设计方案。对网站的整体风格和特色作出定位，规划网站的组织架构。

网站应针对所服务对象的不同而呈现不同的形式。有些网站提供简洁文本信息；有些则采用多媒体表现手法，提供丰富的音视频信息。

为了做到主题鲜明突出、重点明确，配色和图片应围绕预先设定的主题，并调动一切手段充分体现出网站的特点。

2. 设计思路

- 简洁实用：去除所有冗余的内容，尽量以最高效率的方式传递给用户需要得到的信息。
- 使用方便：网页设计得越宜于使用，越能凸显其功能性。
- 整体性好：网站设计是一个整体，只有围绕一个统一的目标所做的设计才是成功的设计。
- 网站形象突出：一个符合审美标准的网页能够使网站的形象得到最大限度的提升。
- 页面用色协调：页面颜色布局符合形式美的要求。
- 布局有条理：充分利用多种美的形式，使网页富于欣赏性，提升档次。
- 交互性强：发挥网络的优势，使每个使用者都参与进来。

3. 版式设计

作为一种视觉语言，网页设计非常注重编排和布局，虽然网页的设计不等同于平面设计，但二者有许多相似之处。

版式设计通过文字和图形的空间组合，展现和谐之美。

多页面的编排设计要求反映出页面之间的有机联系，特别要求处理好页面之间和页面中内容的关系。为了达到最佳的视觉表现效果，需反复推敲整体布局的合理性，使浏览者有一个流畅的视觉体验。

4. 色彩应用

色彩是艺术表现的要素之一。在网页设计中，设计师遵循和谐、均衡和重点突出的原则，根据色彩对人们心理的影响，合理地加以运用将不同的色彩进行组合、搭配构成美观的页面。

5. 形式内容

为了将丰富的意义和多样的形式组织成统一的页面结构，形式语言必须符合页面的内容，体现内容的丰富含义。

灵活运用对比与调和、对称与平衡、节奏与韵律以及留白等手段，通过空间、文字、图形之间的相互关系建立整体的均衡状态，产生和谐的美感。

6. 三维空间的构成

网络上的三维空间关系需借助动静变化、图像的比例关系等空间因素表现出来。在页面中，图片、文字位置前后叠压或页面位置变化所产生的视觉效果都各不相同。通过图片、文字前后叠压所构成的空间层次不太适合网页设计。

网页设计适合比较规范、简明的页面。网页常见的是页面上、下、左、右、中位置所产生的空间关系，以及疏密的位置关系所产生的空间层次，这两种位置关系使产生的空间层次富于弹性，同时也让人产生轻松或紧迫的心理感受。

7. 多媒体

网络的优势之一是多媒体功能。要吸引浏览者的注意力，网页内容可以用动画等形式来表现。但由于网络宽带的限制，在使用多媒体形式表现网页内容时，需要考虑传输速度。

8. 导向清晰

网页设计中，导航使用超文本链接或图片链接，使浏览者能够在网页上自由前进或后退，而不必使用浏览器的前进或后退按钮。

9. 下载迅速

浏览者很少会进入需要等待 5 分钟载入时间才能进入的网站，在互联网上 30 秒的等待时间与我们日常生活中 10 分钟的等待时间感觉大致相同。因此，建议在网页设计中尽量避免使用过多的图片及容量过大的图片。主要页面的容量应确保一般浏览者页面等待时间不超过 10 秒。

10. 非图形内容

在必要时适当使用动态图片。为减少动画容量，应用巧妙设计的 Java 动画可以用很小的容量使图形或文字产生动态的效果。鉴于在网上浏览的大多是寻找信息，因此网站应为其提供有价值的内容，而不是网页过度的装饰。

11. 反馈与沟通

如果是服务类介绍网站，应该有留言、电话、在线咨询等功能。

企业网站应认真回复用户的电子邮件，做到有问必答。最好将用户的询问进行分类，如售前一般了解、售后服务等，由相关部门处理，使网站访问者感受到企业的真诚并由此产生信任感。

12. 测试改进

测试实际上是模拟用户访问网站的过程，从中发现问题并改进设计。

13. 内容更新

网站建立后，要持续更新网页内容。网站信息的不断更新，可让浏览者了解企业的发展动态，同时也会帮助企业建立良好的形象。

1.3.4 网页设计原则

网页设计是有原则的，无论使用何种方法对画面中的元素进行组合，都要遵循以下 5 大原则：统一、连贯、分割、对比及和谐。

1. 统一

统一是指设计的整体性、一致性。设计的整体效果至关重要，在设计中切勿将各组成部分孤立分割，那样会使画面呈现出一种枝蔓纷杂的凌乱效果。

2. 连贯

连贯是指要注意页面的相互联系。设计时应注意各组成部分在内容上的内在联系和表现形式上的相互呼应，并保持整个页面设计风格的一致性，确保浏览者视觉上和心理上的连贯。

3. 分割

分割是指将页面分成若干小区域，各区域之间视觉各有不同，这样可以使浏览者一目了然。在信息量很多时，为使浏览能够看清楚，要注意将画面进行有效的分割。这种分割不仅是表现形式的需要，也可以被视为对于页面内容的一种分类归纳。

4. 对比

对比就是通过矛盾和冲突，使设计更加丰富。对比手法很多，如多与少、曲与直、强与弱、长与短、粗与细、疏与密、虚与实、主与次、黑与白、动与静、美与丑、聚与散等。在使用对比手法时应慎重，对比过强容易破坏美感，影响统一。

5. 和谐

和谐是指整个页面符合美的法则，浑然一体。如果一个网页设计仅仅是色彩、形状、线条等的随意混合，那么作品不但没有“生命感”，而且也无法实现视觉设计的传达功能。和谐不仅要看结构形式，还要看作品所形成的视觉效果能否与人的视觉感受达成沟通，这是设计能否成功的关键。

模块 2 网页创意开发

内容概要

创意是指对现实存在事物的理解及认知，并由此衍生出的一种新的抽象思维和行为潜能。在网页设计中，创意是网页设计的灵魂，是网页设计成功的先决条件。

知识要点

- 网页中的创意思维
- 网页中的设计创意
- 网页创意设计中的基本要素

2.1 创意设计与开发

网站要确立自己的形象，就必须拥有独特的个性。在网页设计中，创意是关键。好的创意能巧妙、恰如其分地表现主题，增强网页的感染力，并且能够使网页拥有整体协调的风格。

2.1.1 关于创意设计

创意是人类的一种思维活动，是人们在认识事物的过程中，运用自己所掌握的知识和经验，通过分析、综合、比较、抽象，再加上合理的想象产生新思想、新观点的思维方式。

创意设计，简而言之，它由创意与设计两部分构成，是将富于创造性的思想、理念以设计的方式予以延伸、呈现与诠释的过程或结果。设计是前提，思维是手段。

下面介绍创意思维的相关知识。

1. 发展思维

以思维的中心点向外辐射、扩散，积极地思考和联想，产生多方向、多角度的捕捉创作灵感的触角。发展思维的结构形式包括树形结构、伞形结构、网状结构等。

2. 逆向思维

打破原有思维定式，将思维的方向和逻辑顺序完全颠倒过来，反其道而行，以达到异、新、奇的视觉效果。例如，网页设计中非均衡的视觉效果及色彩的反向运用等。

3. 独特思维

勇于挑战，超越常规、习惯的认识模式，综合复杂环境中的多种元素，生成一种新颖的不同凡响的视觉效果。独特思维的规则就是人无我有，人有我变。

4. 思维的灵活性

思维的灵活性指改变思维的能力。

- 举一反三，触类旁通。
- 思维扩散、聚合。

5. 思维进程的跨越性

创意超越了思维的步骤，因某一事物激发起突然的顿悟。

6. 思维效果的整体性

整体性是创新性思维的基本要求，脱离整体性，设计就会显得凌乱。

7. 思维认识的深刻性

明察秋毫、入木三分、见微知著，抓住事物的本质和发展趋势。

8. 思维表达的流畅性

流畅性是对思维速度和效率的综合评价。影响思维流畅性的因素有知识储备、思维的敏锐性等。

2.1.2 网页中的创意思维

在网页设计中，最核心的因素是创造性思维，为了创作出高质量的作品，往往需要用多种思维方式来诠释对事物的理解，不断发现事物新的含义，并赋予其新的表现形式和生命力。网页创意设计的中心任务是表现主题。创意阶段的一切思考方向都要围绕着主题来进行。

1. 创意思维的原则

（1）审美原则

好的创意必须具有审美性。一种创意如果不能给浏览者以好的审美感受，就不会产生好的效果。创意的审美原则要求所设计的内容健康、生动、符合人们的审美观念。

（2）目标原则

创意自身必须与创意目标相吻合，创意必须能够反映主题，表现主题。

（3）系列原则

系列原则符合“寓多样式于统一之中”这种形式美的基本法则，是在具有同一设计要素或同一造型、同一风格或同一色彩、同一格局等的基础上进行连续的发展变化，既重复，又渐变。

（4）简洁原则

简洁原则主要包括以下两点。

- 明确主题，抓住重点，不能本末倒置、喧宾夺主。
- 注意修饰得当，做到含而不露、蓄而不发，追求凝炼、朴素、自然之美。

2. 创意过程

创意是传达信息的一种特别方式，创意开发有 5 个过程。

- 准备期：研究所搜集的资料，激发新的创意。
- 孵化期：将资料研究消化，让意识自由发展、重组。
- 启示期：意识发展、结合，产生创意。
- 验证期：讨论修正产生的创意。
- 形成期：设计制作网页，将创意具体化。

2.2 网页中的设计创意

网页创意设计需要设计者具备新颖的思维。好的创意往往建立在借鉴的基础上，利用已经掌握的设计知识和方式激发创造性的设计思路。

2.2.1 联想与想象

界面设计中使用富于联想性的图形和色彩，可以使浏览者在视觉元素与主题之间建立直接且明确的联系，从而起到加强主题表现的作用。这种联想型创意应选择大众最熟悉的联想形象引导浏览者。网页中的图标设计大多运用联想。例如，信封或邮筒的形象是“与我们联系”，麦克风的形象是“我要发言”，房子的形象是“主页或首页”等。

对设计者而言，联想与想象是至关重要的，可以说是创意与作品之间的桥梁纽带。要完成一个作品，首先要通过联想和想象确定创意，接下来才能实际进行设计。

1. 横向思维方式的拓展——联想

联想是因某事物而想起与之相关事物的思想活动，是横向的思维。事物与事物之间存在或多或少的必然联系，通过联想机制的作用，使客观事物通过各种方式互相联系起来，这种联系正是联想的桥梁。通过联想这座桥梁，可以找出表面相同、相似、毫无关系甚至相隔甚远的事物之间内在的关联性，这种事物间的关联性可促使创意产生。在联想过程中，包括具象联想和抽象联想。

- 具象联想：具象联想是人们通过一个具体的事物联想到另外一个具体的事物，是一件事物对于另一件事物的活动。这在平面设计、包装设计中常被运用，是形象与形象置换关系的桥梁，通过这些形象置换的完成，巧妙地传递着信息。例如，由圆柱形的烟囱联想到相似的树桩；由地球冰川融化联想到冰淇淋融化等。具象联想是创意中常用的采用两种形象表现作品的手法。
- 抽象联想：抽象联想是由一事物想起和其有关的信仰、理念、状态和风格等，是更深层次上的联想，是建立在人们感官、信仰、风俗、理念等基础上的联想。例如，由绿色联想到和平、绿化、环境、生态问题；由枪炮联想到死亡、战争、暴力、冲突问题；由吸烟联想到环境、健康问题；由文字联想到文化、历史、风俗等。这些抽象的联想往往使创意主题更加深刻，增强了作品感染力，运用得当会产生事半功倍的效果。

2. 纵向思维方式的拓展——想象

想象是为设计创造目的而形成的有意识的观念或心理意向，这种心理活动能在原有感性形象的基础上创造出新的形象。如果说联想是横向的思维，那么想象则是纵向的思维。想象中这些新的形象是由积累的感性材料经过加工改造所形成的，人们虽然能想出从未感知过的或是现实生活中不存在的事物形象，但想象归根到底来源于客观现实存在的视觉信息，是在社会实践中发生、发展起来的。想象依赖于设计师的综合素养及创造能力，想象的完成是更深一步的思维过程，人们在创造新颖的、奇特的创意时，离不开想象机制的作用。

设计作品实际就是一个审美的过程。在这个过程中，设计者利用丰富的联想和想象超越时间和空间的束缚，尽可能地把艺术形象的包容量扩大，使画面的意境和新奇效果得以加深，最终激发受众群体的更大兴趣。

2.2.2 比喻与比拟

比喻与联想的不同之处在于，联想选用与主题直接关联的形象，比喻则选用与主题在某些方面有些许相近的形象。比喻的形象在某一特点上与主题相同甚至比主题更加美好，从而加强主题的特点，增强界面的形式美感和浏览者的兴趣。

比喻是把要表达的内容作为本体，通过相关联的喻体表现内容的本质特征，比体与本体之间要求有相类似的特征。

比喻的种类有明喻、暗喻、借喻等。

- 明喻：本体与喻体形象共同出现在页面当中
- 暗喻：也称隐喻，只有喻体，没有本体形象出现。
- 借喻：是引用某些事物做喻体，用来状物、抒情、说明。
- 比拟：分为两种，拟人或拟物。
- 拟人：把物当作人来表现。
- 拟物：把人当作物来表现。

比拟离不开联想和想象，其效果使网页中内容更形象、生动，从而增强感染力。比拟可以让静态变得生动起来，让呆板变得有生机活力，让抽象的形象变得具体，从而增加作品的艺术魅力。

2.2.3 夸张与变形

夸张就是把作品中所宣传对象的特征、性质刻意放大或渲染，突出自然形态中最本质、最典型的部分，使主体特征更加鲜明突出。

变形手法在实际运用中的表现方式为拉伸、压缩、扭曲、畸变或将某一部分突出渲染。

2.2.4 借代

不直接说出目标人或事物，而是借与说的人或事物有密切、象征关系的其他某些事物来代替说明的一种修辞方法。在网页设计中的常用体现方法为“以小见大”。

以小见大中的“小”是网页中描写的焦点和视觉兴趣中心，它既是网页创意的浓缩和升华，也是设计者匠心独具的安排，以细节见整体，以管窥豹。它已不是一般意义上的“小”，而是小中寓大、以小胜大的高度提炼的产物，是简洁的追求。

2.2.5 幽默

浏览者容易被富于趣味的界面形式所吸引。趣味性以幽默的表现形式表现出较强的视觉冲击力，让人浏览信息的同时拥有愉悦、轻松的心情，并能使浏览者回味。在网页设计中，通过在网页中采用一些经过夸张处理的图形图像，能更鲜明地表达主题，同时增强画面的视觉效果。比如儿童类网站，网页的图片由卡通图像构成，充满了童趣，同时色彩的纯度、明度较高，整个网页给人以鲜艳、活泼之感。

幽默手法的优点是抓住人或事物的某些特征，运用喜剧性的手法造就一种耐人寻味、引人发笑的幽默意境。

2.2.6 象征

用具体的事物表现某种特殊意境，是对事物原型的延伸，是超越性的存在。

2.2.7 对比

把两种不同事物或同一种事物的不同方面放在一起，相互比较，运用对比手法突出对立事物的矛盾揭示本质，给人以深刻的启示，留下深刻的印象。

在网页设计中加入不和谐的元素，把网页作品中所描绘事物的性质和特点在鲜明的对照和直接对比中表现，借彼显此，互比互衬，从对比所显示的差别中，达到集中、简洁、曲折变化的表现。通过这种手法更鲜明地强调或提示网页的特征，给浏览者以深刻的视觉感受。

2.3 网页创意设计中的基本要素

任何一个网页都不是由单一的元素构成的。文字与图片是构成一个网页的两个最基本的元素。可以简单地理解为文字就是网页的内容，图片就是网页的美观体现。除此之外，网页的元素还包括动画、音乐、表格表单、程序等。

2.3.1 图形图像的创意设计

图片是构成网页的基本元素之一。图片不仅能够增加网页的吸引力，传达给用户更加丰富的信息，同时也大大地提升了用户浏览网页时的体验。图片的展示形式丰富多样，不同形式的图片展现也让浏览网页的体验更加多样化。

图像元素在网页中具有提供信息并展示直观形象的作用。

网页中的图像包括静态图像和动态图像两大类。

- 静态图像：在页面中可能是光栅图形或矢量图形，通常为 JPEG 或 PNG 格式。
- 动态图像：动画通常为 GIF 和 SVG 格式。

2.3.2 文本编排与设计

文本和图片是网页的两大构成元素，缺一不可。文本是网页上最重要的信息载体和交流工具，网页中的主要信息一般都以文本形式为主。

文本在页面中出现，多数以行或者段落出现，它们的摆放位置决定着整个页面布局的可视性。过去因为页面制作技术的局限，文本放置位置的灵活性非常小。现今随着 DHTML 的兴起，文本已经可以按照要求放置到页面的任何位置。

在网页中，字体往往占据了很大的空间和页面，单一形态大小、颜色的字体，虽能传递信息，但不免让人感到疲劳乏味。对字体进行设计、重新组合、合理编排后，能得到不一样的效果。

2.3.3 版式布局与设计

网页给人最直观的感受就是它的页面框架与构造，网页设计中的构图也足以影响到整个网站给人的感受。就网页构图而言，些许的改变和简单的创新也许就能收到事半功倍的效果，使网站给人耳目一新的感受。

2.3.4 色彩搭配设计

一个优秀的网页设计会给用户带来记忆深刻、好用易用的体验。从网页设计的版式、信息层级、图片、色彩等视觉方面的运用，直接影响到用户对网站的最初感受，而在这些内容中，色彩的配色方案是非常重要的。网站整体的定位、风格，都需要通过颜色给用户带来感观上的刺激，从而产生共鸣。

从色彩研究的方向来看，色彩分为色调、饱和度、明度三方面，颜色的运用就是纯色之间的关系，以及它们混合在一起的效果。

2.3.5 多媒体元素选择

多媒体元素除了文本和图片，还有声音、动画、视频等。随着动态网页的兴起，它们在网页布局上变得更加重要。

- 动画：动画在网页中可以有效地吸引访问者更多的注意。
- 声音：声音是多媒体网页重要的组成部分。
- 视频：视频文件的采用使网页效果更加精彩且富有动感。
- 表格：表格是在网页中用来控制信息的布局方式。
- 交互式表单：表单在网页中通常用来联系数据库并接收访问用户在浏览器端输入的数据，利用服务器的数据库为客户端与服务器端提供更多的互动。

模块 3 网页效果图

内容概要

图像是网页上最重要的设计元素之一。图像可以生动、直观地将文字无法表达的信息表达出来，易于浏览者理解和接受。

知识要点

- 图像在网页中的应用
- 网页图像设计技巧与手法
- 网页图像设计形式
- 网页中的图像处理

3.1 图像在网页中的应用

图像的应用提高了网页的视觉体验效果，为网页提供了更多信息，网页中的图像还能够展现网站的特色。

3.1.1 网页图像应用

图像不仅能够增加网页的吸引力，同时也大大地提升了用户在浏览网页时的体验。网页中的图像主要包括标志 Logo、背景图、主图等。

1. 标志Logo

标志是网页构成要素之一，在网页设计中起着非常重要的作用。标志即网站的名片，Logo 图形化的形式，特别是动态的 Logo，比文字形式的链接更能吸引人的注意。

（1）重要性

标志 Logo 有其重要的作用。

- 标志设计在广阔的视觉领域内起到了宣传和树立品牌的作用。
- Logo 是信誉的保证，给人以诚信之感，通过 Logo，可以更迅速、准确地识别判断。
- 优秀的 Logo 具有鲜明的个性、较强的视觉冲击力，便于识别、记忆，并产生美好联想。

（2）Logo 的国际标准规范

为了便于网上信息的传播，关于 logo 一个统一的国际标准是需要的。实际上已经有了这样的一整套标准。其中关于网站的 Logo，常用的规格如下：

Logo 规格 /px	备注
88×31	互联网上最常见的 Logo 规格
120×60	用于一般大小网站的 Logo 规格
120×90	用于大型网站的 Lcgo 规格

（3）设计原则

- 合理构图：Logo 的设计是面向大众的，设计时需注意构图、色彩搭配的合理，符合浏览者的一般审美标准和习惯。
- 大众具有独特性：标志也称标识，表明了其最主要的功能——识别性。标志设计应具有唯一性、代表性、识别性。
- 简洁大方：标志的简洁，目的是让人们容易记忆，以及使用方便。
- 寓意深刻：一个好的标志设计应具备深刻的意义和丰富的内涵。
- 指向性：不同行业、机构的网页标志应具备其行业或典型特征，便于一眼识别该标志的行业属性。

2. 图标

在网页设计中表达出的细节就是图标，图标设计展现额外的注解且设计的对象和元素能够引起用户的注意。

图标在网页设计中广泛使用。通过这些小小的图标，可以方便地实现视觉引导和功能划分。

如果选用恰当，图标能和页面中的图片有机融合，保持视觉上的一致性，同时也能够和整个网站的风格相契合。

一般来说，根据使用手法、使用场合的不同，一张图像可以有多种解读，图标亦如此。图标不仅能够吸引用户的注意力，还能分割页面中的区域。更为重要的是，图标能够提供一种视觉隐喻，能够赋予物体某种含义，用户看一眼便能知晓其功能。

（1）图标的作用

在网页设计中几乎每个元素都能找到图标的身影，如标题、脚注、导航条、列表等，图标可以大幅提升页面中元素的浏览效果。其主要作用如下：

- 视觉上分割内容：让内容更具有吸引力和可读性。经常被应用到网站的主体、列表或者其他文本较多的元素中。
- 快速引导用户：这在导航元素中最为常见，比如房子图标表示主页，电话图标表示联系方式，这些图标能快速地引导用户。

（2）设计原则

图标是优秀网页设计中不可或缺的元素，具备准确传达信息及概念、视觉效果和辨识度良好的特点。在进行图标设计时，要遵循以下原则。

- 视觉有效性：图标能够很好地组织相关内容，吸引注意力，将用户引导至重要信息处，前提是图标要简单易懂。
- 保持视觉统一：视觉统一，关乎到整体设计。如何做到视觉统一？下面进行介绍。
  - 使用相同的颜色或者配色。
  - 将所有的图标设置为形状相同。
  - 效果的一致性，如渐变、透明、阴影等效果。
  - 图标的视觉风格与内容、其他图标、网站的风格保持一致。

3. 按钮

好的网页按钮设计一定会是醒目且能吸引用户眼球的。下面介绍按钮的设计原则。

（1）尺寸

如果按钮的主要设计目的是体现其重要性及提升点击率，则需要将其设计得醒目些，比如将其尺寸设计得比其他按钮尺寸大，且放置在网页重点区域。

（2）位置

按钮在网页中所处的位置决定了该按钮是否醒目，点击率是否高。比如将按钮放置在产品旁边、页头、导航的顶部右侧等，都能起到醒目的作用。

（3）颜色

按钮的颜色设计与网页的其他部分相比与众不同，可以快速地吸引浏览者的注意力，因此按钮颜色可以使用与背景对比相差大的颜色。

（4）留白

为了突出显示按钮，不能将其和网页中的其他元素挤在一起。因此在设计按钮时，需要充足的留白，即外边距，才能更加突出。同样，按钮内的文字也不能过于拥挤，因此也需要更多留白，即内边距，才能让文字更容易阅读。

（5）文字表达

在按钮上使用什么文字表达给用户是非常重要的。它应当简短并切中要点，并以动词开始，如注册、下载、创建、尝试等。

4. 背景图

使用背景图作为网页背景是最常见的一种网页设计布局，只要在不影响网站速度的情况下，适当地使用图片作为网站背景可以提升网页的视觉效果。在网页中，以背景图来衬托主题，增加层次感，或者使用背景的对比效果来突出网页风格。

5. 主图

在网页中，主图是指网页中表达主题、突出主题的较大幅面的图形图像，一般是整个页面的视觉中心。

3.1.2 网页图像构成

网页图像的构成，即点、线、面的构成。自然界的万物形态构成都离不开点、线、面。点、线、面是视觉构成的基本元素，点、线、面具有不同的情感特征，善于采用不同的组合，才能体现不同的情感诉求。

在网页的视觉构成中，点、线、面既是最基本的造型元素，又是最重要的表现手段。在确定网页主体形象的位置及动态时，点、线、面是需要最先考虑的因素。只有合理地处理好点、线、面的相互关系，才能设计出具有最佳视觉效果的页面，充分表达出网页最终的诉求，设计出具有独特形式美的作品，有效地唤起浏览者的审美感受。熟练掌握组合、对比、均衡、节奏、运动、统一等点线面构成规律，是网页设计者必备的基本功。

1. 点的构成

点是可见的最小形式单元。网页设计中的点，是指页面中具备点的视觉特点、体积较小的物象，比如一个按钮、一个 Logo 等。

点具有求心属性。当页面中有一个点时，它能吸引人的视线，如图 3-1 所示。

当有两个大小相同的点且相差一定距离时，人的视线就会在这两个点之间来回流动，形成线的视觉效果，如图 3-2 所示。当两点错位排列时，则视线呈由线摆动。当两点有大小之别时，视线就会由大点流向小点，且产生透视效果，给人远近之感。

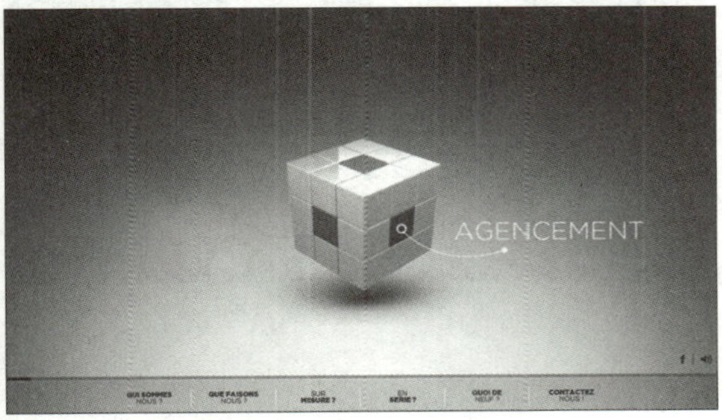

图 3-1 只有一个点的视觉效果

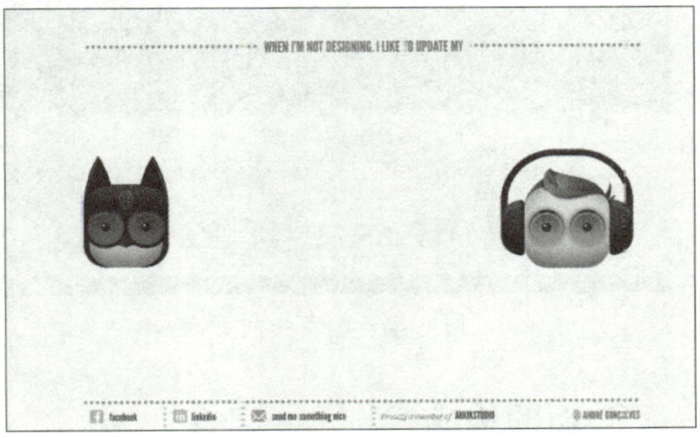

图 3-2 两个点的视觉效果

当页面中有 3 个点时，视线在这 3 个点之间流动，会让人产生面的联想。在密集的相同形状的点中出现异形点时，则异形点特别能引起人们的注意，如图 3-3 所示。

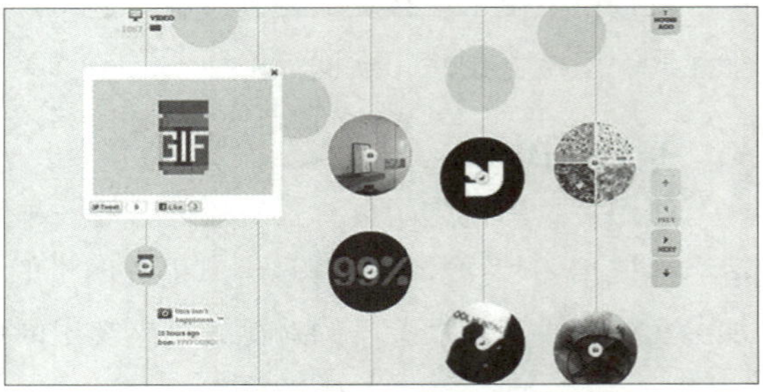

图 3-3　异形点视觉效果

可见，点的排列所引起的视觉流动，引入了时间的因素。利用点的大小、形状与距离的变化，可以设计出富于节奏韵律的页面。点的连续排列构成线，点与点之间的距离越近，线的特性就越显著。点的密集排列构成面，同样，点的距离越近，面的特性就越显著。

2. 线的构成

点的重复延伸形成线。线有两方面的作用：一是用于塑造形象，二是用于分割页面空间布局。线是页面布局的决定元素，使画面承载的信息规整化、条理化，便于清晰、明确地设计表达信息脉络结构。

线分为 4 类：直线、曲线、折线以及三者的混合。直线又有水平线、垂直线、斜线 3 种形式。其中，水平线给人平静、开阔、安逸的感受，垂直线给人崇高、挺拔、严肃的感受。

曲线、折线、弧线具有强烈的动感，更容易引起视线的前进、后退或摆动。

线的布局安排，主要体现为线的空间分割。分割是网页设计的主要手段之一，容量较大的页面，更离不开线的分割。线的空间分割生成各种比例的面，所以线的分割也可以理解为面的分割，将面分割后形成的边缘就是线。在利用线进行页面分割时，既要考虑单独形态元素的美感，又要注意其在空间中所具有的联系，这样才能形成良好的形式秩序美感。若想确保良好的视觉秩序感，要求被划分的空间有主有次、相互呼应。

（1）直线

直线分割页面，能使得页面更为清晰、有条理，同时在整体上也显得和谐统一，如图 3-4 所示。

（2）曲线

通过曲线将页面分割为不同比例的空间，能使页面空间产生对比与节奏感，并富于变化与动感，给人无限想象，如图 3-5 所示。

图 3-4　直线分割页面

图 3-5　曲线分割页面

3. 面的构成

面在网页布局中的概念，可以理解为点的放大、点的密集或线的重复。另外，线的分割产生各种比例的空间，也可理解为各种比例的面。面有长度、宽度而无厚度，具有位置及方向的特性。

面一般表现为 4 种图形：几何形、有机形、手绘形和偶然形。

（1）几何形

几何形包括圆形、矩形、三角形、多边形或这几种形的组合。它可以表现理性、秩序、明快、冷静等感觉。简洁明确的几何形易于被人们所识别、理解和记忆。

（2）有机形

有机形是由一定数量的曲线组合而成，是自然物外力与内力相抗衡而形成的形态。有机形富有内在的张力，给人以纯朴、温暖而富有生命力的感觉。

（3）手绘形

手绘形指徒手描绘或用特定工具制作的图形。它能充分表达设计的个性或情感。

（4）偶然形

偶然形，是指在力的作用下随机形成的图形。它具有天然成趣的效果，是一种利用偶然因素表现自然的趣味性及美感性，具有丰富的象征意义。

3.2 网页图像设计

图形图像可以更具体、更真实、更直接、更易于理解地将信息传达，这是图形图像的特点。与文字不同，图像更注重于视觉的冲击，强烈的视觉冲击能给人留下非常深刻的印象。

3.2.1 设计技巧

网页中的图像设计有相应技巧，如协调对比、提高质量、关联性、控制大小、合理选图等。

1. 协调对比

图像设计必须与网页整体相协调，并且与文字产生对比。当图片过亮时，文字则应使用较深的颜色，反之亦然。当需要使用白色字体或亮色背景时，则应使用一些黑色元素进行过渡，如精美的投影技法等。

2. 提高质量

为保证图片吸引人，应保证图片的质量。若网页中的图片模糊不清，很容易影响浏览者的心情。

3. 关联性

网页以文字为主时，图片设计就一定要与文字相关联，保持元素的一致性在网页设计中是非常重要的。

4. 控制大小

一般来说，图像越大，视觉冲击也就越大。但图片过大，会导致网页的打开速度变慢，因此在网页设计中需要把握图片的大小。

5. 合理选图

在网页设计中，优秀的图像能打破视觉的单一性，帮助用户聚集注意力于网页的核心内容，如文章主体、关键信息点以及版块间的衔接等内容。

3.2.2 设计手法

为了吸引注意力，创造新颖、有趣的视觉形象，必须认真研究图形的表现形式，掌握图形内在的组织变化规律和构形方法，才能不断推陈出新，衍生出新的图形形态，从而进一步丰富图形表达语言，使图形创意更具活力，形式更多样。

图形创意表现有其自身的构成语言和组织特征，我们可以从图形的形态特征入手，分析其图形创意的表现形式，从中了解图形创意的方法。用合理的图形表现形式，并融入个人独特的认知、情感、创意和理念，通过视觉形象将这些内容传递给观众，以期引起共鸣。

1. 同构

所谓同构，简言之就是移花接木，指将两个不同的元素与相关的内容巧妙地结合在一起。构成的新图形不再是现实生活中自然物形的再现，而是天人合一的非现实整合。在整合时，两个元素可以是对立的，也可以是同一含义的，但却是不同的材料，不同的对象。当两种不同的材料或对象结合在一起时，就会形成反差，反差越大，视觉冲击越强。同构并不是原图形的简单相加，而是一种超越或突变，形成强烈的视觉冲击力，给予观者丰富的心理感受。

同构创意的产生与表现，需要有开阔的思路与丰富的联想，能够在平常熟悉的物象中寻找特殊，从不同的角度来观察事物，从形形色色的形象中寻找出各事物的共同点，才能创造出新颖独特的同构图形。

2. 替代

替代是一种特殊的、偷梁换柱式的同构现象，以常规图形为依据，保持其物形的基本特征，将图形元素中的某一部分用其他相似或不相似元素替代，并从根本意义上改变物体原来所赋予的含义，产生了“意”的转换，使图形传达出深刻、富于哲理性的寓意，引发新的视觉感受和思考。

3. 联想

通过图像的联想，可以把图像有关的特征、特点表现出来，即将两个原本毫无关系、相差甚远的事物联系在一起，通过画面中的直观图像，使观者在视觉心理上产生从这一物象到另一物象的联想。

4. 寓意

寓意的设计手法适用于不易直接表达的主题内容。通过选择与目标主题相吻合的物体，使用比喻和象征等手法来表现主题。

5. 情感

将情感贯穿于图形图像中，增强了视觉感染力，使得视觉元素具有更深刻的含义，能引发人们的共鸣。

6. 夸张

夸张是借助丰富的想象力，在忠实客观现实的基础上刻意放大或缩小事物的形象特征，用以增强表达效果。夸张能突出事物的本质，或增强作品的某种感情，烘托气氛，引发读者丰富的想象和强烈的共鸣。

7. 幽默

幽默图形对视觉心理有积极影响，为信息传达搭起沟通的桥梁。不仅适应人们在智慧和情感上的需要，还能有效地吸引浏览者的注意，引发思考和阅读兴趣，使浏览者在轻松的环境中获得审美享受，在微笑中愉快地接受信息，为信息传达起到积极的促进作用。

幽默图形设计是抓住信息传递过程中的喜剧色彩，采用出奇制胜的方法，以获得与常规思维方式截然不同的表现力。

8. 层次空间

视觉层次是高效率网页设计的重要原则之一。通过表现图像的层次感，不仅能在平面上表现更多内容，营造一种视觉上的空间感，也使浏览者更易接受网页信息。图像的层次可以通过以下几点体现。

- 构图：构图时注意画面前、中、远景搭配，层次感会更好。
- 用光：顺光容易使画面显得平板，而侧光、逆光会使画面层次更丰富。
- 曝光：曝光准确的图片，高光部分、阴暗部分细节都能保留，画面层次自然丰富细腻。

9. 直接

直接，即开门见山式地将需要表达的主题准确、明确地表达出来。对于需要展示实物的网页，使用该设计手法能给人真实、自然的感觉。

3.3 网页图像设计形式

网页图像设计形式包括概括、具象、抽象、漫画、装饰和图标6种。

3.3.1 概括

概括是将对象的特点归纳总结，对其进行简明叙述，扼要重述，使图形简明化，让浏览者在很短的时间内就对该对象有很直观的认识。对事物的特征加以概括，不仅能在更短的时间内表现事物，还能方便传达与记忆。

3.3.2 具象

具象则是艺术家在生活实践中观察体验多次的形象，它不仅仅是感知、记忆的结果，还打上了艺术家的情感烙印，带有鲜明的主观色彩。它来源于生活中无数具体表象，经过筛选、整合和提炼而成。

3.3.3 抽象

抽象是从众多的事物中抽取出共同的、本质性的特征，而舍弃其非本质的特征。例如苹果、香蕉、生梨、葡萄、桃子等，它们共同的特性就是水果。得出水果概念的过程，就是一个抽象的过程。要抽象，就必须进行比较，没有比较就无法找到在本质上共同的部分。共同特征是指那些能把一类事物与他类事物区分开来的特征，这些具有区分作用的特征又称本质特征。因此抽取事物的共同特征就是抽取事物的本质特征，舍弃非本质的特征。所以抽象的过程也是一个裁剪的过程。在抽象时，同与不同，决定于从什么角度上来抽象。抽象的角度取决于分析问题的目的。

3.3.4 漫画

漫画常用夸张、比喻、象征、拟人、寓意等手法，直接或隐晦、含蓄地表达作者对纷纭世事的理解及态度，是含有讽刺或幽默的一种浪漫主义的绘画。它同其他绘画的主要区别在于独特的构思方法和表现手法。它具有讽刺与幽默的艺术特点，以及认识、教育和审美等社会功能。

3.3.5 装饰

装饰化图形主要通过以下几种方式体现。

- 省略：是对自然形态的简洁化，略去烦琐细节，以突出整体的特征与个性。
- 夸张：是对自然形态的某些部分进行装饰变形，使特征与个性更加突出，更加典型。
- 添加：是运用附加组合的方式在图案中添加装饰，使其更加丰富，更加理想。
- 分解：是运用形与形之间的相互叠合，或者是运用点、线、面对图案形象进行分割，以达到更加丰富与变化的装饰效果。

装饰图案的形式法则如下：

1. 变化与统一

变化是寻找各部分之间的差异、区别；统一是寻求它们之间的内在联系、共同点或共有特征。没有变化，则单调乏味和缺少生命力；没有统一，则会显得杂乱无章、缺乏和谐与秩序。

2. 对称与均衡

对称与均衡是不同类型的稳定形式，保持物体外观量感均衡，可达到视觉上的稳定。

- 对称：在假设的一条中心线左右、上下或周围配置同形、同量、同色的纹样所组成的图案。对称形式构成的图案，具有重心稳定和静止庄重、整齐的美感。
- 均衡：中轴线或中心点上下左右的纹样等量不等形，即分量相同，但纹样和色彩不同，是依中轴线或中心点保持力的平衡。在图案设计中，这种构图生动活泼富于变化，有动的感觉，具有变化美。

3. 条理与反复

条理是“有条不紊”，反复是“来回重复”。条理与反复即有规律的重复。

自然界的物象都是在运动和发展着的，这种运动和发展是在条理与反复的规律中进行的。

图案中的连续性构图最能说明这一特点。连续性构图是装饰图案中的一种组织形式，它是将一个基本单位纹样作上下左右连续，或向四方重复地连续排列而形成的连续纹样。图案纹样有规律地排列、有条理地重叠交叉组合，使其具有淳厚质朴的感觉。

4. 节奏与韵律

节奏是指构成要素有规律、周期性变化的表现形式，常通过点或线条的流动、色彩深浅变化、形体大小、光线明暗等变化表达。

韵律是指在节奏基础之上的更深层次的内容和形式的抑扬顿挫的有规律的变化统一。

节奏与韵律往往互相依存，互为因果。韵律在节奏基础上丰富，节奏是在韵律基础上的发展。一般认为节奏带有一定程度的机械美，而韵律又在节奏变化中产生无穷的情趣。各种物象由大到小、由粗到细、由疏到密，不仅体现了节奏变化的伸展，也是韵律关系在物象变化中的升华。

5. 对比与调和

对比，是指在质或量方面区别和差异的各种形式要素的相对比较。在图案中常采用各种对比方法。一般指形、线、色的对比，质量感的对比，刚柔静动的对比。在对比中图案相辅相成，互相依托，使活泼生动，而又不失于完整。

调和就是适合，即构成美的对象在部分之间不是分离和排斥，而是统一、和谐，被赋予了秩序的状态。一般来讲，对比强调差异，而调和强调统一，适当减弱形、线、色等图案要素间的差距，如同类色配合与邻近色配合具有和谐宁静的效果，给人以协调感。

对比与调和是相对而言的，没有调和就没有对比，它们是一对不可分割的矛盾统一体，也是图案设计的重要手段。

3.3.6 图标

图标是具有明确指代含义的图形符号。它源自于生活中的各种图形标识，是计算机应用图形化的重要组成部分，具有高度浓缩并快捷传达信息、便于记忆的特性。

3.4 网页中的图像处理

图像的外形、大小、数量以及与背景的关系，都和内容有着密切的联系。

3.4.1 面积处理

图像在网页中占据的面积大小能直接显示整个页面的视觉效果和情感表达。一般而言，大图像容易形成视觉焦点，感染力强，传达的情感较为强烈、直接；小图像常用来穿插在字群中，简洁而精致，有点缀和呼应页面主题的作用，表达情感含蓄。在同一个页面中，如果只有大图像而无小图像或细密的文字，就会显得空洞；但只有小图像而无大图像，又使页面缺乏视觉冲击力。

图像的大小不仅决定着主从关系，也控制着页面的均衡与运动。大小对比强烈，给人跳跃感，使主角更突出；大小对比减弱，则页面稳定、安静。这是因为，访问者在浏览页面时，首先会注意到大图像，然后再看到较小的图像，这种由大到小的引导，使浏览者的视线在页面上流动，便形成一种动势，页面生动鲜活。

网页设计时先确定主要形象与次要形象，扩大主要图像的面积，使次要角色缩小到从属地位。只有大、小图像主次得当地穿插组合，才能构成最佳的页面视觉效果。

3.4.2 外形处理

图像的外形对页面的整体氛围有着重要影响，并直接左右浏览者的感受。一般而言，方形的图像稳定、严肃，三角形的锐利，圆形或曲线外形的柔软亲切，退底图及一些不规则或不带边框的图像活泼。

1. 方形图

图形以直线边框进行规范和限制，是一种最常见、最简洁、最单纯的形态。方形图使图像内容更突出且将主体形象与环境融合，可以完整地传达主题思想，富有感染性。配置方形图的页面，给人以稳重、可信、严谨、理性、庄重和安静等感觉，但有时也显得平淡、呆板。

2. 退底图

图像的退底是仅保留所选图像，而将沿图像边缘的背景去掉，退底后的形象外轮廓成自由形状，具体清晰分明的视觉形态，显得灵活自如，更具个性，因而给人印象深刻。退底图页面图文结合自然，给人以亲切感，但也容易造成凌乱和缺乏整体感。

3. 出血图

图像的一边或几边延伸至页面边缘，形成向外扩张和舒展之势。一般用于传达意情或动态信息。因不受边框限制，感觉上与人更加接近，便于情感表达与动感呈现。

3.4.3 位置处理

在网页设计中，对图像位置关系的处理尤为重要，它由网页布局所决定，又影响着布局结构。根据人视线的移动规律，网页的上下左右及对角线是视觉的焦点，也就是最佳视域。处理好图像的位置关系，可以突出网页的形式美感，网页的版式设计、视觉流程的筹划也得到相应简化。

3.4.4 虚实处理

图像的虚实对比能够产生空间感，实的物体感觉近，虚的物体感觉远。图像的虚实处理不仅能体现层次感，还能使图像与其他视觉元素更好地融合，达到协调统一的效果。

3.4.5 合成处理

图像的合成是指用计算机将多幅图片的不同内容有选择地合成一个图像，合成后的图像传达更丰富的信息，能更集中地体现创意。

3.4.6 组合处理

图像的重要程度可以因面积、摆放位置、组合方式的不同而有所不同。将多幅图像以不同方式摆放，可形成图像组。

1. 块状组合

通过水平、垂直线分割，将多幅图像在页面上整齐有序地排列成块状，这种结构具有强烈的整体感和秩序美感。图像自由叠置或分类叠置而构成的块状组合，具有轻快、活泼的特性，同时也不失整体感。

2. 散点组合

图像分散排列在页面各个部位，具有自由、轻快的感觉。采用这种结构，应注意图像的大小、主次，以及方形图、退底图和出血图的配置，同时还应考虑疏密、均衡、视觉流程等。

3.4.7 特写处理

对于整体的图像局部进行特写，能让视线更加集中，这种手法有点到为止、意犹未尽的感觉。局部放大，重点表现这一部分，称为特写。特写能对图像产生瞬间的凝视，触发浏览者的兴趣点。

3.4.8 数量处理

内容决定图像的数量。只用一幅图像，会使内容突出、页面稳定。增加一幅图像，页面会因为有了对比和呼应而活跃起来。再增加一幅图像，则页面更加热闹、活泼。但是，受限于网络传输速度，使用图像时一定要谨慎，大的图像会降低页面显示速度，即使是小图像，如果使用数量过多，同样会使页面响应速度变慢。随着网络环境及技术条件的改善，这种情况已经有了很大的改观。

3.4.9 与背景的关系处理

网页图像与背景是对比和统一的关系。也就是说，图像与背景在和谐统一的基础上，应存在一定的对比，以使主要图像更加突出。如精密的相机镜头以粗糙的岩石为背景，明亮的文字以深邃的星空为背景，或者使用没有背景及陪衬物的退底图像，周围留出大面积空白，都是利用对比对主体形象起到突出作用。

模块 4 网页文字编排

内容概要

网页文字的排版和设计对于访问者对网站的第一印象非常重要。精美的字体编排可以在很大程度上影响访问者的浏览感受。

知识要点

- 了解字号、字体、行距、文字的颜色、字体设计创意方法及设计原则
- 文字编排的应用原则
- 掌握网页文字设计技巧

4.1 网页字体设计

文字是最直接、最精准的视觉沟通媒介，是表达信息的重要载体，是网站视觉设计中的重要组成部分。网站文字设计同其他要素一样，要体现其功能性和审美性的价值。同时要使浏览者能够清晰地阅读，即要提高文字的可阅读性。

4.1.1 字号、字体、行距

网页中最基本，也是最常用的元素就是文字。

1. 字号

网页上文字的大小影响着信息的识别性及浏览者的阅读感受。文字过大，不仅会影响阅读速度，也会使网站显得过于凌乱；而文字过小，会加大阅读的难度。字号是区分文字大小的衡量标准。在进行网页设计时，最常使用的字号单位是点制（pt）和像素（px）。点制又称为磅制，对于网页来说，公认的正文字号是 9 磅。另一种流行的网页字体大小的表示法是像素，12 px 是最常用正文字号。另外，文字的大小也可以区分功能并影响网页的视觉风格。

2. 字距行距

文字的字距和行距是决定文字可读性的重要因素。通过显示器阅读大段的文字，容易使人产生疲劳，字距过大或过小更加会影响阅读。网页上的正文字通常使用宋体，字距通常也采用“标准字距”。标题文字或指示性文字的间距可根据实际版面的需求，结合各视觉要素之间的关系，进行灵活设定。

行距的变化也会对文本的可读性产生很大影响。一般情况下，接近字体尺寸的行距设置比较适合正文。行距的常规比例为 10∶12，即用字 10 点，则行距 12 点。这主要是出于以下考虑：适当的行距会形成一条明显的水平空白带，以引导浏览者的目光，而行距过宽会使一行文字失去较好的延续性。

除了对于可读性的影响，行距本身也是具有很强表现力的设计语言。为了加强版式的装饰效果，可以有意识地加宽或缩窄行距，体现独特的审美意趣。例如，加宽行距可以营造轻松、舒展的氛围，应用于娱乐性、抒情性的内容非常恰当。另外，通过精心安排，使宽、窄行距并存，可增强版面的空间层次与灵活性，展现出独到的匠心。

3. 字体

浏览者访问网页看到的文字的样式取决于客户端电脑所安装的字体，网页上如果使用了客户端电脑没有安装的字体，系统会将字体自动转换为默认字体，即中文的新宋体或英文的 Verdana，Arial 体等。

网页设计者可以用字体来更充分地体现设计中要表达的情感，选择字体要基于网页的总体设想和浏览者的需求。例如，粗体字强壮有力，有男性特点，适合机械、建筑业等内容；细体字高雅细致，有女性特点，更适合服装、化妆品、食品等行业的内容。在同一页面中，字体种类少，版面雅致，有稳定感；字体种类多，则版面活跃，丰富多彩。关键是如何根据页面内容来掌握这个比例关系。

从加强平台无关性的角度来考虑，正文内容最好采用默认字体。因为浏览器是用本地电脑上的字库显示页面内容的。作为网页设计者，必须考虑到大多数浏览者的电脑里只装有 3 种字体类型及一些相应的特定字体。而指定的字体在浏览者的机器里并不一定能够找到，这给网页设计带来很大的局限性。解决问题的办法是，在确有必要使用特殊字体的地方，可以将文字制成图像，然后插入页面中。

一般来说，网页字体笔画圆弧越不规则，字体边缘的锯齿特征就越明显，这样在屏幕上显示就不是很美观。所以在选择网页字体时，尽可能选择那些笔画贴近水平或者笔直方向的字体，或者字体的圆弧笔画要尽可能地靠近 45° 的方向。英文字体中，Verdana，Geneva，Arial，San-serif 字体都是比较理想的网页字体；而中文字体中，黑体字在网页中的视觉效果比较好。同时，网页字体要极力避免使用斜体，因为会影响易读程度。

4. 中文字体

以语言进行信息传达时，语气、语调以及面部表情、姿态手势是语言的辅助和补充。而在页面设计中，文字的字体、规格及其编排形式，就相当于文字的辅助信息传达手段，如宋体字型结构方中有圆，刚柔相济，既典雅庄重，又不失韵味灵气。从视觉角度来说，每种字体都有其特点。下面对几种常见字体进行讲解。

- 宋体：阅读最省目力，不易造成视觉疲劳，具有很好的易读性和识别性。
- 楷体：字型柔和悦目，间架结构舒张有度，可读性和识别性均较好，适用于较长的文本段落，也可用于标题。
- 仿宋：字体笔画粗细均匀，秀丽挺拔，有轻快、易读的特点，适用于文本段落。因其字型娟秀，力度感差，故不宜用作标题。
- 黑体：不仅庄重醒目，而且极富现代感。因其形体粗壮，在较小字体级数时宜采用等细黑，否则不易识别。
- 圆体：视觉冲击力不如黑体，但在视觉心理上给人以明亮清新、轻松愉快的感觉，但其识别性弱，在长段落中使用容易降低阅读效率，故只适宜作标题性文字。

手写体分为两种，一种来源于传统书法，如隶书体、行书体等；另一种是以现代风格创造的自由手写体，如广告体、POP 体等。手写体只适用于标题和广告性文字，长篇文本段落和小字体级数时不宜使用。应尽量避免在同一页面中使用两种不同的手写体，因为手写体形态特征鲜明显著，很难形成统一风格，不同手写体易造成界面杂乱的视觉形象。手写体与黑体、宋体等规范的字体相配合，则会产生动静相宜、相得宜彰的效果。美术体是在宋体、黑体等规范字体基础上变化而成的各种字体，如综艺体、琥珀体等。美术体具有鲜明的风格特征，不适于文本段落，也不宜混杂使用，多用于字体级数较大的标题，发挥引人注目、活跃界面气氛的作用。

5. 拉丁字母

依据其基本结构，拉丁字母可以分为 3 种类型。

- 饰线体：此类字体在笔画末端带有装饰性部分，笔画精细、对比明显，与中文的宋体具有近似形态特征。饰线体在阅读时具有较好的易读性，适于用作长篇幅文本段落。代表字体是新罗马体（Times New Roman）。

- 无饰线体：笔画的粗细对比不明显，笔画末端没有装饰性部分，字体形态与中文的黑体相类似。由于其笔画粗细均匀，故在远距离易于辨认，具有很好的识别性，多用于标题和指示性文字。无饰线体具有简洁规整的形态特征，符合现代的审美标准。代表字体是赫尔维梯卡体（Helvetica）。
- 装饰体：即通常所说的“花体”，由于此类字体有很强的装饰性，阅读时较为费力，易读性较差，因此只适合运用于标题或较短文本中，类似于中文的美术体和手写体。代表字体是草体。

在某些特殊场合，如广告或展示性的短语中，拉丁字母全部使用小写字母，能够营造一种平易近人的亲切感。拉丁字母字体大都包含字幅（正、长、扁）、黑度（细、粗、超粗）、直斜的变化，因而由一种基本字型可以变化出多种具有相似特征的同族字体，这些字体统称为“字族”。同一页面中，字体应尽量在同一字族中选用，以保证页面具有明确、统一的风格特征。

4.1.2 文字的强调

通过对文字的强调，可提高该文字内容的关注度，快速吸引注意力。

1. 行首的强调

将正文的第一个字或单词放大并作装饰性处理，嵌入段落的开头，这在传统媒体版式设计中称之为“下坠式”。此种编排方式可溯源到欧洲中世纪的文稿抄写。由于它具有吸引视线、装饰和活跃版面的作用，被应用于网页的文字编排中。其下坠幅度应跨越一个完整字行的上下幅度。至于放大多少，则依据所处网页环境而定。

2. 引文的强调

在进行网页文字编排时，常常会碰到提纲性的文字，即引文。引文概括一个段落、一个章节或全文大意，因此在编排上应给予特殊的页面位置和空间强调。引文的编排方式多种多样，如将引文嵌入正文的左右侧、上方、下方或中心位置等，并且可以在字体或字号上与正文相区别而产生变化。

3. 个别文字的强调

如果将个别文字作为页面的诉求重点，则可以通过加粗、加框、加下划线、加指示性符号、倾斜字体等手段有意识地强化文字的视觉效果，使其在页面整体中突出且夺目。另外，改变某些文字的颜色，也可以使这部分文字得到强调。这些方法实际上都是运用了对比的法则。

4.1.3 文字的颜色

在网页设计中，设计者可以为文字、文字链接、已访问链接和当前活动链接选择不同颜色。例如默认的设置是正常字体颜色为黑色，默认的链接颜色为蓝色，鼠标点击之后又变为紫红色。使用不同颜色的文字，可以使想要强调的部分更加引起注意。但应注意，对于文字的颜色，只可少量使用，如果什么都想强调，实质就是什么都没有强调。况且，在一个页面上使用过多的颜色，会影响浏览者阅读页面内容，除非另有特殊的设计目的。

颜色的使用除了能够起到强调整体文字中特殊部分的作用之外，对于整个文案的情感表达也会产生影响。这涉及色彩的情感象征性问题，限于篇幅，在这里不做深入探讨。

需要注意的是，文字颜色的对比度包括明度上的对比、纯度上的对比以及冷暖的对比。这些不仅对文字的可读性发生作用，更重要的是，可以通过对颜色的运用实现想要的设计效果，表达设计情感和设计思想。

4.1.4 字体创意设计方法

字体设计是在文字的基本形态的基础上，对字的笔画或结构进行变化或加工，使变化后的形态符合设计，增强了文字的视觉效果。下面介绍字体创意设计的方法。

1. 改变字体形态

人们已经习惯正常的字体形态，突然间的变化会产生新的视觉感受，产生重新审视的兴趣。对字体进行局部或整体改变，如拉伸、挤压、扭曲、撕裂、剪除、省略、替换、粗细等变化，可形成新的字体。

（1）笔画的横竖变化

将文字的笔画都变成横或竖的形态，改变原先的字体结构特征，如将笔画中的撇、捺、点、挑、钩等均变成了水平，垂直或直角转折，如图 4-1 所示。

图 4-1　笔画的横竖变化

（2）笔画的粗细变化

设置不同的文字笔画粗度而形成不同的字体，如图 4-2 所示。由于人们已经习惯正常的视觉大小，突然间的变化会产生新的视觉感受，产生重新审视的兴趣。

图 4-2　笔画的粗细变化

（3）笔画的剪除与省略

将文字的笔画剪除或省略而形成不同的字体，在视觉上会形成自动补齐的效果，可以加深浏览者的印象。采用该方法的原则是保留字体的特征，如图 4-3 所示。

（4）笔画的拉长与缩短

将笔画进行拉长或缩短，如图 4-4 所示将“胡”字偏旁拉长，形成一种象形文字。

图 4-3　笔画的剪除与省略

图 4-4　笔画的拉长

（5）笔形变异

笔形变异是指在局部的某个或者某些笔画上采用不同于正常笔画的形态造型，突出文字内涵和特征。在很多动感的文字设计中都能找到笔画突变的造型，如图 4-5 所示。

（6）笔端的变化

笔端变化是最简单的笔画形态设计，如将宋体字的棱角去掉，则变成另一种字体。笔端变化使用较多的是变圆，可有大圆角和小圆角之分。还可以变成弧形，甚至对字体的框性结构作圆化处理。如图 4-6 所示为笔端变化设计的文字。

图 4-5 笔形变异

图 4-6 笔端变化

（7）笔画的对比

主要通过笔画大小、形态、色彩等的强烈对比，使各自的特征更加鲜明。如海信标志通过字母 H 左上角颜色的变化，突出了首字的特征；联想产品 ThinkPad 标志中字母 i 的点颜色的变化形成对比，如图 4-7 所示。

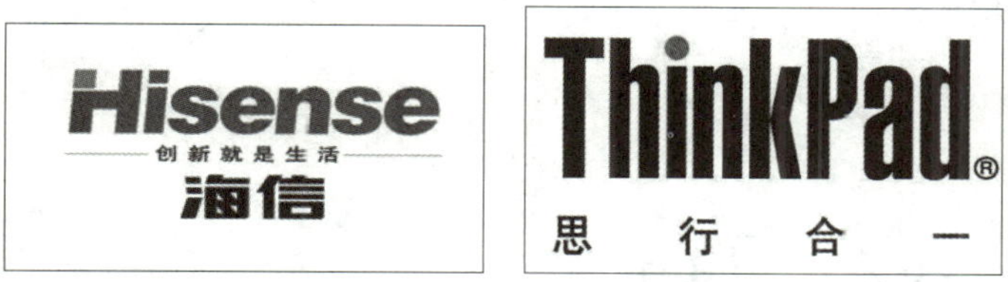

图 4-7 笔画的对比

（8）笔画中的点与口

将一些文字中的笔画点或口字结构进行变化，如图 4-8 所示。

图 4-8 变化笔画中的点与口

2. 改变文字的组合效果

改变文字的组合效果有以下几种方式。

（1）笔画的连接

通过一组文字笔画的连贯表达文字之间的关系，增强一组文字的视觉感染力。笔画连接后使整体感加强，并且充满活力，如图 4-9 所示。

（2）笔画的共用

通过相关、相似、相近的笔画间的互相借用组成文字间的关系，深化视觉传达效果，如图 4-10 所示。

图 4-9 笔画的连接

图 4-10 笔画的共用

（3）文字的错落摆放

把左右改为左上左下，上下排，或斜排，就是一边高一边低，让文字排列错落有致，如图 4-11 所示。

图 4-11　文字的错落摆放

3. 添加文字的装饰

通过对所设计的汉字字意的深刻内涵加以挖掘，将文字中部分笔画用实物、图形、符号、色块等替换，或利用文字外形与某一事物的相似点进行变化。

（1）图形替换文字笔画或结构

主要是通过在汉字局部笔画上添加与汉字含义相关的图形或图像装饰来增强文字的效果和感染力。如看到“时间”就会联想到钟表，看到“对话”就会联想到电话，看到“爱情”就会联想到心等，这些有代表性的字，巧妙地将图形和字体本身结合，会使整个视线活跃起来，如图 4-12 所示。

（2）将图形添加到文字中

将与文字含义相关的图形加入文字结构，使图形与文字结合，形成新的文字，如图 4-13 所示。

图 4-12　图形替换文字笔画或结构

图 4-13　将图形添加到文字中

（3）文字组合成图形

在基础文字中添加与文字相关的图形，如图 4-14 所示。

图 4-14　文字组合成图形

4. 改变文字的平面效果

（1）文字的三维效果

文字的三维效果表现为真实的空间，即眼睛看得见，手能摸得到的；以及虚拟的空间，即眼睛看得见，而不能触摸到的。通过添加投影、浮雕、透视效果，产生矛盾空间，如图 4-15 所示。

图 4-15　文字的三维效果

（2）空心

空心是以线条勾画出文字的轮廓，而中间部分留出空白的一种字体，如图 4-16 所示。特粗字体的轮廓线有时会相合或重叠，宋体的横线如保持空心形状时会有太粗的感觉。因此，横线保持单线的形状即可。

（3）白线中分

通过在文字或字母的笔画中间贯通白线，形成统一的视觉效果，如图 4-17 所示。

图 4-16 空心

图 4-17 白线中分

4.1.5 字体设计原则

字体创意设计是通过巧妙的方法和途径，将文字信息以美的形式表现出来，使浏览者在快速、准确理解所传达内容的基础上，得到美的享受。它能使文字的内容与形式有机结合，强调视觉表达的艺术性。字体创意首先要明确所针对的具体内容，遵循一定的设计原则，赋予文字独特的艺术价值，发挥字体的艺术感染力。过于天马行空就会失去创意的意义，设计必须有的放矢。

1. 表达内容的准备性

在对字体进行创意设计时，应先对文字所表达的内容进行准确的理解，然后选择最恰当的形式进行艺术处理与表现。

2. 形式与内容的统一性

字体设计有特定的内容和要求，设计时必须从具体内容出发，追求内容上的准确传达和形式上的新颖美观。形式与内容是否统一，是字体创意设计的首要关切。

3. 文字的可读性

容易阅读是字体创意设计的最基本原则。字体创意设计的目的是更快捷地传达信息，给人以清晰的视觉印象。如果文字让人费解，即使再优秀的构思，再富于美感的表现，无疑也是失败的。因此，设计中的文字应避免繁杂零乱，使人易认、易懂。夸张和变形不能违背约定俗成的原则，否则会使信息传达失败，容易造成错读或误读。

4. 表现形式的艺术性

在视觉传达的过程中，文字作为画面的形象要素之一，具有传达感情的功能，因此字体设计在易读前提下追求字体的形式美感。整体统一是美感的前提，协调好笔画与笔画、字与字之间的关系，强调节奏与韵律也显得特别重要。

字型设计精美、组合巧妙的文字能给人愉悦的视觉体验。反之，则视觉上难以产生美感，甚至会导致观众拒而不看，这样势必难以传达出作者想要表现的意图和构想。

字体创意要以创新为目的，独具风格的字会给人留下深刻的印象。

5. 赋予文字个性

文字的设计要服从于作品的风格特征。文字的设计不能和整个作品的风格特征相脱离，更不能相冲突，否则，就会破坏文字的诉求效果。一般说来，文字的个性大约可以分为以下几种。

- 端庄秀丽：字体造型优美清新，格调高雅。
- 坚固挺拔：字体造型富于力度，简洁硬朗。
- 深沉厚重：字体造型规整，庄重、严肃。
- 欢快轻盈：字体造型生动活泼，跳跃明快。
- 苍劲古朴：字体造型朴素无华。
- 新颖独特：字体造型奇妙，个性突出。

6. 富于创造性

根据作品主题的要求，突出文字设计的个性色彩，打造与众不同的独具特色的字体，给人以耳目一新的视觉体验，有助于作者设计意图的表现。设计时，应从字的形态特征与组合上进行探求，不断修改，反复琢磨，这样才能创造出富有个性的文字，使其外部形态和设计格调都能唤起人们的审美愉悦感受。

文字设计的成功与否，不仅在于字体自身的书写，同时也在于其运用的排列组合是否得当。如果一件作品中的文字排列不当，拥挤杂乱，缺乏视线流动的顺序，不仅会影响字体本身的美感，也不利于观众进行有效的阅读，难以产生良好的视觉传达效果。要取得良好的排列效果，关键在于找出不同字体之间的内在联系，对其不同的对立因素予以和谐的组合，在保持其各自的个性特征的同时，又取得整体的协调感。

为了打造生动对比的视觉效果，可以从风格、大小、方向、明暗度等方面选择对比的因素。

为了达到整体上组合的统一，需要在风格、大小、方向、明暗度等方面选择协调因素。将对比与协调在服从于表达主题的需要下有分寸地运用，造成既对比又协调、具有视觉审美价值的文字组合效果。文字的组合中，要注意以下几个方面。

（1）人们的阅读习惯

文字组合的目的是增强其视觉传达能力，赋予其审美价值，激发读者阅读兴趣，因此在组合方式上应顺应读者的阅读顺序。水平方向上，人们的视线一般是从左向右流动；垂直方向时，视线一般是从上向下流动；大于 45° 斜度时，视线是从上而下地流动的；小于 45° 时，视线是从下向上流动的。

（2）字体的外形特征

不同的字体有不同的视觉动向，如扁体字有左右流动的动感，长体字有上下流动的感觉，斜体字有向前或向斜流动的动感。因此在组合时，要充分考虑不同的字体视觉动向上的差异进行不同的组合处理，如扁体字适合横向编排组合，长体字适合作竖向的组合，斜体字适合作横向或斜向的排列。合理运用文字的视觉动向，有利于突出设计的主题，引导观众的视线按主次轻重流动。

（3）设计基调

每一件作品都有其特有的风格。在设计中版面不同字体的组合应与整个作品风格相协调，形成统一的情感基调，避免各种文字各自为政。总的基调应该是整体上的协调和局部的对比，于统一之中又具有灵动的变化，从而具有对比、和谐的效果。这样，整个作品才会产生视觉上的美感，符合人们的欣赏心理。除了以统一文字个性的方法实现设计的基调外，也可以从方向性上来形成文字统一的基调，以及色彩方面的心理感觉来形成统一基调的效果。

(4) 负空间的运用

在文字组合上，负空间是指除字体本身所占用的页面区域之外的空白，即字间距、行间距及其周围空白区域。文字组合的好坏，很大程度上取决于负空间的运用是否得当。字的行距应大于字距，否则观众的视线难以按一定的方向和顺序进行阅读。不同类型文字的空间可作适当地集中，并利用空白加以区分。为了突出特定部分字体的形态特征，应留适当的空白，分类集中。

在有图片的版面中，文字的组合应相对较为集中。如果是以图片为主要的视觉焦点，则文字应该紧凑地排列在适当的位置上，不可过分变化分散，以免因主题不明而造成视线流动的混乱。

4.2 文字编排概述

文字是信息的主要载体方式，是网站构成的基础。众所周知，网页文字的排版设计对于页面的整体效果有着非常重要的影响。文字排版的重要性容易被忽视，实际上占用页面面积最多的就是文字信息。文字信息阅读的舒适程度直接关系到浏览者的心理感受。

4.2.1 文字编排的主要功能

所谓版面设计，即在版面上将有限的视觉元素进行有机的排列组合，将理性思维个性化地表现出来，是一种既有个人风格又有艺术特色的视觉传达方式。它在传达信息的同时，也产生感官上的美感。版面设计当然也是实用艺术，它利用文字特有的将物的形简化地融合于文字符号中的特点，在网站页面设计中发挥着独特的作用。尤其汉字的一个字代表一种或多种意义，更能创造出极富视觉意趣的字体图形。由此看来，文字已不只是交流信息的语言符号，而是个性品位极强的艺术品。

网站种类繁多，内容千差万别，但是网页设计应和谐醒目，图表规范，字形考究，体例统一。每一类网站都面对不同的读者和不同的需要，如科教类的网站面对的是追求严谨知识的人，页面应该朴实、规范；而时尚类网站面对的是追逐时尚与潮流的年轻人，页面设计应追求动感、活泼，每类网站各具形态和魅力。网页虽小，却有极强的可塑性，因此，网页设计不能千篇一律，应发挥版面设计的独特功能。

1. 烘托文本主题

网页设计的最终目的是使网站内容条理清晰，用悦目的组织形式更好地突出主题，通过页面的空间层次、主从关系、视觉顺序及彼此间的逻辑条理性使网站具有良好的引导力。人们通过网页设计的形式感、视觉冲击力，介绍、传播信息或知识，树立某种形象，扩大某种影响，推销某种商品和技术，传播某种观念，因此太过花哨、杂乱无章的网页不利于烘托文本主题。

2. 集中浏览视线

在网页设计中，不同字体造型具有不同风格，给人不同的视觉感受。举例来说，常用字体黑体笔画粗直笔挺，整体呈方形形态，给观者稳重醒目、静止的视觉感受。而娃娃体则笔形较随意，轻松活泼。现在，电脑字体由最初的宋体、黑体，按设计空间的需要，演变出来多种美术化的变体，派生出多种新形态。一些官方类网站，追求的是严谨的风格，常用宋体、黑体等比较正规的字体。而时尚类网站具有资讯快捷和趣味性的特点，此类网站设计形式追求生动、活泼，采用形式多样而富有趣味的字体，如 POP 体、手写体等，采用富有动感的字体更符合年轻人追求时尚、追逐潮流的视觉感受和精神需要。

4.2.2 文字编排的意义

版面设计的意义不仅在于如何在技术上突破创新，更重要的是利用技术把艺术和思想统一起来，充分表达设计者和设计本身需要传达的内容与精神，表现视觉艺术独特的艺术性。版面设计通过对文字的字形、字体、字号进行不同的编排及颜色设置，使网页极富视觉冲击力和感染力，主题更加突出；根据所要面对的不同的读者，用准确的艺术语言和生动的视觉效果将网站内容的本质和核心表现出来。

4.2.3 文字编排方式

页面里的正文部分是由许多单个文字经过编排组成的群体，要充分发挥这个群体形状在版面整体布局中的作用。从艺术的角度，可以将字体本身看成是一种艺术形式，它在个性和情感方面对人们有着很大影响。在网页设计中，字体的处理与颜色、版式、图形等其他设计元素的处理一样非常关键。从某种意义上来讲，所有的设计元素都可以理解为图形。

1. 文字的图形化

字体具有两方面的作用：一是实现字意与语义的功能，二是美学效应。所谓文字的图形化，即是强调它的美学效应，把记号性的文字作为图形元素来表现，同时又强化了原有的功能。作为网页设计者，既可以按照常规的方式设置字体，也可以对字体进行艺术化的设计。无论怎样，一切都应围绕如何更出色地实现自己的设计目标这一中心展开。将文字图形化、意象化，以更富创意的形式表达出深层的设计思想，避免网页的单调与平淡。

2. 文字的叠置

文字与图像之间或文字与文字之间在经过叠置后，能够产生空间感、跳跃感、透明感、杂音感和叙事感，从而成为页面中活跃的、令人注目的元素。虽然叠置手法影响了文字的可读性，但是能造成页面独特的视觉效果。这种不追求易读，而刻意追求“杂音”的表现手法，体现了一种艺术思潮。因而，它不仅大量运用于传统的版式设计中，在网页设计中也被广泛采用。

3. 标题与正文

在进行标题与正文的编排时，可考虑先将正文作双栏、三栏或四栏的编排，再进行标题的置入。将正文分栏，是为了求取页面的空间与弹性，避免通栏的呆板以及标题插入方式的单一性。标题虽是整段或整篇文章的标题，但不一定千篇一律地置于段首之上。标题可作居中、横向、竖向或边置等编排处理，甚至可以直接插入字群中，以新颖的版式打破旧有的规律。

4. 文字编排的4种基本形式

页面里的正文部分是由许多单个文字经过编排组成的群体，要充分发挥这个群体形状在版面整体布局中的作用。下面介绍文字编排的 4 种形式。

- 两端均齐：文字从左端到右端的长度均齐，字群形成方方正正的面，显得端正、严谨、美观。
- 居中排列：在字距相等的情况下，以页面中心为轴线排列，这种编排方式使文字更加突出，产生对称的形式美感。
- 左对齐或右对齐：左对齐或右对齐使行首或行尾自然形成一条清晰的垂直线，很容易与图形配合。这种编排方式有松有紧，有虚有实，跳动而飘逸，产生节奏与韵律的形式美感。左对齐符合人们阅读时的习惯，显得自然；右对齐因不太符合阅读习惯而较少采用，但显得新颖。
- 绕图排列：将文字绕图形边缘排列。如果将退底图插入文字中，会营造出融洽、自然的氛围。

4.3 文字编排的应用原则

文字本身也是一种艺术，不同的文字具有不同风格，比如俊秀、浑厚、奔放、飘逸等。设计师应把文字作为网站页面设计的重要构成元素进行策划和编排。网页设计要对标题、内文等一系列字体进行设计编排，使其表现出自身鲜明的特色与风格。网页最关键的版面设计中的视觉形象，结构、内容等都依赖于文字的变化调整，优秀的文字编排可让读者感受到网站的内涵。

在网页设计中，版面设计的质量直接关系到信息传达的有效性，如何提高其传达效果应遵循以下原则。

4.3.1 视觉性原则

将视觉所发现感性的外在美与理性的内在美协调统一是网站页面设计的重要任务，提高信息的视觉识别性，使之迅速、清晰传达是视觉效果的核心作用，同时还应追求页面美观大方，形成结构紧凑的效果。通过艺术形式的美感将图形、文字、色彩进行组合编排应用，以直接或间接、抽象的视觉效果传播信息。

4.3.2 整体性原则

在网页设计中，“统一”是设计的风格，就其本质来说，即多样性的统一，也就是整体性原则。网页设计在宏观上整齐统一，微观上变化多样，达到形式与内容、布局与整体的完美一致，形成视觉艺术效果的吸引力和视觉空间秩序。网页设计中美的各种形式原理都具有共同性，而这个共同性是为了达到页面的完整性。

4.3.3 对比性原则

一个网站，一个页面，首先编排设计的就是空间对比，对有限的版面来说就是一个空间分配的问题，不同的版面划分，代表不同的意义。如金字塔形页面具有稳定的形态，而圆形和倒三角形则给人动感和不稳定感，倾斜型则更具有动感引人注目。这就要求被划分的空间之间应有相应的主次关系、呼应关系、形式关系。页面设计元素可以还原点、线、面三个基本构成要素：点的形态在空间中产生轻松活泼的视觉效果；线的形态在空间中产生方向性、条理性的视觉美感；面的形态在空间中产生活泼、轻松的视觉效果。因此，页面的空间对比是构成网页设计的基本原理之一。

4.4 网页文字设计技巧

文字排列组合的好坏，直接影响其版面的视觉传达效果。文字设计是增强视觉传达效果、提升作品诉求力、赋予版面审美价值的一种重要构成技术。下面介绍网页文字设计技巧。

4.4.1 网页标题设计技巧

标题的视觉效果是利用不同字体的特点、标题的不同颜色、不同的排列方式、横排竖排的正式与稳重、斜排与不规则排列的动感与不稳定等表达文章内容和风格。标题常用大字、周围留白等各种手法进行重点强调。标题还可以用浓墨重彩的方式，使厚重有力的色彩从整个版面中跳出来。

4.4.2 网页正文设计技巧

正文也可以做各种设计。正文的设计体现在正文的字体、字号、小标题的处理等。网页版面由于面积大，字数多，会引起读者的视觉疲劳，所以网页文字将分栏、分块展现，正文字体通常以宋体、新宋体居多。有时也根据不同的读者和设计需要换用其他字体，字体字号选择以文章整体统一为原则，字体种类少的网页设计比较沉静且雅致，字体种类多的网页设计会给人丰富的视觉效果。

4.4.3 主次和留白

在网页设计中，主次分明、重点突出是版面设计的核心要求。主次明确、只有一个视觉中心，不会造成视觉上的混乱，使传达准确而迅速，让读者迅速把握传达重点。留白率是版面与留白之比。在网页设计中，合理的留白率可以形成视觉集中的效果，提升注视率。留白为读者的视觉提供了休息的空间，是增强网页设计视觉效果的重要手段。

综上所述，通过对版面设计理论在网页设计中的应用，可以得出一个结论，那就是网页设计中的版面设计是为了实现网页的完整性、统一性，使读者在获得知识与信息的同时得到美的享受，通过充分发挥文字主体和网页的特点，不断创造出现代、新颖、极具艺术感的网页效果。

4.5 网页标志设计

在网页设计中，会根据不同的需要设计不同类型的网页图标，最常见的是用于导航菜单的导航图标，以及用于链接其他网站的友情 Logo 图标。

4.5.1 标志设计的构成要素

标志设计中，组成标志的基本要素可分为点、线、面，它们有各自的特性与效用。点、线、面作为最基本的构成要素，在标志设计的造型中各有特点。

4.5.2 标志设计的构思

一个好的标志设计，首先要有好的构思，同时又要有好的形式贯穿始终。前者是内容，后者是形式，两者巧妙结合是作品成败的关键。设计者在构思、设计时要注意以下 6 个要点。

1. 象征性

把握事物的特点、性质、用途，考虑用什么形象恰如其分地表现出来，其形象和表达内涵必须有某种联系，这样才能引起联想，才能一目了然。因此比喻要确切，不论变形、联想、象征都要合适。

2. 独创性

视觉方面明显的识别功能和不同于其他标志的独创性，也是标志设计时必须注意的一点。有的标志内涵不明显，模棱两可，易产生歧义性、误解性。

3. 艺术性

即使有了确切的象征意义和强烈的独创性，如果缺乏整体的美感，标志也会失去生命力，有持久生命力的标志必然有其隽永的强烈艺术美。

4. 识别性

显著、易识别是标志最基本的特征，应避免标志雷同、易相互混淆而产生错觉，从而影响标志的识别。

5. 简明性

标志应以简洁、生动、鲜明的形象传达信息，这便于人们在很短的时间内识别出标志形象并易于记忆。

4.5.3 标志设计的表现

“标”字的基本含义是标记和记号，“志”字的基本含义是不忘和牢记之意。标志是一种特殊的语言形式，有其自身的艺术表现规律。

1. 一形多意

一形多意标志是指一个形态表达多种含意。“一形”指相对完整独立的形，“多意”指组合后形成多个意义。如图 4-18 所示，中国邮政标志是用中国古写的“中”字与邮政网络的形象相结合，归纳变化而成，并在其中融入了翅膀的造型，使人联想起“鸿雁传书”这一中国古代对于信息传递的形象比喻，表达了服务于千家万户的企业宗旨以及快捷、准确、安全、无处不达的企业形象。

图 4-18　一形多意

2. 一形一意

一形一意标志常用于公共信息符号，如交通、家电标志，及生产安全标志等。图形简练、清晰、醒目，在时间短、距离远的条件下能清楚识别。这类标志给社会生活带来便利，有世界通用语言之功效，如图 4-19 所示。

图 4-19　一形一意

3. 多形多意

多形多意标志是指由多个单一形象通过组合形成多个概念。如图 4-20 所示，中国联通的标志设计灵感来源于中国古代吉祥图形“中国结”。其清晰地展示着联通公司的宗旨：通信、通心，联通公司永远为用户着想，与用户心连着心。

图 4-20　多形多意

4. 多形一意

多形一意标志是指多形集中、加深表现内涵，综合后产生一个概念，如保护环境标志和失物招领标志等，如图 4-21 所示。

图 4-21　多形一意

5. 正负形的开发利用

正形在图案中指的是图形元素直接构成的形状，而留下的空白为负形。在标志造型艺术表现手法上，对负形的利用和开发应十分重视，它是达到标志“形简意赅”的极佳形式，如图 4-22 所示。

图 4-22　正负形的开发利用

标志设计的具体方法有以下几种。

- 增加形成法：是指在负形上增加有限的笔画，使之形成又一形象图形，并能与标志意义相吻合，使标志图形更加完整，形达意蕴。
- 减除形成法：指在成为正形的图形中，在恰当的位置上作些减除，形成另一个形象的负形，这无疑是标志造型的一种好方法。
- 自然形成法：在正形与负形之间，不用增减关系就自然形成了正负图形象。
- 共用：“共用”包括“形”的共用和“意”的共用两种，它们是标志造型艺术中很重要的一种方法。

4.5.4　标志设计的流程

1. 调研分析

标志不仅仅是图形或文字的组合，它是依据企业的结构构成、行业类别、经营理念，并充分考虑标志接触的对象和应用环境，为企业制定的标准视觉符号。在设计之前，首先要对企业做全面深入的了解，包括经营战略、市场分析等，这些都是标志设计开发的重要依据。对竞争对手的了解也是一个重要的环节，标志的识别性就是建立在对竞争环境的充分掌握上。因此，先期会要求客户填一份标志设计调查问卷。

2. 要素挖掘

要素挖掘是为设计开发工作做进一步的准备。依据对调查结果的分析，会提炼出标志的结构类型、色彩取向，列出标志所要体现的精神和特点，发掘相关的图形元素，找出标志的设计方向，使设计工作有的放矢，而不是对文字图形的无目的组合。

3. 设计开发

有了对企业的全面了解和对设计要素的充分掌握，可以从不同的角度和方向进行设计开发工作。通过设计师对标志的理解，充分发挥想象，用不同的表现方式将设计要素融入设计中，使标志寓意深刻、特征明显、造型大气、结构稳固，色彩搭配能契合企业形象，避免流于俗套或大众化。不同的标志所反映的侧重点或表象会有侧重，经过讨论分析修改，最终确定适合企业的标志。

4. 标志修正

提案阶段确定的标志，可能在细节上还不太完善。经过对标志的标准制图、尺寸调整、黑白应用、线条使用等不同表现形式的修正，使标志使用更加规范，同时也保证了标志的特点、结构。

模块 5 网页版式布局

内容概要

网页的版式布局就是网页中图像和文字之间的位置关系，可称之为网页排版。网页布局设计最重要的目的就是传达信息。网页版式布局设计包括分割、组织和传达信息环节。

知识要点

- 了解页面布局的方法
- 了解页面布局的类型
- 了解网页导航布局

5.1 网页布局的基础

网页是网站构成的基本元素，决定网页是否吸引浏览者的重要因素之一是网页的合理布局。如何将文字、图像及其他各种网页元素合理、恰当地放入网页中，是网页设计者需要掌握的一种技巧。一个优秀的网页，除了素材和颜色的搭配之外，如何将其布局得井井有条，使页面易读和美观也是至关重要的。

5.1.1 网页的构成

不同性质和类别的网站，网页的布局构成是不同的，一般而言，网页的基本构成包括标题、网站 Logo、页眉、页脚、导航、主体内容、广告栏等。

1. 页面尺寸

显示页面尺寸与显示器大小及分辨率密切相关，网页的局限性之一就是无法突破显示器的范围，此外，因浏览器本身也会占用一定空间，使得实际可用的页面范围变得更小。一般分辨率在 800 × 600 像素的情况下，页面的显示尺寸为 780 × 428 像素；分辨率在 640 × 480 像素的情况下，页面的显示尺寸为 620 × 311 像素；分辨率在 1 024 × 768 像素的情况下，页面的显示尺寸为 1 007 × 600 像素。从以上数据可以看出，分辨率越高，页面显示尺寸越大。

图 5-1　浏览器影响页面尺寸

浏览器的工具栏也是影响页面尺寸的原因之一，如图 5-1 所示。当前大多数浏览器的工具栏都可以根据需要取消或者增加，当显示全部的工具栏时和关闭全部工具栏时，页面的尺寸是不一样的，这意味着网页设计时需要不同情况下不同的页面布局。

在网页设计过程中，向下拖动页面是给网页增加更多内容（尺寸）最常用的方法。

2. 整体造型

什么是造型？造型就是创造出来的物体形象。这里是指页面的整体形象，这种形象应该是一个整体，图形与文本的接合应该是层叠有序。虽然，显示器和浏览器都是矩形，但对于页面的造型，却可以充分运用自然界中的其他形状以及它们的组合。

对于不同的形状，它们所代表的意义是不同的。

（1）矩形

矩形代表正式、规则，政府网站大都是以矩形为整体造型。

（2）圆形

圆形代表柔和、团结、温暖、安全，时尚类站点大都喜欢以圆形为页面整体造型。

（3）三角形

三角形通常象征着力量、权威、稳固、进取等特质。大型商业网站为了传达专业且值得信赖的信息，常采用三角形作为页面整体造型。

（4）菱形

菱形代表着平衡、协调、公平，交友网站常运用菱形作为页面布局的基础元素。

虽然不同形状代表着不同意义，但目前的网页制作多数是结合多个图形加以设计，在这其中某种图形的构图比例可能占得多一些。

3. 网页标题

在浏览网页时，浏览器顶端的蓝色显示条所呈现的信息就是“网页标题”，网页标题是对一个网页的高度概括，如图 5-2 所示。一般来说，网站首页的标题就是网站的正式名称，而内容页面的标题就是文章的题目，栏目首页的标题通常是栏目名称。当然这种一般原则并不是固定不变的，在实际使用中可能会有一定的变化，但无论如何变化，总体上仍然会遵照上述基本原则。

图 5-2　网页标题

在网页 HTML 代码中，网页标题位于 <head> </head> 标签之间。其形式为：

```
<title> 网页标题 </title>
```

4. 页头

页头又可称为页眉，页眉的作用是定义页面的主题。比如一个网站的名称多数都显示在页眉区域，方便访问者快速了解这个网站的主要内容。页头是整个页面设计的关键，它将影响到后续的更多设计和整个页面的协调性。页头常放置站点名字和公司 Logo 以及广告，如图 5-3 所示。

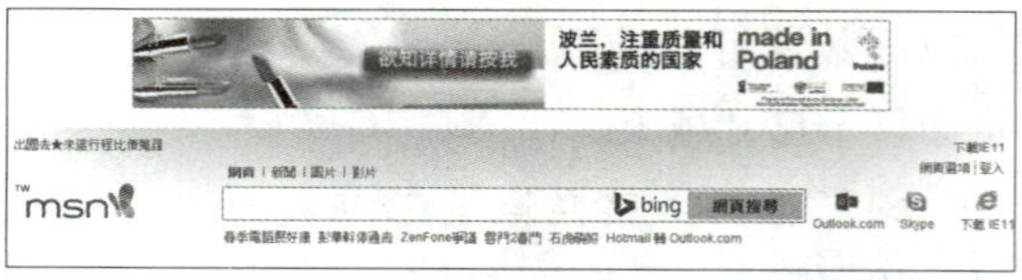

图 5-3　网页页头

5. 页脚

页脚和页头相呼应。页头是放置站点主题的地方，而页脚是放置制作者或者公司信息的地方，包括版权信息、邮件地址，友情链接等，如图 5-4 所示。

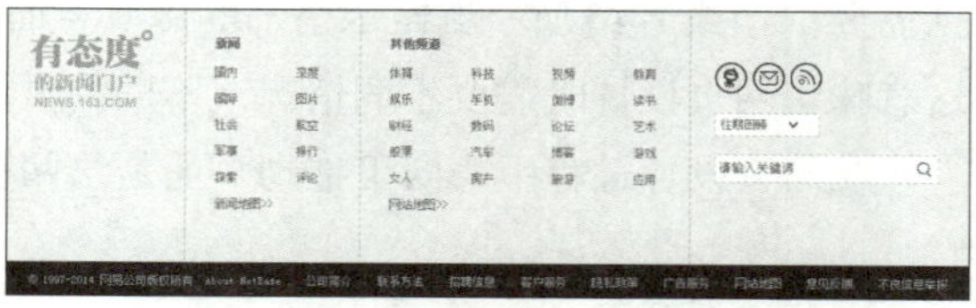

图 5-4　网页页脚

5.1.2　构成的形式

网页布局构成的形式有重复、近似、渐变、变异、对比、密集、分割等。

1. 重复

重复构成是指同一形态或同组形态有序地反复出现，形成某种规律的构图形式。重复构成有其优点及缺点。

➢ 优点：单个的重复能求得整体形象的秩序和统一，使人产生清晰、连续、无限之感。反复出现的形态加强了视觉冲击力，能很好地加深印象，具有强化记忆的作用。

➢ 缺点：重复构成容易产生呆板、平淡、缺乏趣味性的视觉感受。为打破这种感觉，在构成设计时常加上交错与重叠。

2. 近似

近似构成是在重复的基础上将重复元素进行大小、方向、颜色上的稍微改变形成的。近似构成形式的特点是形态相似，既有形态变化又有整体统一。

3. 渐变

渐变是在设计中常常会用到的技巧，是一种常见的视觉效果。是指构图元素的形状、大小、方向、颜色等逐渐地、有规律地变化。渐变构成形式的特点是能有效地体现出空间感与时间感。

4. 变异

变异是为了改变规律的单调性出现的突破，在整体效果中有意识地出现不合规律的个别基本形。根据大小、方向、形状、颜色进行不同构成的变异，能使整个页面具有动感，吸引注意力。

5. 对比

对比是指在两种或两种以上的对象之间有着明显的差别。对比的表现形式广泛应用于各种设计中。对比能使人感觉到鲜明、强烈的效果。其形式包括有大小、方圆、明暗、黑白、粗细、曲直、刚柔、轻重、强弱、动静、聚散等。

6. 密集

基本形态按密集与稀疏、虚与实、向心与扩散等方式进行构成的形式称为密集构成形式，它具有方向性和目的性的特征。元素最密集的地方和最稀疏的地方均为视觉的焦点。

7. 分割

按一定比例和秩序进行分割或划分的构成形式称之为分割。分割又可以分为等形分割、比例分割、数列分割和自由分割等。

5.2 网页布局方法

网页的核心功能是传播信息，网页布局的目的就是为了更好地浏览这些信息。将需要展示的信息在网页上进行编排与美化，就是网页布局的核心内容了。网页布局类似但又不同于平面设计中的版式布局，本节学习如何进行网页布局。

5.2.1 常见的版式结构

一般来说，网站页面版式的形式不外乎有两种：一种是纯粹的形象展示型，即形象页面；还有一种就是信息罗列型，也称为内容页面。

1. 形象页面

形象页面的文字信息较少，图像信息较多，通过艺术造型和设计布局，利用一系列与公司形象和产品、服务有关的图像、文字信息，组成一幅生动的画面，向浏览者展示一种形象、一种氛围，从而吸引浏览者。这需要设计者具备良好的设计基础和审美能力，能够努力挖掘企业深层的内涵，展示企业文化。这种类型网站首页在设计过程中一定要明确以设计为主导，通过色彩、布局给访问者留下深刻的印象。

形象页面多用于网站的形象宣传，主要针对于形象宣传形状的网站，偏重于设计性。它的主要特点是页面布局结构自由，以图像或者动画为主，文字较少，如图 5-5 所示。

图 5-5　形象页面

2. 内容页面

内容页面是大、中型企业网站和门户网站常用的方式，即在首页中就罗列出网站的主要内容分类、重点信息、网站导航、公司信息等。这种风格比较适合网站信息量大、内容丰富的网站，因为是以展示信息为主，此时的设计就要在细微之处展现企业形象。

内容页面主要用于传达文字信息，其页面图像内容相对较少，整个页面按不同的布局划分为多个区域，如图 5-6 所示。

图 5-6　内容页面

5.2.2 布局的原则

网页的版式布局在一定程度上体现了艺术性，其设计还应注重页面的视觉效果、信息内容的可视度和可读性等。在进行网页版式设计与编排时，需要遵循以下基本原则。

1. 主次分明、重点突出

在进行网页版面设计时，必须重视页面的视觉中心，即屏幕的中间或中央偏上的位置。通常一些重要的文章和图片可以安排在这个位置，稍微次要的内容可以安排在视觉中心以外的位置，这样在页面上就突出了重点，做到了主次分明。

2. 平衡协调、统一均整

在进行网页版面设计时，要充分考虑浏览者视觉的接受度，和谐地运用页面色块、颜色、文字、图片等信息形式，力求达到一种稳定、专业、可信任的页面效果。

平衡是指画面中图像文字的视觉分量在上下左右几个方位基本相等、分布匀称，能达到安定平稳的效果。过于平衡的画面难免有呆板的感觉，有时需要在局部上打破平衡或对称。好的网页应该给人安定、平稳的感觉，不只是文字、图片、动画等要素在空间上的合理分布，也包括色彩上的平衡。

图 5-7 正常平衡

正常平衡亦称“匀称”，多指左右、上下对照的形式，主要强调秩序，能得到安定、可信任的效果，如图 5-7 所示。

异常平衡即非对称形式，但也需要平衡和有韵律感，尽管这种平衡是不均衡的，此种布局能达到强调内容，营造不安、高注目性的效果。

3. 图文并茂、相得益彰

在进行网页版面设计时，应注意文字与图片的和谐统一。文字与图片具有一种相互补充的视觉关系，页面上文字太多，会显得沉闷，缺乏生气；页面上图片太多，又会减少页面的信息容量。文字与图片互为衬托，既能活跃页面，又能丰富页面。

4. 简洁清晰、便于阅读

浏览网页是为了了解信息，因此，网页内容的编排要便于阅读。一般通过使用醒目的标题，控制所用的字体和颜色的数量，保持版面的简洁。

5. 变化对比、丰富视觉

不同的形态、色彩等的运用可形成鲜明的对比，形成不同的变化，以吸引浏览者的目光，突出主题。所谓对比，就是利用不同的色彩、形态、线条等视觉元素并置对比，呈现画面的多种变化，达到丰富视觉的效果。对比不仅利用色彩、色调等技巧来表现，在内容上也可涉及古与今、新与旧、贫与富等对比。

6. 视线凝视、注视效果

所谓凝视，是利用页面中人物视线，使浏览者产生跟随的心理，以达到注视页面的效果。

7. 适度留白、疏密有度

网页应疏密有度，不可密不透风，也不可过于疏散，应该使用适当的空白、空格、字体、边框等对不同的板块做出间隔，但是又要使所有的板块有整体感，不至于过于零散。

8. 图片解说、传达情感

图片解说用于对难以用语言说明，或用语言无法表达的情感。图片解说可以弥补文字的不足，使浏览者更深刻地理解和感受页面所传递的信息。

5.2.3 布局方法

网页布局的方法有两种，第一种为纸上布局，第二种为软件布局。

1. 纸上布局法

许多网页制作者不喜欢先画出页面布局的草图，而是直接在网页设计器里边设计布局边加内容。这种不打草稿的方法不容易设计出优秀的网页来。所以在开始制作网页时，要先在纸上画出页面的布局草图来。

- 尺寸选择：800×600 曾是常见的屏幕分辨率，随着技术的发展，更高分辨率的显示器变得越来越常用。
- 造型的选择：先在白纸上绘制出象征浏览器窗口的矩形，以确定布局的范围。选择一个形状作为整个页面的主题造型，并在矩形框架里自由画出来。
- 增加页头：一般页头都位于页面顶部。
- 增加文本：页面的空白部分分别加入文本和图形。
- 增加图片：图片是美化页面和说明内容必不可少的媒体，应考虑将适当的图片融入设计中。

2. 软件布局法

如果不喜欢用纸画出布局意图，那么还可以利用软件来完成这些工作，这个软件就是Photoshop。利用 Photoshop 可以方便地使用颜色和图形，并且可以利用图层的功能设计出用纸张无法实现的布局设想。

5.2.4 布局的视觉因素

视觉流程是一个视觉传达的过程。它基于人观察和处理视觉信息的自然习惯，通常遵循由左至右、由上至下的阅读顺序。

1. 视线移动规律

视觉流程是一个由总体感知、局部感知到最后印象这 3 个感知阶段组成的心理认知过程。人的视线在一个平面上的流动具有比较固定的认知模式，即从左到右、自上而下、由左上沿着弧线向下方自然地流动。在浏览者观看页面时，如果没有明确的目的，那么一般会首先快速浏览整个页面，形成一个初步印象，然后视线会被可视性最强或感兴趣的对象所吸引，并促成点击。

视线诱导是设计者为了实现网页信息的有序传达而使用的设计手段。在具体的设计中，可以通过线性方向、形状方向、组合排列、运动趋势等来实现视线诱导。

2. 最佳视觉区域

视觉规律的形成是由人类的视觉特性所决定的。浏览者的阅读行为在浏览不同性质的网站和完成不同的阅读任务时都表现出基本的习惯：首先是水平扫描，常常是扫过网页内容的最上半部分，因此，上部和中上部被称为“最佳视域”，也就是最优选的地方；然后，向下移，浏览下面区域；最后，从网页左边的部分进行垂直扫描。

在网页设计中，灵活而合理地运用视觉流程和最佳视域，组织好自然流畅的视觉导向，可以直接影响网页传播的准确性与有效性。所以，在网页设计中，既要立足信息的传达，又要符合人们的视觉和思维习惯，设计网页时注意各种信息要素的合理分布，使各类信息要素的位置、间隙、大小保持一定的节奏感和美感。

3. 避免视觉疲劳

网页过长、版式编排不合理等问题，很容易影响用户的网页体验度，从而导致浏览者出现视觉疲劳。为了更利于网页信息的有效传达，在网页设计时应从版式设计的角度消除人们的视觉疲劳。

4. 合理的配色

如果将大篇幅极亮的文字设计在极暗的背景上，容易因视觉长时间过分紧张而产生疲劳。因此应注意网页的配色，使其适合浏览者长时间浏览。

5. 合适的页面长度

尽可能将网页限制在一屏以内（即满屏），这样浏览者不需要拖动滚动条就可以看到下面的导航信息。长页面固然能包含更多的内容，但是过长的网页不仅影响响应速度，又容易使人产生疲劳感，就像阅读没有标点的文字让人喘不过气来那样。因此，页面不宜过长，一般控制在 1~3 屏，尽量不超过 5 屏。同时，提供到页首、页尾的定位链接，方便快速定位浏览。

6. 文字的调整

对于版面中的文字，要注意其易看易读的视觉效果，否则容易产生视觉疲劳。字号过小、行间距过密，都会让人有难以辨认的疲劳感。因此，在网页设计中应提供浏览者定制字体大小的功能。

7. 遵循阅读习惯

减少交互的次数，按照人们的阅读习惯，固定导航的位置，免去用户去找导航的麻烦。

8. 适量的多媒体元素

网页中的动画不是越多越好，而是要形成动静相宜的效果，因此需要适量安排多媒体元素，并注意主次关系。

5.3 网页布局类型

网页版式的基本类型主要有骨骼型、国字型、满版型、拐角型、框架型、分割型、中轴型、曲线型、倾斜型、对称型、焦点型、自由型、三角型等。

5.3.1 骨骼型

骨骼型即类似于人体的骨骼结构，也可称为栏型。网页中的骨骼型版式是一种规范的、理性的设计形式，类似于报刊的版式。分为竖向通栏、双栏、三栏、四栏和横向的通栏、双栏、三栏和四栏等设计。一般以竖向分栏居多。典型的骨骼型结构中，顶部主要是Logo，导航Banner，内容部分分栏设计，底部为版权等信息，如图5-8所示。

骨骼型布局版式给人以和谐、理性的美，可以营造统一感，合理利用空间，保持页面的平衡。

图 5-8　骨骼型网页布局

5.3.2 国字型

国字型布局由同字型布局进化而来，因布局结构与汉字的“国”相似而得名，口字型、同字型、回字型都可归属于此类，是一些大型网站所喜欢的类型。其页面的最上部一般放置网站的标志、导航或Banner广告，页面中部主要放置网站的主要内容，最下部一般放置网站的版权信息和联系方式等，如图5-9所示。

国字型布局有其相应的优缺点。

- 优点：充分利用版面，信息量大。
- 缺点：页面拥挤，不够灵活。

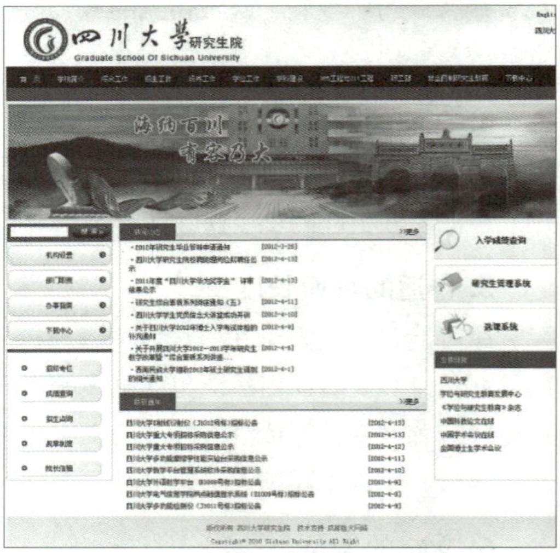

图 5-9　国字型网页布局

5.3.3 满版型

随着当今网络带宽不断提升，满版型版式在商业网站设计尤其是网络广告中比较常见，如图5-10所示。这种网页结构随着显示器尺寸的增大和分辨率的提高逐渐从早期的全图片满版到后来的背景满版，再到现在的局部满版。这种版式给人的感受是内容紧凑，气氛表达充分。

- 优点：给人以舒展、大方的感觉，视觉传达效果直观而强烈。
- 缺点：满版型版式结构的运行速度慢。

图 5-10　满版型网页布局

5.3.4 拐角型

拐角型布局包括了匡型布局或 T 型布局。

1. 匡型布局

在匡型布局中，常见的类型有顶部是标题与导航、左侧是展示图片的类型和最顶部是标题及广告、右侧是导航链接的类型，如图 5-11 所示。

2. T型布局

T 型布局就是指页面顶部为横条网站标志与广告条，下方左侧为主菜单，右侧显示内容的布局。因为菜单背景色彩较深，整体效果类似英文字母 T，所以称之为 T 型布局，如图 5-12 所示。

拐角型布局有其优缺点。

- 优点：页面结构清晰，主次分明，是初学者最容易上手的布局方法。
- 缺点：规矩呆板，如果在细节色彩上不注意，很容易让人感觉枯燥无味。

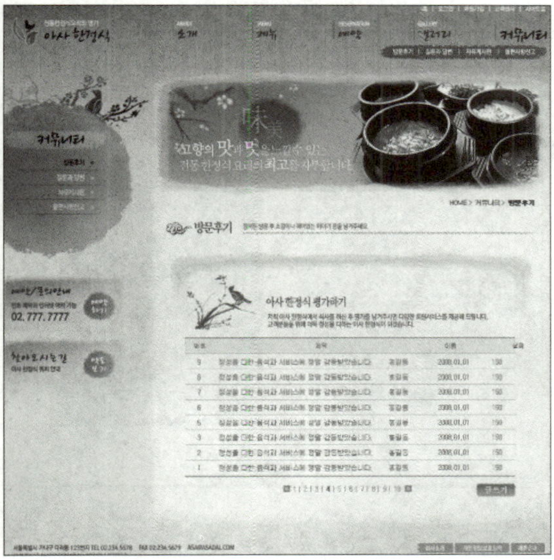

图 5-11　匡型布局

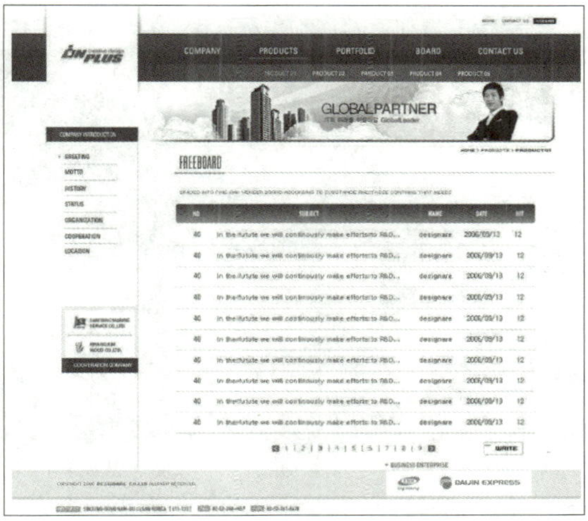

图 5-12　T 型布局

5.3.5 框架型

框架型版式常用于功能型的网站，如邮箱、论坛、博客等，如图 5-13 所示。框架型又分为左右框架、上下框架及综合框架。

图 5-13　框架型网页布局

- 左右框架型：这是一种左右分别为两页的框架结构，一般左面是导航链接，有时最上方会有一个小块标题或标志，右部是正文。大部分的大型论坛都是这种结构，一些企业网站也喜欢采用。这种类型结构非常清晰，一目了然。

- 上下框架型：与左右框架类似，区别仅仅在于这是一种上下分为两页的框架。
- 综合框架型：这是上述两种结构的结合，是一种相对复杂的下型框架结构，较为常见的是类似于“拐角型”的结构，只是采用了框架结构。常见的邮箱网站的版式都是综合框架型。

5.3.6 分割型

把整个页面分成上下或左右两部分，分别安排图片和文案。两个部分形成对比：有图片的部分感性而有活力，文案部分则理性而平静。可以调整图片和文案所占的面积，来调节对比的强弱。如果图片所占比例过大，文案使用的字体过于纤细，字距、行距、段落的安排又很疏落，则造成视觉心理的不平衡，显得生硬。倘若通过文字或图片将分割线虚化处理，就会产生自然和谐的效果，水平、垂直分割构成会把页面划分成若干视觉区域，促使浏览者的视线进行阶段性的流动，造成视线流程的节奏性和明显的顺序性。这种版式常用于展示型的网页，如图 5-14 所示。

- 优点：分割型将网页进行层次分明的重新排序，使得网页看起来富有新鲜感和创意。
- 缺点：分割型对比强弱如处理得不恰当，将容易造成视觉心理的不平衡。

图 5-14　分割型网页布局

5.3.7 中轴型

沿浏览器窗口的中轴将图片或文字作水平或垂直方向的排列，水平排列的页面给人以稳定、平静、含蓄的感觉，垂直排列的页面给人以舒畅的感觉。这种版式常用于首页的设计，如图 5-15 所示。

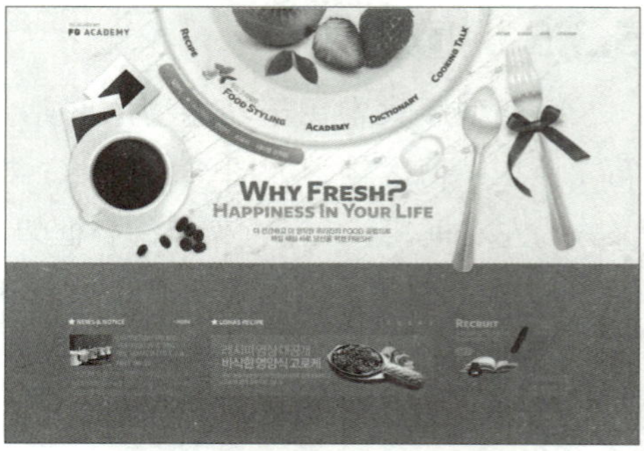

图 5-15　中轴型网页布局

中轴型网页布局的优缺点如下：

- 优点：中轴型的布局往往会使人们的视觉中心比较容易集中在网页的中心，有利于突出重点内容，有很好的视觉导向作用。
- 缺点：中轴型的布局比较呆板。

5.3.8 曲线型

图片、文字在页面上作曲线的分割或编排构成，产生韵律与节奏。不规则的网页构造往往能够突出个人的兴趣爱好，以及自我对时尚的追求，这种类型的网页布局非常具有个性化，如图 5-16 所示。

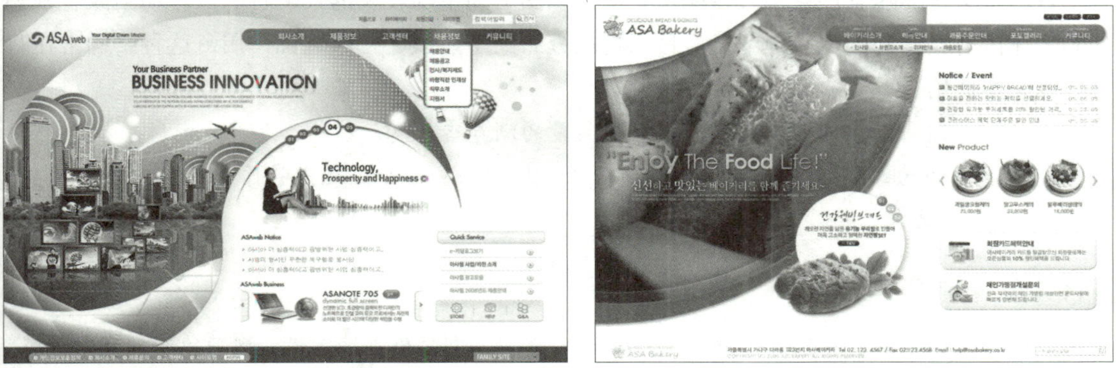

图 5-16 曲线型网页布局

5.3.9 倾斜型

页面主题形象或多幅图片、文字作倾斜编排，形成不稳定感或强烈的动感，引人注目。这种版式常用于网络广告中。倾斜的设计使得网页的画面具有动感、灵气十足，再搭以良好的色彩和吸引人的图片，将会得到意想不到的效果，如图 5-17 所示。

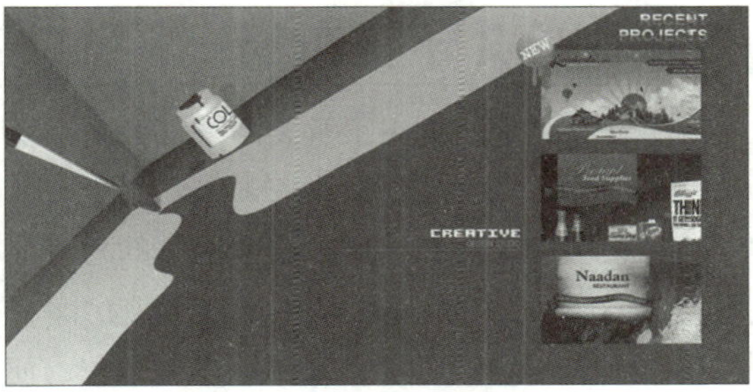

图 5-17 倾斜型网页布局

5.3.10 对称型

一般采用相对对称的手法，以避免呆板。左右对称的页面版式比较常见。四角型也是对称型的一种，是在页面四角安排相应的视觉元素。4 个角是页面的边界点，重要性不可低估，在 4 个角安排的任何内容都能产生安定感。控制好页面的 4 个角，也就控制了页面的空间。越是凌乱的页面，越要注意对 4 个角的控制。这种版式常用于网络广告中。

5.3.11 焦点型

这类网页整个页面围绕一个中心，表达信息集中，传达信息清楚，多见于销售类网站或者品牌产品网站。焦点型的网页版式通过对视线的诱导，使页面具有强烈的视觉效果。

焦点型分为 3 种情况。

- 中心：将对比强烈的图片或文字置于页面的视觉中心。
- 向心：视觉元素引导浏览者视线向页面中心聚拢，就形成了一个向心的版式。向心版式是集中的、稳定的，是一种传统的手法。

➢ 离心：视觉元素引导浏览者视线向外辐射，则形成一个离心的网页版式。离心版式是外向的、活泼的、更具现代感的，运用时应注意避免凌乱。

5.3.12　自由型

自由型结构的随意性特别大，颠覆了从前以图文为主的表现形式，将图像、动画或者视频作为主体内容，其他的文字说明及栏目条均被分布到不显眼之处起装饰作用。这种结构常在时尚类网站中使用。

➢ 优点：这种结构富于美感，可以吸引大量的浏览者欣赏。

➢ 缺点：因为文字过少，难以让浏览者长时间驻足；另外，起指引作用的导航条不明显，不便于操作。

5.3.13　三角型

网页各视觉元素呈三角形排列。正三角形（金字塔型）最具稳定性，倒三角形则产生动感。侧三角形构成一种均衡版式，既安定又有动感。这种布局的网页往往简洁明了，一般不会过多注重丰富的内容，而更在意独特的风格制造。

5.4　网页导航布局

网页导航是网页中很重要的一部分。网页都有导航栏，它一方面帮助用户更方便地浏览网站，另一方面它也是用户和搜索引擎判断一个网站专业度的重要因素之一。

导航栏指的是引导用户访问网站的栏目、菜单、在线帮助、分类等布局结构的总称。网页设计时要使网站导航结构清晰，能够使访问者在最短时间内找到自己喜欢的内容。

导航的布局对搜索引擎和用户都有利，便于提升网站内的用户操作和浏览速度，也便于搜索引擎的目录索引和识别。

5.4.1　网页导航分类

一个网站可以运用多种导航，如主栏目导航、二级栏目导航、快速导航和相关链接等。

1. 网址导航

网址导航就是一个集合较多网址，并按照一定条件进行分类的一种网址站，如图 5-18 所示。网址导航方便网友们快速找到自己需要的网站，这样不用去记住各类网站的网址，就可以直接进到所需的网站。现在的网址导航一般还自身提供常用查询工具，以及邮箱登录、搜索引擎入口，有的还有热点新闻等功能。网址导航从问世的那一刻起，就凭借其简单的模式和便利的服务以及良好的用户体验赢得了用户的广泛喜爱。

2. 导航条

导航条是网页设计中不可缺少的部分，它是指通过一定的技术手段，为网站的访问者提供一定的途径，使其可以方便地访问到所需的内容，是浏览网站时可以快速从一个页面转到另一个页面的通道。利用导航条，可以快速找到想要浏览的页面。

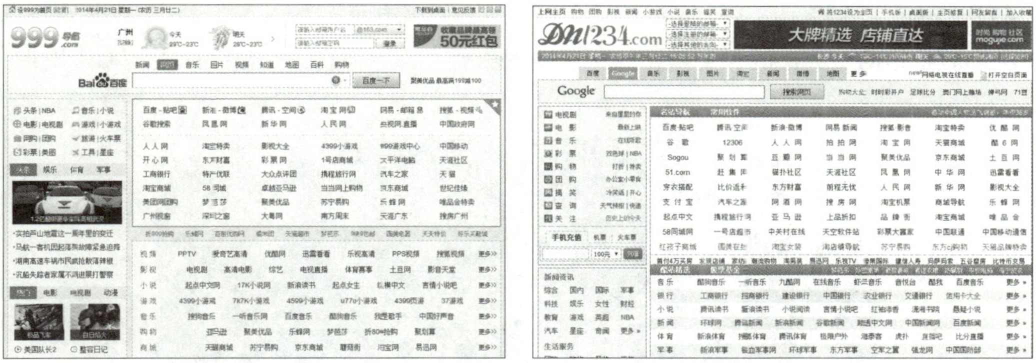

图 5-18 网址导航

导航条的目的是让网站的层次结构以一种有条理的方式清晰展示，并引导用户毫不费力地找到并管理信息，让用户在浏览网站过程中不会迷失方向。

为了让网站信息可以有效地传递给用户，导航一定要简洁、直观、明确。如百度搜索中的“新闻”“网页”“贴吧”“知道”等链接就是导航条的组成部分，如图 5-19 所示。在企业网站上，导航条上常见的有“产品介绍”“公司简介”“最新产品”“联系我们”等。

图 5-19 导航条

3. 主导航栏

在主页面上，主导航栏是指位于页眉区域的、在页眉横幅图片上边或下边的一排导航按钮，它起着链接各个页面的作用。

（1）主栏目导航

在主页面上，全局导航是所有网页都有的导航选项，一般是网页内容的分类，提供给访问者必要的选项，如图 5-20 所示。

（2）二级栏目导航

当浏览者正在浏览网站的一个特殊区域时，第二级导航就显示出这一级反映的特定内容。次级栏目导航是对主栏目相关栏目的细分，例如公司简介主栏目下有公司历史、公司荣誉、公司大事记、公司 CEO 等分栏。当选择一个主栏目时，相关的次级栏目会显示出来或者打开对应页面时显示出来，如图 5-21 所示。

图 5-20 主栏目导航

图 5-21 二级栏目导航

4. 次导航

次导航是指网页底部的相关链接，用于提供相关栏目的信息，一般以图块的方式出现，如图 5-22 所示。

图 5-22　次导航

5.4.2　导航布局

1. 导航位置

为了分辨这些不同的导航，可以把导航信息以相同的形式固定在不同页面的相同位置上，这些位置可以是页面的上部、下部、左侧、右侧或中部，页面中间一般放置主体内容。一个 Web 页实际上有 4 个基本区域最适合放置导航元素，即网页的顶部、左侧、右侧和中部；放在下部需要将网页控制在一屏以内。

（1）顶部导航

顶部导航是指网站导航位于顶部的网页结构。在注重速度的初创阶段，Web 浏览器的属性一般都是从页面上部开始下载网页信息的，因此常常把重要的信息置于顶部区域。现在，尽管速度已经不再是敏感因素，但是顶部导航结构在使用性上还是有很多优点，因此网站导航位于顶部的网页布局也是最常用的，如图 5-23 所示。其中最有代表性的优点就是醒目的效果，而且顶部导航栏占用的区域非常少，能留给网页内容更多、更自由的表现区域。

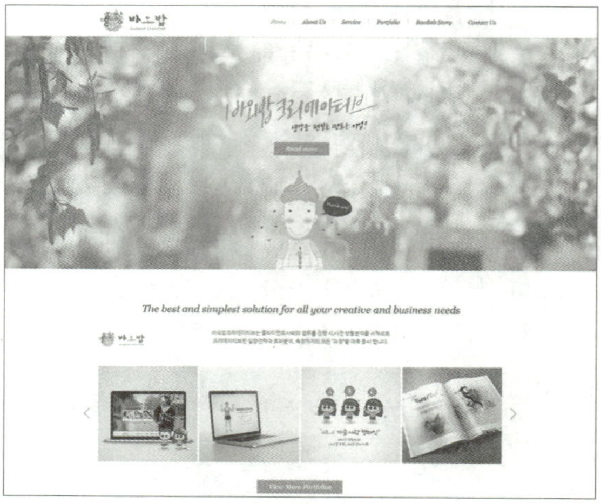

图 5-23　顶部导航

对于内容丰富的网站，顶部导航是非常有用的；相反，对于内容较少的网站而言，如果运用顶部导航的话，可能会给人一种单调、冷清的感觉。

（2）左侧导航

左侧导航是指网站导航位于页面左侧的网页布局结构，也是因特网发展初期使用起来最熟练、最方便的网页布局结构。

网站导航的形态及色彩的强弱不同，右侧内容区域的网页布局形态也大不相同；网站导航的形态和色彩较强的话，即使不能相对地突出右侧内容区域也没有关系。左侧导航结构能够有效地弥补内容较少的网站的空洞感，如图 5-24 所示。

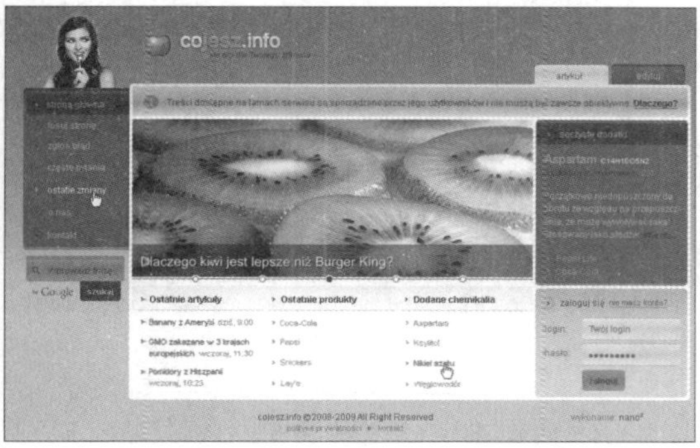

图 5-24　左侧导航

（3）右侧导航

右侧导航是指网站导航位于页面右侧的网页布局结构，它是使用频率低的结构。这种结构的缺点是，人们阅读习惯上是从左侧或者顶部开始的，采用这种右侧导航结构，包含网站信息的网站导航不易引起使用者的注意。相比其他结构而言，使用者容易感到别扭和不方便。

但是，采用右侧导航结构能让使用者有效地关注左侧内容区域信息。另外，在 Web 浏览器中能够显示整个页面的情况下，右侧的网站导航将页面划分成不同的区域，使网页布局看起来更加合理，如图 5-25 所示。

（4）中间导航

当进入一个网页的首页时，将导航按钮放在页面的中心位置便于浏览者进行选择，进入页类似于书籍的封面，帮助浏览者决定到哪里，这样设计使导航看起来十分突出，如图 5-26 所示。

图 5-25　右侧导航

图 5-26　中间导航

（5）底部导航

底部导航是指网站导航位于页面底部的网页布局结构，在适合标准显示器分辩率、无法调整网页布局上下宽的情况下，必须使用框架结构，这是因为想要随时向使用者展现网站导航的话，就必须考虑到使用者在不使用滚动条的情况下也能利用网站导航。不过，即使使用框架，还存在一些必须要解决的问题，比如打开速度、更新无法记忆等，还有很多人比较忌讳使用框架。因此提供信息类型的网站几乎都不采用底部导航结构。

图 5-27　底部导航

但是，底部导航结构对上面区域的限制因素比其他网页布局结构都要少，网页设计师可以按照自己的意图自由发挥，设计出多样化、有创意的网页，如图 5-27 所示。

2. 导航方向

导航方向是指导航文字的排列方式，分为横排、竖排和倾斜 3 种。导航方向很大程度上影响了网页平面的空间分割与版式风格，运用恰当能起到事半功倍的效果。

（1）横排导航

横排导航占用面积小，常被信息量大的门户网站、资讯网站使用，如图 5-28 所示。

（2）竖排导航

竖排导航占用面积大，视野好，可以有效地填补网页空间，并弱化信息少所带来的视觉缺陷，如图 5-29 所示。

图 5-28　横排导航

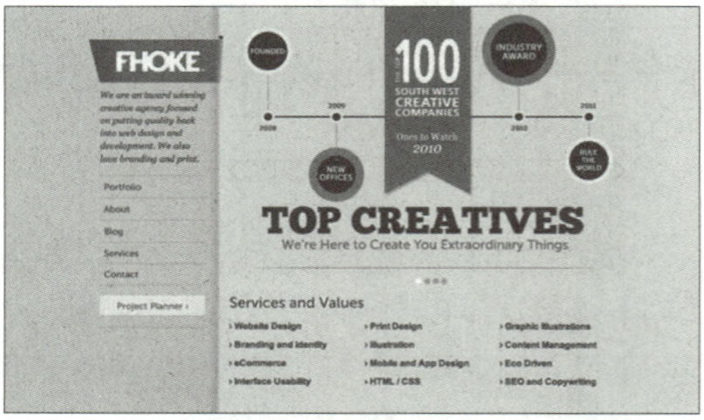

图 5-29　竖排导航

（3）倾斜导航

倾斜导航打破了网页由于表格排版造成的横向与竖向导航的格局，拥有很强的视觉冲击力。但是由于它的个性特征太鲜明，不适用于信息量丰富的网站，如图 5-30 所示。

图 5-30　倾斜导航

模块6 网页配色应用

内容概要

色彩在网页制作中起着非常关键的作用，合理的网页色彩设计能体现网站风格，突出主题，吸引浏览者视线，加深印象。

知识要点

- 了解色彩的相关概念
- 了解网页中的色彩心理效应
- 网页配色准则
- 网页配色技巧

6.1 认识色彩

色彩作为视觉信息，无时无刻不在影响着人类的日常生活。美妙的自然色彩，刺激和影响着人的视觉和心理情感，提供给人们丰富的视觉空间。

6.1.1 色彩的相关概念

色彩是通过眼、脑和人们的生活经验所产生的一种对光的视觉效应。人类对颜色的感觉往往受到周围颜色的影响。有时人们也将物质产生不同颜色的物理特性直接称为颜色。

现实生活中的色彩可以分为彩色和非彩色。其中黑白灰属于非彩色系列，其他的色彩都属于彩色。任何一种彩色具备 3 个特征：色相、明度和纯度。其中非彩色只有明度属性。下面讲解色彩的相关概念。

1. 色相

色相即指能够比较确切地表示某种颜色色别的名称。色相是色彩的首要特征，是区别各种不同色彩最准确的标准。如图 6-1 所示为色相环。事实上，任何除黑白灰以外的颜色都有色相的属性，色相则是由原色、间色和复色所构成的。

色相，是色彩可呈现出来的质的面貌。自然界中的色相变化无穷，但是最基本的有 3 种：红、黄、蓝。其他色彩都可以由这 3 种色彩通过不同比例调和而成，这 3 种色彩称之为三原色，如图 6-2 所示。

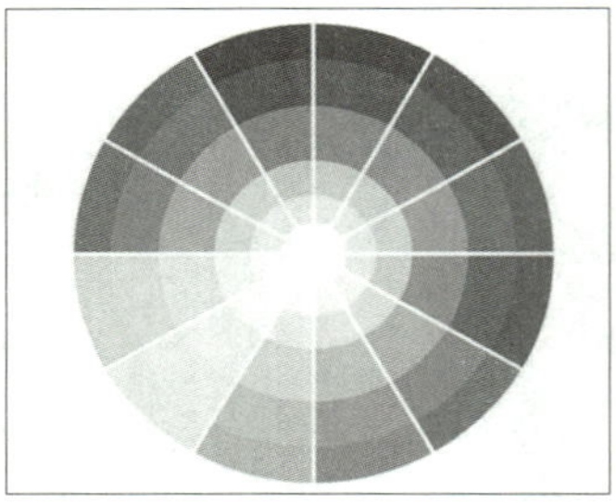

图 6-1　色相环

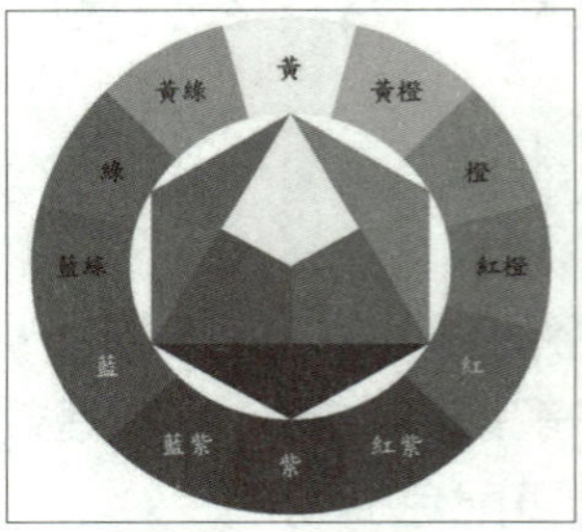

图 6-2　三原色

2. 明度

明度也叫亮度，是指色彩的明亮程度，如图 6-3 所示。各种有色物体由于它们的反射光量的差异而产生颜色的明暗强弱。色彩的明度有两种情况：一是同一色相不同明度，如同一颜色在强光照射下显得明亮，弱光照射下显得较灰暗模糊；同一颜色添黑或添白以后也能产生多种明暗层次。二是各种颜色固有的不同明度。每一种纯色都有与其相应的明度，黄色明度最高，蓝紫色明度最低，红、绿色为中间明度。色彩的明度变化往往会影响到纯度，如红色加入黑色以后明度降低了，同时纯度也降低了；如果红色加入白色则明度提高了，纯度却降低了，如图 6-4 所示。

明度越高，色彩越亮。在购物类、食品类、儿童类网页设计，常用一些鲜亮的颜色，让人感觉绚丽多姿，琳琅满目。

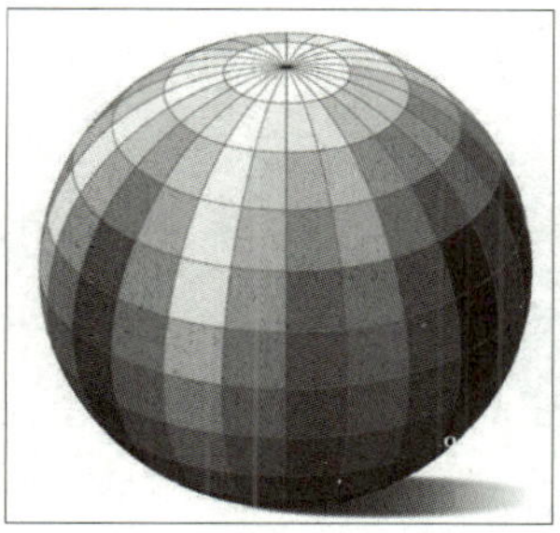

图 6-3 色彩明度

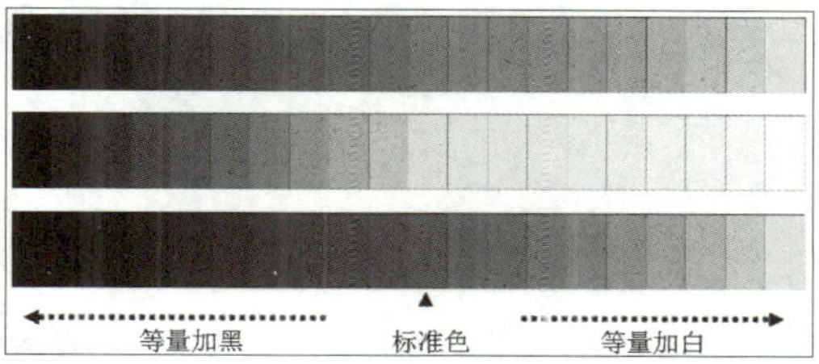

图 6-4 明度变化

明度越低，颜色越暗。在游戏类网页中应用明度低的颜色，充满神秘感。或者部分个人网页运用一些暗色调来表达自我的个性。

3. 纯度

纯度，指色彩的鲜艳程度。纯度高的色彩纯，鲜亮；纯度低的色彩暗淡，并含有灰色，如图 6-5 所示。

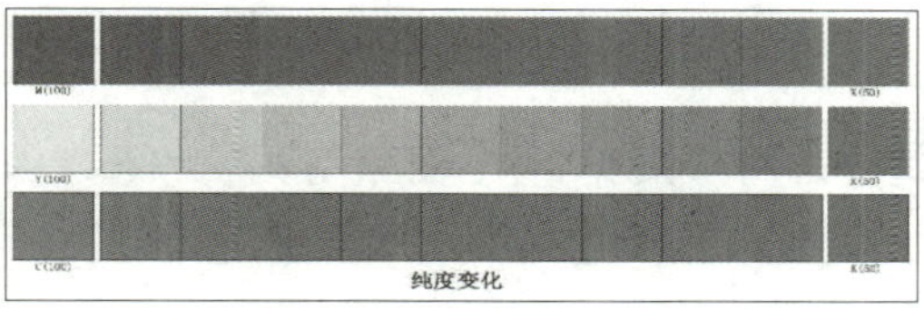

图 6-5 纯度变化

4. 邻近色

邻近色为色环中相邻的 3 种颜色，如图 6-6 所示。相近色的搭配给人的视觉效果很舒适，很自然。所以相近色在网站设计中极为常用。

5. 互补色

互补色，指色环中相对的两种色彩，比如红色和绿色，如图 6-7 所示。对互补色调整一下补色的亮度，有时候是一种很好的搭配。互补色在网站设计中用得也极为普遍。

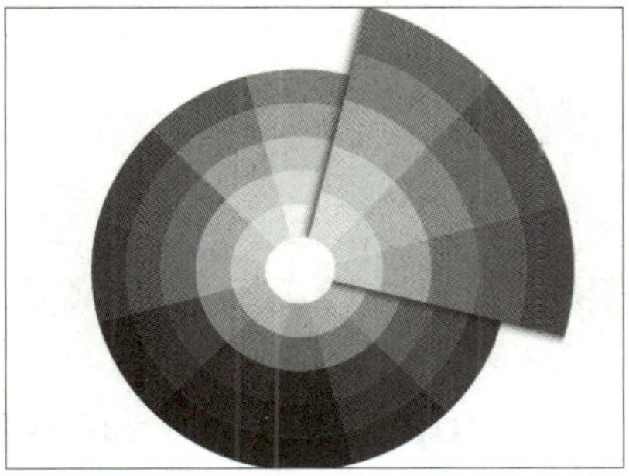

图 6-6 邻近色

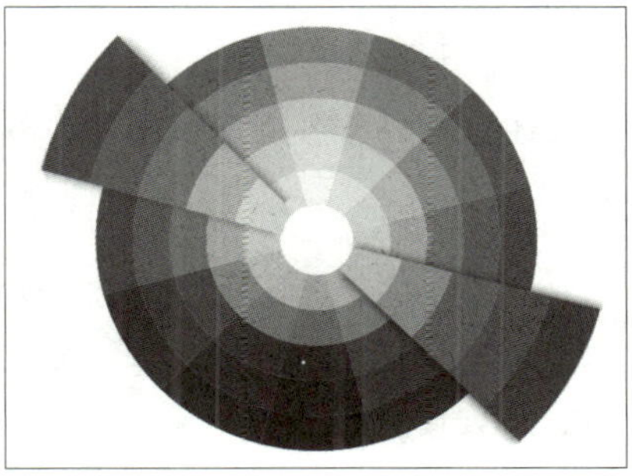

图 6-7 互补色

6. 冷暖色

色彩有冷暖色之分，如图 6-8 所示。冷色给人的感觉是安静、冰冷；而暖色给人的感觉是热烈、火热。冷暖色的巧妙运用可以让设计产生意想不到的效果。

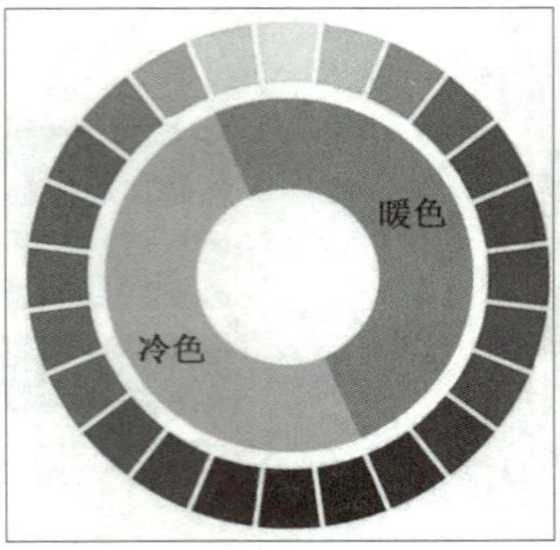

图 6-8　冷暖色

黄色、橙色、红色、紫色等都属于暖色系列。暖色与黑色调和可以达到很好的效果。暖色一般应用于购物类网站、电子商务网站、儿童类网站等，用以体现商品的琳琅满目、儿童类网站的活泼温馨。

绿色、蓝色、蓝紫色等都属于冷色系列。冷色一般与白色调和可以达到一种很好的效果，应用于一些高科技、游戏类网站，主要表达严肃、稳重等效果。

7. 色彩均衡

网站要让人看上去舒适、协调，除了文字、图片等内容的合理编排，色彩的均衡也是非常重要的。网站不可能只使用一种颜色，所以色彩的均衡问题是设计师必须考虑的问题。

色彩的均衡，包括色彩的位置，每种色彩所占的比例、面积等。比如鲜艳明亮的色彩面积应小一点，让人感觉舒适，不刺眼，这就是一种均衡的色彩搭配。

6.1.2　色彩的对比

在一定条件下，不同色彩之间的对比会有不同的效果。各种纯色的对比会产生鲜明的色彩效果，很容易给人带来视觉与心理的满足。红、黄、蓝 3 种颜色是最极端的色彩，它们之间对比，任何一种颜色也无法影响对方。

色彩对比范畴不局限于红绿、橙蓝、黄紫色的对比，也包括各种色彩界面构成中的面积、形状、位置以及色相、明度、纯度之间的差别对比，这些对比使网页色彩配合增添了许多变化，页面更加丰富多彩。

色彩对比包括色相、明度、纯度、冷暖、补色、面积的对比。

1. 色相对比

色相对比是指因色相之间的差别而形成的对比。在确定了主色相之后，考虑其他色彩与主色相之间的关系以及要表现的内容及效果，以此增强色彩的表现力。

不同色相对比所取得的效果不同。当两种颜色相近时，对比效果就会越柔和。越接近的补色，对比效果越强烈。

2. 明度对比

明度对比是色彩明暗程度的对比，又称为色彩的黑白色对比，是页面形成恰当的黑、白、灰效果的主要手段。明度对比在视觉上对色彩层次和空间关系影响较大，例如柠檬黄明度高，蓝紫色的明度低，橙色和绿色属中明度，红色与蓝色属中低明度。

当两种不同明度的色彩并列使用时，就会使得暗色更暗、明色更亮。如果将同明度的灰色分别置于黑底或白底上，会让人觉得黑底上的灰色比白底上的灰色要亮。

3. 纯度对比

因不同色彩之间纯度的差别而形成的对比，称为纯度对比。色彩的纯度可分为高纯度、中纯度和低纯度 3 种。未经调和的原色纯度是最高的，中纯度则属于间色，复色其本身纯度偏低而属低纯度色彩范围。

一种颜色的鲜艳度取决于这一色相发射光的单一程度，不同的颜色放在一起，它们的对比是不一样的。人眼能辨别的有单色光特征的色，都具有一定的鲜艳度。不同的色相不仅明度不同，纯度也不相同。有了纯度的变化，才使世界上有如此丰富的色彩。同一色相即使纯度发生了细微的变化，也会带来色彩性格的变化。

纯度弱对比的画面视觉效果比较弱，形象的清晰度较低，适合长时间及近距离观看。中纯度对比是最和谐的，画面效果含蓄丰富，主次分明。高纯度对比会出现鲜的更鲜、浊的更浊的现象，画面对比明朗、富有生气，色彩认知度也较高。

一个鲜艳的红色与一个含灰的红色并置在一起，能比较出它们在鲜浊上的差异，这种色彩性质的比较，称为纯度对比。纯度对比既可以体现在单一色相中不同纯度的对比中，也可以体现在不同色相的对比中。纯红和纯绿相比，红色的鲜艳度更高；纯黄和纯黄绿相比，黄色的鲜艳度更高。当其中一色混入灰色时，视觉上可以明显地感受到它们之间的纯度差。黑色、白色与一种饱和色相对比，既包含明度对比，亦包含纯度对比，是一种很醒目的色彩搭配。

另外，还有一种最弱的无彩色对比，如白、黑、深灰、浅灰等。由于对比各色纯度均为零，给人大方、庄重、高雅、朴素的感觉。

4. 冷暖对比

不同色彩之间的冷暖差别而形成的对比，就是冷暖对比。色彩分为冷、暖两类，暖色系有红、橙、黄，而冷色系有蓝、绿、紫，两者基本上互为补色关系。另外，色彩的冷暖对比还受明度与纯度的影响，白光反射高而感觉冷，黑色吸收率高而感觉暖。

冷暖对比的应用，通常在休闲娱乐类网站、食品类网站上出现比较多。将这两个色系的色彩安排在同一画面时，其对比效果极为强烈。

5. 补色对比

将红与绿、黄与紫、蓝与橙等具有补色关系的色彩并置，使色彩感觉更为鲜明，纯度增加，称为补色对比。

对比色的合理搭配，能拉开前景与背景的空间感，突出页面主体物。尤其是红色在主体物的运用，能迅速传递视觉的效果。

6. 面积对比

在观察、应用色彩的实践中，有时会有这样的体会：面对着一大片红色时的感觉与观看一小块红色的感觉是不一样的。看大片红色会感到刺激，难以忍受，甚至产生不适感；而面对一小块红色的时候，会觉得很舒服，很鲜艳，很美。如果在大片红色上点缀些蓝、黄或灰绿色的色块，整体感受就会舒服多了。同样，当面对一大片白色、灰色或低纯度色时，虽不会产生看一大片高纯度红色那样的感觉，但会感觉单调。如果在大面积的白色、灰色或低纯度色上点缀几块小面积高纯度的色彩那就更好了。

面积对比是指两个或更多色块的对比，这是两个对立面之间的对比。面积对比可以是中高低明度差的面积变化或者中高低纯度差的面积变化。同一种色彩，面积越小，明度、纯度越低；反之则越高。面积大的时候，亮的色彩显得更轻，暗的色彩显得更重，这种现象称为色彩的面积效果。

如果两种色彩面积相同，那么它们之间的对比就会越强烈；如果色彩的面积不等，那么小的色彩就会成为陪衬，从而更加突显出面积大的色彩。大面积之间的色彩和小面积陪衬颜色还可以拉开主次关系。

如果在一幅色彩构图中使用了与和谐比例不同的色彩面积，如万绿丛中一点红的配色方法，使一种色占统治与支配的地位，另一种色为被统治被支配的地位，所取得的效果就会是富于表现性的。在一幅富于表现性的色彩构图中，究竟要选择什么样的面积比例，要依据主题、艺术感觉和个人的趣味而定。同样在画面中，小面积用高纯度的色彩，大面积用低纯度的色彩等，都能得到调和的色彩效果。

根据设计主题的需要，在画面上以一方为主色，使其主导画面的色调，其他的颜色在使用面积上与主色拉开距离，使画面的主次关系更突出，使画面富有变化和层次感。

6.1.3　色彩的调和

两种或两种以上的色彩合理搭配，产生统一谐调的效果，称为色彩调和。色彩调和是求得视觉统一，达到人们心理平衡的重要手段。

调和就是统一，下面介绍的 4 种方法能够达到调和页面色彩的目的。

1. 同种色的调和

相同色相、不同明度和纯度的色彩调和，使之产生有秩序的渐进，在明度、纯度的变化上，弥补同种色相的单调感。

同种色搭配被称为最稳妥的色彩搭配方法，给人十分协调的感觉。这种搭配通常在同一个色相里，通过明度的黑白灰或者纯度的不同产生细微变化，营造极其微妙的韵律美与节奏美。为了不至于使整个页面呈现过于单调平淡，有些页面可减少加入极小面积的其他颜色做点缀。

2. 类似色的调和

在色环中，色相越靠近的颜色越容易调和。类似色的调和主要靠类似色之间的共同色来发挥作用，通过明度、纯度、面积上的不同实现变化和统一。类似色相较于同类色，色彩之间的可搭配度要大些，颜色丰富、富于变化。并非每种主色调都处于极其显眼的位置，它通常起到突出主体的辅助性作用。而重要角色的色彩往往在页面中使用得极少，却起到突出主体的作用。

3. 对比色的调和

通过提高或降低对比色的纯度，在对比色之间插入分割色（如金、银、黑、白、灰等）。

采用对比色双方面积大小不同的处理方法，或者在对比色之间加入相近的类似色，都是对比色调和常用的方法。

4. 渐变色的调和

渐变色也一种调和方法的运用，是颜色按层次逐渐变化的现象。色彩渐变就像两种颜色间的混色，可以有规律地在多种颜色中进行。暗色和亮色之间的渐变会产生远近感和三维的视觉效果。

使用了渐变的效果，增加了视觉空间感，统一了整个页面的设计语言，也是区别于其他网站页面的个性体现，达到让人印象深刻的目的。渐变色能够柔和视觉，增强空间感，体现节奏和韵律美感，统一整个页面。

6.2 色彩的心理效应

色彩对于个人、地域或国家都有不同的情感认知和联想意义，从某种程度上看，大多数人对色彩认知和联想是大体一致的，不同的色彩产生不同的心理效应。利用色彩与人的心理感觉和情绪的关系，可以在设计网页时形成自己独特的色彩效果，给浏览者留下深刻的印象。

6.2.1 网页中的色彩心理效应

色彩总是对人的心理产生影响，而这些影响又在不知不觉中发挥着作用，左右着人的情绪和行动。网页设计色彩亦然，不同的颜色给人以不同的视觉冲击，而色彩的心理效应就存在于这不同层次的网页设计中。

在静态页面设计中，关于色彩的影响有些是属于直接刺激的；有些属于间接刺激，需要通过联想，或者更深层次的文化等因素产生心想影响等。对于网页设计来说，无论哪一层次的心理影响，都是不能忽视的。作为网站设计师，做到有针对性地用色是相当重要的，因为网站往往是各种各样的，如企业机构、政府组织、体育组织、交流平台、新闻类、个人主页等网站，不同内容和不同性质的网页，设计用色是有很大区别的，所以要合理地使用色彩体现网站的特色。

公司网站往往是为了提升企业形象，把表现企业主题的标准色应用到网站静态页面设计中去，一定会给浏览者留下深刻的印象。在抓住主色的同时配以不同的辅色，这样既突出了公司的统一形象，又能使页面看起来丰富多彩并且不单调。

因此，在进行静态网页设计时，一定要注意色彩的搭配与运用，要留意色彩所产生的心理作用，因为整个网页的视觉感受将会影响人们对于这个网站的关注度，而高关注度意味着更多的信息传递和更强烈的情感共鸣。

6.2.2 黑白灰系列

黑白灰的色彩纯度和饱和度和有色系的颜色相比都是最低的。在混合运用中，黑白灰与其他颜色的对比能够使其他的颜色纯度在视觉上更高，突出其他颜色。

黑白灰是万能色，可以跟任意一种色彩搭配。当两种色彩的搭配不协调时，加入黑色或者灰色，往往会有意想不到的效果。

1. 黑色

虽然黑色不是色轮的一部分，但仍然可以被用来暗示感觉和意义。它往往与权力、优雅、精致和深度联系在一起。黑色是一种没有纯度的色，但在心理上是一个很特殊的色彩，它本身无刺激性，但是与其他色彩配合能增加刺激。黑色是消极色，所以单独使用的情况用途不多，可是与其他色彩配色均能取得较好的效果。如果使用恰当，设计合理，可以产生很强烈的艺术效果。黑色还经常用来做背景色，黑色背景的网站设计精美，抓人眼球，但缺点是不便于阅读。为此，可选用与其他纯度色彩搭配使用。

对一些明度较高的网站，配以黑色，可以适当地降低其明度。

2. 白色

白色，象征纯洁和天真，还传达着干净和安全的信息。白色是网页设计最常用的一种颜色。很多网页设计甚至留出大块的白色区域，作为网页设计的一个组成部分。这便是留白艺术，很多设计感较强的网站较多运用留白艺术。合理减少的留白对于协调平衡页面起到相当大的作用。

白色藏在一切美好事物的下面，是一切美好事物的基础。白色能让别的清淡明亮的颜色显示出它们的深度、强度和丰度。用白色和其他颜色混合，能使网站变得吸引人。

白色被广泛应用于各种网站的网页设计中。白色可以用于字体颜色、背景颜色、图片等多个方面。

3. 灰色

灰色给人一种冷静、中立的感觉。灰色在网页中的应用能使页面版面和色彩搭配更加理性，使得版面更为和谐统一，在网页设计中应用非常广泛。

灰色的视认性、注目性都很低，使得灰色很顺从。同时灰色的心理特性在某些情境下表现得很随意、顺服、中庸，多应用于背景和次要位置的设计中。

在实际网页设计中，灰色起到调和黑、白和其他颜色冲突的作用，使得整体版面显得和谐统一。灰色与不同颜色搭配表现不同的心理效应。由于灰色的特殊心理感受，使得灰色成为配色的理想选择，用来烘托出其他颜色的特点。与红绿蓝的搭配是在网页设计中经常用到的色彩搭配形式，灰色与彩色的对比应用可以体现出精密、时尚的感觉，这是单纯黑白配色所不能实现的效果。

6.2.3 六大色系

不同的色彩产生不同的心理效应，如红色，让人联想到喜庆、热闹；紫色象征着高雅、浪漫；蓝色象征稳重、理智；橙色代表了欢快、甜美；绿色代表了活力、希望等。

1. 红色

红色是三原色之一，红色的纯度高、注目性高、刺激作用强，是视觉效果最强烈的色彩。

红色的色感温暖，性格刚烈而外向，是一种对人刺激性很强的颜色。红色容易引起人的注意，也容易使人兴奋、激动、紧张、冲动，还是一种容易造成人视觉疲劳的颜色。

在众多颜色里，红色是最鲜明生动、最热烈的颜色，因此红色也是代表热情的情感之色。鲜明红色极容易吸引人们的目光。红色在不同的明度、纯度的状态里，给人表达的情感是不一样的。过纯的红色容易使人疲劳，诱发人的心理不适感，因此一般只有在以节庆为主题的网页设计中才会大面积使用纯红色。

在网页颜色应用中，根据主题内容的需求，纯粹使用红色为主色调的网页相对较少，在包含大量信息的页面使用大面积的红色，不易于阅读。红色多用于辅助色、点睛色，达到陪衬、醒目的效果，通常都配以其他颜色。

红色相对于其他颜色，视觉传递速度最快，因此人们喜欢用红色作为警示符号的颜色，如消防、错误提示等。

红色搭配黑色，常用于较前卫时尚、娱乐休闲、电子商务等要求个性的网页设计配色里，也用于部分政治、新闻的页面。

玫红色、粉红色合多用于女性主题，如化妆品、服装等。

2. 橙色

橙色具有轻快、欢欣、温馨、时尚的效果，是快乐、喜悦的色彩。

在整个色谱里，橙色具有兴奋度，给人以华贵而温暖、兴奋而热烈的感觉，也是令人振奋的颜色，能给人庄严、尊贵、神秘等感觉。橙色在空气中的穿透力仅次于红色，也是容易造成视觉疲劳的颜色。橙色的刺激作用虽然没有红色大，但它的视认性和注目性也很高，既有红色的热情又有黄色的光明，以及活泼的特质，是人们普遍喜爱的色彩。橙色可以营造出朝气蓬勃和大自然的气氛，它没有红色那么激烈，适用范围广，所以网页设计中比较常见。

在网页颜色里，橙色属于注目、芳香的颜色，适用于视觉要求较高的时尚类网站；也是容易引起食欲的颜色，也常被用于味觉较高的食品类网站。

3. 黄色

黄色属于色彩三原色之一，是所有色彩中最明亮的色彩。作为暖色调的基准色彩之一，黄色给人一种快乐、轻快、通透、辉煌、充满希望与活力的色彩印象，给人一种高贵、明亮的心理感受。但也由于明度相当高，黄色很容易受到其他颜色的影响，色相稍微偏红、绿一点就会被觉得是橙色或绿色，明度降低时就容易被认为是土色，因此，黄色被看作是一个相当难以掌握的色彩。

黄色是在网页设计中使用极为广泛的颜色之一，它具有明朗愉快的感觉，在信息类网站中都可以使用。一般而言，纯黄色很少大面积使用，原因就在于同纯红色一样，其过于强烈了。但小面积点缀使用颇多，比如用暗清色的黄与其他色彩的暗清色调和使用，页面就会多一些典雅和独特的感觉。

4. 绿色

绿色为植物的颜色，是一种非常舒缓的颜色，象征着生长、和谐、清新与希望，有一种治愈性的特质，给人很舒服的感觉。比起黄色、橙色、红色，绿色显得不够活跃，尽管如此，很多网页设计使用大量的绿色，向访问者传递自然的感觉。另外，绿色让人感到安全，医院类网站经常会使用到绿色。

5. 蓝色

蓝色属于色彩三原色之一，它是最冷的色彩，非常纯净，会给人一种美丽、宁静、清洁、理智、安详与广阔的感觉，蓝色象征宽阔、智慧与信任，在生理层面，蓝色具有独特的安抚作用，但正是由于这种冷静效果，蓝色在某些场合可能并不适用，尤其是食品推销领域。

另外，蓝色作为和平与平静的象征，以其稳定和专业的气质，被普遍运用于企业网站、技术网站，因为它传达一种可靠的信息，给人信任、自信的感觉。

蓝色有沉稳的特性，具有理智、准确的意象，同时还表示希望。在商业设计中，强调科技、效率的商品或企业形象，大多选用蓝色当标准色、企业色，如科技、知识、计算机、企业、政府、银行和门户等。蓝色还代表了“可信”的心理感受，很多企业做网站时都选择了蓝色。

6. 紫色

紫色因与夜空、阴影相联系，所以富有神秘感。紫色也是皇室和高雅的象征，代表着财富和奢侈品。它也能激发人的灵性感觉，并鼓舞创造力。

较浅的紫色可以散发出一种高贵、庄严的感觉。它能很好地提升创造力和表达女性特质，经常被用于女性类网站。

6.3 确定网站的主题色

一个网站如果单一地运用一种颜色，会让人感觉单调、乏味；如果将所有的颜色都运用到网站中，会让人感觉轻浮、花俏。一个网站拥有一种或两种主题色，这样既不会让客户迷失方向，也不会让人感觉单调乏味。确定网站的主题色是设计者必须考虑的问题。

6.3.1 网站的主色调

网页设计中可以采用多种颜色，但从色彩学规律及适应网民心理适应性角度考虑，通常在一个网页中只有一个基色调，也叫主色调。主色调是一个网页的中心，它就好比乐曲中的主旋律，对网页起着主导作用。无论是做单页面，还是做整个网站的色彩搭配，都要先确定主色调。缺乏主色调，网页也就少了灵魂，无法使网页内容重点突出，给浏览者造成阅读上的困难。

主色调是在网页中占主导地位的色彩，通常根据网页的性质来选定。网站的标志和标题的颜色往往被选为主色调，形成整体统一的色彩；以其他颜色为衬托色彩，丰富页面的层次和网页的表现。

6.3.2 辅助色

主色调与辅助色共同构成网页的标准色彩。辅助色的页面占用比例仅次于主色调，起到烘托主色调、支持主色调、融合主色调的作用。

辅助色在整体的画面中应该起到平衡主色的冲击效果和减轻其对观者造成的视觉疲劳，起到一定的视觉分散效果。

6.3.3 点睛色

在网页设计中，辅助色与点睛色能够丰富页面，增强页面的层次感，使整个网页看起来显得活泼生动。确定主色调与辅助色后，通过在小范围内加上强烈的色彩，即点睛色来突出主题效果，能使页面更加鲜明生动。

6.3.4 背景色

背景是衬托环抱整体的色调，起到协调、支配整体的作用。网页中的背景设计是相当重要的，好的背景不但能影响访问者对网页内容的接受程度，还能影响访问者对整个网站的印象。如果经常关注别人的网站，应该会发现在不同的网站上，甚至同一个网站的不同页面上，都会有各式各样的不同的背景设计。

1. 颜色背景

颜色背景的设计是最为简单的，但同时也是最为常用和最为重要的，因为相对于图片背景来说，颜色背景有着无与伦比的显示速度上的优势。

颜色背景虽然比较简单，但也有不少地方需要注意，如要根据不同的页面内容设计背景颜色的冷暖状态，要根据页面的编排设计背景颜色与页面内容的最佳视觉搭配等。

2. 沙纹背景

沙纹背景其实属于图片背景的范畴，其显著特征是整个页面的背景可以看作是局部背景的反复重排，在这类背景中以沙纹状的背景最为常见，因此将其统称为沙纹背景。

初学者都有这样的经历：当试图把个人的照片作为页面的背景时，却发现浏览器显示的并非单一照片，而是同一照片在水平和竖直方向上的反复排列。这正是浏览器处理图片背景时的默认作法，利用这一作法，可以选取一小块代表性图片作为页面背景，让它自动在页面上重复排列，铺满整个页面，从而使网页的体积大大减小。

3. 条状背景

条状背景与沙纹背景是比较相似的，但有其独特的适用场景。它适用于页面背景在水平或竖直方向上呈现规律性重复排列，而在另一方向上则是没有规律的背景设计。它也是利用浏览器对图片背景的自动重复排列，与沙纹背景所不同的是它只让图片在一个方向上重复排列。

4. 照片背景

使用照片作为网页背景可以提升网页的视觉效果。

5. 复合背景

当照片浮于颜色背景之上，二者能够同时正常地显示出来，这就是复合背景。更为吸引人的是，当设置的图片背景因为某种不可知的因素而不能正常显示的时候，浏览器能够自动用设置的颜色背景取而代之，这种设计提升了用户体验的可靠性和稳定性。

6. 局部背景

除了前面所说整个页面的背景外，也能在页面上为某个局部的内容设置属于它自己的背景。

6.4 网页色彩搭配方法

色彩在视觉传达中至关重要，一个网站设计成功与否，在很大程度上取决于设计者对色彩的运用和搭配。网页设计属于一种平面效果设计，排除立体图形、动画效果后，色彩的冲击力是最强的，它很容易给用户留下深刻的印象。因此，在设计网页时，必须高度重视色彩的搭配作用。

6.4.1 网页配色准则

色彩搭配既是一项技术性工作，同时也是一项艺术性很强的工作。因此，在设计网页时，除了考虑网站本身的特点外，还要遵循一定的艺术规律，才能设计出色彩鲜明、性格独特的网站。

1. 色彩鲜明

网页色彩要鲜艳明亮，能用有彩色的就不用无彩色的，这样容易引人注目。有关实验表明，有彩色的记忆效果是无彩色的 3~5 倍。也就是说，彩色网页比完全黑白网页更能吸引人。

2. 独特风格

在网站云集的互联网上，一个网站的网页色彩只有与众不同、独一无二，才能给浏览者留下深刻的印象。尤其在同类网站中，色彩既要符合这类网站用色的特点，又要有自己的独特性，这样才能显得个性鲜明，给浏览者留下深刻的印象。

3. 主题相关

网页色彩要与网站的主题相关联。不同的色彩有不同的象征意义，不同的色彩给人的心理感应也不同。所以不同类型的网站在选择色彩时，要充分考虑色彩的象征意义和人的心理感受。

4. 遵循艺术规律

网站设计也是一项艺术活动，因此必须遵循艺术规律。在考虑到网站本身特点的同时，按照内容决定形式的原则，大胆进行艺术创新，设计出既符合网站要求，又有一定艺术特色的网站。

5. 搭配合理

网页设计虽然属于平面设计的范畴，但它又与其他平面设计不同，它在遵从艺术规律的同时，还要考虑人的生理特点。色彩搭配一定要合理，给人一种和谐的感觉。应避免采用纯度很高的单一色彩，这样容易造成视觉疲劳。

6.4.2 网页配色技巧

网页中的配色能体现网站风格定位，表达情感和意图。下面介绍网页配色的技巧。

1. 避免使用单色

网站设计要避免使用单一色彩，以免产生单调的感觉。通过调整色彩的饱和度和透明度，也可以在保持色彩统一性的同时产生变化，避免单调感。

2. 使用邻近色

所谓邻近色，就是在色带上相邻近的颜色，例如绿色和蓝色、红色和黄色就互为邻近色。采用邻近色设计网页，可以使网页避免色彩杂乱，易于达到页面的和谐统一。

3. 用对比色

对比色可以突出重点，产生强烈的视觉效果。通过合理使用对比色，能够使网站特色鲜明、重点突出。在设计时一般以一种颜色作为主色调，用对比色作为点缀，可以起到画龙点睛的作用。

4. 黑色的使用

黑色是一种特殊的颜色，如果使用恰当，设计合理，往往会产生很强烈的艺术效果。黑色一般用做背景色，与其他纯度色彩搭配使用。

5. 背景色的使用

背景色一般采用素淡清雅的色彩，避免采用花纹复杂的图片和纯度很高的色彩作为背景色，同时背景色要与文字的色彩对比强烈一些。

6. 色彩的数量

一般初学者在设计网页时往往使用多种颜色，使网页变得很“花”，缺乏统一和协调，表面上看起来很花哨，但缺乏内在的美感。事实上，网站用色并不是越多越好，一般控制在 3 种色彩以内，通过调整色彩的各种属性来产生变化。但也有个别情况，如时尚类、美食类、购物类、儿童类等网页颜色相对丰富。

6.4.3 网页元素色彩搭配

为了页面美观、舒适及易于阅读，必须合理、恰当地运用与搭配页面各要素间的色彩。

1. 背景与文字

如果一个网站用了背景颜色，必须考虑到背景颜色的用色、与前景文字的搭配等问题。一般的网站侧重的是文字，所以背景可以选择纯度或者明度较低的色彩，文字用较为突出的亮色，让人一目了然。

2. Logo和Banner

Logo 和 Banner 是宣传网站最重要的部分之一，所以这两个部分一定要在页面上突出。可以将 Logo 和 Banner 设计得鲜亮一些，也就是色彩方面跟网页的主题色分离。有时候为了更突出效果，也可以使用与主题色相反的颜色。

3. 导航与小标题

导航和小标题是网站的指路灯。浏览者想要在网页间跳转，或者想要了解网站的结构和内容，都必须通过导航或者页面中的一些小标题。所以可以使用稍微具有跳跃性的色彩，吸引浏览者的视线，让他们感觉网站清晰、明了、层次分明，往哪里走都不会迷失方向。

4. 链接颜色设置

一个网站不可能只是单一的一页，所以文字与图片的链接是网站中不可缺少的一部分。特别是文字的链接，因为链接区别于文字，所以链接的颜色不能跟文字的颜色一样。现代人的生活节奏相当快，不可能浪费太多的时间在寻找网站的链接上。设置了独特的链接颜色，让人感觉它的独特性，好奇心会趋使人移动鼠标、点击鼠标。

模块 7 Photoshop 网页效果图设计

内容概要

图像是网页中必不可少的元素，图像处理是网页展示形象的核心部分，网页图像的处理直接影响用户体验。准确使用 Photoshop 处理图像，可以提升网页的美观度。

知识要点

- 了解标志设计的基本原则，如简洁性、可读性、可扩展性等
- 选择适合网站主题和风格的标志颜色、字体和图形元素
- 选择适合网页主题和风格的背景、颜色、字体和图像
- 掌握使用切片工具进行图像切割的方法

7.1 网站标志设计

网站中的标志包括 Logo 标志、图标、按钮等视觉元素，它们是网站风格及形象的体现。本节将介绍网站标志的设计。

7.1.1 Logo设计

网页中的 Logo 是各网站用来与其他网站链接的图形标志，代表一个网站或网站的一个板块。

Logo 作为一种识别和传达信息的视觉图形，以其简约、优美的造型语言展现品牌的特点和企业的形象。

1. 设计创意分析

Logo 是一种视觉化的信息表达方式，是有一定含义并能够使人理解的视觉图形，具有简洁、明确、一目了然的视觉传递效果。在生活实践中经过提炼、抽象与加工，集中以图形的方式表现出来，并且表达一定的精神内涵，传递特定的信息，构成人们相互交流的视觉语言。

本节中设计的是 IT 培训中心的 Logo，通过分析网站名称“啓航”采用繁体，了解该网站旨在强化国际化定位，目标受众锁定海外华人，设计飞机飞出画面的 Logo，展示启航者的寓意。Logo 中的标志采用橙色和蓝色两个互为对比的颜色，视觉效果强烈，增强了 Logo 的表现力。网站名称中则通过加长“航”字的最后一笔，与“者”字中的一撇相连，形成共用笔画的效果，使名称的整体性得以加强。“航”字使用橙色，与 Logo 相呼应，与“者”字互相影响，深化了视觉传达效果，如图 7-1 所示。

图 7-1　IT 培训中心的 Logo

2. Logo制作

在深入分析 Logo 的构成与设计理念之后，运用 Photoshop 软件进行创作就简单多了。下面介绍使用 Photoshop 制作 Logo 的操作步骤。

01 启动 Photoshop，执行“文件”|“新建”命令，弹出“新建”对话框，设置“名称”为 Logo，“宽度”为 1 120，“高度”为 505，“分辨率”为 96，“颜色模式”为“RGB 颜色”，“背景内容”为“白色”，如图 7-2 所示。

02 单击“确定”按钮，即新建了一个空白文档，如图 7-3 所示。

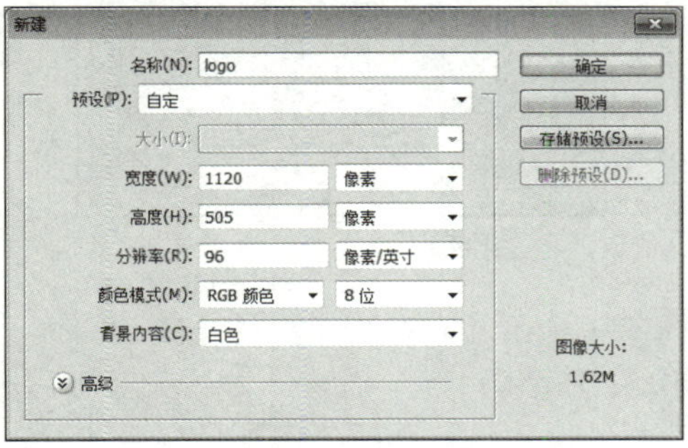

图 7-2　“新建”对话框

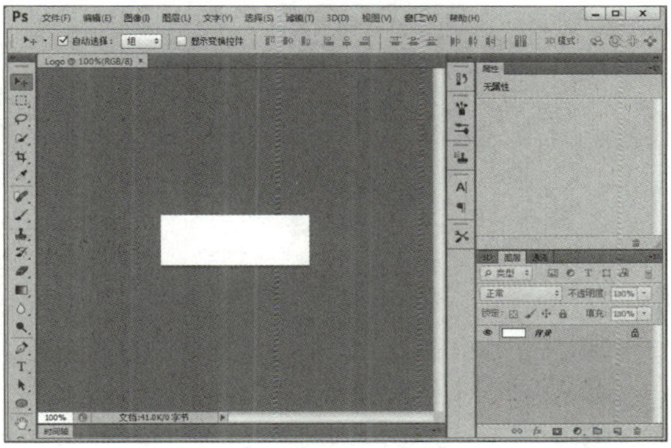
图 7-3　新建空白文档

03 在工具箱中按住矩形工具，在弹出的工具组中选择“椭圆工具”，如图 7-4 所示。

04 在选项栏中设置填充颜色为蓝色，描边颜色为深蓝色，形状描边宽度参数为 1，如图 7-5 所示。

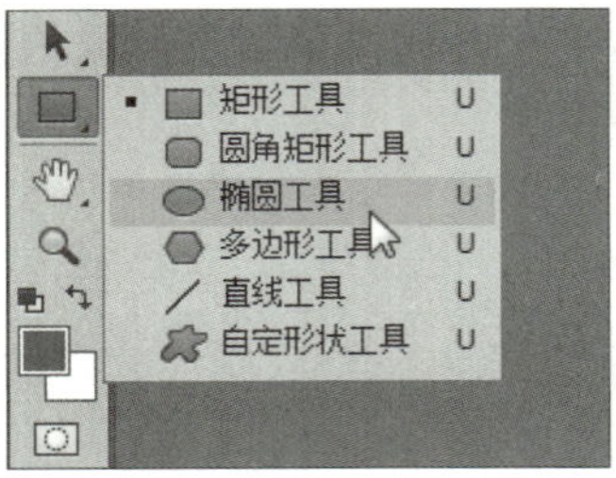

图 7-4 选择椭圆工具

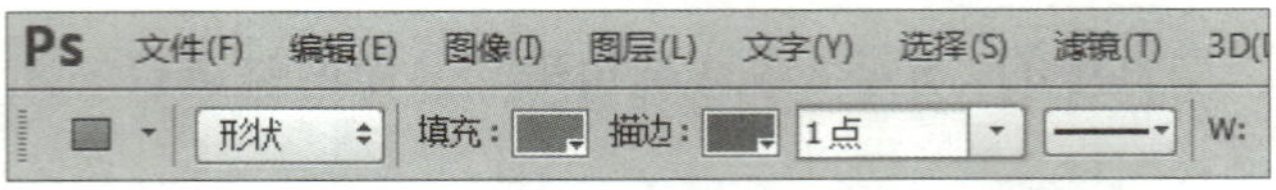

图 7-5 设置选项栏参数

05 在画布中单击并拖动鼠标，绘制椭圆，如图 7-6 所示。

06 按 Ctrl+T 组合键，对图形进行缩放及旋转，如图 7-7 所示。

图 7-6 绘制椭圆

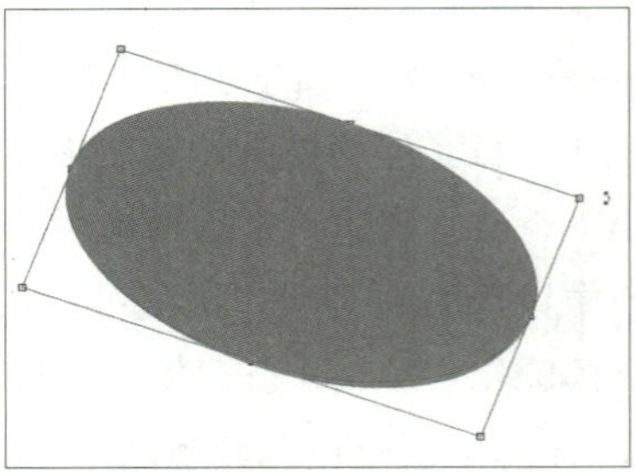

图 7-7 缩放及旋转

07 按住 Alt 键，拖动椭圆，直接复制一个新的图形，如图 7-8 所示。

08 双击“图层”面板中“椭圆副本”的图层缩览图，如图 7-9 所示。

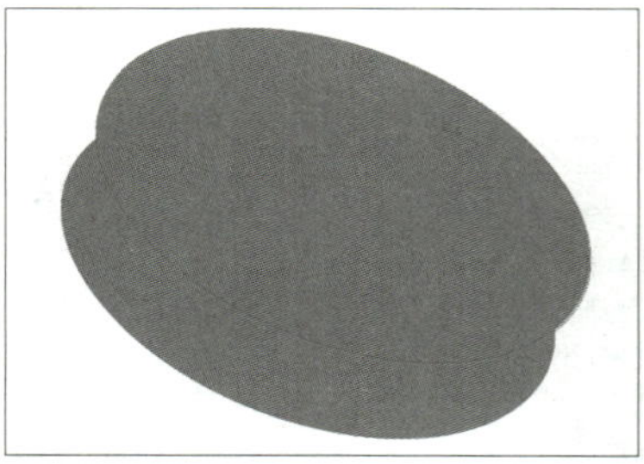

图 7-8 复制新的图形

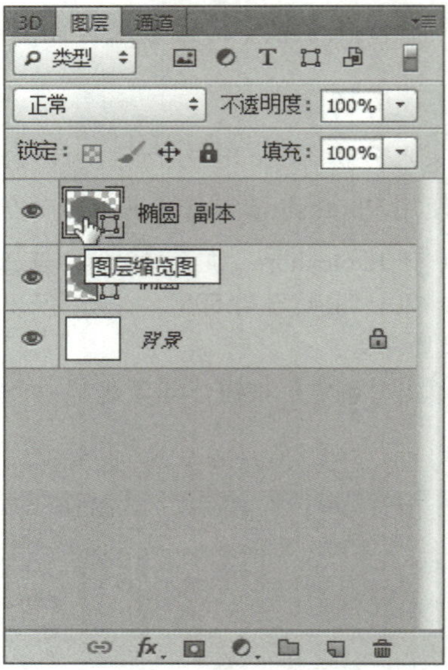

图 7-9 双击图层缩览图

09 打开“拾色器”对话框，选择颜色为白色，如图 7-10 所示，单击“确定”按钮。

10 按 Ctrl+T 组合键，调整图形的大小及角度，如图 7-11 所示。

11 单击工具箱中的椭圆工具，在选项栏中修改描边颜色为“无”，如图 7-12 所示。

⑫ 在“图层”面板中按住 Ctrl 键，单击图层缩览图，将图层载入选区。

⑬ 选择蓝色椭圆图层，单击鼠标右键，执行“栅格化图层”命令，再按 Delete 键将其删除。

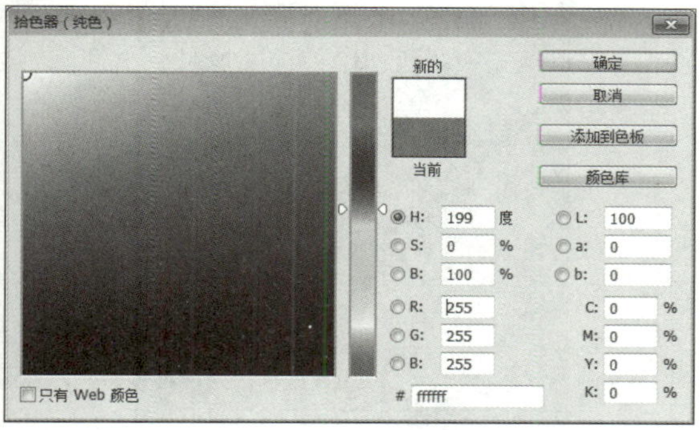

图 7-10 选择颜色

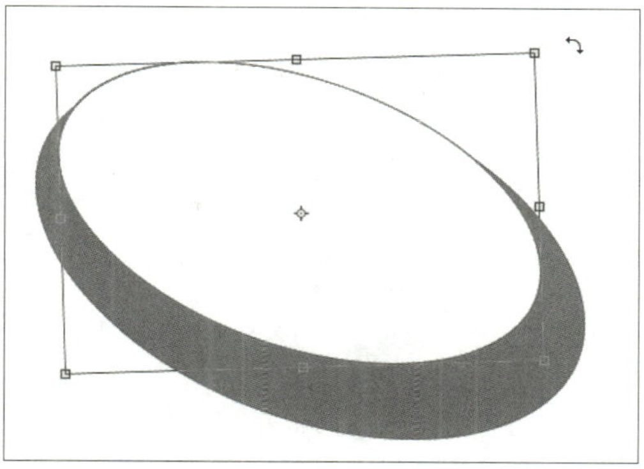

图 7-11 调整图形大小及角度

⑭ 选择钢笔工具，在画布中绘制路径，如图 7-13 所示。

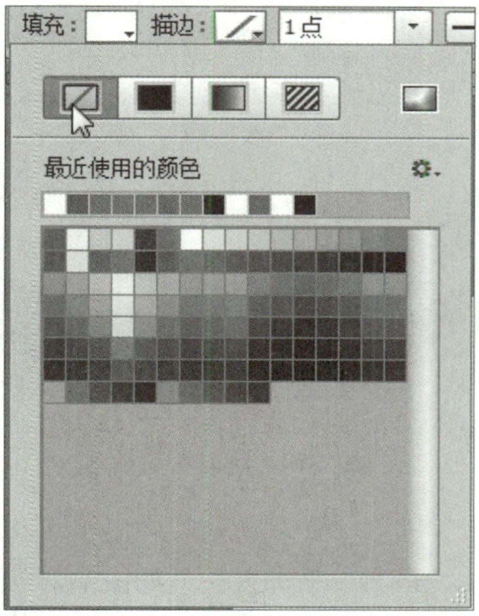

图 7-12 修改描边颜色为“无”

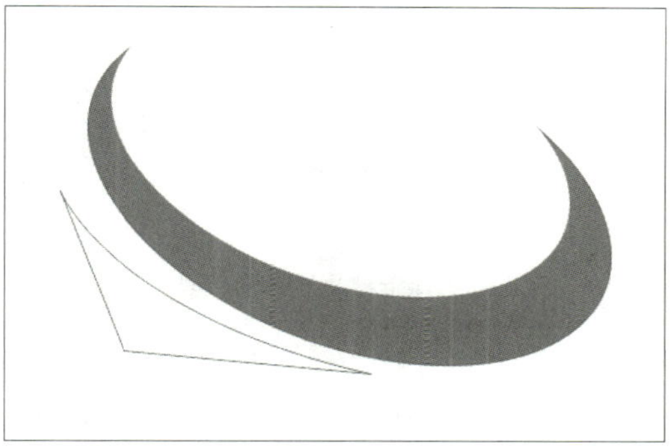

图 7-13 绘制路径

⑮ 在工具箱中按住钢笔工具，在弹出的工具组中选择“转换点工具”，如图 7-14 所示。

⑯ 对图形进行调整，如图 7-15 所示。

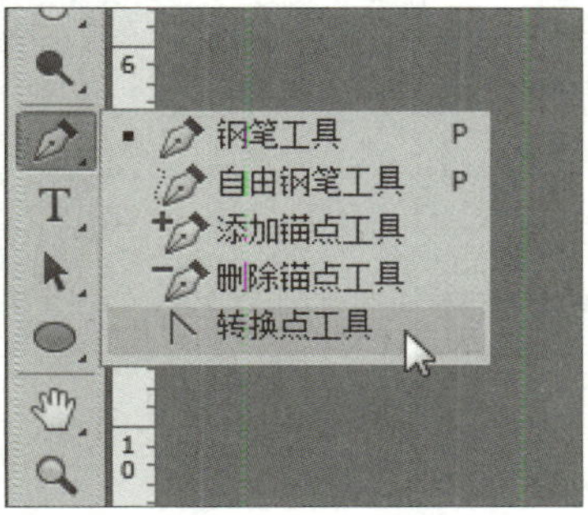

图 7-14 选择“转换点工具”

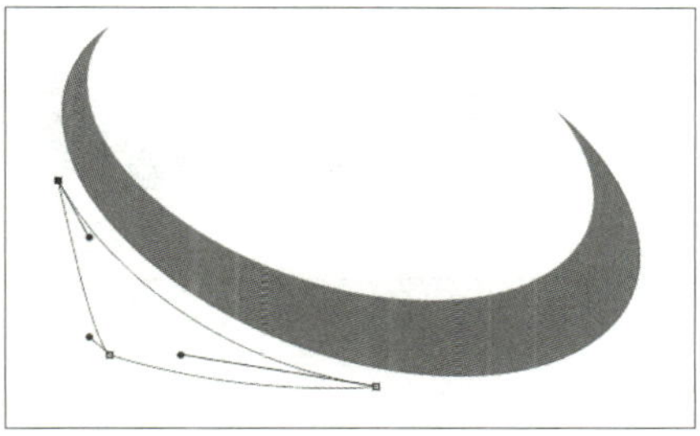

图 7-15 调整图形

⑰ 在“图层”面板中单击“创建新图层”按钮，新增图层，如图 7-16 所示。

⑱ 双击“图层 1”文字，修改图层名称，如图 7-17 所示。

图 7-16 单击“创建新图层”按钮

图 7-17 修改图层名称

19 按 Ctrl+Enter 组合键将路径转换为选区，如图 7-18 所示。

20 设置前景色为蓝色，按 Alt+Delete 组合键填充前景色，如图 7-19 所示。

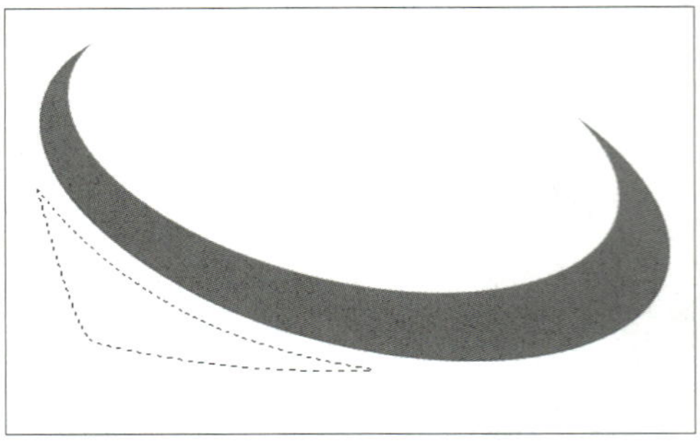
图 7-18 转换路径为选区

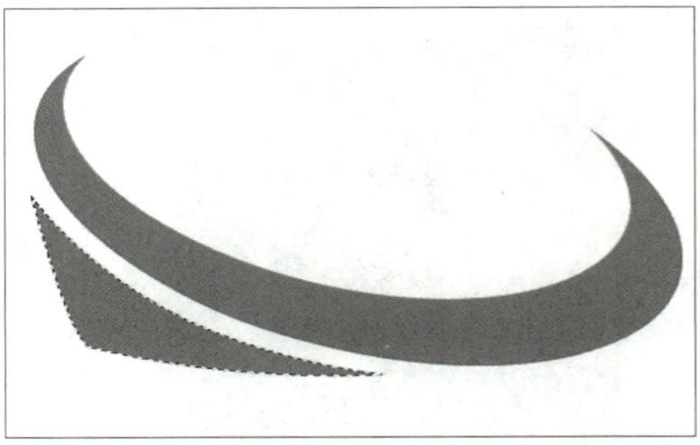
图 7-19 填充前景色

21 单击鼠标右键，执行“描边”命令，如图 7-20 所示。

22 在弹出的对话框中设置“宽度”参数为 1 像素，单击“颜色”后的色块，如图 7-21 所示。

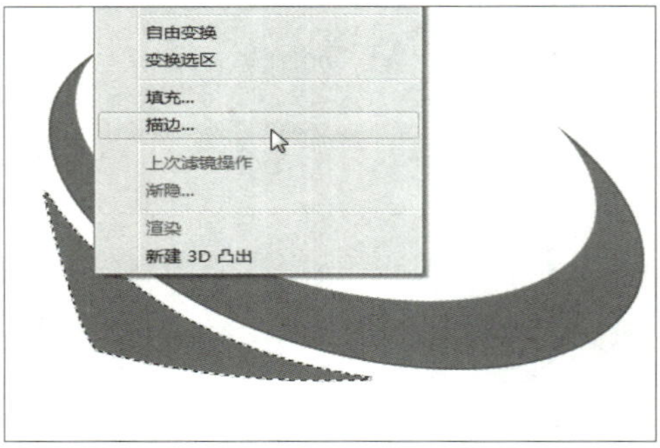

图 7-20 执行“描边”命令

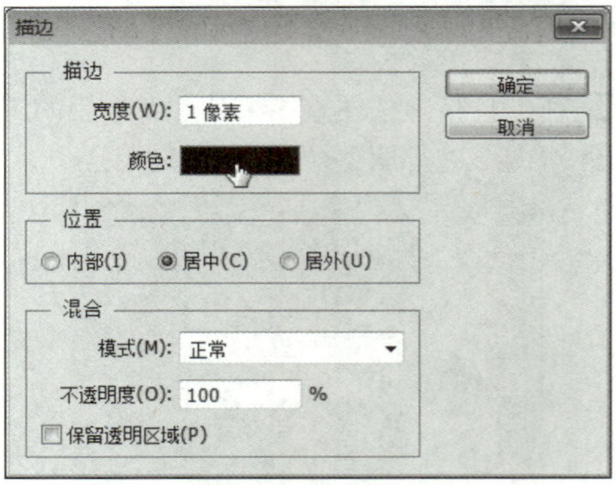

图 7-21 单击色块

23 在弹出的“识色器”对话框中选择颜色为深蓝色，如图 7-22 所示。

24 单击“确定”按钮完成设置。回到“描边”对话框，单击“位置”选项组的“居外”单选按钮，如图 7-23 所示。

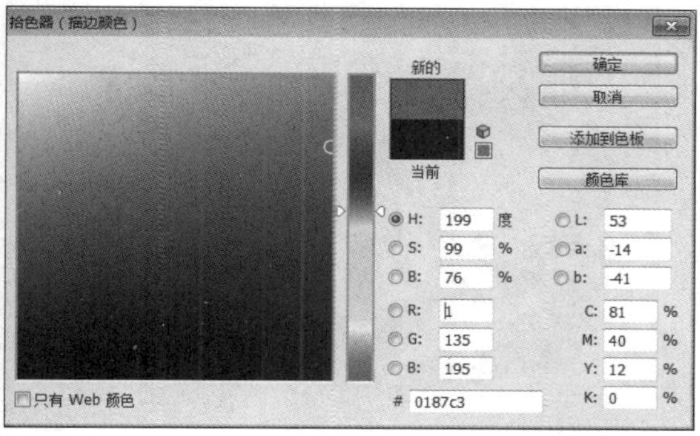

图 7-22 选择颜色

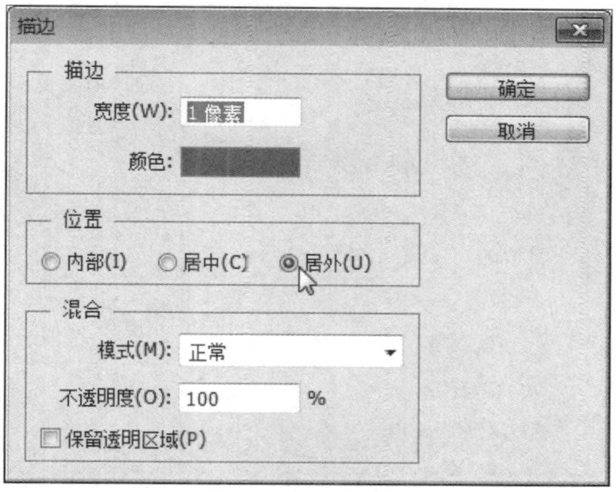

图 7-23 单击“居中”单选按钮

25 按 Ctrl+D 组合键取消选区。使用钢笔工具继续绘制图形，如图 7-24 所示。

26 新建“飞机”图层，按 Ctrl+Enter 组合键将路径转换为选区，如图 7-25 所示。

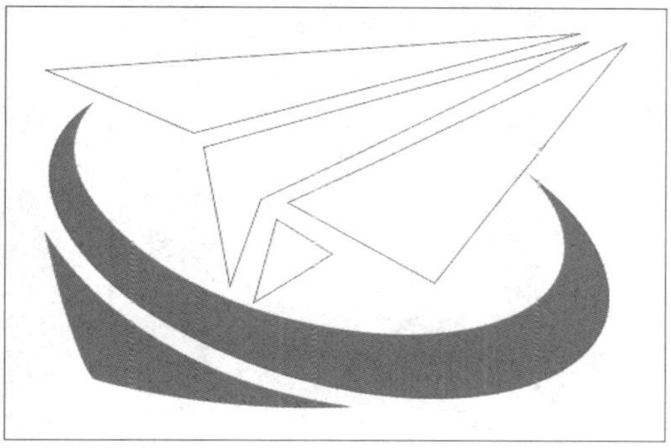

图 7-24 绘制图形

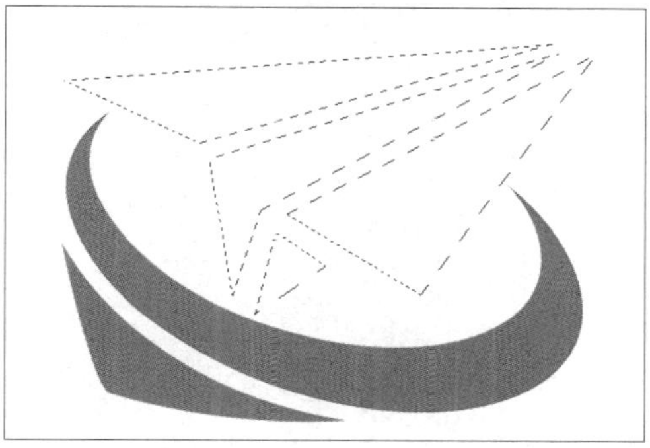

图 7-25 转换为选区

27 设置前景色为橙色，按 Alt+Delete 组合键填充前景色，如图 7-26 所示。

28 单击鼠标右键，执行“描边”命令，如图 7-27 所示。

图 7-26 填充前景色

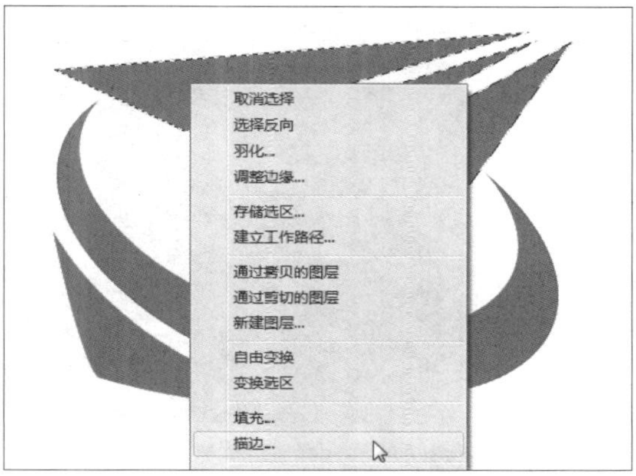

图 7-27 执行“描边”命令

29 在弹出的对话框中修改“颜色”为深橙色，如图 7-28 所示。

30 单击“确定”按钮。然后按 Ctrl+D 组合键取消选区，效果如图 7-29 所示。

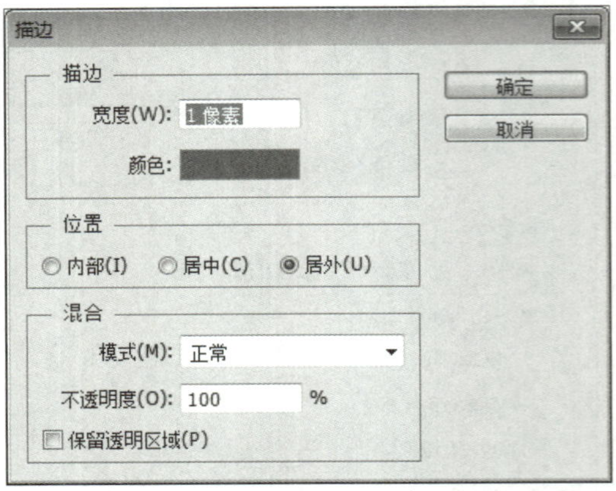

图 7-28 修改颜色

图 7-29 效果

31 在“图层”面板中选择除“背景”层外的所有图层，单击“图层”面板下方的“链接”按钮，如图 7-30 所示。链接了的图层后面显示链接图标，如图 7-31 所示。

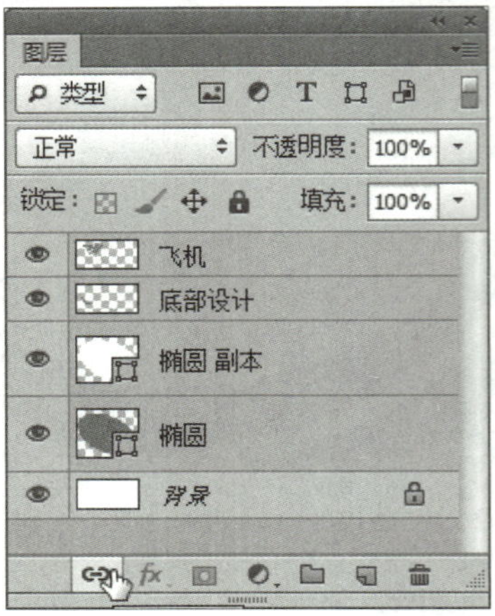

图 7-30 单击“链接”按钮

图 7-31 链接图标

32 在工具箱中设置前景色为蓝色，选择文字工具，如图 7-32 所示。

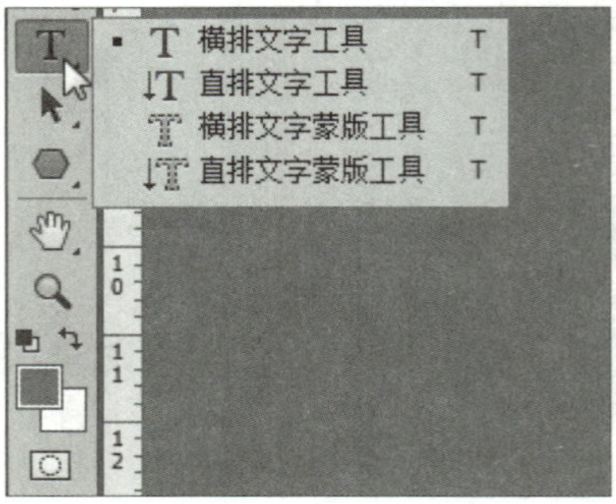

图 7-32 选择文字工具

图 7-33 输入文字

33 在画布中输入文字“启航者”，如图 7-33 所示。

34 在选项栏中修改字体为“时尚中黑简体”，如图 7-34 所示。

35 下面进行“启”字的制作。先使用文字工具输入“护”字，如图 7-35 所示。

图 7-34　修改字体

图 7-35　输入文字

提示： 特殊字体库并不能识别所有文字，这时就可以使用其他文字拼接来解决。

36 在图层中选择“护”字图层，单击鼠标右键，执行“栅格化文字”命令，如图 7-36 所示。

37 在工具箱中选择矩形选框工具，将“护”字的偏旁选中并按 Delete 键删除，如图 7-37 所示。

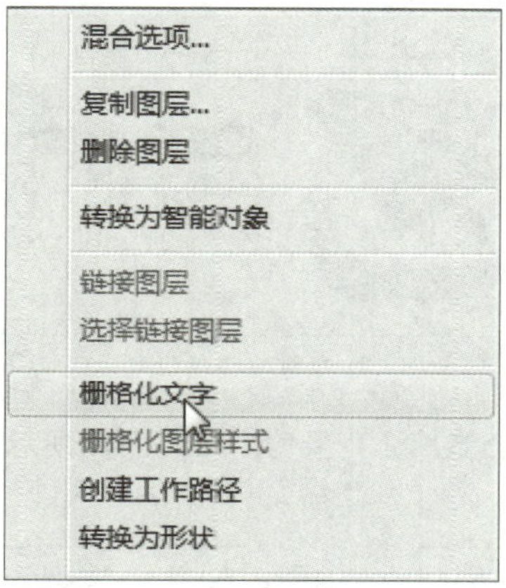

图 7-36　执行“栅格化文字”命令

图 7-37　删除偏旁

38 再次选择文字工具，在画布中输入“玫”字，如图 7-38 所示。

39 栅格化文字后将“玫”字的偏旁删除，并移动位置，如图 7-39 所示。

图 7-38　输入文字

图 7-39　移动位置

40 使用文字工具，输入“哲”字，如图 7-40 所示。

41 栅格化文字，并将上部结构删除，仅保留“口”字。按 Ctrl+R 组合键打开标尺，拖出参考线，将“口”字调整位置，如图 7-41 所示。

图 7-40　输入文字

图 7-41　调整位置

提示：按 Ctrl++ 组合键可以放大画布，按 Ctrl+– 组合键可以缩小画布。

42 在“图层”面板中选择“护”“玫”“哲”这 3 个图层，单击鼠标右键，执行“合并图层”命令，如图 7-42 所示，并修改图层名称为“啓”。

43 选择“啓航者”图层，将“航”字颜色修改为橙色，如图 7-43 所示。

44 在图层上单击鼠标右键，执行“栅格化文字”命令。

45 在画布中将“啓”字删除，并将制作好的“啓”字移动到该位置，如图 7-44 所示。

46 使用钢笔工具绘制路径，并按 Ctrl+Enter 组合键将路径载入选区，如图 7-45 所示。

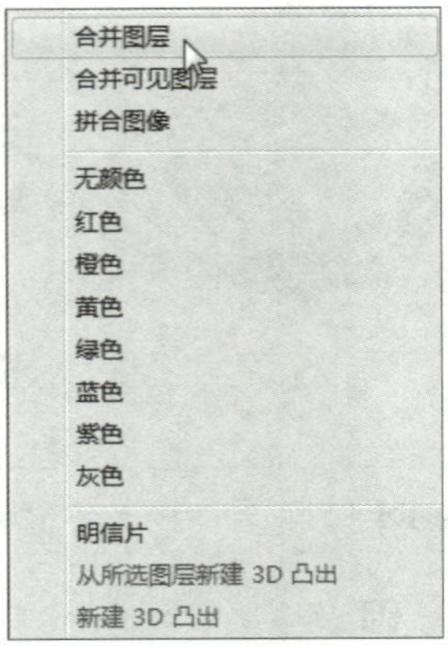

图 7-42　执行“合并图层”命令

图 7-43　修改“航”字颜色

图 7-44　移动位置

47 新建图层，将背景色设置为白色，按 Ctrl+Delete 组合键填充背景色，如图 7-46 所示。

48 在工具箱中选择矩形选框工具，在画布中移动选区，如图 7-47 所示。

图 7-45　载入选区

图 7-46　填充背景色

图 7-47　移动选区

49 新建图层，将前景色设置为橙色，按 Alt+Delete 组合键填充前景色，按 Ctrl+D 组合键取消选区，如图 7-48 所示。

50 在工具箱中按住套索工具，在弹出的工具组中选择“多边形套索工具”，如图 7-49 所示。

图 7-48　取消选区

图 7-49　选择“多边形套索工具”

51 选择“啓航者”图层，将多余的图像选中并删除，如图 7-50 所示。

52 选择文字工具，继续输入文字，并调整合适的大小及位置，将所有图层链接，如图 7-51 所示。

图 7-50　将多余的图像删除

图 7-51　调整大小及位置

53 执行"文件"|"存储"命令，将文档以 PSD 格式存储，方便下次直接调用。

54 按 Ctrl+N 组合键，弹出"新建"对话框，设置"宽度"为 200，"高度"为 40，"分辨率"为 72，如图 7-52 所示。

55 单击"确定"按钮。将文档 1 的图形选中并拖动到文档 2 中，按 Ctrl+T 组合键缩小图像，如图 7-53 所示。

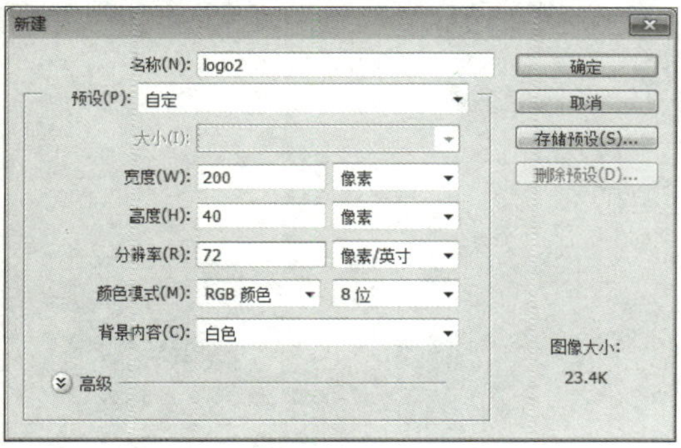

图 7-52 新建

图 7-53 缩小图像

提示：前面为方便设计，将文档的尺寸设置得比较大，这里新建的文档尺寸为网页中实际应用到的 Logo 尺寸。

56 保存文档后即完成了 Logo 的设计制作。

7.1.2 图标设计

就一个网站而言，图标即是网站的名片。而对于一个追求极致的网站，图标更是它的灵魂所在，即所谓的"点睛"之处。

1. 设计创意分析

本节将设计培训中心网页中的图标，如图 7-54 所示。为呼应 Logo，这里设计的图标颜色也采用蓝色和橙色。统一的颜色搭配不仅能使网页整体性加强，也能展现网站的特色。图标设计添加了向下的阴影效果，加强了图标的立体感。

2. 图标设计制作

下面介绍图标的设计操作。

01 进入 Photoshop，按 Ctrl+N 组合键新建一个空白文档。

02 在工具箱中按住矩形工具，在弹出的工具组中选择"圆角矩形工具"，如图 7-55 所示。

图 7-54 图标设计

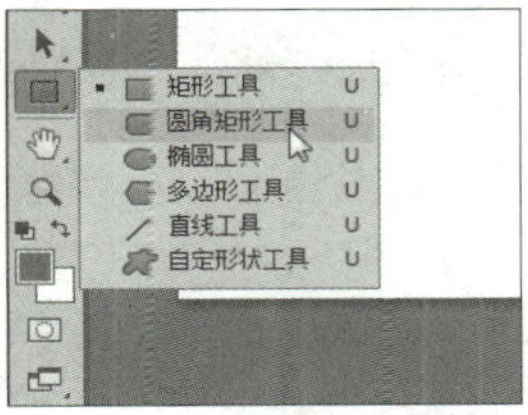

图 7-55 选择"圆角矩形工具"

03 在选项栏中设置填充颜色为"无"，填充颜色为蓝色，描边颜色为"无"，"半径"参数为 20，如图 7-56 所示。

图 7-56　设置选项栏

04 在画布中单击并拖动鼠标，绘制一个圆角矩形，如图 7-57 所示。

05 在“图层”面板中选择图层，单击鼠标右键，执行“栅格化图层”命令。按住 Ctrl 键，单击图层缩览图，将图层载入选区。

06 在工具箱中选择矩形选框工具，在选项栏中单击“从选区减去”按钮，如图 7-58 所示。

图 7-57　绘制圆角矩形

图 7-58　单击“从选区减去”按钮

07 框选图形的下半部分，如图 7-59 所示。

08 设置背景色为橙色，按 Ctrl+Delete 组合键填充背景色，如图 7-60 所示。

图 7-59　框选

图 7-60　填充背景色

09 按 Ctrl+D 组合键结束选区。按 Ctrl+R 组合键打开标尺，拖出参考线，如图 7-61 所示。

10 使用矩形选框工具，在图形上绘制矩形选区，如图 7-62 所示。

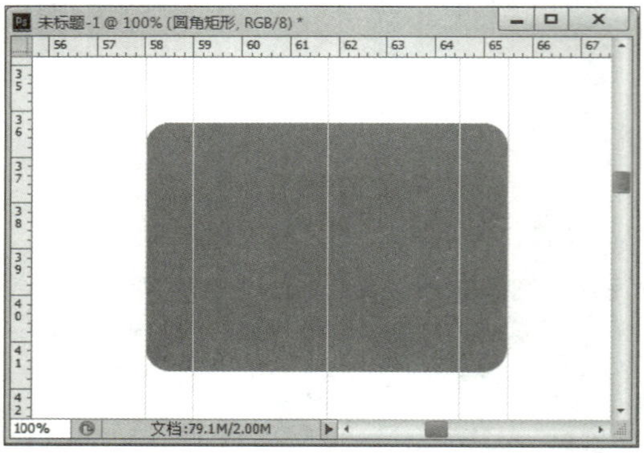

图 7-61　拖出参考线

图 7-62　绘制矩形选区

提示： 将鼠标放置在左侧或顶端的标尺上，向右或向下可拖出参考线。在参考线上双击，可对参考线的颜色及样式进行修改。将参考线拖出界面，即可删除参考线。

11 按 Delete 键删除选区图像，如图 7-63 所示。

12 按键盘上的方向键移动选区，删除选区的图像。删除 3 次后结束选区，效果如图 7-64 所示。

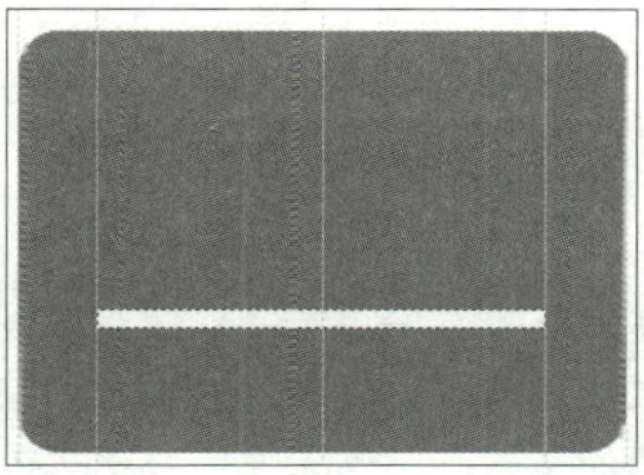

图 7-63　删除选区图像

图 7-64　效果

13 移动参考线，选择矩形选框工具，按住 Shift 键绘制正方形选区，并删除选区的图像，如图 7-65 所示。

14 向右移动选区，删除图像，如图 7-66 所示。

图 7-65　删除选区图像

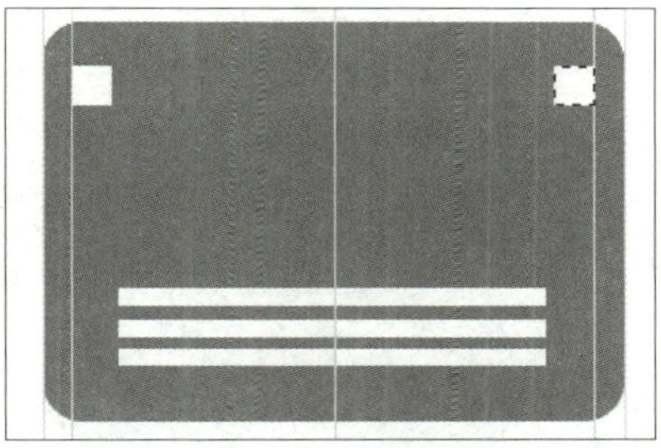

图 7-66　删除图像

15 按 Ctrl+D 组合键结束选区。使用钢笔工具绘制路径，如图 7-67 所示。

16 按 Ctrl+Enter 组合键将路径载入选取，按 Delete 键删除选区图像，如图 7-68 所示。按 Ctrl+D 组合键结束选区。

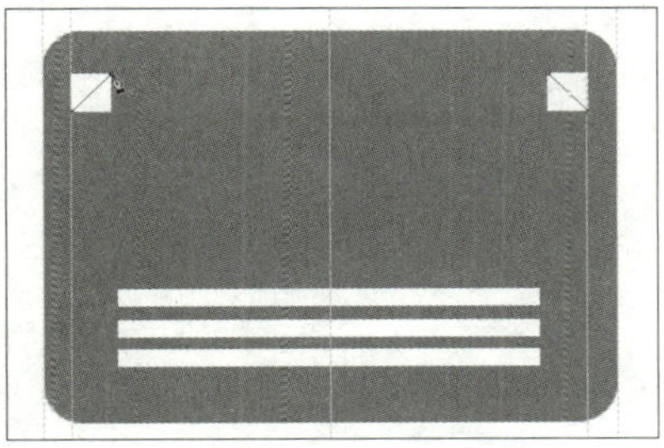

图 7-67　绘制路径

图 7-68　删除选区图像

17 按 Ctrl+J 组合键快速复制图形。在“图层”面板中选择副本图层，拖动移至下一层，如图 7-69 所示。

18 按住 Ctrl 键，单击图层缩览图，将图层载入选区，填充灰色。

19 结束选区。使用键盘上的方向键向下移动图形，按 Ctrl+；组合键隐藏参考线，最终效果如图 7-70 所示。

20 将两个图形图层链接。在工具箱中选择圆角矩形工具，绘制矩形，如图 7-71 所示。

21 在选择图形的情况下，使用钢笔工具绘制路径，如图 7-72 所示。

22 在“图层”面板中拖动图层到“创建新图层”按钮上，复制图层，如图 7-73 所示。

23 按 Ctrl+T 组合键将复制的图形调小，并单击鼠标右键，执行“水平翻转”命令，如图 7-74 所示。

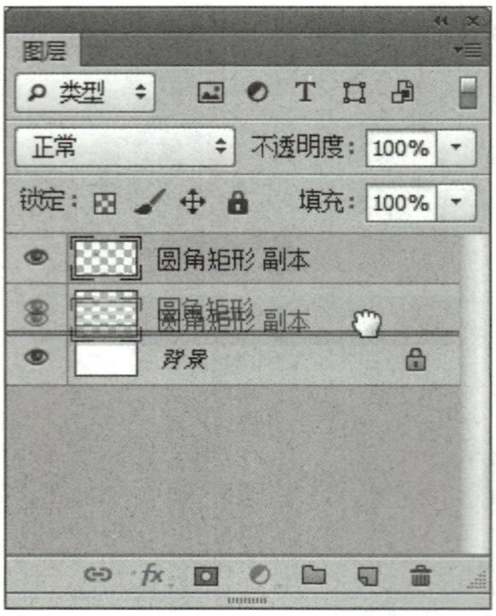

图 7-69　移动图层

图 7-70　最终效果

图 7-71　绘制矩形

图 7-72　绘制路径

图 7-73　复制图层

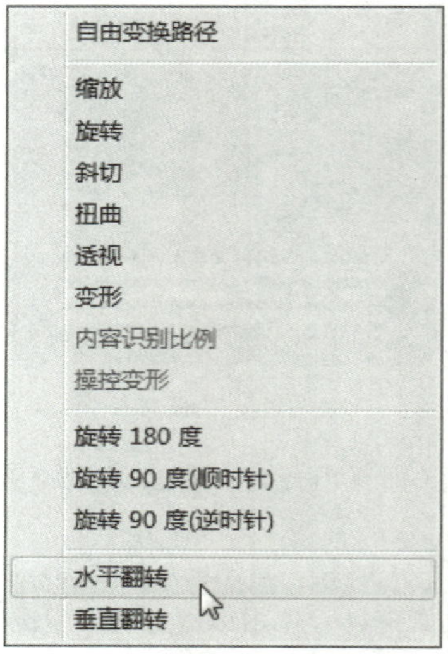

图 7-74　执行“水平翻转”命令

24 将图形调整至合适的位置，如图 7-75 所示。

25 按 Enter 键确定变形。双击图层缩览图，在打开的“拾色器”对话框中选择橙色，如图 7-76 所示。

26 单击“确定”按钮完成设置，图形效果如图 7-77 所示。

27 在“图层”面板中分别将两个形状图层栅格化。选择蓝色圆角矩形图层，按住 Ctrl 键单击图层缩览图，将图层载入选区。

图 7-75 调整位置

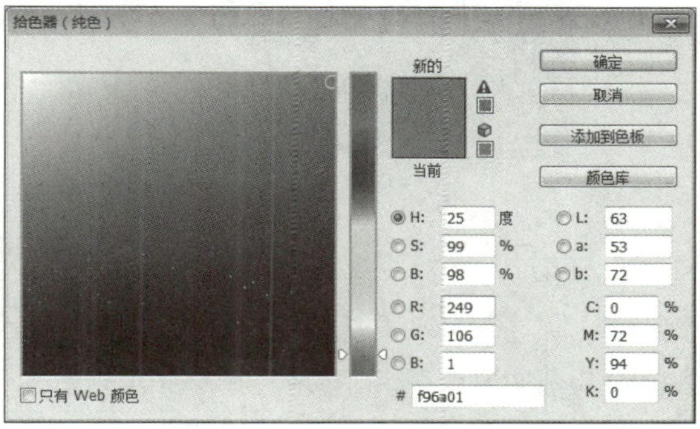

图 7-76 选择橙色

28 选择工具箱中的矩形选框工具，使用键盘上的方向键将选区向右下方移动几个像素，如图 7-78 所示。

图 7-77 图形效果

图 7-78 移动

29 选择橙色矩形所在的图层，按 Delete 键删除选区图像，如图 7-79 所示。

30 取消选区。选择圆角矩形工具，在选项栏中设置填充颜色为白色，单击“形状”列表框，在弹出的列表中选择“像素”选项，如图 7-80 所示。

图 7-79 删除选区图像

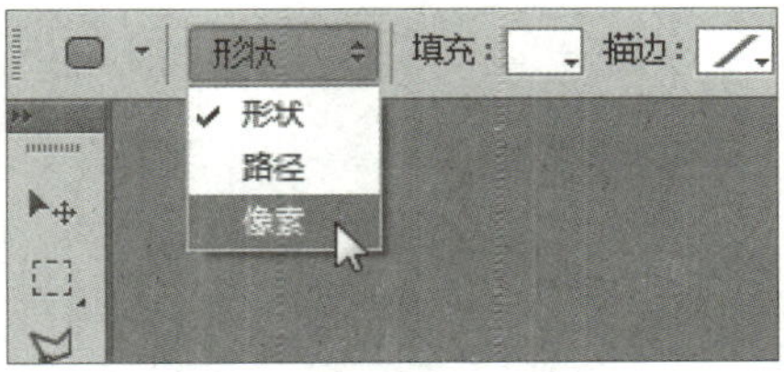

图 7-80 选择“像素”选项

31 新建图层，绘制图形，并调整位置，如图 7-81 所示。

32 按住 Ctrl 键，将该图层载入选区。选择蓝色圆角图层，按 Delete 键删除选区图像。用前面所述方法，将选区移动并删除图像，最后将图层 1 删除，最终效果如图 7-82 所示。

33 在“图层”面板中将两个图层链接，并按 Ctrl+J 组合键快速复制图形。

图 7-81　绘制图形

图 7-82　最终效果

34 用前面所述方法，为副本图形填充灰色，并向下轻移图形，最终效果如图 7-83 所示。

图 7-83　最终效果

7.1.3　按钮设计

在任何网站里，按钮都是网页设计中的重要元素之一。好的按钮设计，其风格和网页整体设计风格相符，且方便用户发现和操作，是提升用户体验的重要元素。

1. 设计创意分析

如图 7-84 所示为本节设计的按钮，仍然使用蓝橙对比色；为按钮填充渐变色和投影效果，使得按钮有立体感；设置文字为白色，与背景颜色区别开来。

2. 按钮设计制作

01 新建一个空白文档，使用圆角矩形选框工具绘制选区并填充橙色，如图 7-85 所示。

图 7-84　按钮设计效果

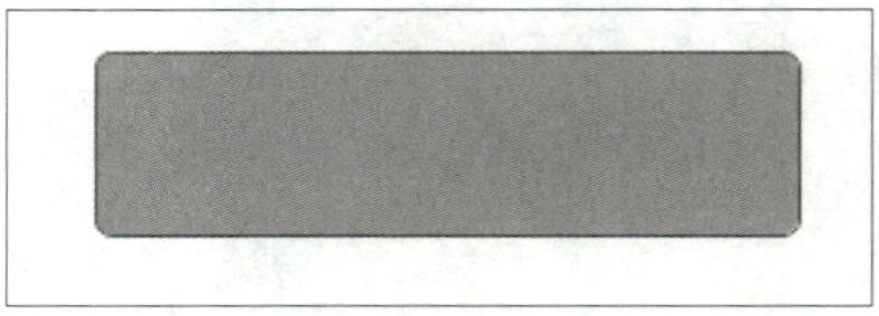

图 7-85　绘制并填色矩形

02 在“图层”面板中单击“添加图层样式”按钮，在弹出的列表中选择“投影”选项，如图 7-86 所示。

03 弹出对话框，设置投影参数，如图 7-87 所示。

04 在左侧样式中选择“内发光”复选框，设置颜色为橙色，如图 7-88 所示。

05 选中“渐变叠加”复选框，单击“渐变后”的颜色条，如图 7-89 所示。

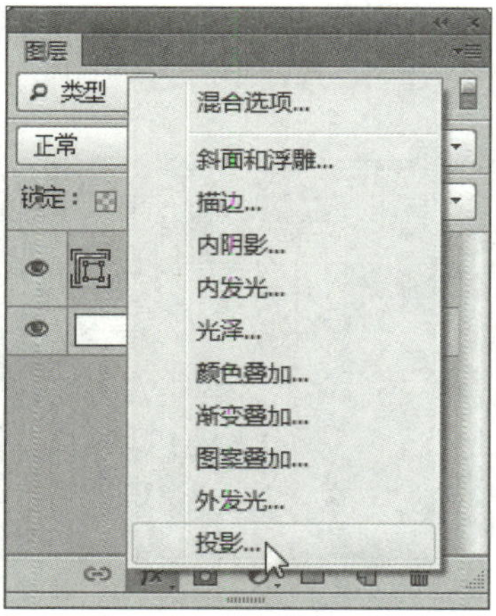

图 7-86　选择“投影”选项

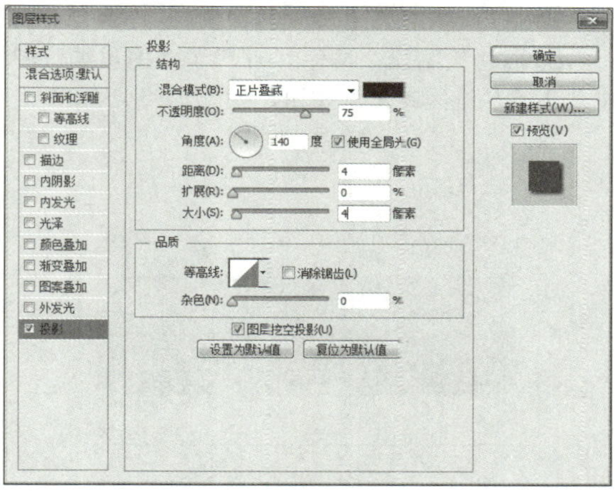

图 7-87　设置投影参数

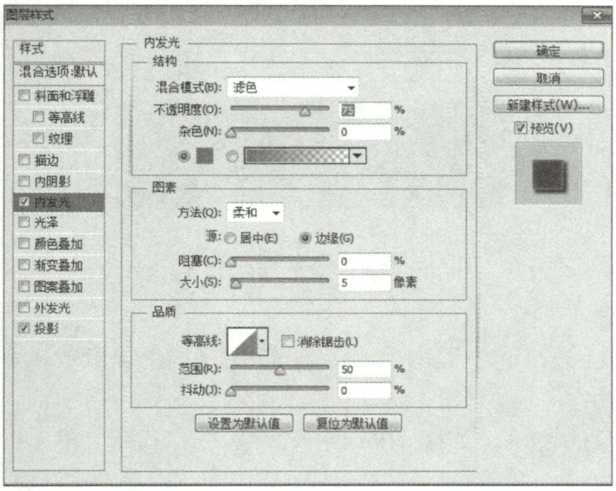

图 7-88　设置“内发光”参数

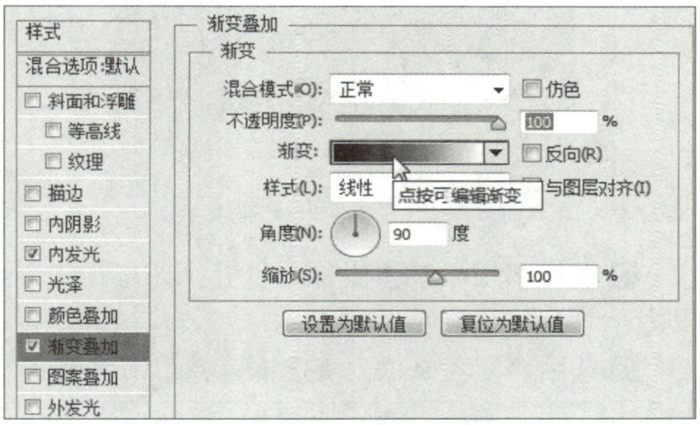

图 7-89　单击渐变后的颜色条

06 弹出对话框，对渐变色进行设置，如图 7-90 所示。单击“确定”按钮。

07 选中“描边”复选框，并设置参数，如图 7-91 所示。

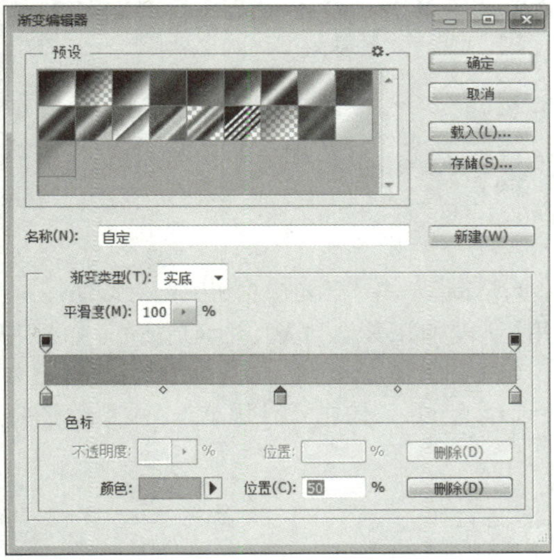

图 7-90　对渐变色进行设置

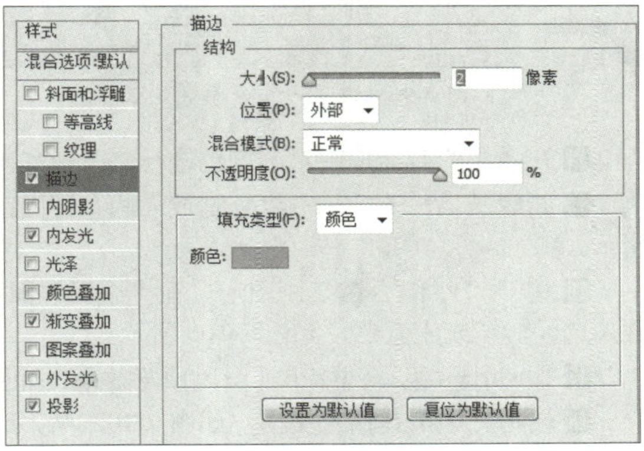

图 7-91　设置描边参数

08 单击“确定”按钮，设置完成，此时的按钮效果如图 7-92 所示。

09 栅格化图层，按住 Ctrl 键单击图层缩览图，将图层载入选区。选择矩形选框工具，在选项栏中单击“从选区减去”按钮，如图 7-93 所示。

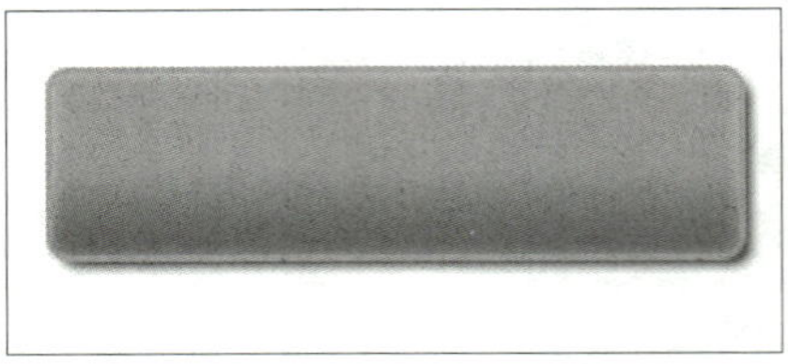

图 7-92 按钮效果

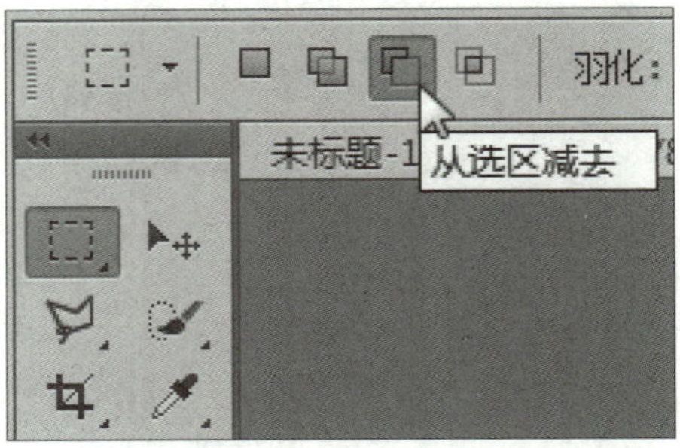

图 7-93 单击“从选区减去”按钮

10 将选区的右边框选减去该部分选区，仅保留左端部分选区，如图 7-94 所示。

11 新建图层，填充蓝色，如图 7-95 所示。

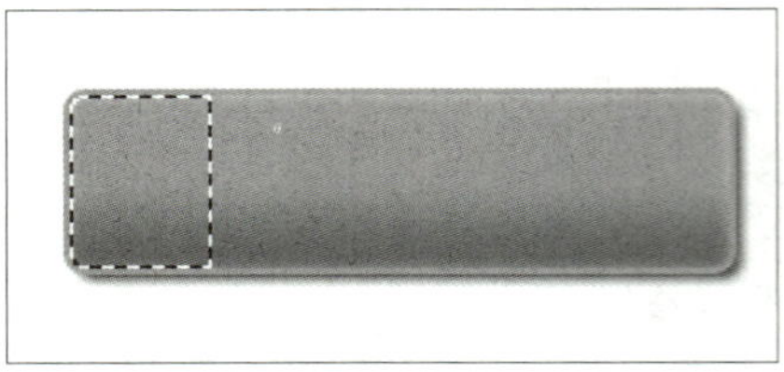

图 7-94 减去部分选区

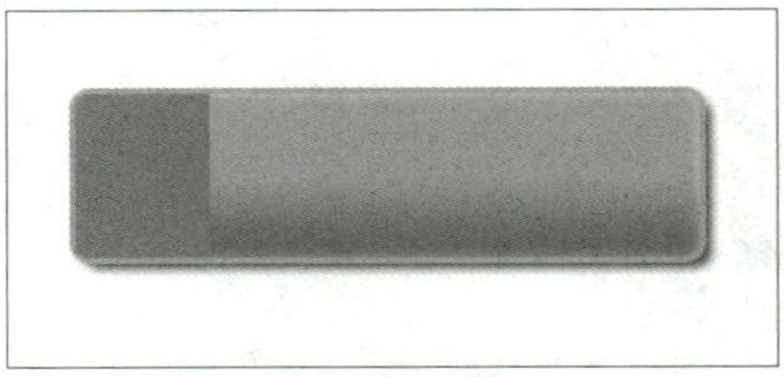

图 7-95 新建图层并填色

12 在该图层中双击鼠标，打开“图层样式”对话框，选中“内发光”复选框，并设置参数，如图 7-96 所示。

13 选中“渐变叠加”复选框，并单击“渐变”后的色块，如图 7-97 所示。

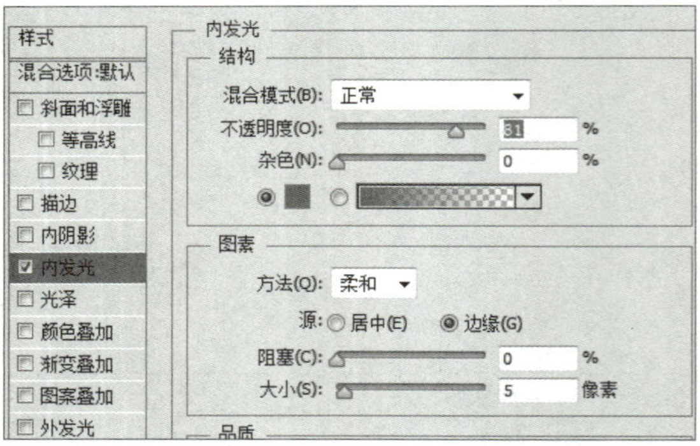

图 7-96 设置内发光参数

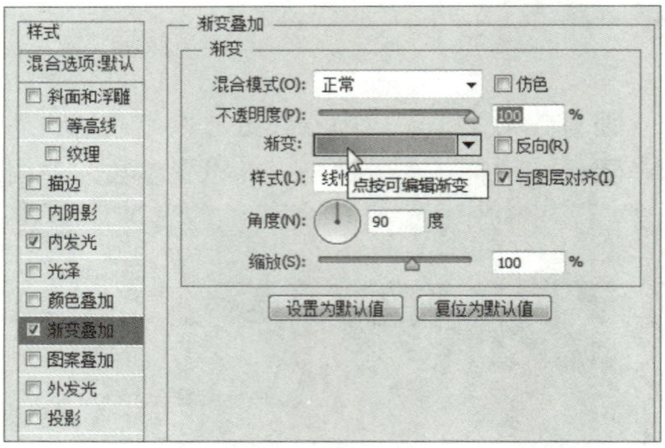

图 7-97 单击渐变后的色块

14 在弹出的对话框中对渐变色进行修改，如图 7-98 所示。单击“确定”按钮关闭对话框。

15 新建图层，按 Ctrl++ 组合键放大画布视图，使用矩形选框工具绘制选区并填充颜色，如图 7-99 所示。

16 按 Ctrl+J 组合键复制图形。在“图层”面板中选择下一层，按住 Ctrl 键单击图层缩览图将其载入选区，填充浅蓝色，如图 7-100 所示。

17 按 Ctrl+ - 组合键缩小视图，预览效果，如图 7-101 所示。

18 使用文字工具输入文字，如图 7-102 所示。

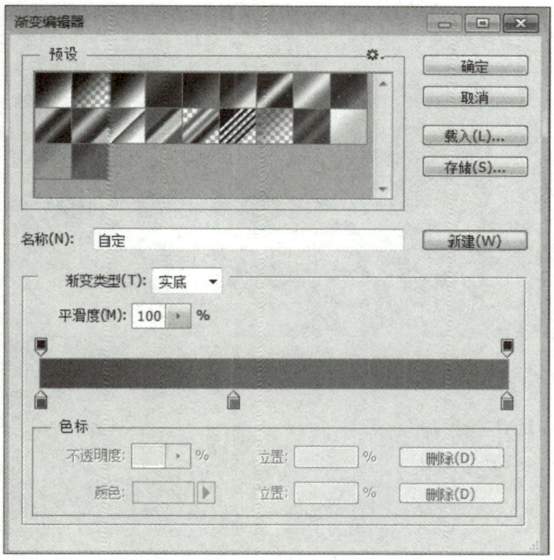

图 7-98 修改渐变色

图 7-99 绘制选区并填充颜色

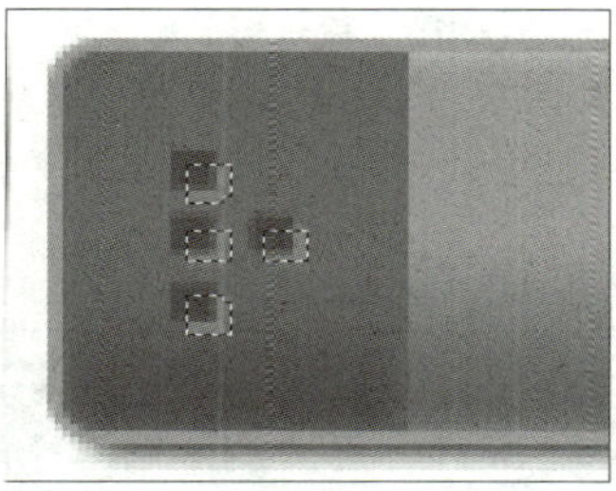

图 7-100 载入选区

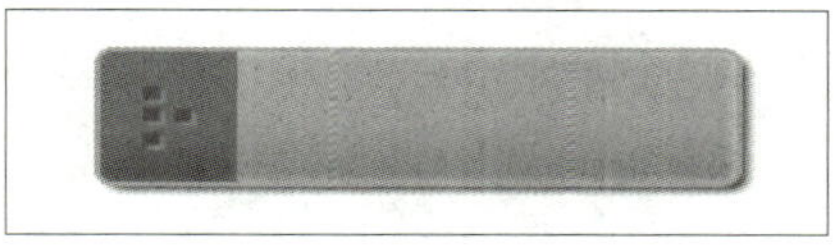

图 7-101 预览效果

图 7-102 输入文字

7.2 网页导航设计

网页的导航帮助用户了解目前所处的位置，同时提供了返回各个层级的快速入口，方便用户的操作。网页常见的导航分为顶部水平设置的主导航及侧边垂直分布的次导航两种。

7.2.1 导航背景设计

导航的背景需与网站用色一致，但要保证背景与文字区别，如图 7-103 所示为本节设计的导航背景。

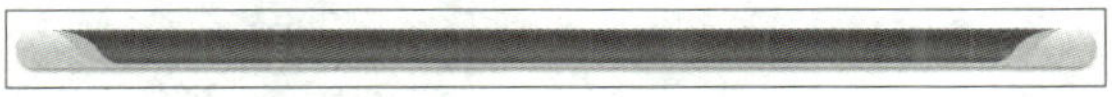

图 7-103 导航背景

01 启动 Photoshop，按 Ctrl+N 组合键新建一个空白文档。

02 在工具箱中按住矩形工具，在弹出的选项组中选择“圆角矩形工具”，如图 7-104 所示。

03 在选项栏中设置填充颜色为“无”，描边颜色为蓝色，描边宽度参数为 1，如图 7-105 所示。

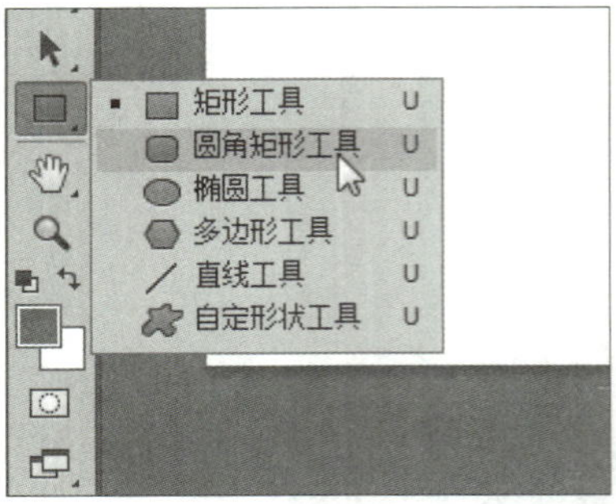

图 7-104　选择“圆角矩形工具”

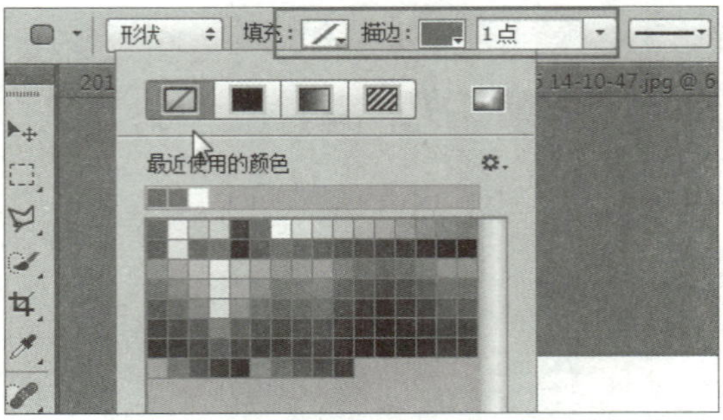

图 7-105　设置选项栏参数

04 继续在选项栏中设置圆角的半径为 15，如图 7-106 所示。

05 设置完成后，在画布中单击并拖动鼠标，绘制一个矩形框，如图 7-107 所示。

图 7-106　设置圆角半径

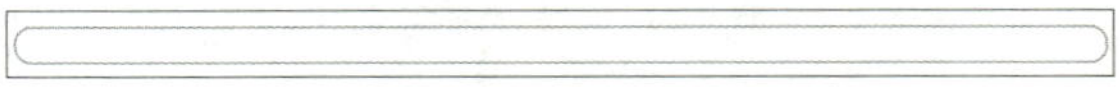

图 7-107　绘制一个矩形框

06 在工具箱中选择“渐变工具”，如图 7-108 所示。

07 在选项栏中单击渐变色条，如图 7-109 所示。

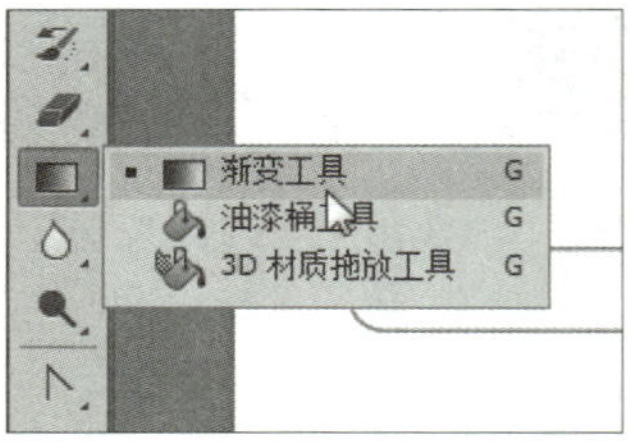

图 7-108　选择“渐变工具”

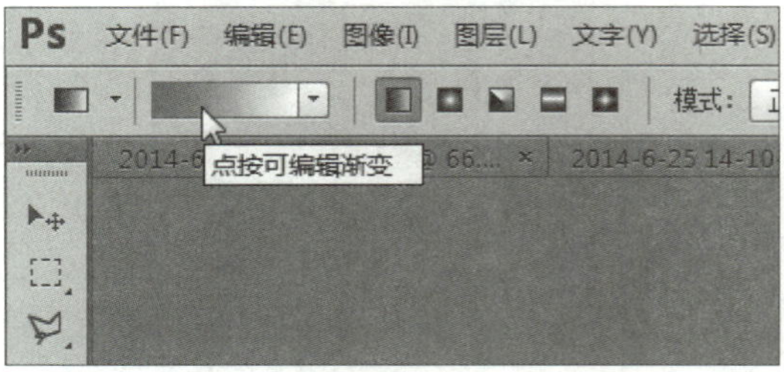

图 7-109　单击渐变色条

08 弹出“渐变编辑器”对话框，双击左边的色标，如图 7-110 所示。

09 弹出“拾色器”对话框，选择颜色为蓝色，单击“确定”按钮，如图 7-111 所示。

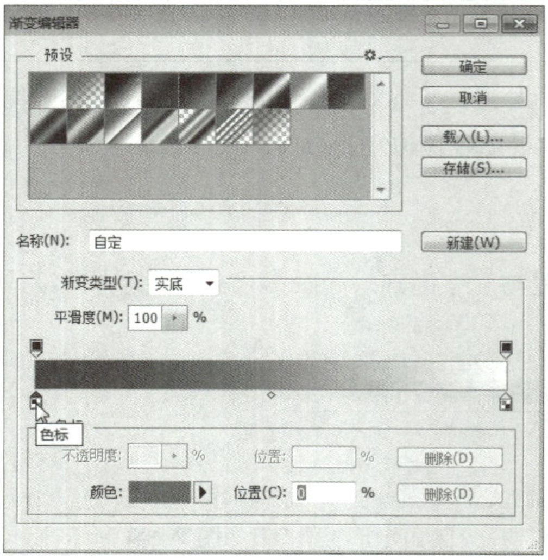

图 7-110　双击左边的色标

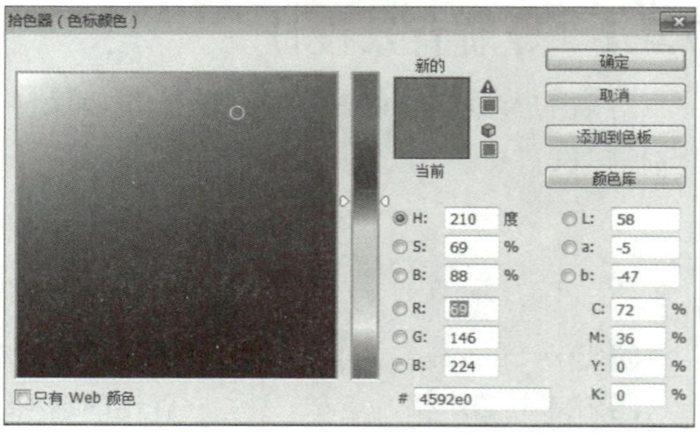

图 7-111　单击“确定”按钮

10 在渐变色条中单击鼠标添加色标，如图 7-112 所示。

11 双击色标，设置颜色。使用相同的方法，新建其他色标并设置颜色，如图 7-113 所示。

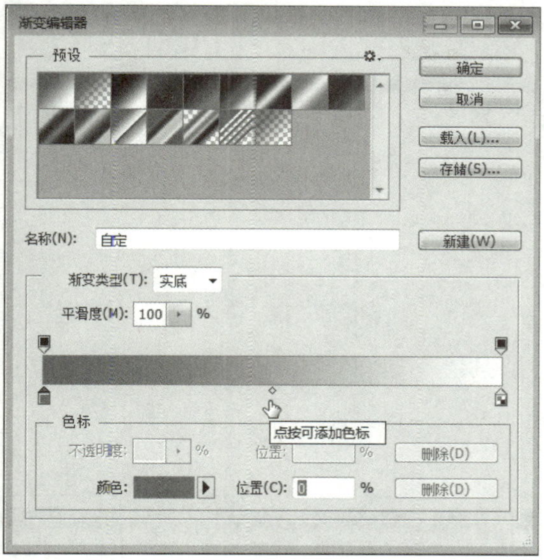

图 7-112 添加色标

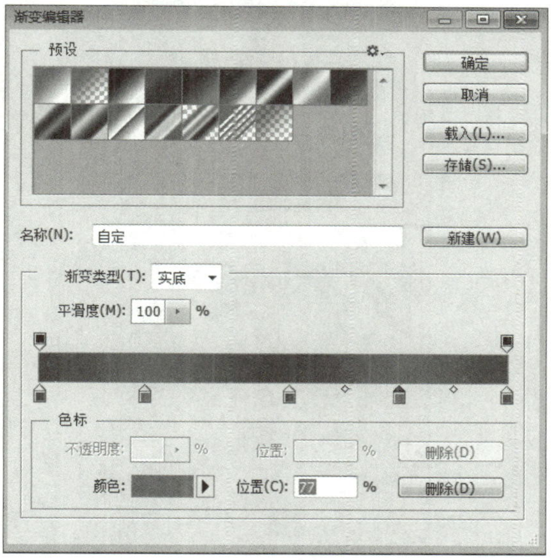

图 7-113 设置颜色

12 单击“新建”按钮创建新的渐变预设效果，如图 7-114 所示。单击“确定”按钮关闭对话框。

13 选择圆角矩形工具，在选项栏中单击填充后的色块，在弹出的列表中单击“渐变”选项，并在渐变效果中选择前面新建的渐变色，如图 7-115 所示。

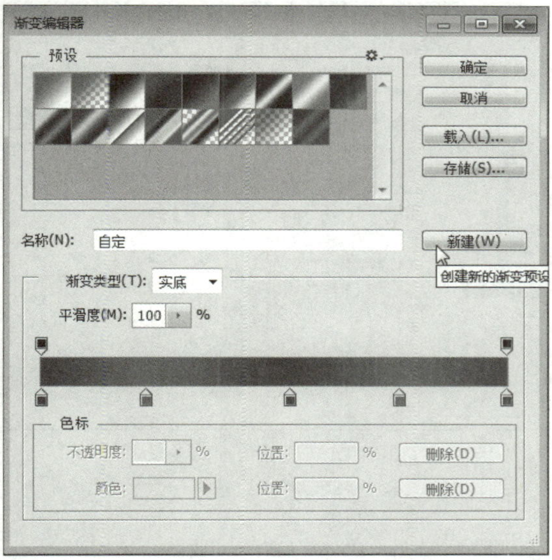

图 7-114 单击“新建”按钮

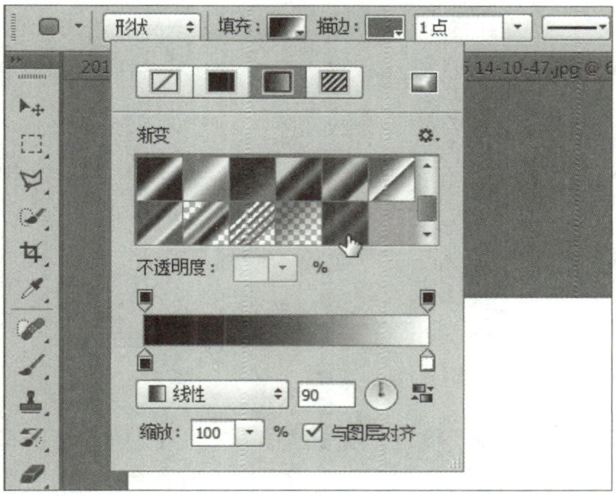

图 7-115 选择渐变色

14 根据画布中图形的填充效果，在选项栏中修改渐变效果，如图 7-116 所示。

15 调整到合适的效果后，矩形的填充效果如图 7-117 所示。

16 按 Ctrl+J 组合键快速复制图形。在“图层”面板中选择下面一层，在选项栏中修改渐变色，如图 7-118 所示。

17 使用键盘上的方向键将图形向下移动几个像素，如图 7-119 所示。

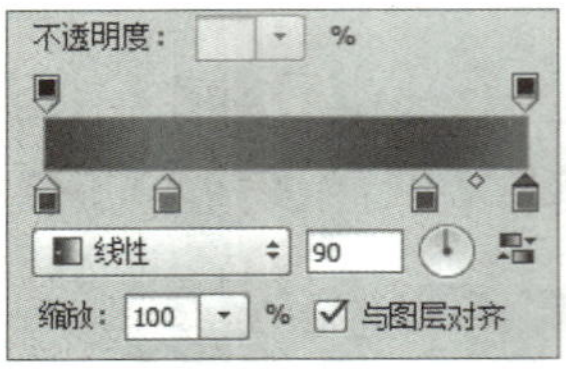

图 7-116　修改渐变效果

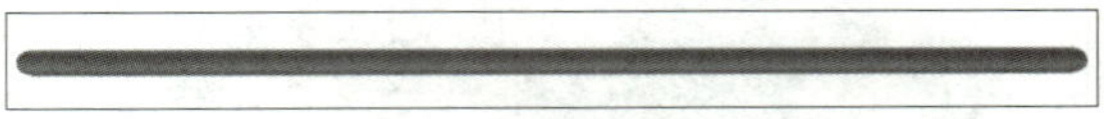

图 7-117　填充效果

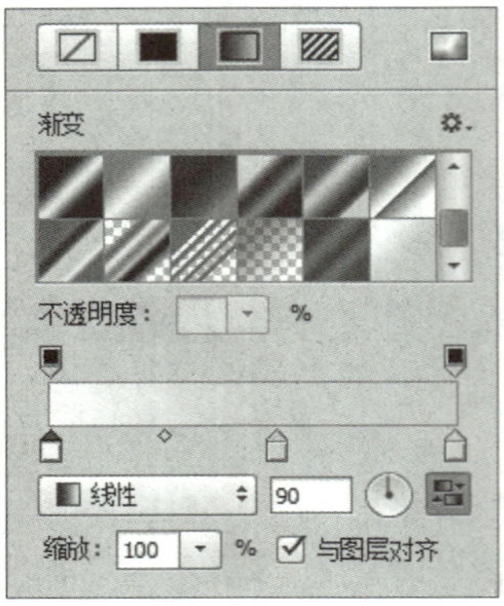

图 7-118　修改渐变色

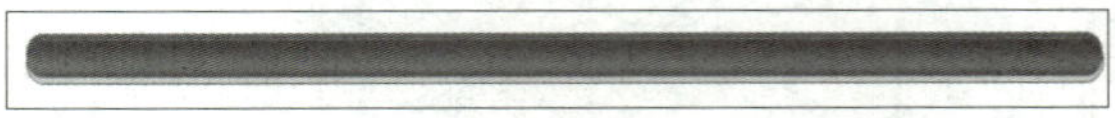

图 7-119　向下移动

18 选择图层，单击“图层”面板下方的“添加图层样式”按钮，在弹出的列表中选择“投影”选项，如图 7-120 所示。

19 打开“图层样式”对话框，设置投影的参数，如图 7-121 所示。

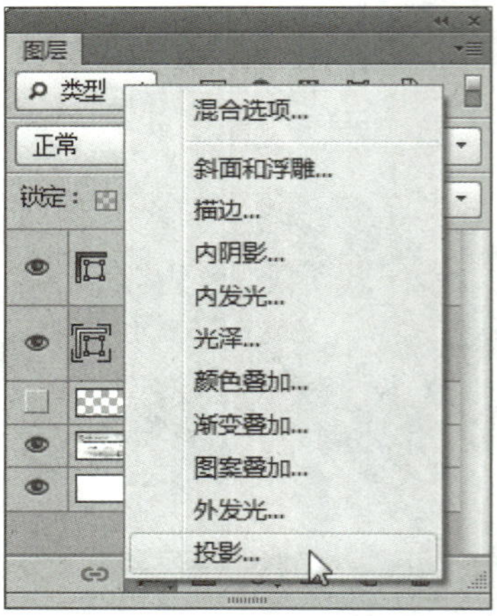

图 7-120　选择“投影”选项

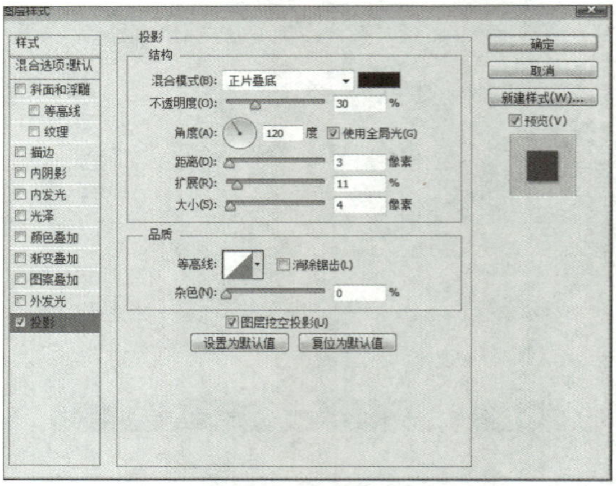

图 7-121　设置投影的参数

20 单击“确定”按钮后的图形效果如图 7-122 所示。

21 选择上一图层，按 Ctrl+T 组合键将图形的高度调整到与图层副本的高度一致。

22 在图层上单击鼠标右键，执行“栅格化图层”命令，如图 7-123 所示。

23 选择钢笔工具，在图形上绘制路径，如图 7-124 所示。

24 将路径转换为选区，按 Delete 键删除选区内的图像，如图 7-125 所示。

25 继续使用钢笔工具，绘制路径，如图 7-126 所示。

26 新建图层，将图层调整到下一层，填充浅蓝色，如图 7-127 所示。

27 将背景图层隐藏，按 Ctrl+Alt+Shift+E 组合键盖印可见图层。

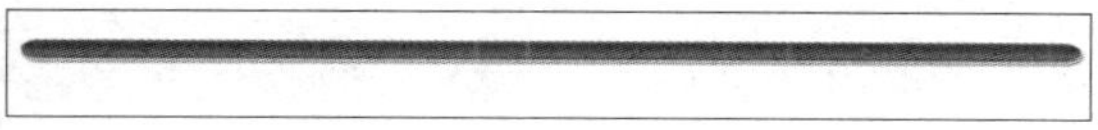

图 7-122　图形效果

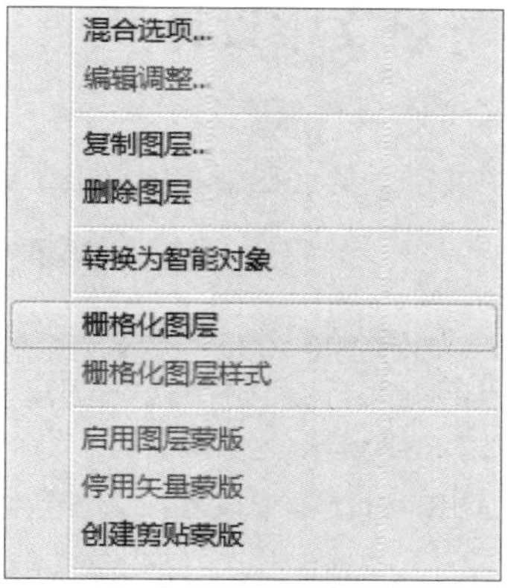

图 7-123　执行“栅格化图层”命令

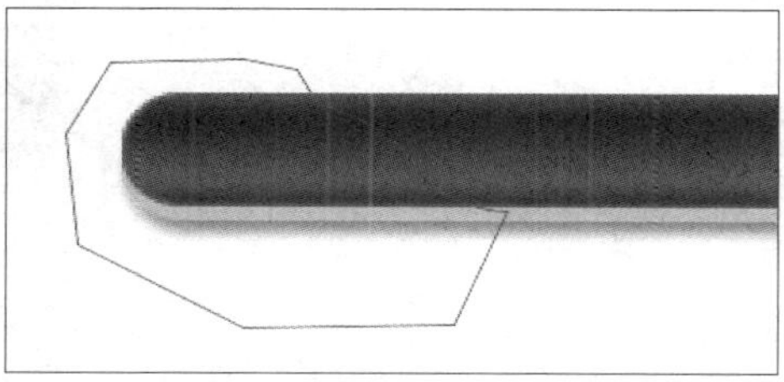

图 7-124　绘制路径

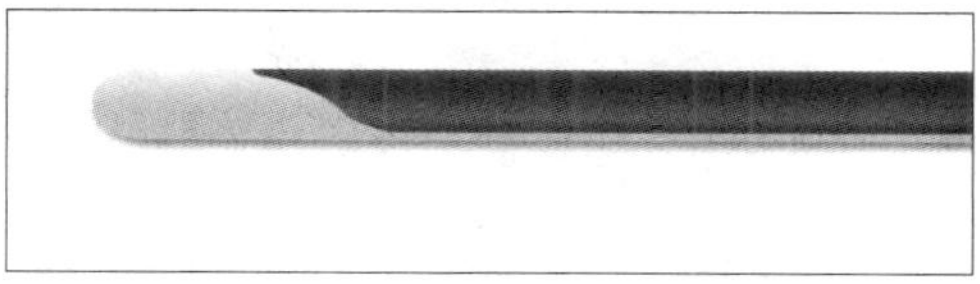

图 7-125　删除选区内的图像

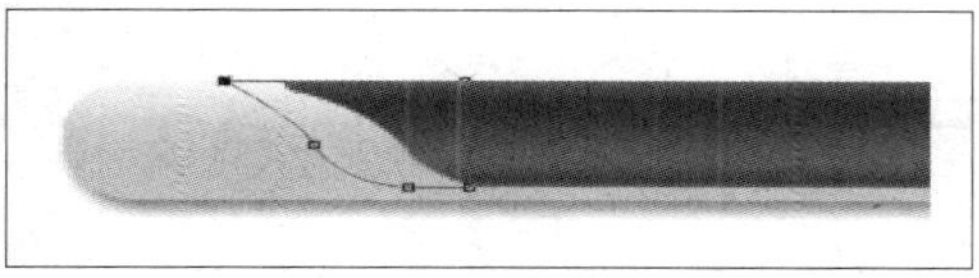

图 7-126　绘制路径

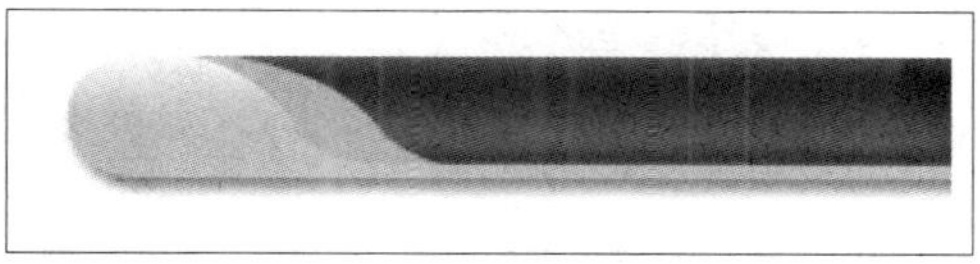

图 7-127　填充浅蓝色

28 选择矩形选框工具，选取左端部分图形，按 Ctrl+J 组合键快速复制。然后单击鼠标右键，执行“水平翻转”命令，如图 7-128 所示。

29 将翻转后的图形移动到右侧。在“图层”面板中选择下一图层，使用矩形选框工具将重叠的部分删除，如图 7-129 所示。

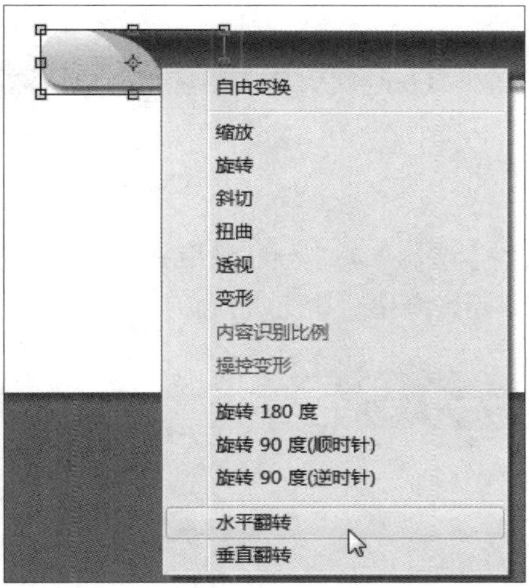

图 7-128　执行“水平翻转”命令

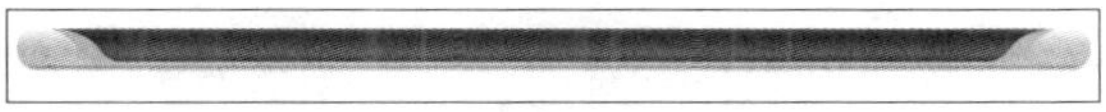

图 7-129　将重叠的部分删除

7.2.2 导航文字设计

白色文字能在背景中突出显示。

01 使用文字工具，在画布中双击鼠标，输入文字，如图 7-130 所示。

图 7-130 输入文字

02 在“图层”面板中选择文字图层，单击“添加图层样式”按钮，在弹出的列表中选择“投影”选项，如图 7-131 所示。

03 在弹出的对话框中设置投影参数，包括投影颜色、距离、大小等，如图 7-132 所示。

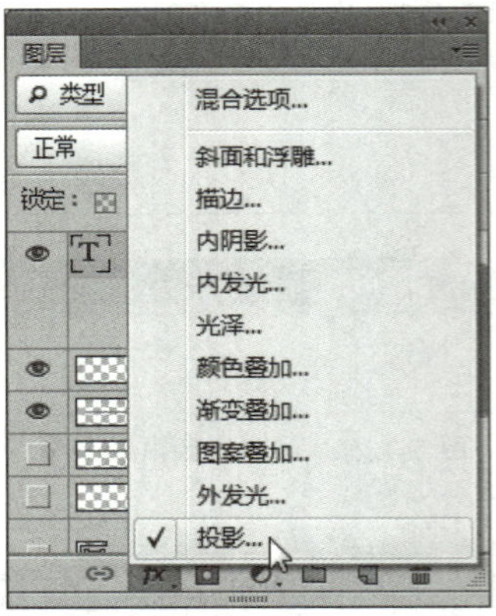

图 7-131 选择“投影”选项

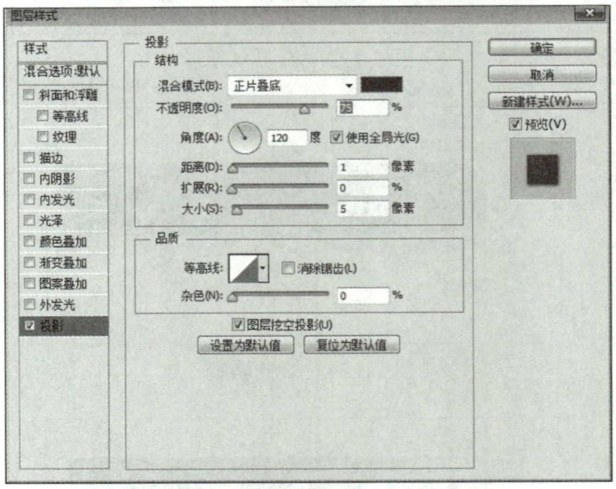

图 7-132 设置投影参数

04 设置完成后单击“确定”按钮，最终的导航效果如图 7-133 所示。

05 执行“文件”|“存储为”命令，将导航文件保存即可完成导航的制作。

图 7-133 最终的导航效果

7.2.3 个性主导航设计

主导航一般位于网页页眉顶部，或者 Banner 下部，第一时间引导浏览者指向他所需要的信息栏目。

1. 设计创意分析

导航一般是文字链接、按钮形状或者选项卡形状。本节制作的主导航采用文字链接的方式，将 Logo 放置到导航中，使网站的结构清晰明了，便于用户操作，如图 7-134 所示。

图 7-134 主导航

2. 设计制作

下面对设计的导航进行制作。

01 按 Ctrl+N 组合键新建一个空白文档，如图 7-135 所示。

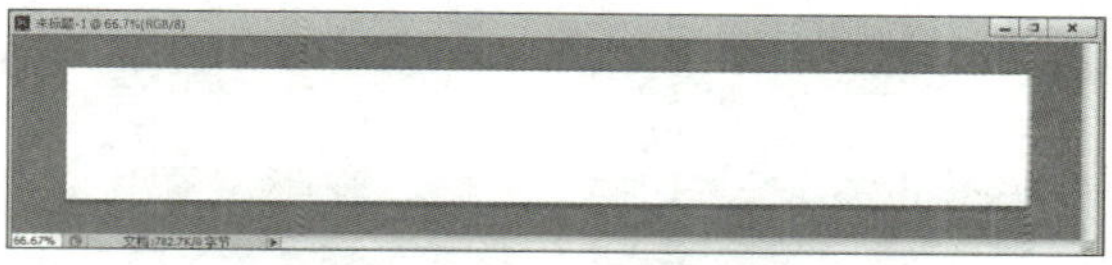

图 7-135　新建一个空白文档

02 单击工具箱中的前景色，在弹出的“拾色器”对话框中选择新的颜色，如图 7-136 所示。

03 单击“确定”按钮，按 Alt+Delete 组合键填充前景色。

04 新建图层，选择矩形选框工具，绘制矩形选区，并填充蓝色，如图 7-137 所示。

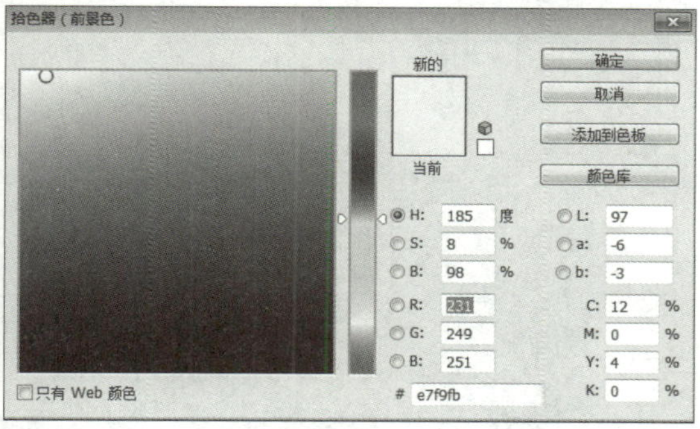

图 7-136　选择新的颜色

图 7-137　绘制选区并填色

提示： 背景颜色设置应与网页的背景色一致，或者直接使用背景色，导航不再单独设置背景。这里为了方便效果的展示，将背景色设置为浅蓝色。

05 新建图层，使用矩形选框工具，绘制选区并填充白色，如图 7-138 所示。

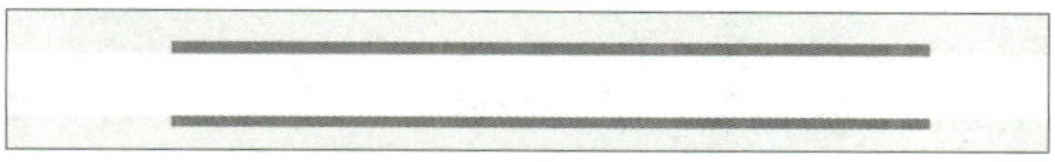

图 7-138　绘制选区并填充白色

06 使用矩形选框工具将图形中的部分区域选中并按 Delete 键删除，如图 7-139 所示。

07 按 Ctrl+J 组合键快速复制图形。在“图层”面板中选择下面的图层，按住 Ctrl 键单击图层缩览图，将图层载入选区，并填充深蓝色。

08 使用键盘上的向下箭头向下移动图形，如图 7-140 所示。

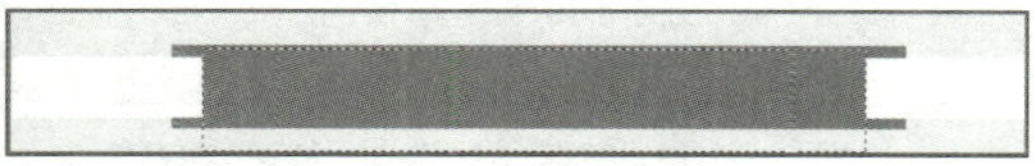

图 7-139　删除部分区域

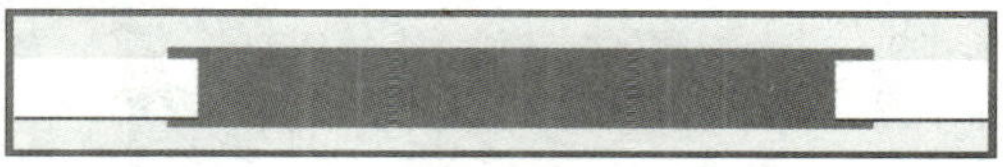

图 7-140　向下移动图形

09 新建图层，并将该图层向下移动两层。使用矩形选框工具在导航的左边绘制选区，并填充深蓝色，如图 7-141 所示。

10 用同样的方法，在导航的右边绘制选区，并填充浅蓝色，如图 7-142 所示。

11 选择蓝色矩形图层，按住 Ctrl 键单击图层缩览图，将其载入选区，如图 7-143 所示。

12 在工具箱中按住套索工具，在弹出的工具组中选择“多边形套索工具”，如图 7-144 所示。

13 在选项栏中单击“从选区减去”按钮，如图 7-145 所示。

14 在图形上绘制选区，如图 7-146 所示。

15 新建图层，修改前景色，为新建的选区填充颜色，如图 7-147 所示。

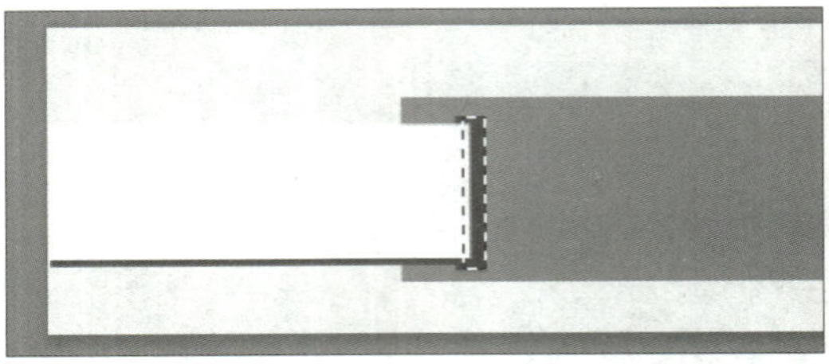

图 7-141　绘制选区并填色

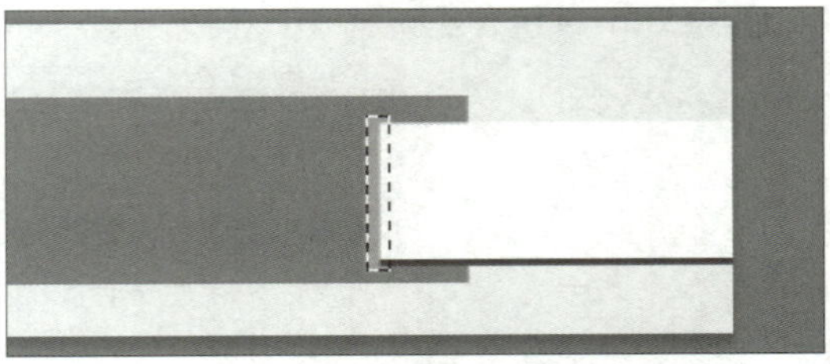

图 7-142　绘制选区并填色

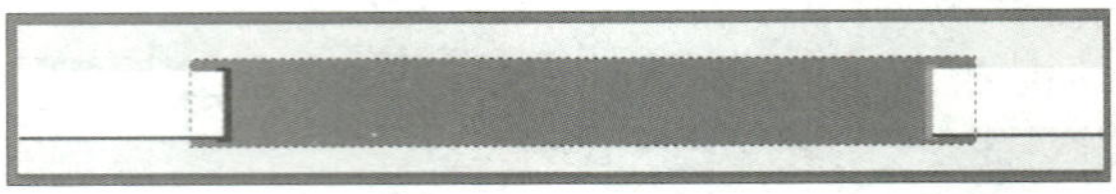

图 7-143　载入选区

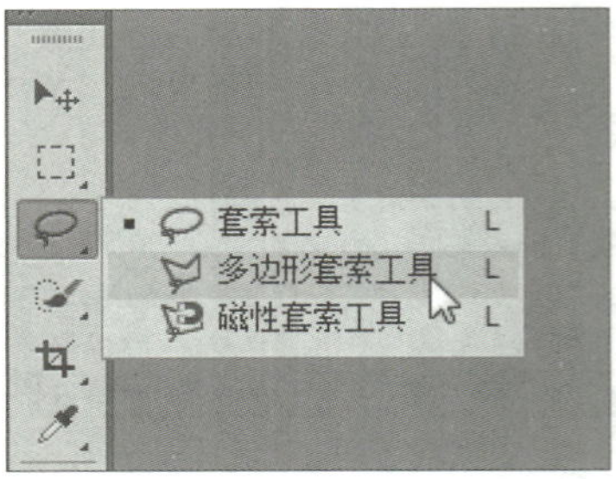

图 7-144　选择“多边形套索工具”

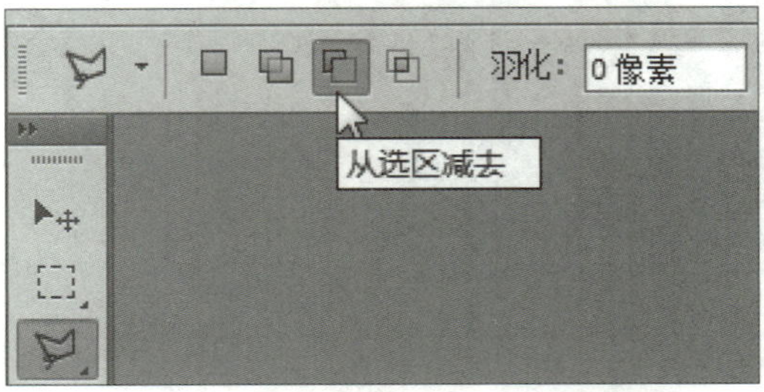

图 7-145　单击“从选区减去”按钮

图 7-146　绘制选区

图 7-147　填充选区

16 按 Ctrl+D 组合键取消选区，继续使用多边形套索工具绘制选区，如图 7-148 所示。

17 为闭合的选区填充颜色，如图 7-149 所示。

18 按 Ctrl+O 组合键打开 Logo 图形，使用选择工具移动到文档中的合适位置，如图 7-150 所示。

图 7-148　绘制选区

图 7-149　填充颜色

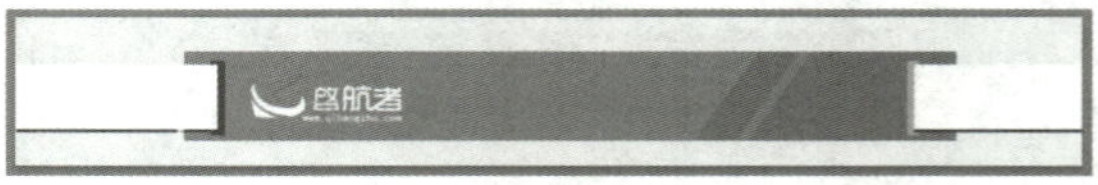

图 7-150　移动位置

提示：通常在制作 Logo 时要与导航的颜色协调统一，由于这里的 Logo 是放置在导航中，因此前面设计的 Logo 不再适用，需要设计新的 Logo 方案，或者直接对原有的 Logo 颜色进行修改。

19 在工具箱中选择文字工具，在画布中输入文字，如图 7-151 所示。

20 将“首页”两字选中，修改颜色为橙色，如图 7-152 所示。

21 使用圆角矩形工具，在选项栏中设置填充颜色为白色，描边颜色为无，绘制矩形，如图 7-153 所示。

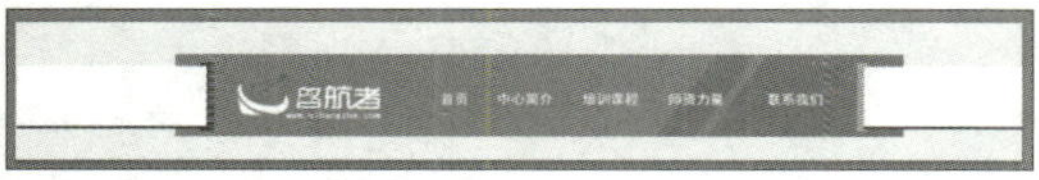

图 7-151　输入文字

图 7-152　修改颜色

22 按 Ctrl+J 组合键复制图形，将下面一层的图形颜色修改为深蓝色，并使用方向键向下微移图形，最终效果如图 7-154 所示。

图 7-153　绘制矩形

图 7-154　最终效果

7.2.4　侧边导航设计

位于网页两侧的导航一般为次导航。当用户浏览网页时，如果需要访问其他页面，可以通过侧边导航。

1. 设计创意分析

侧边导航是当前最通用的模式之一，可见于各类网站中。本节设计的侧边导航以文字链接为主，添加图标，使导航一目了然，如图 7-155 所示。

图 7-155　侧边导航

2. 设计制作

01 新建一个空白文档，选择圆角矩形工具，在选项栏中设置填充颜色为蓝色，描边颜色为浅蓝色，描边宽度参数为 2 点，圆角半径参数为 3 像素，如图 7-156 所示。

图 7-156　设置选项参数

02 在画布中绘制圆角矩形，如图 7-157 所示。

03 新建图层，在选项栏中单击填充色，选择渐变色，并设置白色到蓝色的渐变，设置描边为“无”，如图 7-158 所示。

图 7-157　绘制圆角矩形

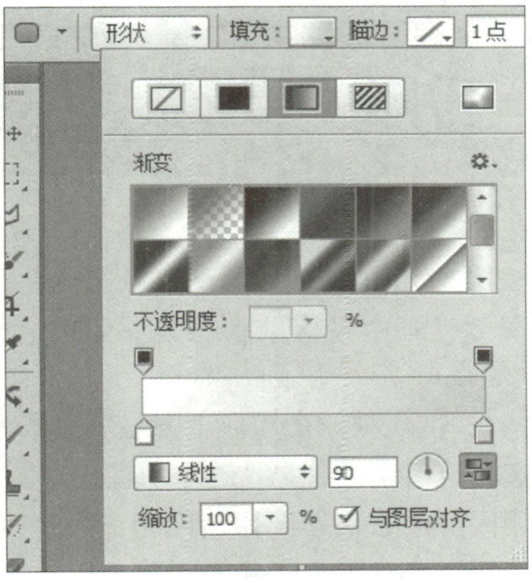

图 7-158　设置渐变色

04 在画布中绘制矩形，如图 7-159 所示。

05 使用矩形选框工具，绘制矩形框，如图 7-160 所示。

图 7-159 绘制矩形

图 7-160 绘制矩形框

06 在工具箱中选择渐变工具，单击选项栏中的渐变色，如图 7-161 所示。

07 在弹出的对话框中设置渐变色，添加两个色标，并设置为相同的位置，如图 7-162 所示。

图 7-161 单击渐变色

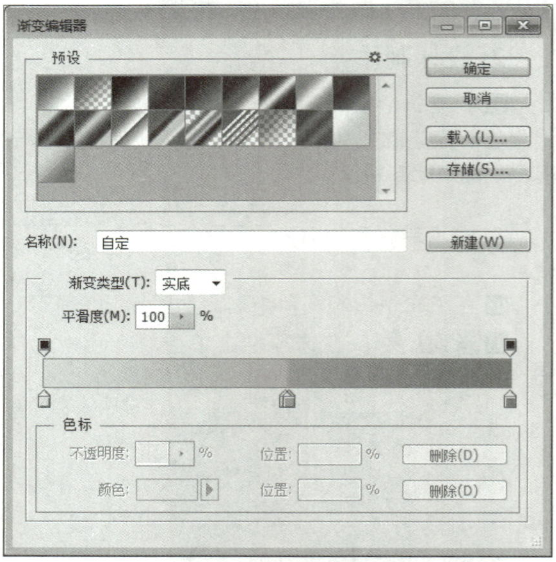

图 7-162 修改渐变色

08 按住 Shift 键，使用渐变工具在选区内拉出渐变，如图 7-163 所示。

09 在工具箱中设置前景色为深蓝色，单击矩形工具，在弹出的工具组中选择“直线工具”，如图 7-164 所示。

10 按住 Shift 键，在矩形上方绘制直线，如图 7-165 所示。

11 选择直线，按住 Alt 键拖动直线，复制到新的位置，如图 7-166 所示。

12 用同样的方法，选择矩形和直线，按住 Alt 键进行复制，多次复制后的效果如图 7-167 所示。

13 使用文字工具，在画布中输入文字，如图 7-168 所示。

图 7-163 拉出渐变

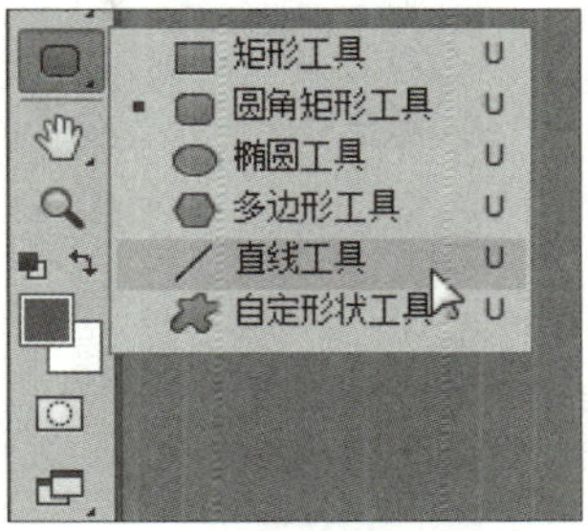

图 7-164 选择“直线工具”

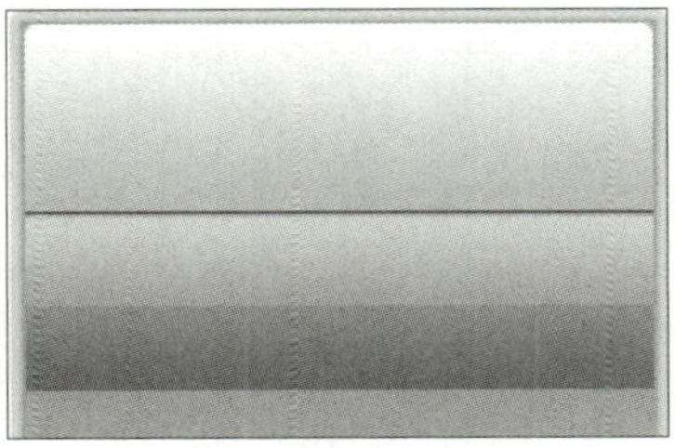

图 7-165 绘制直线

图 7-166 复制到新的位置

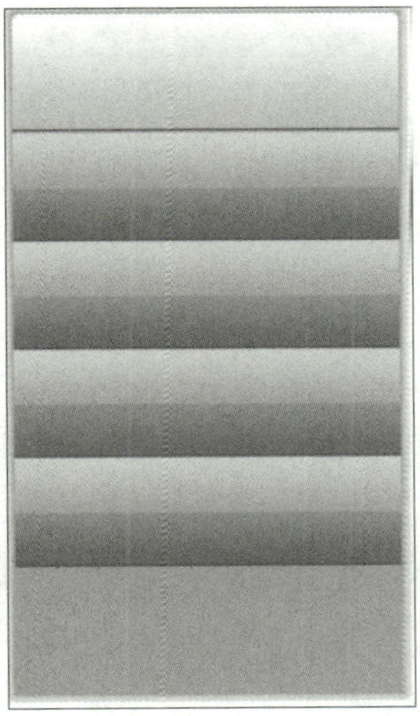

图 7-167 多次复制后效果

图 7-168 输入文字

14 修改前景色为白色，在画布中输入文字，如图 7-169 所示。

15 在“图层”面板中双击文字图层，在弹出的对话框中选中“投影”复选框，并设置投影参数，如图 7-170 所示。

16 按住 Alt 键复制文字，并分别选中文字图层，双击以修改文字内容，如图 7-171 所示。

17 按 Ctrl+O 组合键打开素材图片，将其拖动到文档 1 中，按 Ctrl+T 组合键缩小图像，如图 7-172 所示。

图 7-169　输入文字

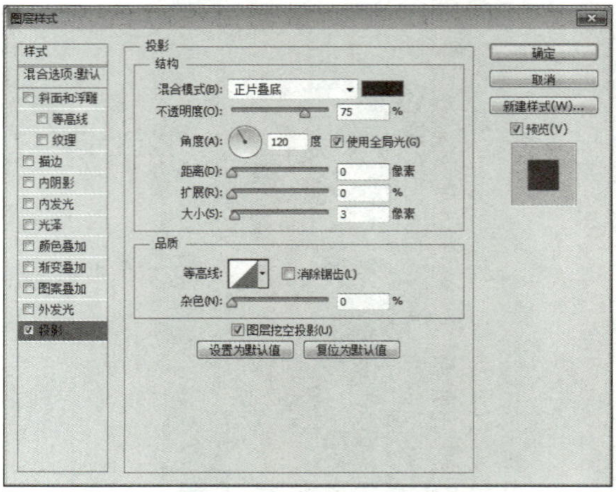

图 7-170　设置投影参数

图 7-171　修改文字内容

图 7-172　缩小图像

18 按 Enter 键确定变形。使用魔棒工具，在白色背景区域单击鼠标，将背景选中，如图 7-173 所示。

19 在选项栏中单击“调整边缘”按钮，如图 7-174 所示。

图 7-173　将背景选中

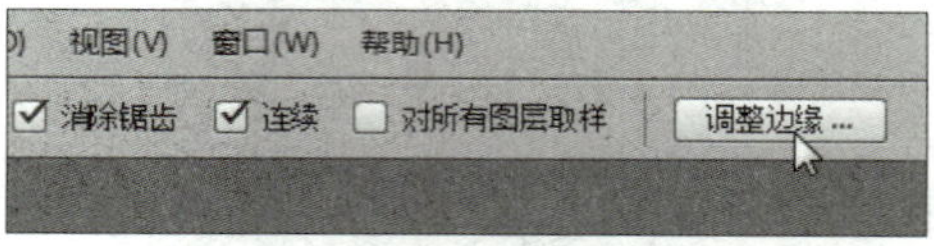

图 7-174　单击“调整边缘”按钮

20 在弹出的对话框中设置“平滑”参数为 2，如图 7-175 所示。

21 按 Delete 键将选区背景删除，如图 7-176 所示。

22 在“图层”面板中双击该图层，选中“投影”复选框，设置投影参数，如图 7-177 所示。

23 选择图层，单击鼠标右键，执行“拷贝图层样式”命令，如图 7-178 所示。

24 用同样的方法，将其他素材图形添加到文档 1 中。在“图层”面板中选择图层，单击鼠标右键，执行“粘贴图层样式”命令，效果如图 7-179 所示。

25 将背景图层隐藏，按 Ctrl+Alt+Shift+E 组合键盖印可见图层。

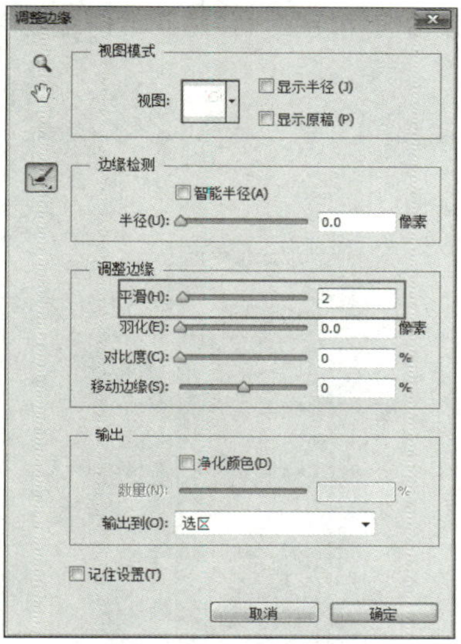

图 7-175　设置平滑参数

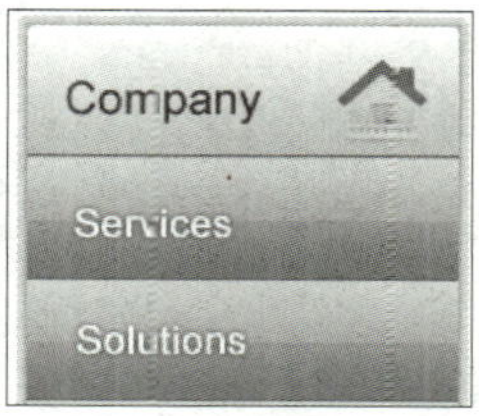

图 7-176　将选区背景删除

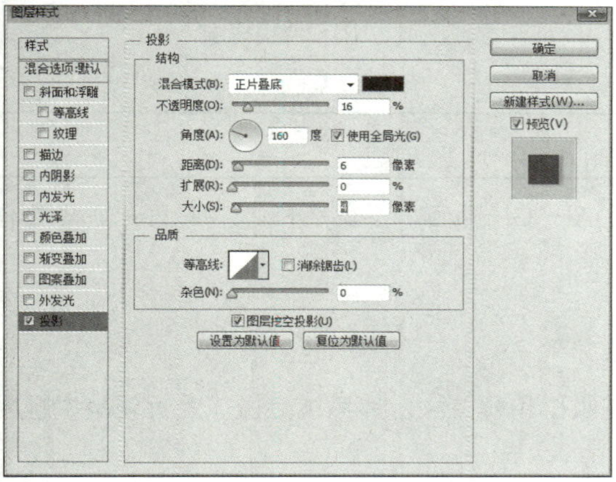

图 7-177　设置投影参数

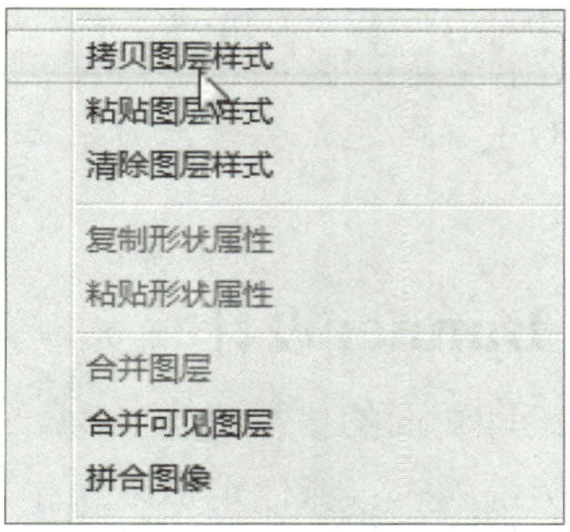

图 7-178　执行“拷贝图层样式”命令

26 按快捷键 D 将前景色和背景色恢复到默认颜色。

27 在工具箱中选择渐变工具，在选项栏中单击渐变色，选择前景色到背景色的渐变，如图 7-180 所示。

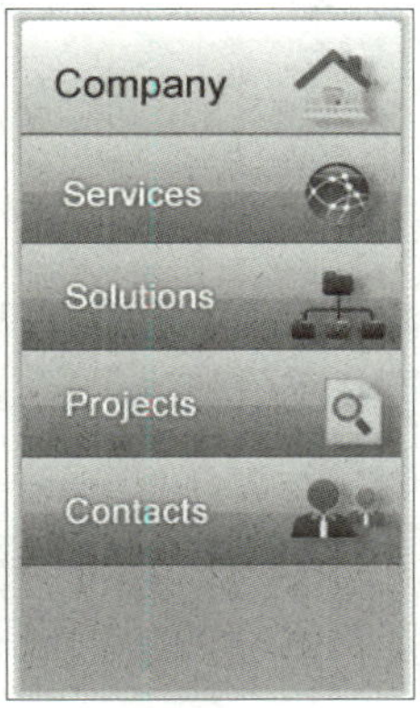

图 7-179　效果

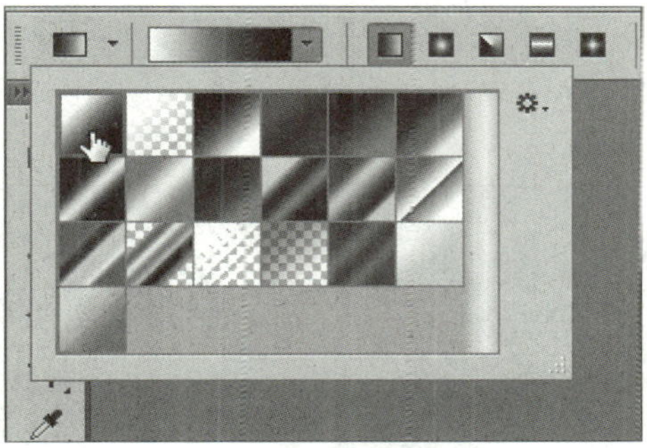

图 7-180　选择渐变色

28 在“图层”面板中单击“添加图层蒙版”按钮，添加图层蒙版，并修改不透明度参数，如图 7-181 所示。

29 按住 Shift 键拉出渐变，最终效果如图 7-182 所示。

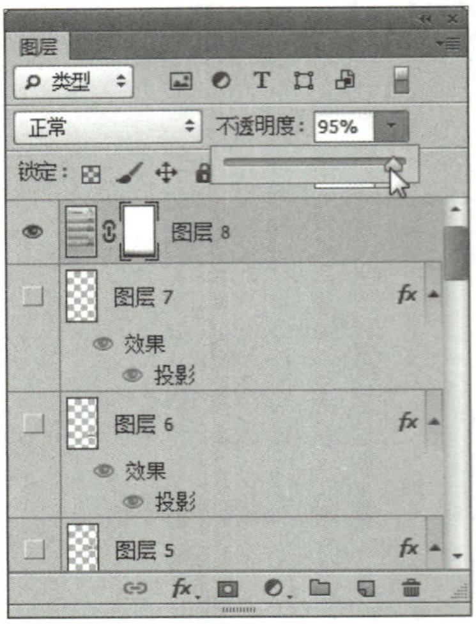

图 7-181 修改不透明度参数

图 7-182 最终效果

7.3 网页主界面设计

网页的主界面包括很多部分，如 Banner、主图、Gif 动画、主页栏目等。下面对这些内容进行介绍。

7.3.1 Banner设计

Banner 即页面的横幅广告，Banner 的作用是吸引用户关注，然后被点击。主旨就是主题明确，突出关键内容，抓住用户眼球。

1. Banner分析

Banner 一般由背景、主视觉元素和标题文字 3 部分组成。

- 背景：背景就好比大环境，主要是起到衬托、烘托气氛的作用。
- 主视觉元素：Banner 中的主视觉要清楚，符合主题，元素不可太多，否则给人感觉很乱。页面适当的“留白”也是提升画面品质的一个好方法，如图 7-183 所示。
- 标题文字：文字非常重要，体现了整个 Banner 的主题，重点文字一定要在背景中突出，比如使用颜色对比、放大、变形设计及立体效果等，如图 7-184 所示。

图 7-183 主视觉元素

图 7-184 标题文字

2. 创意分析

本节设计的网页 Banner 使用蓝色、橙色及白色搭配，画面整体统一，主次对比分明，页面安排合理。页面元素文字以组为单位，Banner 中的“火热报名中”文字吸引力极强，能刺激用户在最短的时间内有点击的欲望，如图 7-185 所示。

图 7-185 网页 Banner

3. 设计制作

下面使用 Photoshop 制作网页 Banner。

01 启动 Photoshop，按 Ctrl+O 组合键打开素材图片，如图 7-186 所示。

02 在工具箱中选择“裁剪工具”，如图 7-187 所示。

图 7-186 打开素材图片

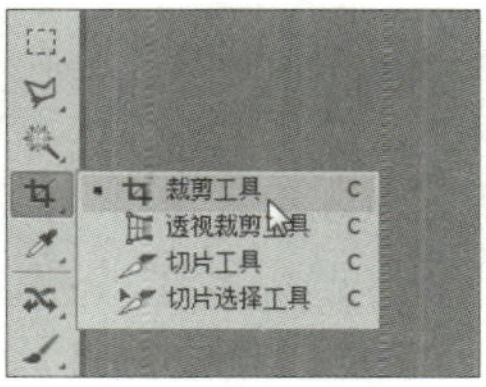

图 7-187 选择“裁剪工具”

03 将图像裁剪，并向左扩展画布，如图 7-188 所示。

04 使用矩形选框工具，将左侧的区域选中，如图 7-189 所示。

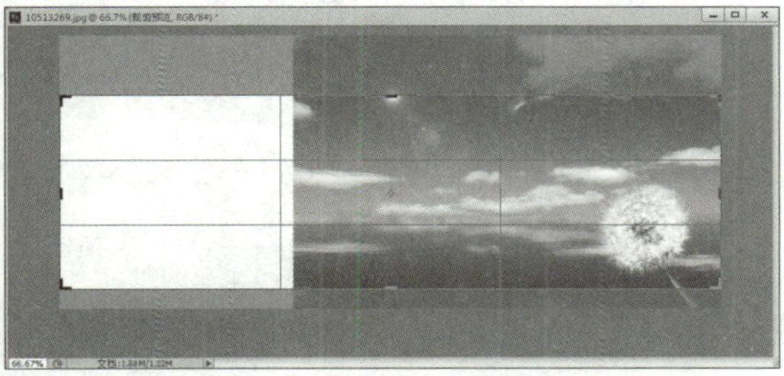

图 7-188 向左扩展画布

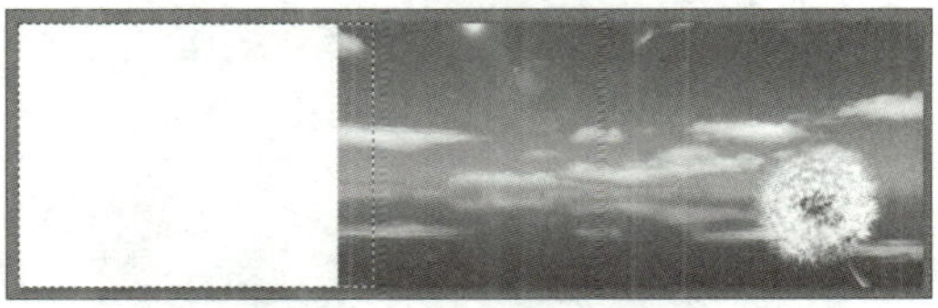

图 7-189 选中左侧区域

05 按 Delete 键，弹出“填充”对话框，如图 7-190 所示，单击“确定”按钮。填充后的图像效果如图 7-191 所示。

06 在工具箱中按住污点修复画笔工具，在弹出的工具组中选择“修补工具”，如图 7-192 所示。

07 在画布中绘制需要修补的区域，如图 7-193 所示。

08 选择区域后，将选区向下方拖动，选择目标图像，如图 7-194 所示。

09 释放鼠标，即可完成图像的修补。

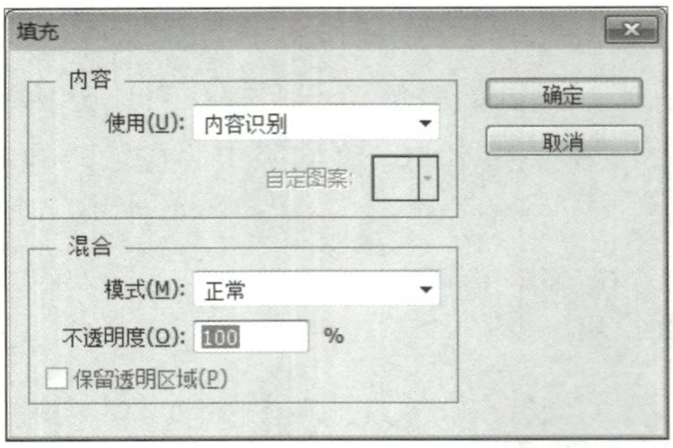

图 7-190　弹出“填充”对话框

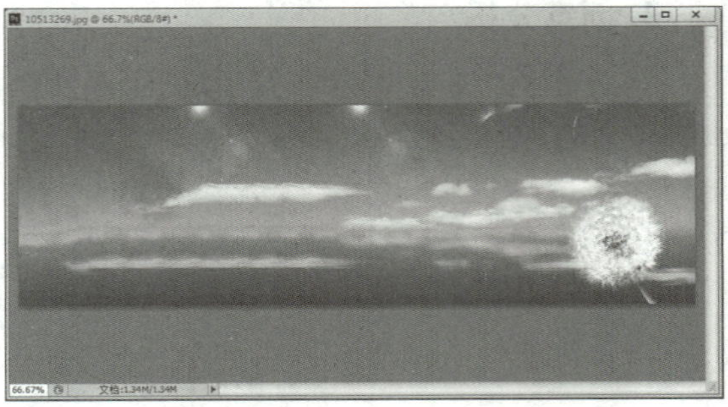

图 7-191　填充后的图像效果

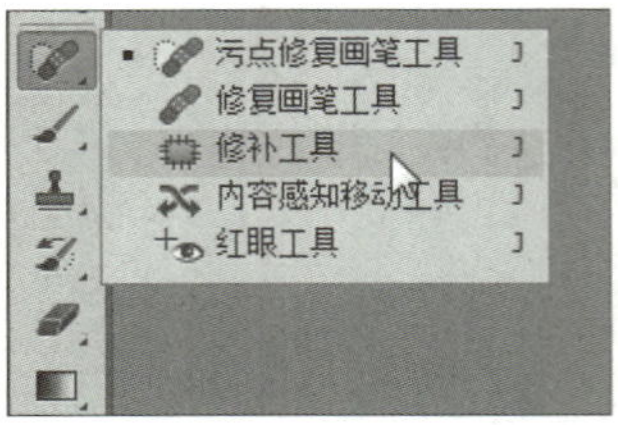

图 7-192　选择“修补工具”

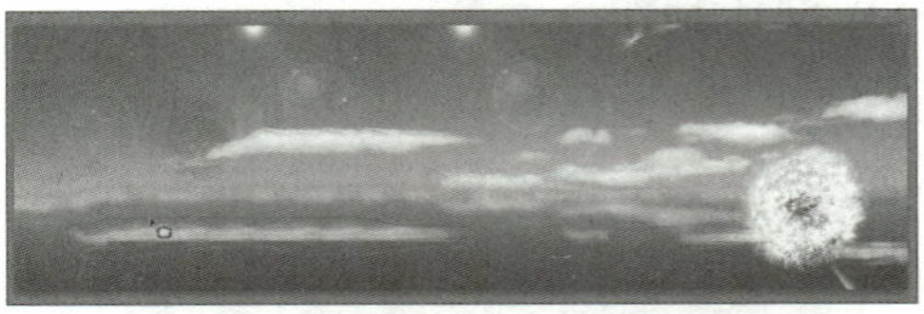

图 7-193　绘制需要修补的区域

10 在工具箱中按住修补工具，在弹出的工具组中选择“内容感知移动工具”，如图 7-195 所示。

图 7-194　选择目标图像

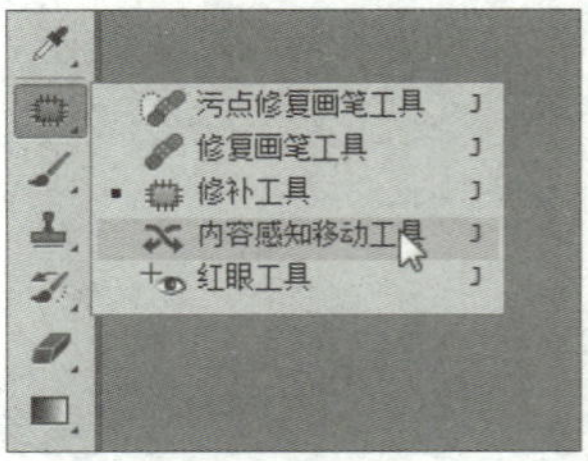

图 7-195　选择“内容感知移动工具”

11 在图像中选择需要移动的图像区域，如图 7-196 所示。

12 将选区移动到合适的位置，如图 7-197 所示。

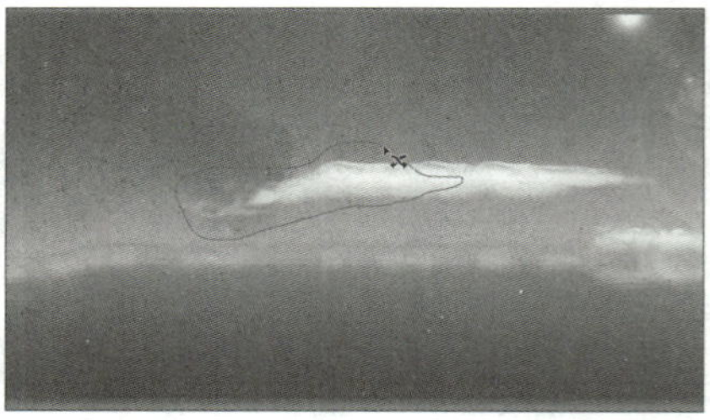

图 7-196　选择需要移动的图像区域

图 7-197　移动选区

13 释放鼠标即可移动选区，最终图像效果如图 7-198 所示。

14 选择渐变工具，在选项栏中单击渐变色，在弹出的对话框中设置不透明度为 80% 的白色到 0% 的渐变，如图 7-199 所示。

15 在图像右侧拖动渐变，效果如图 7-200 所示。

16 使用文字工具，在图像上输入文字，并修改“火”字为橙色，如图 7-201 所示。

图 7-198　最终图像效果

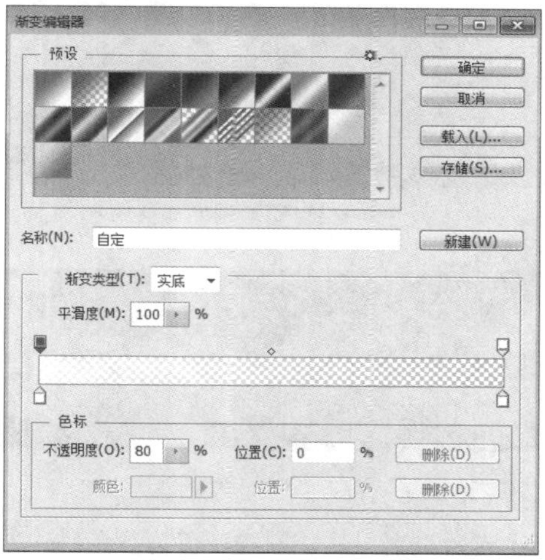

图 7-199　设置渐变色

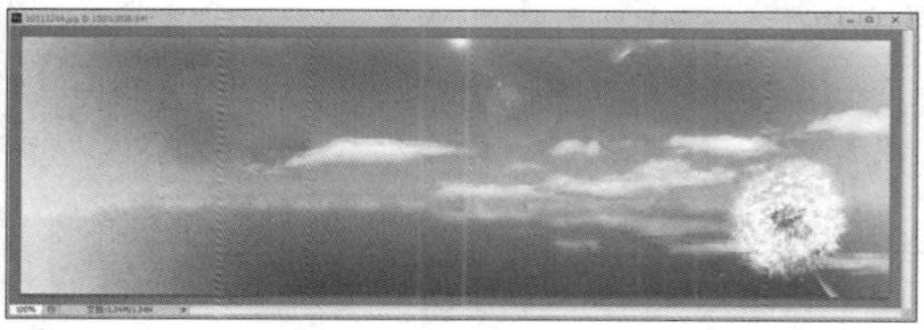

图 7-200　拖动渐变

图 7-201　输入文字

⑰ 在“图层”面板中双击该图层，在弹出的对话框中选中“描边”复选框，设置描边参数，如图 7-202 所示。

⑱ 选择“投影”复选框，设置投影参数，如图 7-203 所示。

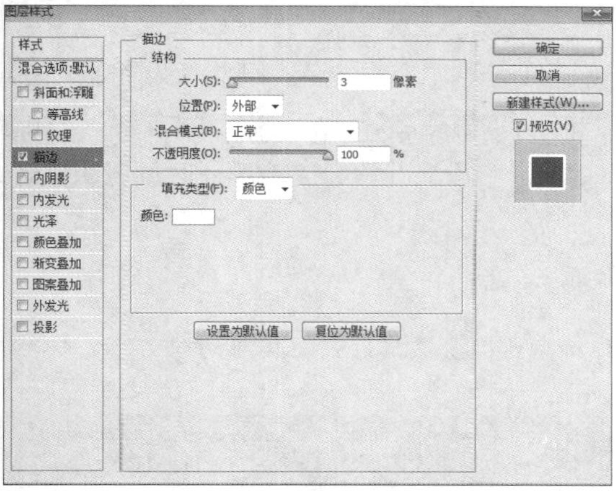

图 7-202　设置描边参数

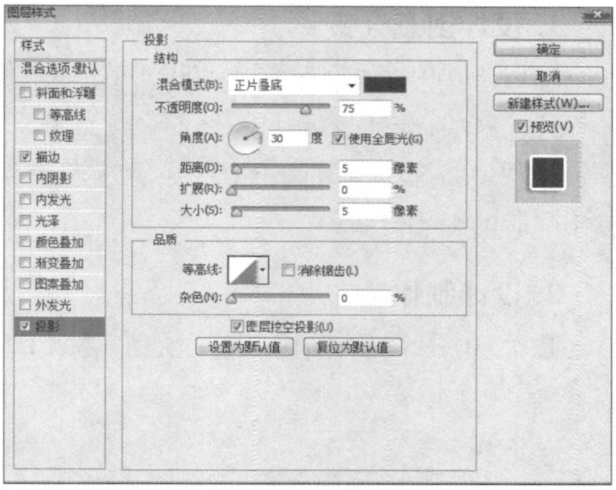

图 7-203　设置投影参数

⑲ 使用直线工具，在选项栏中设置填充颜色为白色，高度参数为 3。按住 Shift 键绘制直线，如图 7-204 所示。

⑳ 继续使用文字工具输入文字，如图 7-205 所示。

㉑ 选择前面的文字图层，单击鼠标右键，执行“拷贝图层样式”命令。然后选择下一个文字图层，单击鼠标右键，执行“粘贴图层样式”命令，图像效果如图 7-206 所示。

㉒ 新建图层，选择矩形选框工具，绘制选区并填充白色，如图 7-207 所示。

图 7-204　绘制直线

图 7-205　输入文字

图 7-206　图像效果

图 7-207　绘制选区并填充白色

23 选择文字工具，设置颜色为蓝色，输入文字即完成了 Banner 的设计制作，如图 7-208 所示。

图 7-208　输入文字

7.3.2　主页主图设计

网页主图一般与网页的主题紧密关联，好的主图设计不仅能体现网页特色，还能使浏览者直观地了解到网站的信息

1. 设计创意分析

如图 7-209 所示为本节设计的网页主图，体现了 IT 培训中心的特色。以蓝天为背景，白云为衬托，将培训的内容一目了然地表现出来。对“IT 培训第一品牌，成就你我的未来”文字做描边处理，将文字从背景中突出显示，将“第一”两个字设置为橙色，能第一时间吸引眼球，突出品牌的影响力。

2. 设计制作

01 按 Ctrl+N 组合键新建空白文档，按 Ctrl+O 组合键打开素材，并将其拖动到文档 1 中，如图 7-210 所示。

图 7-209　网页主图

图 7-210　添加素材

02 在“图层”面板下方单击“添加图层蒙版”按钮，如图 7-211 所示。

03 按 D 键将前景色和背景色恢复到默认颜色。在工具箱中选择“渐变工具”，如图 7-212 所示。

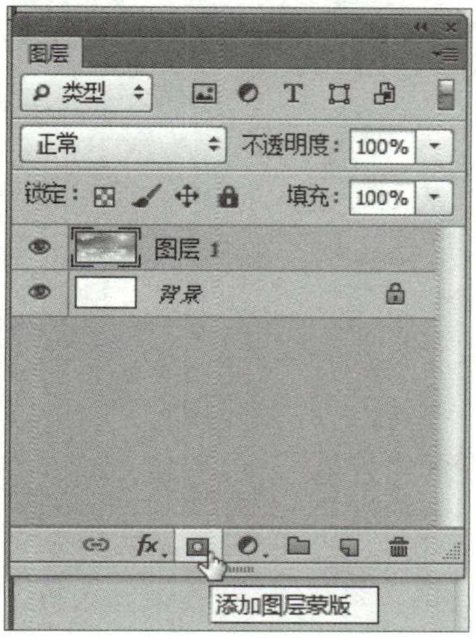

图 7-211　单击“添加图层蒙版”按钮

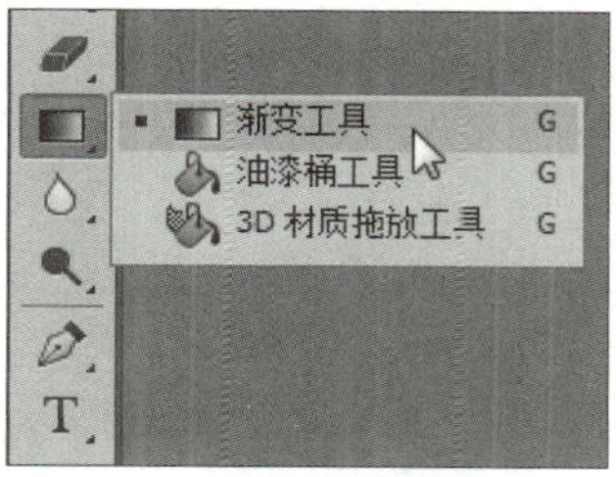

图 7-212　选择渐变工具

04 在选项栏中选择渐变色为前景色到背景色的渐变，如图 7-213 所示。

05 选择图层 1，单击蒙版，如图 7-214 所示。

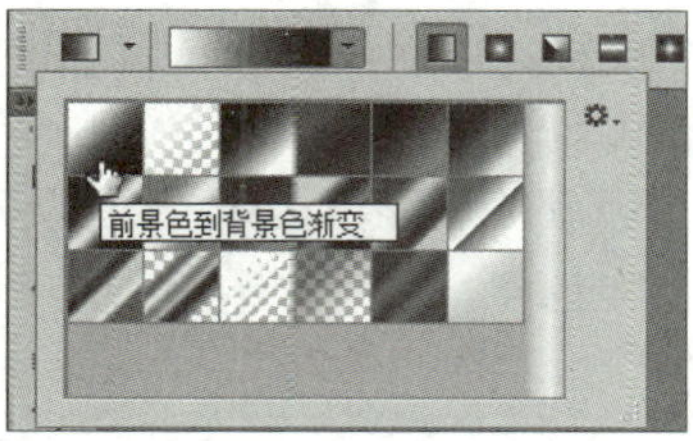

图 7-213　选择渐变色

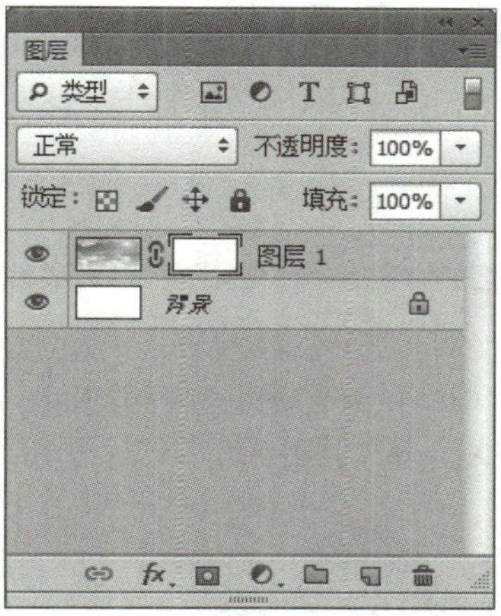

图 7-214　单击蒙版

06 按住 Shift 键，拖出渐变，如图 7-215 所示。此时的图层蒙版发生改变，如图 7-216 所示。

图 7-215　拖出渐变

07 设置图层的“不透明度”参数为 55%，如图 7-217 所示。

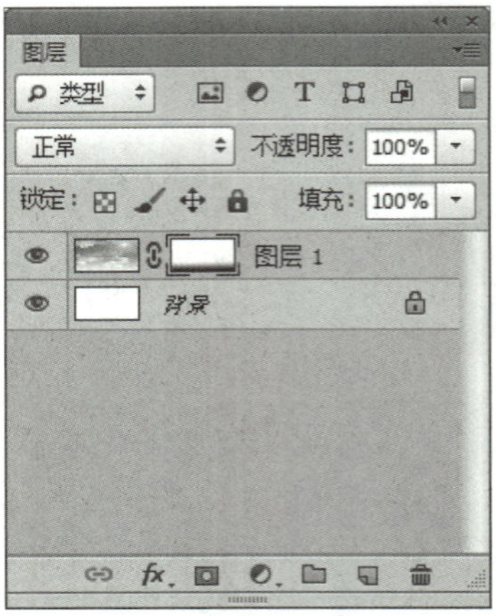

图 7-216　图层蒙版发生改变

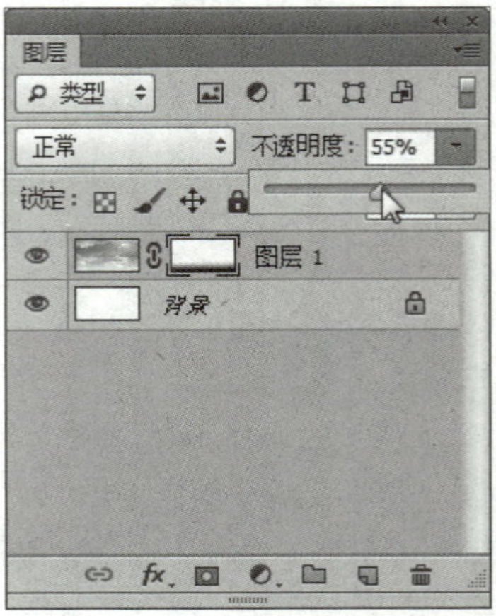

图 7-217　设置图层的不透明度

08 改变不透明度后的图像效果，如图 7-218 所示。

09 将前面制作好的导航、Logo 等素材添加进来，并放置在合适的位置，如图 7-219 所示。

图 7-218　图像效果

图 7-219　添加导航、Logo 等素材

10 按 Ctrl+O 组合键打开素材，如图 7-220 所示。

11 使用选择工具将打开的素材拖动到文档 1 中，并按 Ctrl+T 组合键缩小素材，如图 7-221 所示。

图 7-220　打开素材

图 7-221　缩小素材

12 单击鼠标右键，执行“水平翻转”命令，如图 7-222 所示。

13 在“图层”面板下方单击“添加图层蒙版”按钮，如图 7-223 所示。

14 在工具箱中选择“画笔工具”，如图 7-224 所示。

15 调整画笔大小，单击鼠标右键，对画笔的样式进行选择，如图 7-225 所示。

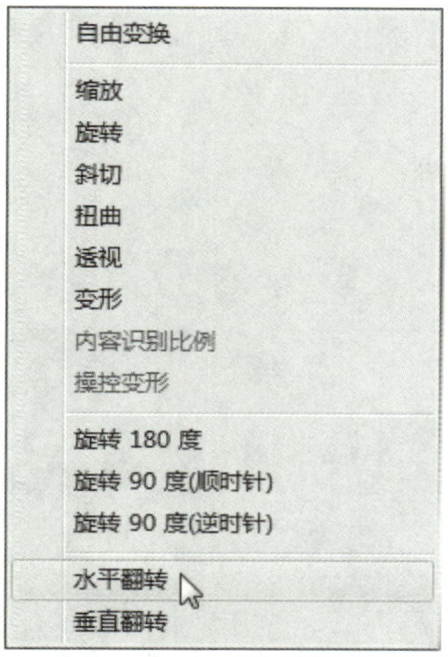

图 7-222　执行“水平翻转”命令

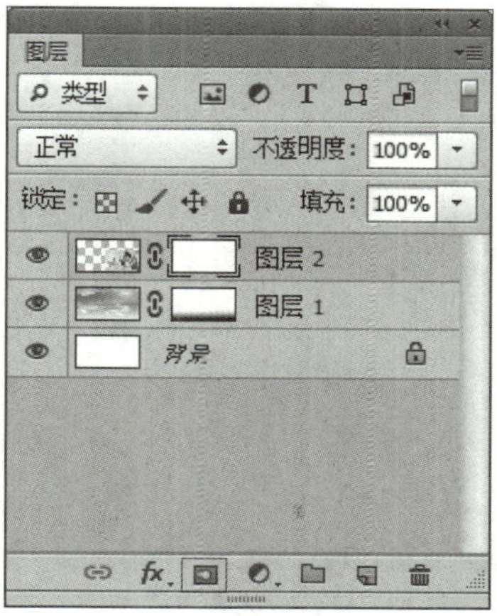

图 7-223　单击“添加图层蒙版”按钮

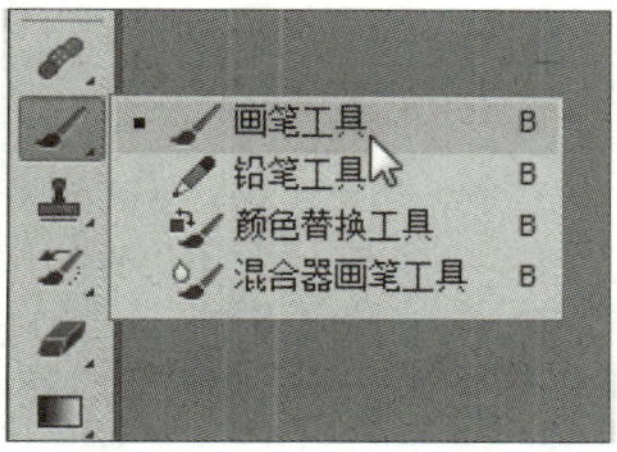

图 7-224　选择“画笔工具”

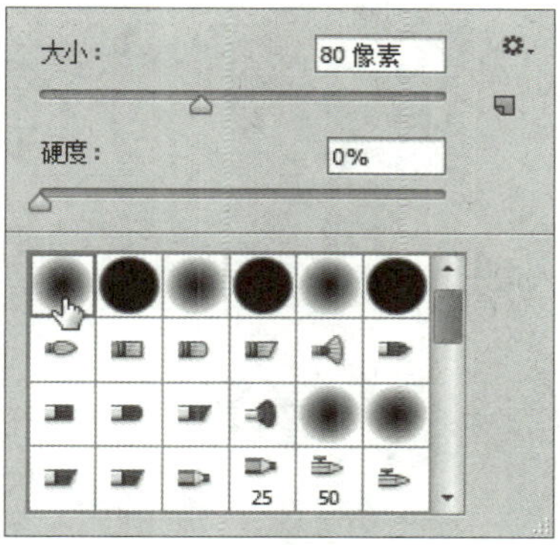

图 7-225　选择画笔样式

16 将人物素材周围的背景进行擦除，如图 7-226 所示。

提示：将前景色设置为白色，在蒙版中可以将擦错的部分重新擦回来。

---

17 使用文字工具输入文字，并选择“第一”两个字，设置颜色为橙色，如图 7-227 所示。

图 7-226　擦除背景

图 7-227　设置颜色

18 在“图层”面板中双击文字图层，打开“图层样式”对话框，选中“描边”复选框，并设置参数，如图 7-228 所示。

19 此时的图像效果如图 7-229 所示。

20 选中“外发光”复选框，设置外发光的颜色为蓝色，如图 7-230 所示。

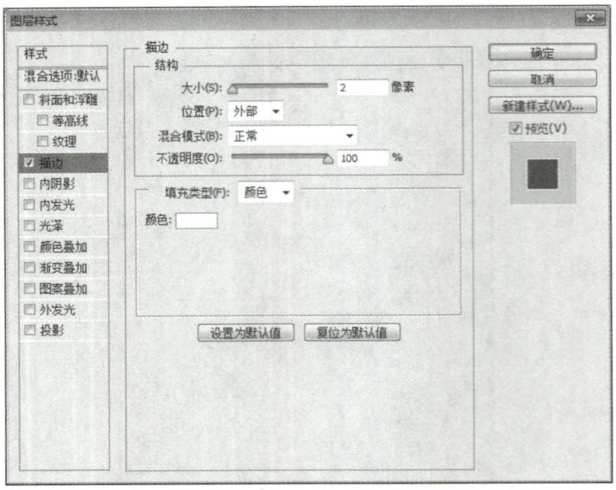

图 7-228　设置描边参数

图 7-229　描边效果

21 选中“投影”复选框，设置投影参数，如图 7-231 所示。

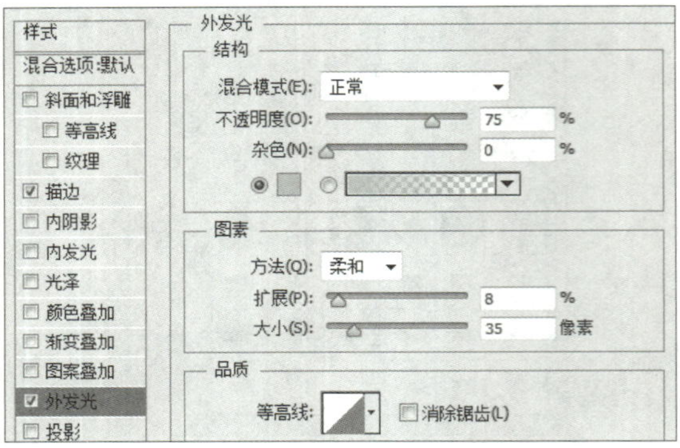

图 7-230　设置外发光颜色

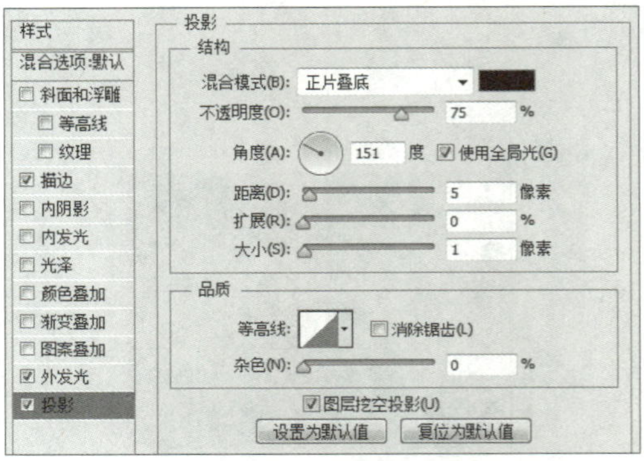

图 7-231　设置投影参数

22 单击“确定”按钮，文字的效果如图 7-232 所示。

23 使用文字工具继续输入文字，并用同样的方法为文字添加“描边”样式，效果如图 7-233 所示。

图 7-232　文字的效果

图 7-233　继续输入文字效果

24 使用文字工具，输入文字，并分别调整文字的颜色及大小，如图 7-234 所示。

25 使用椭圆工具，绘制多个椭圆，形成云朵的效果，如图 7-235 所示。

26 在“图层”面板中选择多个椭圆形状图层，单击鼠标右键，执行“合并形状”命令，如图 7-236 所示。

27 用同样的方法，绘制多个云朵效果，如图 7-237 所示。

图 7-234　调整文字的颜色及大小

图 7-235　绘制椭圆

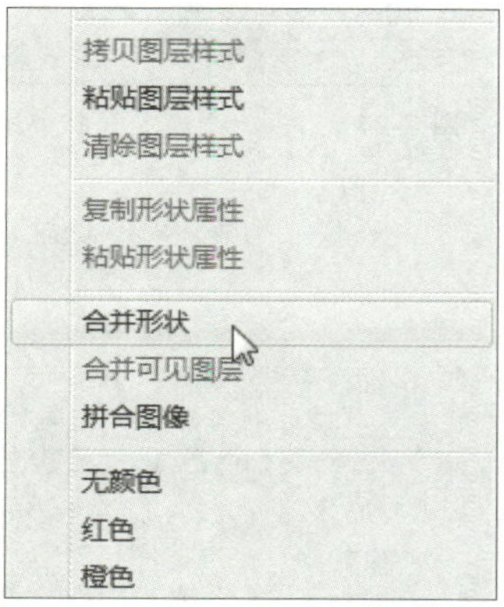

图 7-236　执行“合并形状”命令

图 7-237　绘制多个云朵效果

28 使用椭圆工具，绘制椭圆，如图 7-238 所示。

29 执行“滤镜”|“模糊”|“高斯模糊”命令，如图 7-239 所示。

图 7-238　绘制椭圆

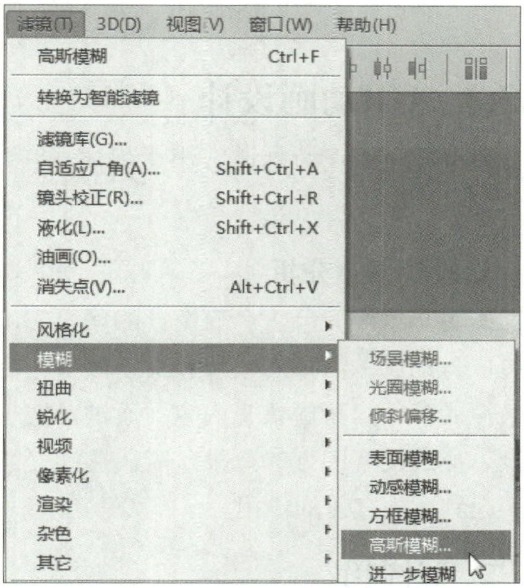

图 7-239　执行“高斯模糊”命令

30 弹出对话框，单击“确定”按钮，如图 7-240 所示。

31 打开“高斯模糊”对话框，设置半径值，单击“确定”按钮，如图 7-241 所示。

32 将文字图层与椭圆图层链接。设置椭圆图层的“不透明度”参数为 65%，如图 7-242 所示。

33 用同样的方法，绘制另外一个椭圆，并对椭圆进行模糊处理。调整图层的不透明度，最终完成效果如图 7-243 所示。

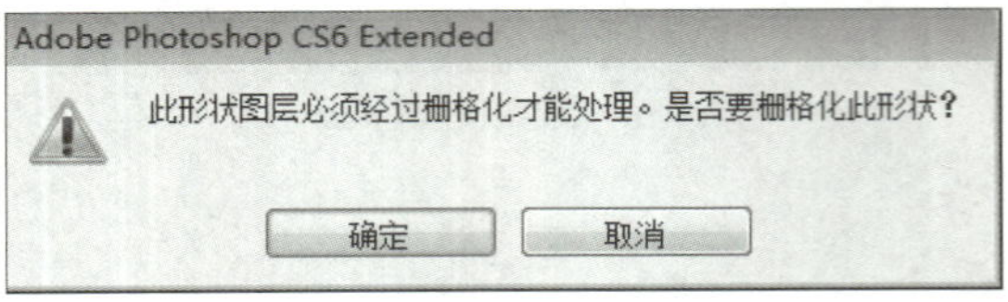

图 7-240 单击“确定”按钮

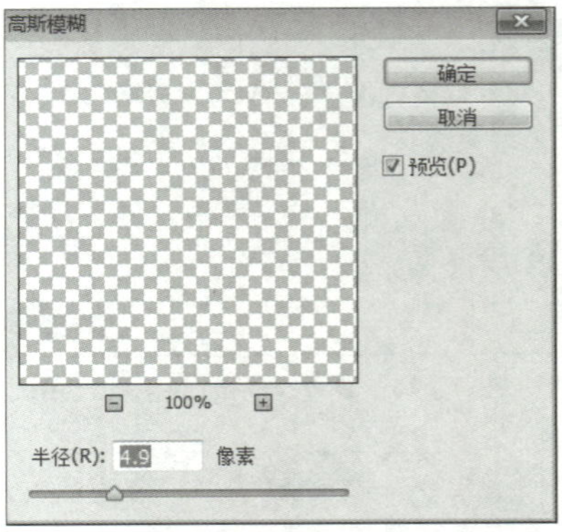

图 7-241 单击“确定”按钮

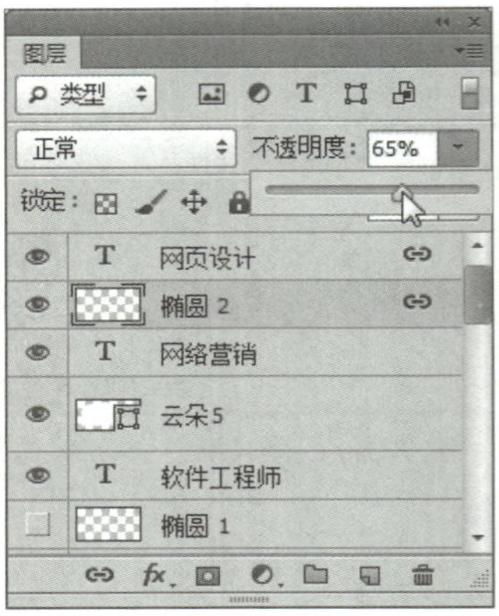

图 7-242 设置不透明度参数

图 7-243 最终完成效果

7.3.3 Gif动画设计

网页中的Gif动画通常用于展示简单的广告、宣传等。

1. 设计创意分析

如图7-244所示，本节设计的网页Gif动画为侧边广告动画。简单的图片和文字效果，能使用户在极短的时间内了解信息内容。通过对文字的颜色改变，形成文字闪烁的效果，能快速吸引浏览者眼球，起到广告宣传的作用。

图 7-244 侧边广告动画

2. 设计制作

01 进入Photoshop，按Ctrl+O组合键打开一张图片，如图7-245所示。

02 在工具箱中选择“裁剪工具”，如图7-246所示。

03 将定界框向上拖动，扩展画布，如图7-247所示。

04 在工具箱中选择矩形套索工具，在图像上框出选区，如图7-248所示。

图 7-245　打开一张图片

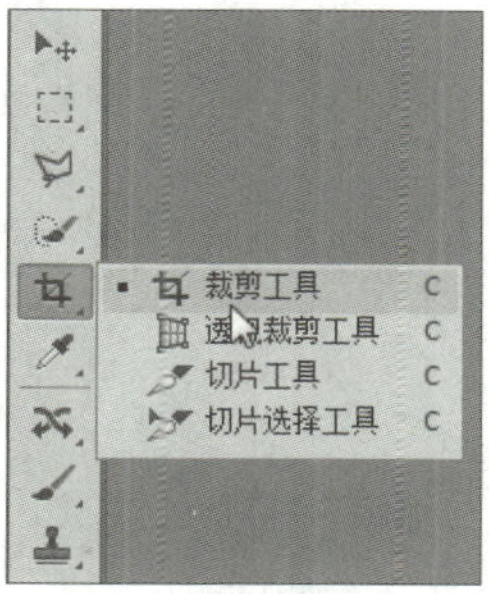

图 7-246　选择“裁剪工具”

图 7-247　扩展画布

图 7-248　框出选区

05 按 Delete 键删除选区，弹出对话框，单击”确定”按钮，如图 7-249 所示。执行操作后，程序自动识别并填充图像，如图 7-250 所示。

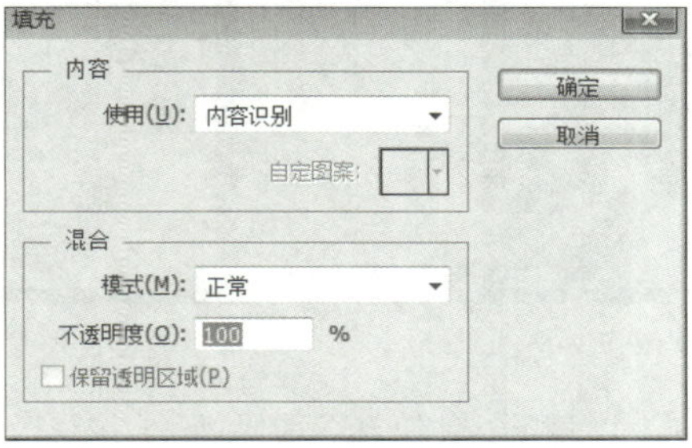

图 7-249　单击“确定”按钮

06 按 Ctrl+D 组合键结束选区。使用矩形选框工具创建选区，按 Delete 键删除，如图 7-251 所示。

07 在工具箱中按住污点修复画笔工具，在弹出的工具组中选择“内容感知移动工具”，如图 7-252 所示。

图 7-250 自动识别并填充图像

图 7-251 删除选区图像

08 在图像上将部分图像选中，如图 7-253 所示。

09 将选区图像向上拖动，如图 7-254 所示。释放鼠标即可移动选区内的图像。

10 选择文字工具，输入文字，如图 7-255 所示。

11 选择矩形工具，在画布中绘制矩形。在“图层”面板中按 Ctrl+[组合键，将矩形图层移动至文字图层的下方，如图 7-256 所示。图像效果如图 7-257 所示。

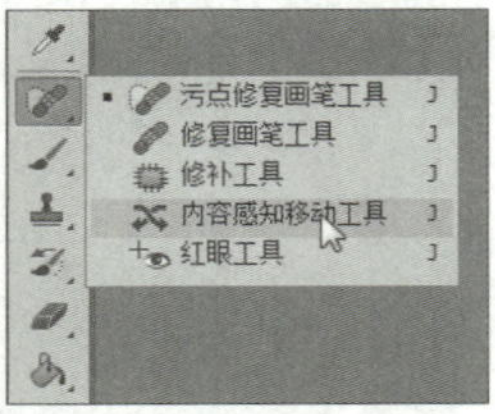

图 7-252 选择“内容感知移动工具”

图 7-253 将部分图像选中

图 7-254 向上拖动

12 选择红色文字图层，按 Ctrl+J 组合键快速复制图形，并修改文字颜色为蓝色，如图 7-258 所示。

13 执行“窗口” | “时间轴”命令，如图 7-259 所示。

14 打开“时间轴”面板，如图 7-260 所示。

图 7-255 输入文字

图 7-256 移动图层

图 7-257 图像效果

图 7-258 修改文字颜色为蓝色

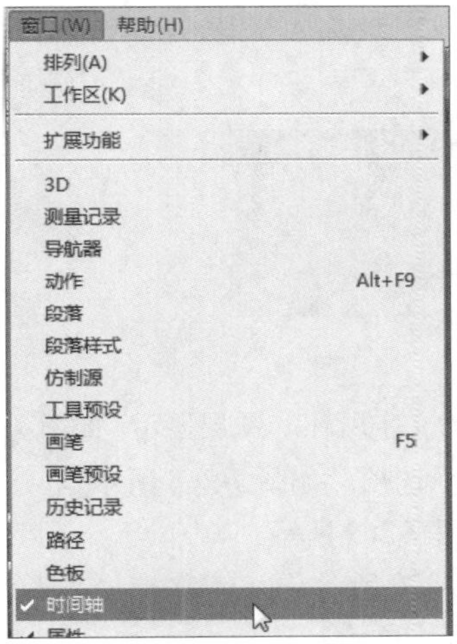

图 7-259 执行“窗口”|“时间轴”命令

图 7-260 打开“时间轴”面板

15 在“时间轴”面板中单击“创建视频时间轴”三角按钮，在弹出的列表中选择“创建帧动画”选项，如图 7-261 所示。

16 单击“创建帧动画”按钮，新建帧，如图 7-262 所示。

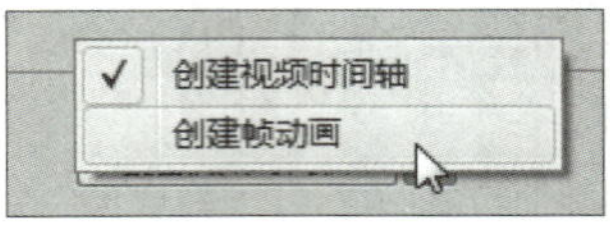

图 7-261　选择“创建帧动画”选项

图 7-262　单击“创建帧动画”按钮

17 在“图层”面板中单击蓝色文字所在图层前面的眼睛图标，隐藏图层，如图 7-263 所示。

18 在“时间轴”面板中单击帧图像下方的三角按钮，在弹出的列表中选择“0.1 秒”，如图 7-264 所示。

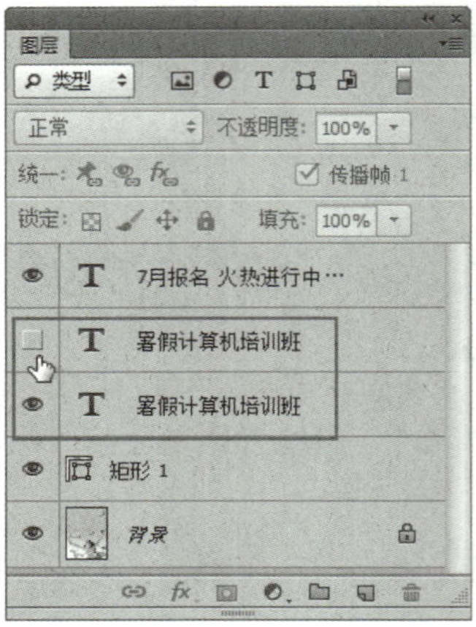

图 7-263　隐藏图层

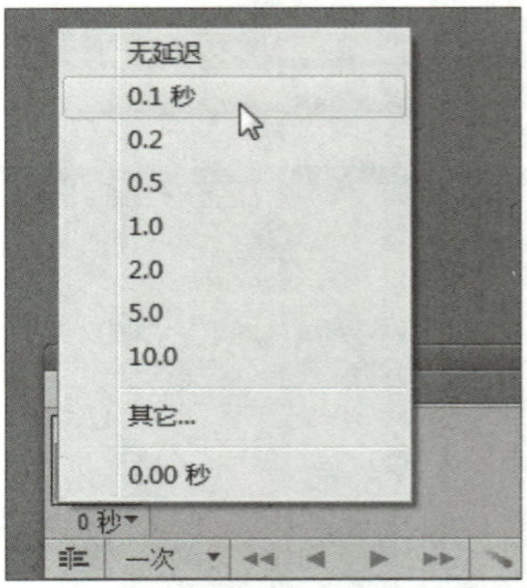

图 7-264　选择“0.1 秒”

19 单击“复制所选帧”按钮，如图 7-265 所示。

图 7-265　单击“复制所选帧”按钮

20 新增复制的帧动画，如图 7-266 所示。

图 7-266　新增动画

21 在“图层”面板中将红色文字所在的图层隐藏，将蓝色文字所在的图层显示，如图 7-267 所示。

22 单击“一次”三角按钮，在弹出的列表中选择“永远”选项，如图 7-268 所示。

23 单击“播放动画”按钮预览 Gif 广告动画的效果，如图 7-269 所示。

24 执行“文件”|“存储为 Web 所用格式”命令，如图 7-270 所示。

25 弹出对话框，在右侧选择存储的格式为 GIF，如图 7-271 所示。

26 单击“存储”按钮，在弹出的对话框中设置存储的位置及名称，如图 7-272 所示。单击“保存”按钮即可。

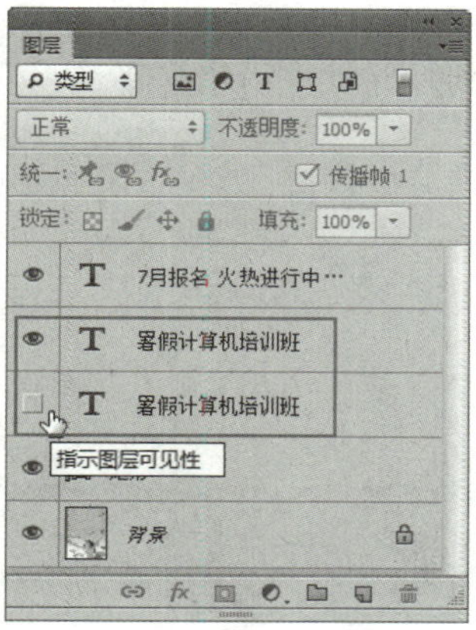

图 7-267　隐藏及显示图层

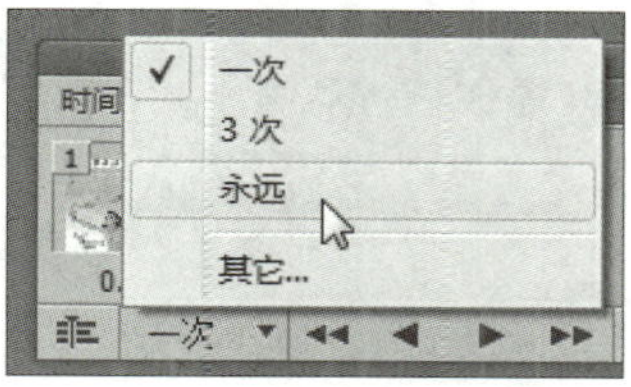

图 7-268　选择“永远”选项

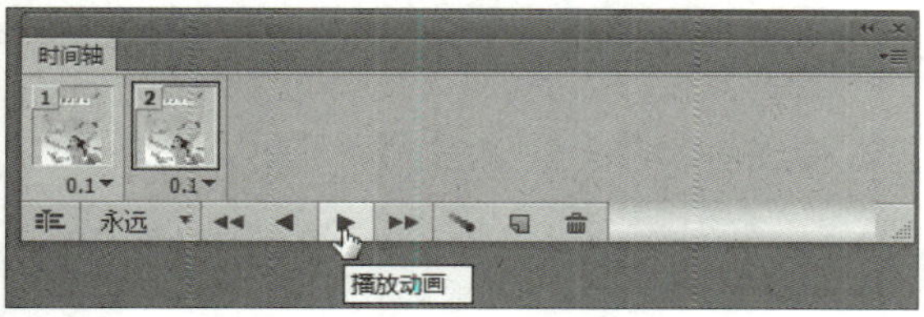

图 7-269　预览动画效果

图 7-270　执行命令

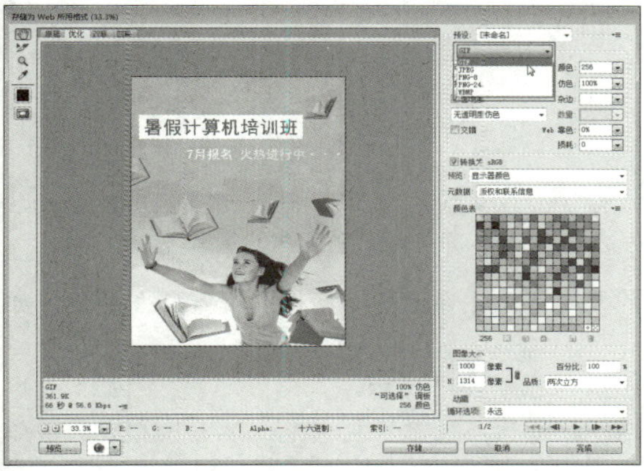

图 7-271　选择存储格式

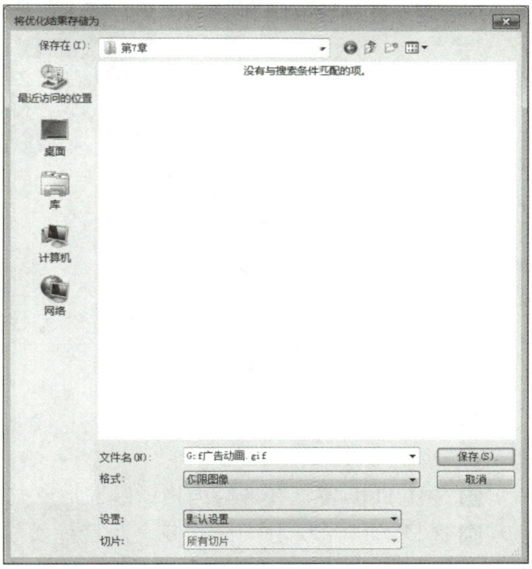

图 7-272　设置存储的位置及名称

7.3.4 栏目设计

下面介绍主页栏目设计，如图 7-273 所示为最终效果。

01 新建空白文档，将前面制作的主图添加到文档 1 中，如图 7-274 所示。

图 7-273　最终效果

图 7-274　添加主图

02 新建图层，选择矩形选框工具，绘制选区，填充灰色，如图 7-275 所示。

03 新建图层，使用矩形选框工具，绘制矩形选区，如图 7-276 所示。

图 7-275　绘制选区并填色

图 7-276　绘制矩形选区

04 在工具箱中选择渐变工具，单击选项栏中的渐变色，在弹出的对话框中设置渐变颜色，如图 7-277 所示。

05 按住 Shift 键，在选区内拖动鼠标，填充渐变色，如图 7-278 所示。

06 选择图层，双击鼠标打开“图层样式”对话框，选择“投影”复选框，设置投影参数，如图 7-279 所示。

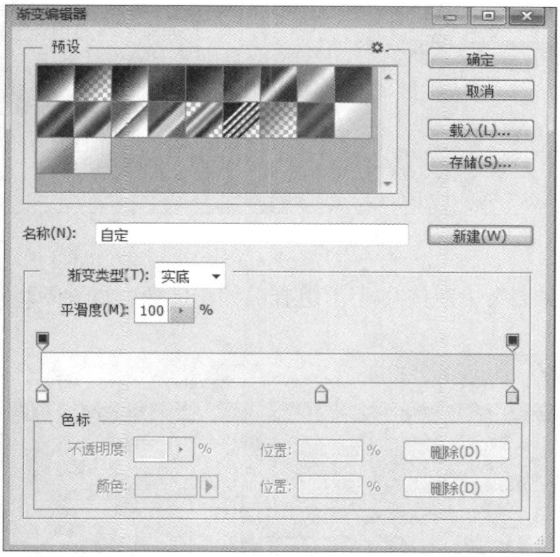

图 7-277　设置渐变颜色

图 7-278　填充渐变色

07 选择“描边”复选框，设置描边参数，如图 7-280 所示。

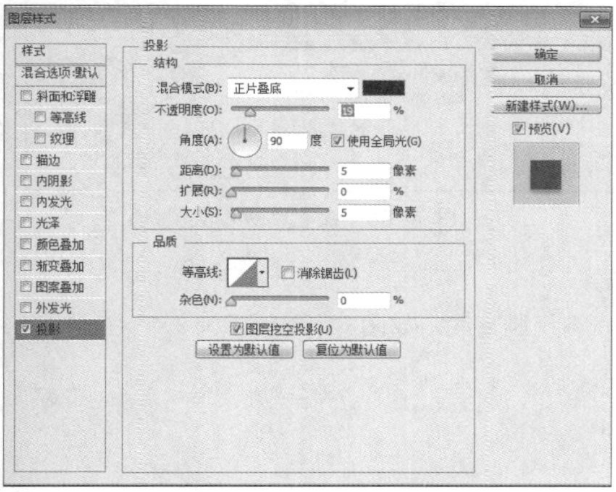

图 7-279　设置投影参数

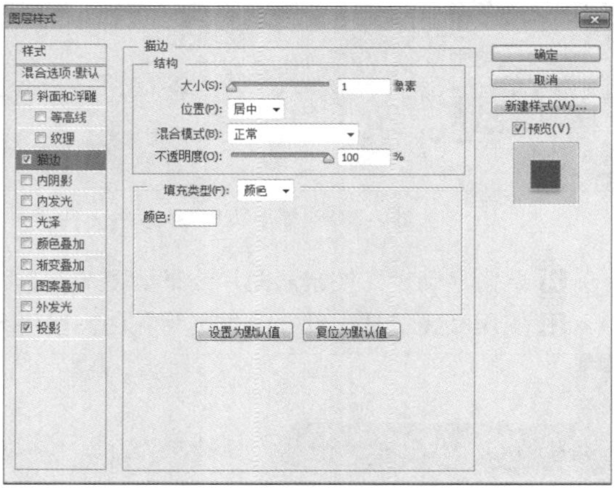

图 7-280　设置描边参数

08 单击“确定”按钮，此时的图像效果如图 7-281 所示。

09 按住 Ctrl 键，单击图层缩览图，选择多边形套索工具，按住 Alt 键，绘制减去的选区，如图 7-282 所示。

图 7-281　图像效果

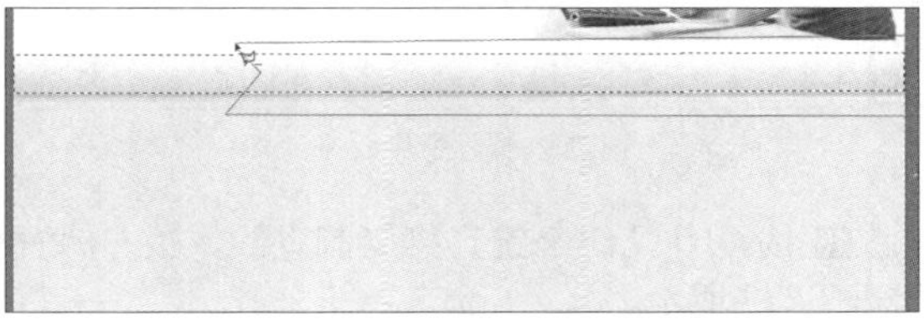

图 7-282　绘制减去的选区

10 得到选区后，为选区填充蓝色，如图 7-283 所示。

11 使用文字工具，在画布中输入文字，如图 7-284 所示。

图 7-283　填充蓝色

图 7-284　输入文字

12 按 Ctrl+O 组合键打开素材图片，将其拖动到文档 1 中。按 Ctrl+T 组合键缩小图像，如图 7-285 所示。

13 在“图层”面板中双击该图层，设置描边参数，如图 7-286 所示。

图 7-285　缩小图像

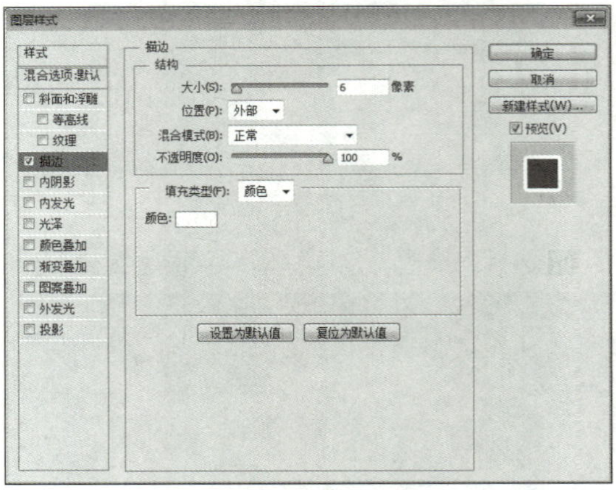

图 7-286　设置描边参数

14 单击“确定”按钮，图片效果如图 7-287 所示。

15 使用直线工具，设置前景色为灰色，按住 Shift 键绘制直线，如图 7-288 所示。

图 7-287　图片效果

图 7-288　绘制直线

16 按 Ctrl+J 组合键直接复制直线，按 Ctrl+[组合键将图层向下移动一层，并设置颜色为白色，如图 7-289 所示。

17 使用文字工具，输入文字，按小键盘上的 Enter 键确认，如图 7-290 所示。

18 继续使用文字工具，输入文字，如图 7-291 所示。

19 使用文本工具，输入文字，修改“详情”两个字颜色为橙色，如图 7-292 所示。

20 使用圆角矩形工具，设置填充颜色为白色，描边颜色为灰色，绘制圆角矩形，如图 7-293 所示。

图 7-289　设置颜色为白色

图 7-290　确认

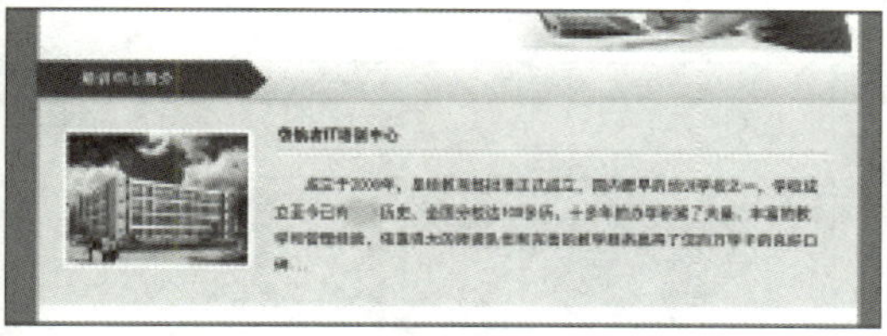

图 7-291　输入文字

图 7-292　修改颜色

21 使用圆角矩形工具，绘制填充颜色为黑色的圆角矩形，如图 7-294 所示。

图 7-293　绘制圆角矩形

图 7-294　绘制圆角矩形

22 按 Ctrl+O 组合键打开图片，添加到文档 1 中，按 Ctrl+T 组合键调整图片大小，如图 7-295 所示。

23 按住 Alt 键，将鼠标放置在两个图层之间，如图 7-296 所示。单击鼠标，创建剪贴蒙版，如图 7-297 所示。

24 调整图片的位置，效果如图 7-298 所示。

25 新建图层，并向下调整图层。选择画笔工具，设置柔边画笔，绘制阴影，如图 7-299 所示。

26 使用文字工具输入文字，如图 7-300 所示。

27 在“图层”面板中单击“创建新组”按钮，如图 7-301 所示。

28 将多个图层链接并移动到组 1 中，如图 7-302 所示。

图 7-295 调整图片大小

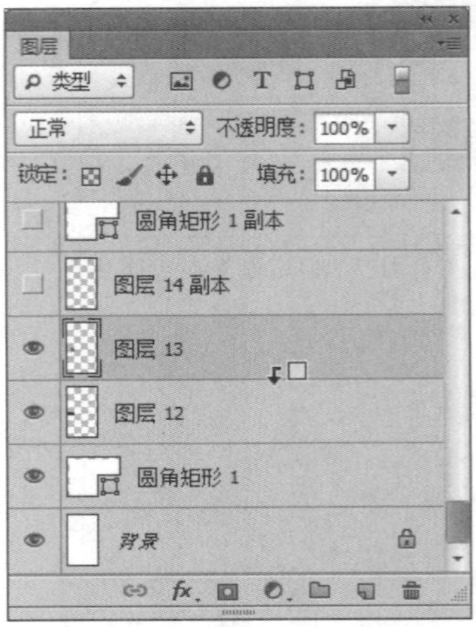

图 7-296 放置在两个图层之间

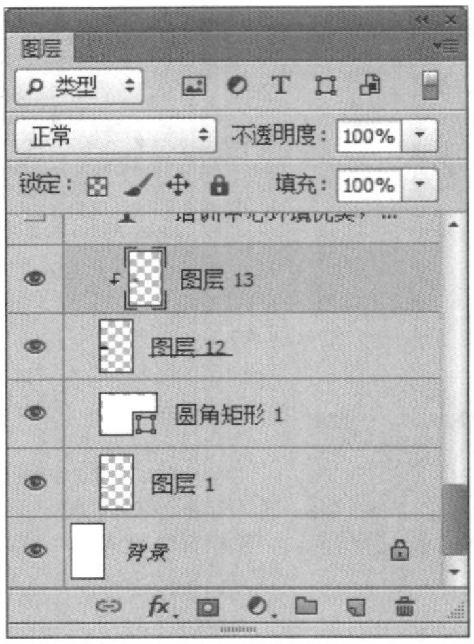

图 7-297 创建剪贴蒙版

图 7-298 调整图片位置

图 7-299 绘制阴影

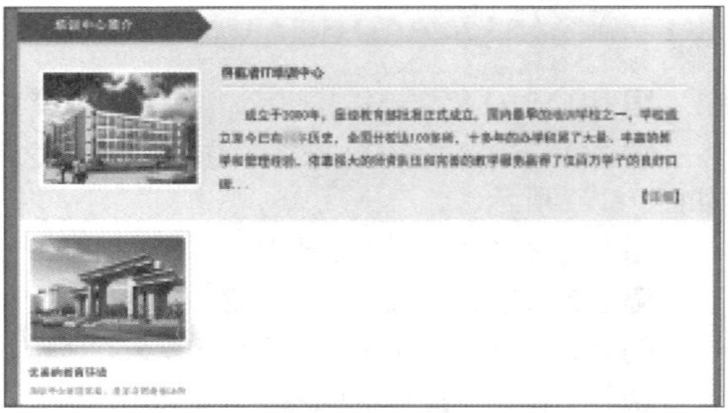

图 7-300 输入文字

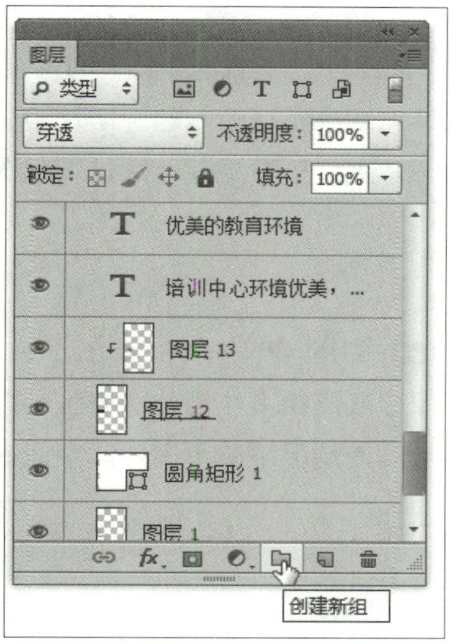

图 7-301　单击“创建新组”按钮

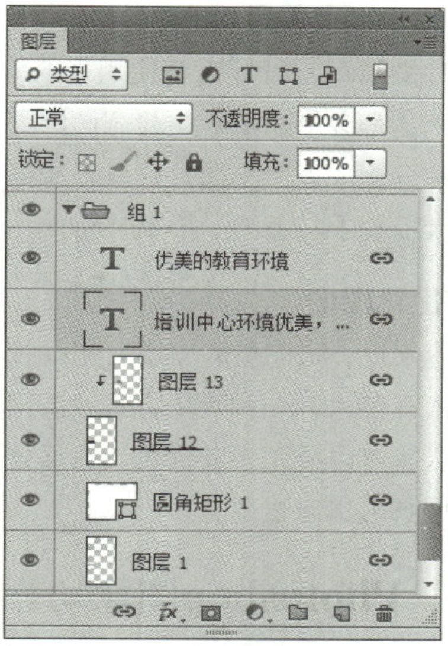

图 7-302　链接图像并移动到组中

29 选择组，按住 Alt 键拖动，快速复制多个，如图 7-303 所示。

30 对图片、文字等信息进行修改，即完成了本实例栏目的制作，最终效果如图 7-304 所示。

图 7-303　快速复制多个

图 7-304　最终效果

7.4　网页图像切片

利用 Photoshop 做好布局效果图后，关键的一步就是切片。切片就是对图像按照需要进行切割、编辑并保存，以备在网页上使用。只有正确地切片，Dreamweaver 才能对效果图进行有效的整合。

7.4.1　网页图像切片的作用

切片是网页制作过程中非常重要的一个步骤，切片的正确与否会影响着网页的后期制作。一般使用 Photoshop 或者 Fireworks 对网页的效果图或者大幅的图片进行切割。恰当的切片提升用户体验，如缩短网页加载时间、动态效果更流畅、优化图像质量以及改善链接功能等。

1. 减少网页加载时间

有时候网页上设计需要使用大的 Banner 图片或者背景图片，下载这个图片就要花费较长的时间，这是会影响用户体验。而网页切片的出现就很好地解决了这个问题。切片的使用使一个大图片分割成多个小图片片段，浏览器也会对这些小图片进行分开下载，这样下载图片的时间就大大缩短了，节约了很多时间。

2. 优化图像

一般来说一张完整的图像只能以一种格式保存，如 JPG、GIF、PNG、PSD、BDF 或者其他，一种格式只能采取一种优化方式。而网页切片可以把图像分割成很多小图片，并且可以保存成其他格式，可以分别对其优化。这样就能在保证图片质量高的情况下减少图片的空间占用，也能提高网页的加载速度。

7.4.2 Photoshop图像切片

使用 Photoshop 切片工具将一个完整的网页切割许多小片，以便上传；然后再用 Dreamweaver 对网页进行细致的处理。

01 打开栏目设计图，如图 7-305 所示。

02 按 Ctrl+R 组合键打开标尺，拖出参考线，如图 7-306 所示。

图 7-305　打开栏目设计图

图 7-306　拖出参考线

03 在工具箱中按住裁剪工具，在工具组中选择“切片工具”，如图 7-307 所示。

04 在图像上拖动创建切片，先对图像进行整体切片，如图 7-308 所示。

05 对导航进行切片，将鼠标放置在切片边缘，可调整切片大小，如图 7-309 所示。

06 对导航进行切片后效果如图 7-310 所示。

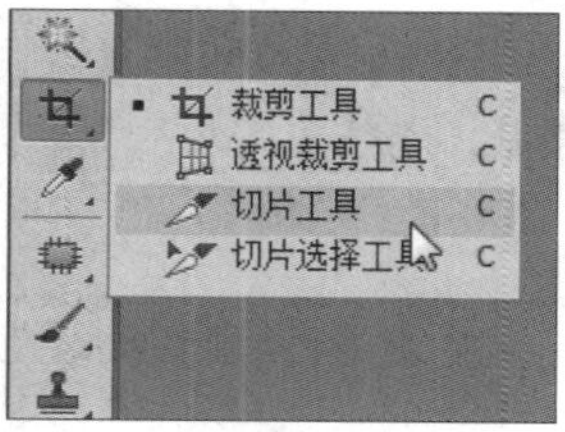

图 7-307 选择切片工具

图 7-308 对图像进行整体切片

图 7-309 调整切片大小

图 7-310 切片后效果

07 继续对底部进行切片，将图像切出来，如图 7-311 所示。

08 按 Ctrl+；组合键隐藏参考线，如图 7-312 所示。

09 选择切片，单击鼠标右键，执行“编辑切片选项”命令，如图 7-313 所示。

10 弹出“切片选项”对话框，修改名称，如图 7-314 所示。

11 执行“文件”|“存储为 Web 所用格式”命令，如图 7-315 所示。

12 弹出“存储为 Web 所用格式”对话框，如图 7-316 所示。

13 选择颜色丰富的图像切片，设置优化的文件格式为 JPEG，“品质”为 75，如图 7-317 所示。

14 用同样的方法设置其他切片品质，单击“存储”按钮。

15 弹出对话框，设置格式为“HTML 和图像”选项，如图 7-318 所示。

16 单击“保存”按钮。打开存储的路径，文件夹中包含了网页文件和图像文件夹，如图 7-319 所示。

17 打开图片文件夹，包含了所有的切片，如图 7-320 所示。

图 7-311　将图像切出来

图 7-312　隐藏参考线

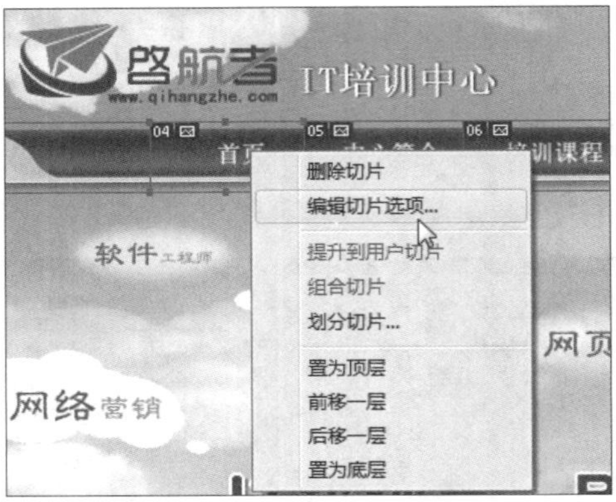

图 7-313　执行“编辑切片选项”命令

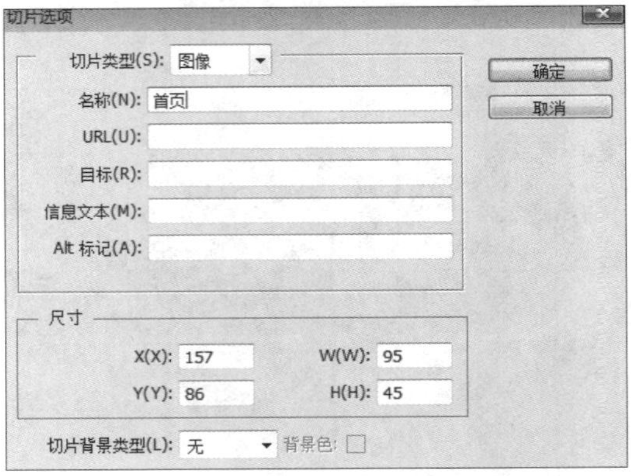

图 7-314　修改名称

图 7-315　执行命令

图 7-316　“存储为 Web 所用格式”对话框

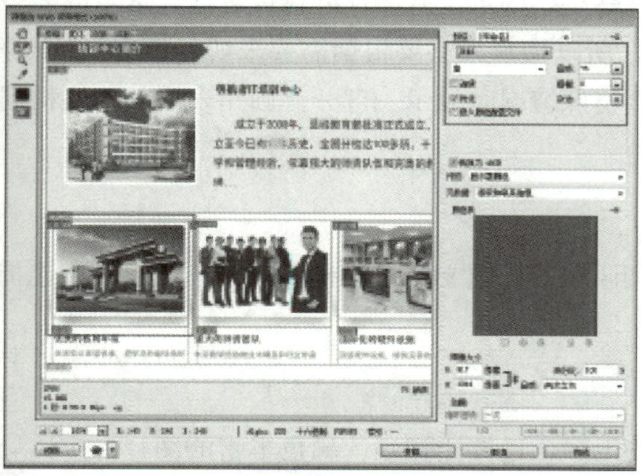

图 7-317　设置优化

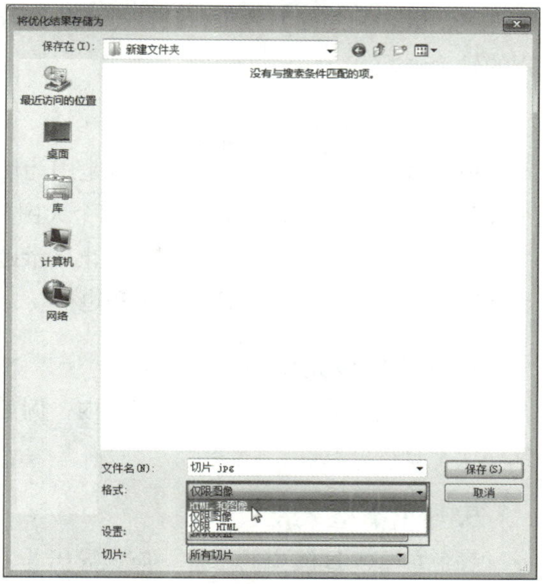

图 7-318　设置格式

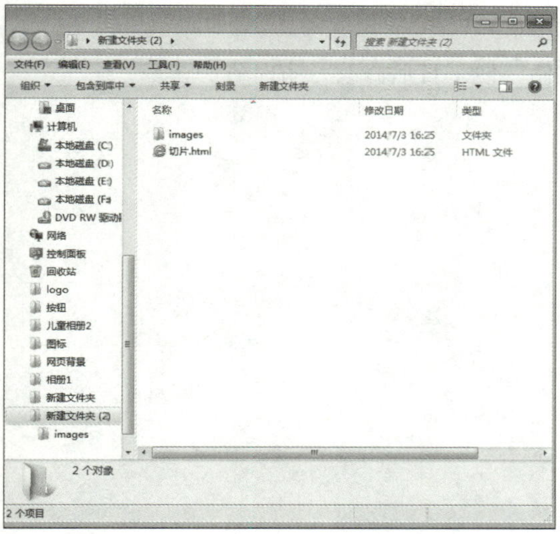

图 7-319　存储路径

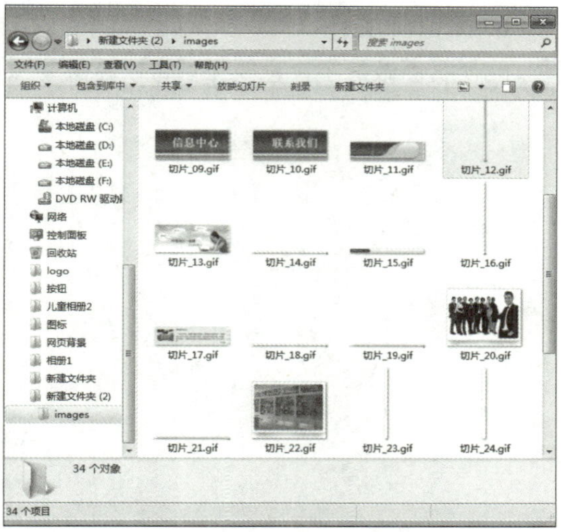

图 7-320　图片文件夹

7.4.3　图像切片技巧

图像的切片也有技巧可供使用，下面进行简单介绍。

1. 使用参考线

切片时要用好参考线，参考线能保证切出的图像在同一表格中的尺寸统一协调。

2. 切片的颜色范围

如果一个区域中颜色对比的范围不是很大，只有几种颜色，就应该单独将其切出来。如果一个区域中仅有一种颜色，则可以在 Dreamweaver 中编写代码时直接用背景色来表示。如果颜色过多，或者用到渐变效果，则应把切片数量切得多一些，尽量把单个切片控制在一个颜色范围的轮廓内。

3. 切片大小

把网页的切片切得越小越好，这是因为切片越小，网页下载图片的速度越快。这是因为多个图片可以同时下载而不是只下载一个大图片，所以切片大小要根据需要来切。标志 Logo 等主要部分只尽量切在一个切片内，防止显示遇到特殊情况时显示一部分。圆角表格部分要根据显示区域的大小来切，控制好边缘和边框。

4. 切片区域完整性

应保证完整的一部分在一个切片内，例如某区域的标题文字，这样做不仅有助于保持连贯性还便于日后修改。

5. 导出类型

颜色单一、过渡少的图片，应该导出为 GIF；颜色过渡比较多、颜色丰富的图片，应该导出为 JPEG；有动画效果的部分，应该导出为 GIF 动画。

6. 保留源文件

既便页面做好了，也要保留带切片层的源文件，便于日后修改，省时省力。

模块 8 Dreamweaver 网页设计

内容概要

Dreamweaver 是集网页制作和网站管理于一身的所见即所得网页编辑器，是针对专业网页设计的视觉化网页开发工具，利用它可以轻而易举地制作出跨平台和跨浏览器的充满动感的网页。

知识要点

- 了解网站组成部分
- 利用表格排版
- 建立超链接
- 掌握 Div 和 CSS 网页布局
- 创建和使用模板
- 建立框架网页
- 插入信息表单

8.1 建立网站

要制作一个能够被公众浏览的网站，首先需要在本地磁盘中构建这个网站，然后把这个网站上传到互联网的 Web 服务器。存放在本地磁盘上的网站被称为本地站点，而托管在互联网 Web 服务器上的网站被称为远程站点。

8.1.1 建立站点

站点是管理网页文档的工具，通过站点可以实现将文件上传到网络服务器、自动跟踪和维护文件、管理文件及共享文件等功能。在开始制作网页之前，最好先定义一个新站点，以便更好地利用站点对文件进行管理，也可以尽可能避免路径出错、链接出错等问题。在 Dreamweaver 中创建站点的方法非常简单，具体操作步骤如下。

01 启动 Dreamweaver，执行“站点”|“新建站点”命令，如图 8-1 所示。

02 弹出“站点设置对象”对话框，设置站点名称，并单击“本地站点文件夹”后的“浏览文件夹”按钮，如图 8-2 所示。

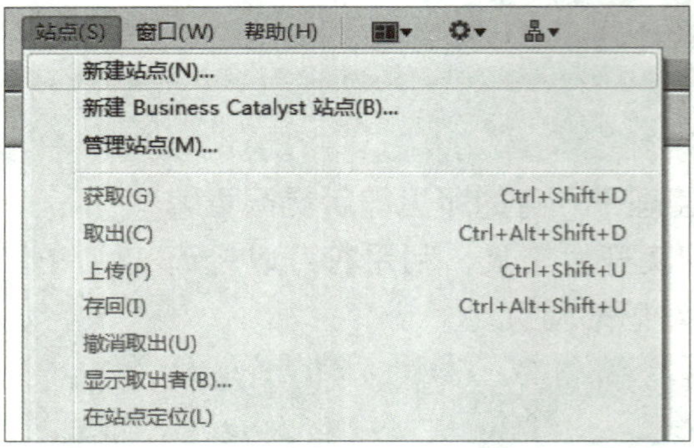

图 8-1 执行“新建站点”命令

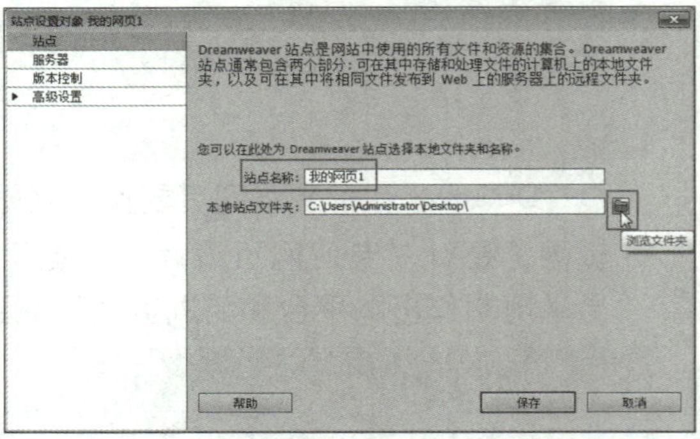

图 8-2 单击“浏览文件夹”按钮

提示： 在“站点设置对象”对话框的“高级设置”选项卡中可以对站点的其他信息进行设置。

03 在弹出的对话框中选择存储的位置，单击“打开”按钮，如图 8-3 所示，然后单击“选择”按钮。

04 单击“保存”按钮即可新建一个本地站点，在“文件”面板中即可看到新建的站点，如图 8-4 所示。

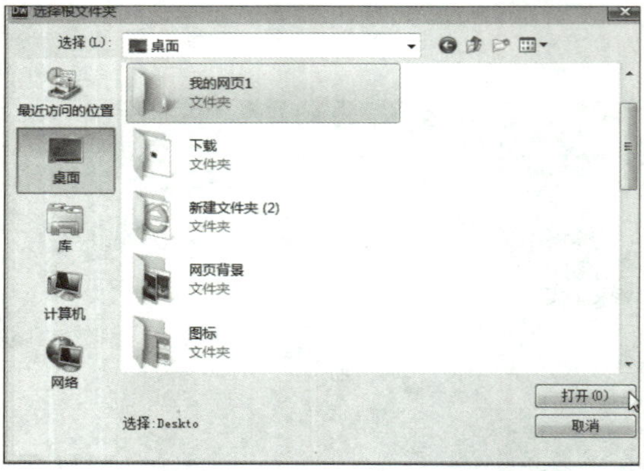

图 8-3 单击“选择文件夹”按钮

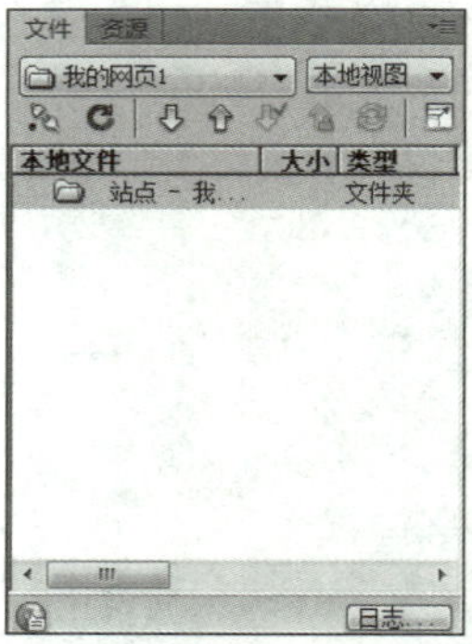

图 8-4 “文件”面板

提示： 在多数情况下，通常都是在本地站点中编辑网页，再通过 FTP 上传到远程服务器。

8.1.2 设置服务器

如果用户需要使用 Dreamweaver 连接远程服务器，将站点中的文件上传到远程服务器中，则需要在创建站点时设置服务器。

01 在“站点设置对象”对话框中打开“服务器”选项卡，切换至“服务器”选项设置，如图 8-5 所示。

02 单击“添加新服务器”按钮[+]，弹出“服务器设置”对话框，如图 8-6 所示。

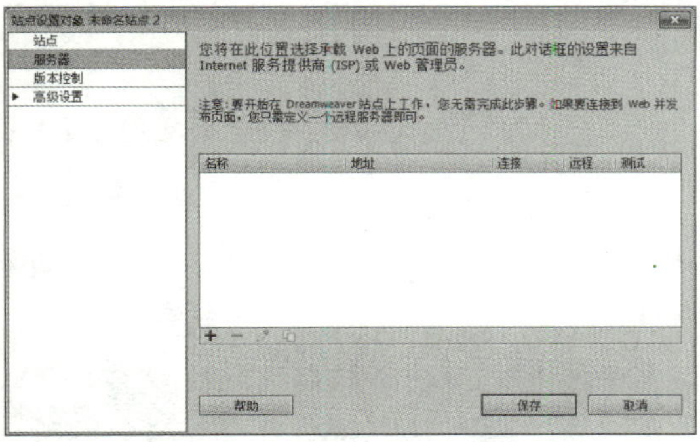

图 8-5 “服务器”选项设置

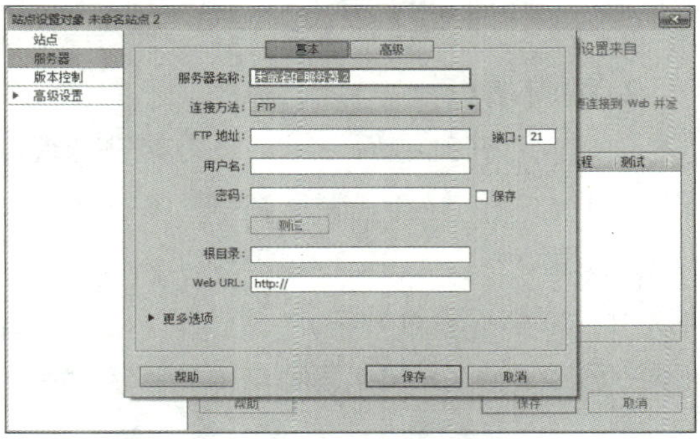

图 8-6 弹出“服务器设置”对话框

- 服务器名称：用于指定服务器的名称，该名称可以是用户任意定义的名称。
- 连接方法：选择连接到远程服务器的方法。
- FTP 地址：输入要上传的 FTP 服务器地址。
- 用户名和密码：输入用于链接到 FTP 服务器的用户名和密码。选中“保存”复选框，可以保存所输入的用户名和密码。
- 测试：完成 FTP 地址、用户名和密码选项的设置后，单击“测试”按钮可以测试与 FTP 服务器的连接。
- 根目录：输入远程服务器用于存储站点文件的目录。
- Web URL：输入 Web 站点的 URL 地址。
- 单击“高级”按钮，切换至“高级”选项卡，如图 8-7 所示。
- 维护同步信息：选中该复选框后，将自动同步本地站点和远程服务器上的文件。

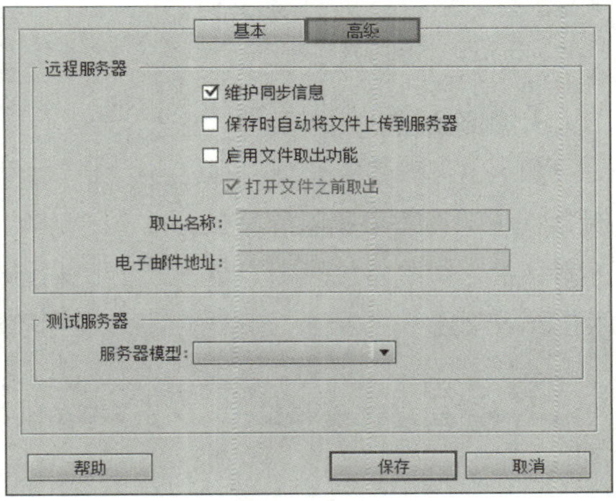

图 8-7 切换至“高级”选项卡

- 保存时自动将文件上传到服务器：选中该复选框后，在本地保存文件时，会自动将文件上传到远程服务器站点中。
- 启用文件取出功能：选中该复选框，可以启用“存回 / 取出”功能。
- 服务器模型：在下拉列表中包含了 8 种服务器可供选择。

8.1.3 管理站点

建立站点后，可以对本地站点进行多方面的管理，包括打开站点、编辑站点、删除站点及复制站点等。

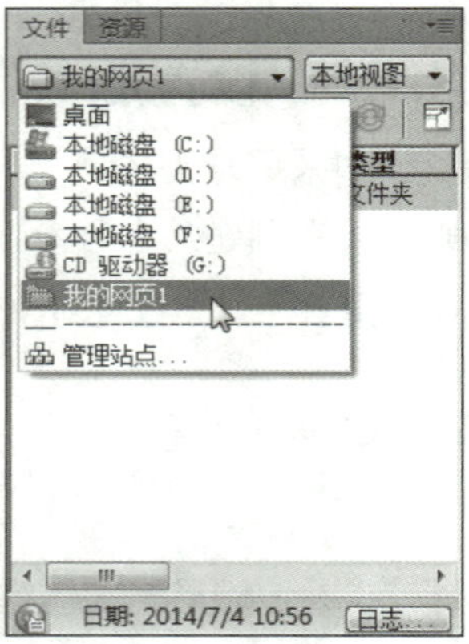

图 8-8 打开站点

1. 打开站点

运行 Dreamweaver 后，系统默认打开上次退出时正在编辑的站点。若需要打开其他已经创建好的站点，只需在“文件”面板中单击左侧的下拉列表，在其中选择需要打开的站点，即可打开已经定义的站点，如图 8-8 所示。

2. 编辑站点

创建或打开站点后，还可以对其进行编辑。执行“站点”|“管理站点”命令，打开“管理站点”对话框，在对话框中单击“编辑当前选定的站点”按钮，如图 8-9 所示。弹出“站点设置对象”对话框，如图 8-10 所示，即可再次对本地站点进行编辑。

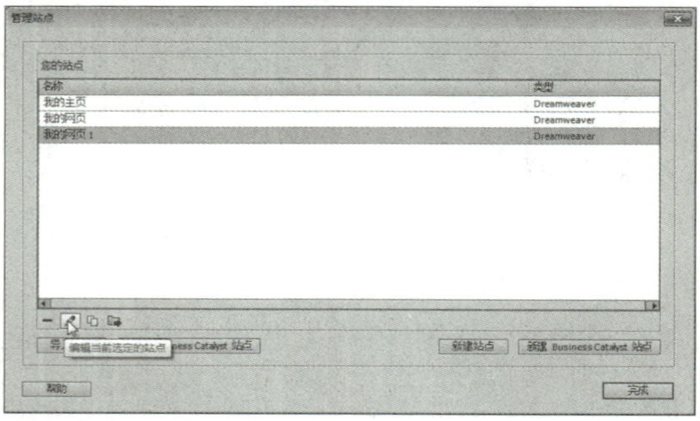

图 8-9 单击“编辑当前选定的站点”按钮

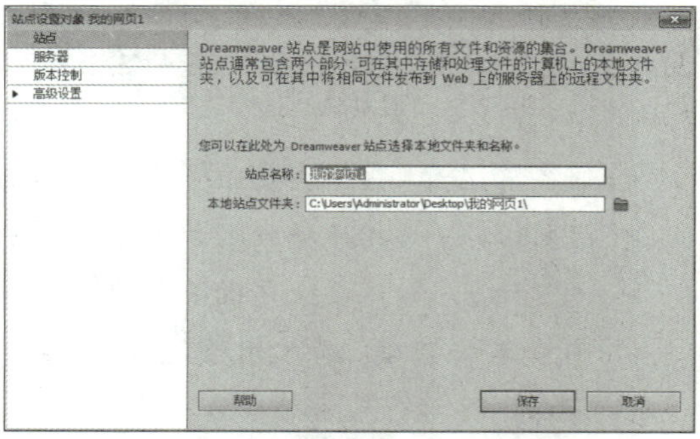

图 8-10 “站点设置对象”对话框

3. 删除站点

如果不再需要使用 Dreamweaver 进行操作，可以在站点列表中将站点删除。在“管理站点”对话框中选择需要删除的站点，单击“删除当前选定的站点”按钮，如图 8-11 所示，弹出提示对话框，如图 8-12 所示，单击“是”按钮即可将其删除。

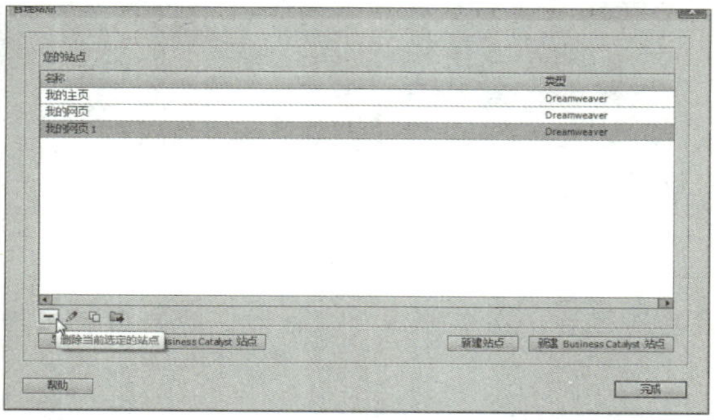

图 8-11 单击“删除当前选定的站点”按钮

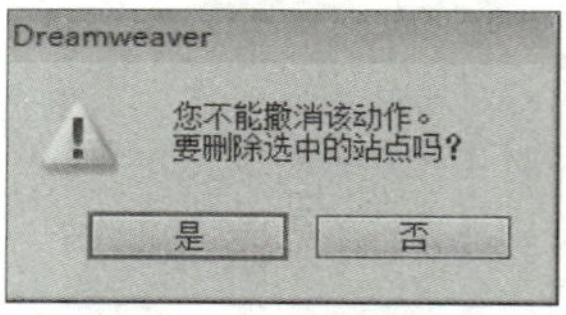

图 8-12 提示对话框

删除后的站点只是不再出现在站点列表中，但本地站点的内容，包括文件夹和文档等，都仍然会保存在计算机相应的位置，通过重新创建指向其位置的站点，可重新对其进行编辑。

4. 复制站点

若需要创建多个结构相同或类似的站点，可利用站点的可复制性实现。在“管理站点”对话框中选择站点，并单击“复制当前选定的站点”按钮，如图 8-13 所示，即可复制出一个站点副本，如图 8-14 所示，对其进行重命名即可。

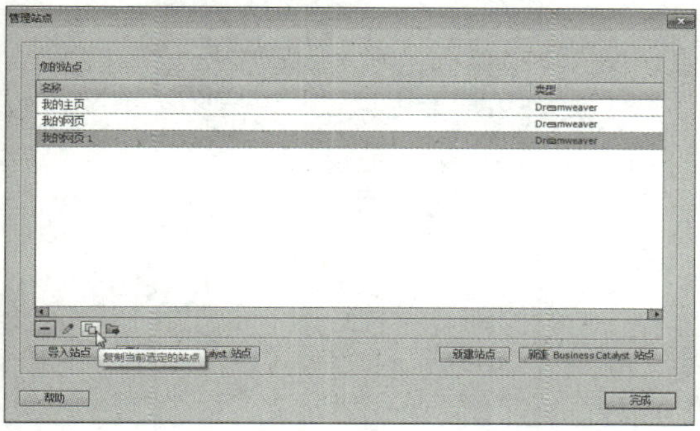

图 8-13　单击“复制当前选定的站点”按钮

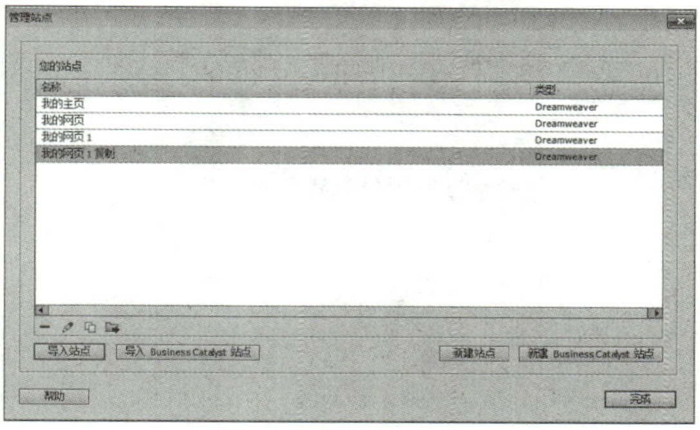

图 8-14　复制的站点

8.1.4　创建文件夹与文件

网站每个栏目中的所有文件被统一存放在单独的文件夹内。根据每个栏目包含文件的数量和类型，又可以细分到子文件夹里。一旦文件夹结构建好以后，即可在文件夹里创建相应的文件。创建文件和文件夹的方法有以下两种。

1. 鼠标右键创建

在“文件”面板中单击鼠标右键即可快速创建文件与文件夹，具体操作方法如下：

01 打开 Dreamweaver，在右侧的“文件”面板中选择站点，单击鼠标右键，执行“新建文件夹”命令，如图 8-15 所示。

02 此时新建的文件夹名称处于可编辑状态，如图 8-16 所示，可对文件夹进行重命名。

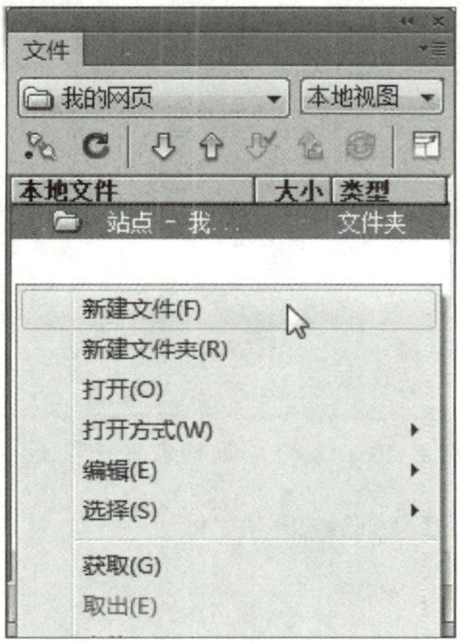

图 8-15　执行“新建文件夹”命令

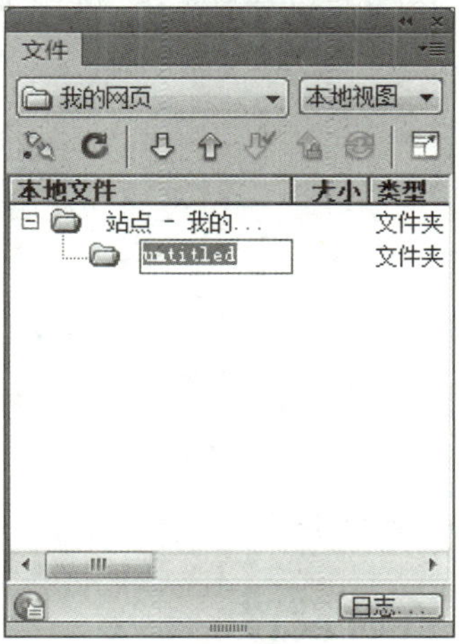

图 8-16　可编辑名称

提示：Dreamweaver 的界面中“文件”面板处于默认打开状态，执行“窗口”|“文件”命令，也可打开“文件”面板。

03 在“文件”面板中选择需要新建文件的文件夹，单击鼠标右键，执行“新建文件”命令，如图 8-17 所示。

04 此时新建的文件名称处于可编辑状态，重命名文件即可，如图 8-18 所示。

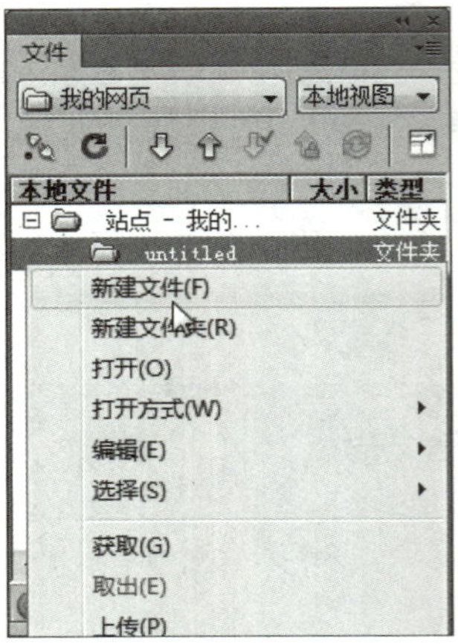

图 8-17 执行“新建文件”命令

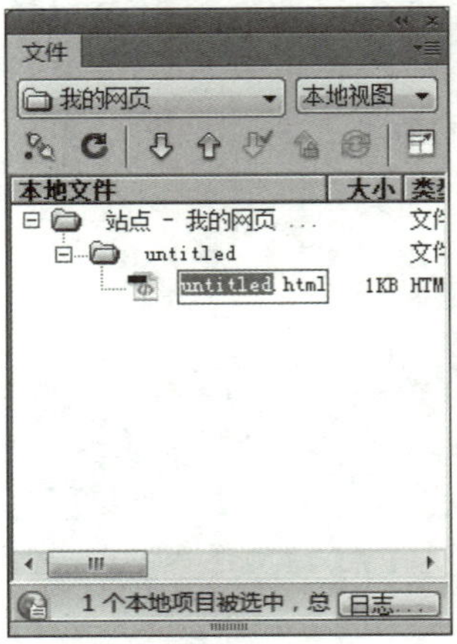

图 8-18 可编辑名称

2. 菜单列表创建

除了使用鼠标右键创建文件及文件夹外，还可使用菜单列表创建文件或文件夹。

01 在“文件”面板中单击按钮，如图 8-19 所示。

02 在弹出的菜单列表中选择“文件”|“新建文件夹”命令，如图 8-20 所示，即可创建新的文件夹。

图 8-19 单击按钮

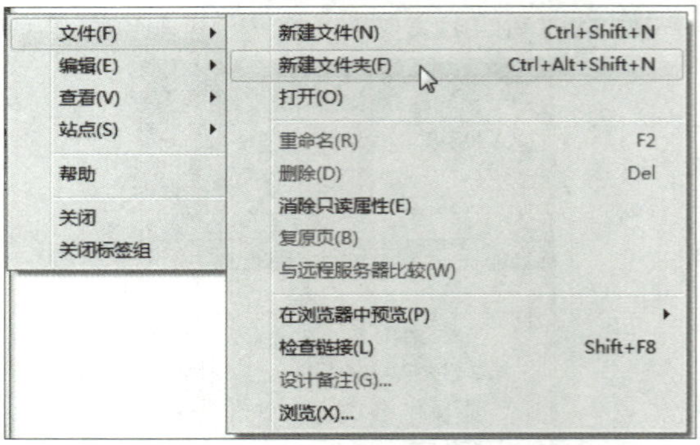

图 8-20 选择“新建文件夹”命令

03 执行同样的操作，选择“文件”|“新建文件”命令，即可创建新的文件。

8.1.5 页面设置

在 Dreamweaver 中创建的每一个网页，可以在“页面属性”对话框中设置其属性参数，包括默认字体、字体大小、背景颜色、边距、链接样式等。

1. 设置外观

在“属性”面板中单击“页面属性”按钮，如图 8-21 所示，即可快速打开“页面属性”对话框。

图 8-21　单击“页面属性”按钮

或者执行“修改”|“页面属性”命令，如图 8-22 所示，也可打开“页面属性”对话框，如图 8-23 所示。

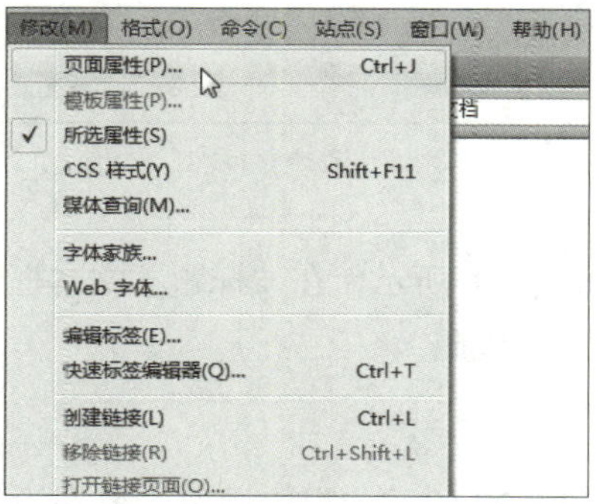

图 8-22　执行“页面属性”命令

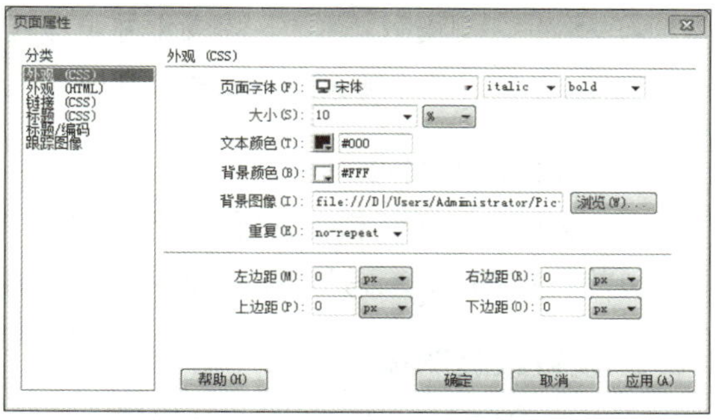

图 8-23　“页面属性”对话框

打开对话框，左侧默认分类为“外观（CSS）”，从中可对整个网页文档的信息参数进行设置。

- 页面字体：在下拉列表中可对字体、字体样式、字体粗细进行设置。
- 大小：在下拉列表中可对网页中的文本字号进行设置，字号的单位可以进行选择。
- 文本颜色：在文本框中可以设置文本的颜色
- 背景颜色：在文本框中可以设置背景的颜色。
- 背景图像：单击“浏览”按钮可以选择本地图片作为网页的背景。
- 重复：在下拉列表中可选择背景图像在网页中的排列方式，包括不重复、重复、横向重复和纵向重复 4 个选项。
- 左边距、上边距、右边距、下边距：用来设置页面四周的边距大小。

2. 设置链接

在左侧的分类下选择“链接（CSS）”选项，可对链接的参数进行设置，如图 8-24 所示。

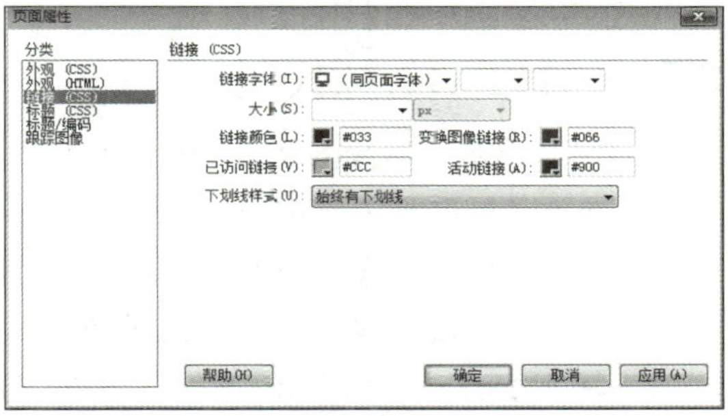

图 8-24　选择“链接”选项

下面对各参数进行介绍。

- 链接字体：在下拉列表中可以设置链接文本的字体。
- 大小：在下拉列表中可以设置链接文本的字体大小。
- 链接颜色：在文本框中可以设置链接的颜色。
- 变换图像链接：在文本框中可以设置鼠标位于链接上时的颜色。
- 已访问链接：在文本框中设置网页中已经访问过的链接颜色。

> 活动链接：在文本框中设置单击链接时文字的颜色。
> 下划线样式：在下拉列表中选择采用下划线的样式。

3. 设置标题

在左侧的分类下选择“标题（CSS）”选项，可对标题的属性参数进行设置，如图8-25所示。

下面对“标题（CSS）”各参数进行介绍。

> 标题字体：在下拉列表中可以设置标题所采用的字体。
> 标题1~标题6：在下拉列表中可对标题1~标题6的字体大小及颜色进行设置。

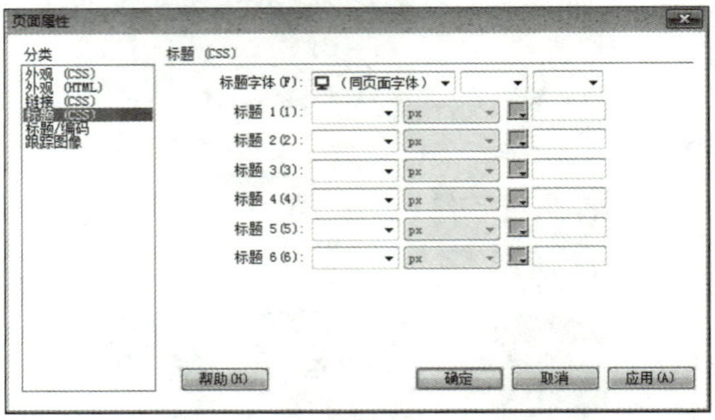

图 8-25　选择“标题”选项

4. 设置标题/编码

在左侧的分类下选择“标题/编码”选项，参数如图8-26所示，在“标题”文本框中可设置网页的标题；在“编码”下拉列表中可以设置网页的文字编码。

5. 设置跟踪图像

在左侧的分类下选择“跟踪图像”选项，参数如图8-27所示。跟踪图像一般在设计网页时作为网页背景，用于引导网页的设计。单击“浏览”按钮，在弹出的对话框中选择一个图像作为跟踪图像；拖动“透明度”滑块可以指定图像的透明度，透明度越高，图像越突出。

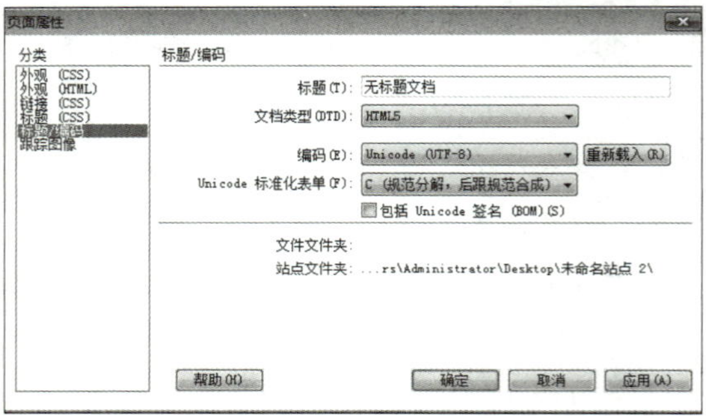

图 8-26　选择“标题/编码”选项

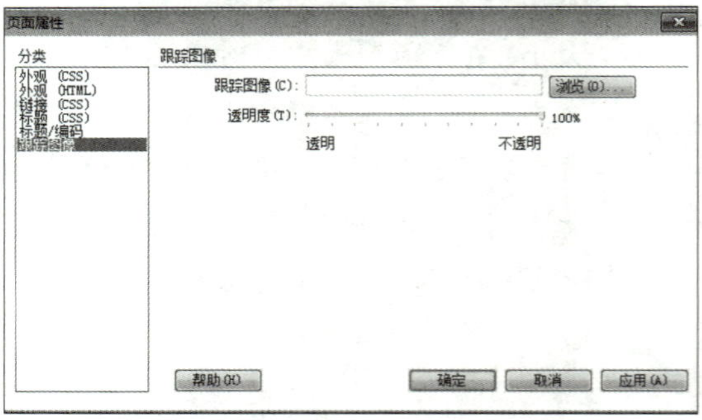

图 8-27　选择“跟踪图像”选项

8.1.6　HTML源代码

HTML是英文hypertext markup language的缩写，它是一种超文本标记语言。超文本就是指页面内可以包含图片、链接，甚至音乐、程序等非文字元素。

超文本标记语言的结构包括“头（Head）”部分、“主体（Body）”部分，其中“头”部提供关于网页的信息，“主体”部分提供网页的具体内容。

一个网页对应一个HTML文件，超文本标记语言文件以.htm或.html为扩展名。可以使用任何能够生成TXT类型源文件的文本编辑器来生成超文本标记语言文件，只需修改文件后缀名即可。

1. 整体结构

标准的超文本标记语言文件都具有一个基本的整体结构，标记一般都是成对出现（部分标记除外，如
 等)，即超文本标记语言文件的开头与结尾标志和超文本标记语言的头部与实体两大部分。有 3 个双标记符用于页面整体结构的确认。

（1）头部内容

- 标记符 <html>：说明该文件是用超文本标记语言来描述的，它是文件的开头，而 </html> 则表示该文件的结尾，它们是超文本标记语言文件的开始标记和结尾标记。
- <head></head>：这 2 个标记符分别表示头部信息的开始和结尾。头部中包含的标记是页面的标题、序言、说明等内容，它本身不作为内容来显示，但影响网页显示的效果。头部中最常用的标记符是标题标记符和 meta 标记符，其中标题标记符用于定义网页的标题，它的内容显示在网页窗口的标题栏中，网页标题可被浏览器用作书签和收藏清单。

（2）主体内容

- <body></body>：网页中显示的实际内容均包含在这 2 个正文标记符之间。正文标记符又称为实体标记。

2. 语言书写

一个 HTML 文件由一系列的元素和标签组成，元素的写法不区分大小写，用标签来规定元素的属性及它在文件中的位置。

（1）单独标签

单独标签也称为空标签，顾名思义，就是单独在文件中出现。这些标签也可以根据需要添加一些属性来实现一些特殊的功能。空标签与正常成对出现的标签一样，以“/”即 </X> 结尾。

例如：

```
<br class="clear">
```

（2）一般标签

一般标签就是平常在网页源文件中看到的成对出现的标签，这些标签都由一个起始标签和一个结束标签所组成。其语法形式为：< 起始标签 > 控制文字 </ 结束标签 >。

例如：

```
<i> 文字内容以斜体显示 </i>
```

HTML 中常用的标签主要包括结构、标题、段落、换行、链接、列表、图片、表格、表单等标签。

- 结构

结构标签常用来表示文件的结构，主要内容如下。

- ◆ <html>…</html>：表示 HTML 文件的开始和结束。
- ◆ <head>…</head>：表示 HTML 文件的标题区。
- ◆ <body>…</body>：表示 HTML 文件的主体区，网页当中所显示的内容都在主体区域进行定义。

- 标题

标题标签有 6 个级别，<h1> ~ <h6>，<h1> 为最小的标题。通过设定不同等级的标题，可以完成多层次结构的设置。

打开 Dreamweaver，在代码视图中输入如下的 HTML 代码。

```
<html>
<head>
<title> 标题 </title>
</head>
<body>
以下为标题测试代码 <p>
<H1> 一级标题 </H1>
<H2> 二级标题 </H2>
<H3> 三级标题 </H3>
<H4> 四级标题 </H4>
<H5> 五级标题 </H5>
<H6> 六级标题 </H6>
</body>
</html>
```

输入代码完成后，在设计视图中即可看到每一个标题的字体为黑体，如图 8-28 所示。

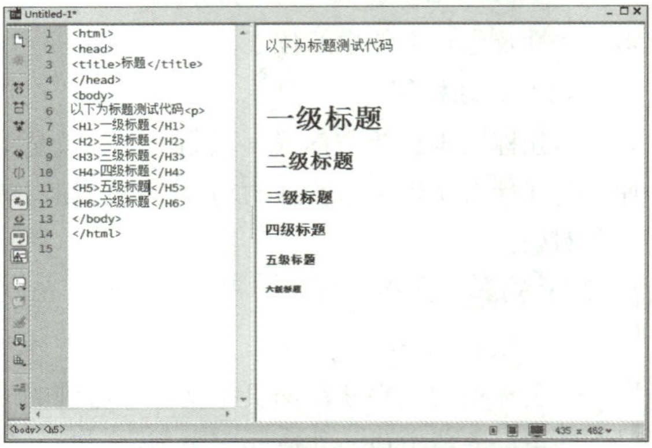

图 8-28　输入代码

➢ 段落

段落标签 <p> 是处理文字时经常用到的标签。段落内也可以包含其他标签，如图片标签 <img>、换行标签
 等。

➢ 换行

换行标签
 是一个空标签，也就是说，它只有起始标签和属性值，而没有结束标签。当需要结束一行并且不想开始新段落时，就可以使用
 标签。
 标签不管放在什么地方，都能够强制换行。

➢ 链接

链接是非常重要的标签。链接可分为超级链接和锚点，这两种链接都是使用锚标签 <a> 来建立的。一个锚点可指向任意一个网络上的资源，如一个 HTML 页面、一张图片、一段声音等。

超链接标签语法为：<a href="url"> 显示带链接的文字 </a>。

超链接一般是设置在文字或图像上的，通过单击设置超链接的文字或图像，可以跳转到所链接的页面，超链接标签 <a> 和 </a> 包括以下主要属性。

属性	描述
herf	该属性为超链接指定目标页面的地址，如果不想链接到任何位置，则设置为空链接，即 herf="#"
target	该属性用于设置链接的方法，包括 4 个可选值，分别是 _blank、_parent、_self 和 _top
name	用于创建锚记链接

➢ 图片

图片是由 <img> 标签定义的，定义图片的语法为：<img src="url">。

<img> 标签除了 src 属性以外，还包含其他的一些属性。

属性	描述
alt	该属性用于设置该图像的表示性文字
align	该属性用于设置图像与它周围文本的对齐方式，共 4 个属性值，分别为 top、right、bottom 和 left
border	该属性用于设置图像边框的宽度，该属性的取值为大于或等于 0 的整数，以像素为单位
width	该属性用于设置图像的宽度
height	该属性用于设置图像的高度

8.2 利用表格排版

表格是网页不可缺少的重要元素。无论用于展示数据还是在页面上对文本进行排版，表格都表现出强大的功能。它以简洁明了和高效快捷的方式，将数据、文本、图像和表单等元素有序地显示在页面上，从而呈现出版式漂亮的网页。表格最基本的作用就是让复杂的数据变得更有条理，让人一目了然。

8.2.1 表格的基本操作

表格由行、列和单元格 3 部分组成。一张表格横向称为行，纵向称为列。行列交汇部分就称为单元格，单元格是输入信息的地方。下面介绍表格的基本操作。

01 启动 Dreamweaver，执行“文件”|“打开”命令，弹出“打开”对话框，选择 PS 切片后的 html 素材，如图 8-29 所示。

02 单击“打开”按钮，打开素材，如图 8-30 所示。

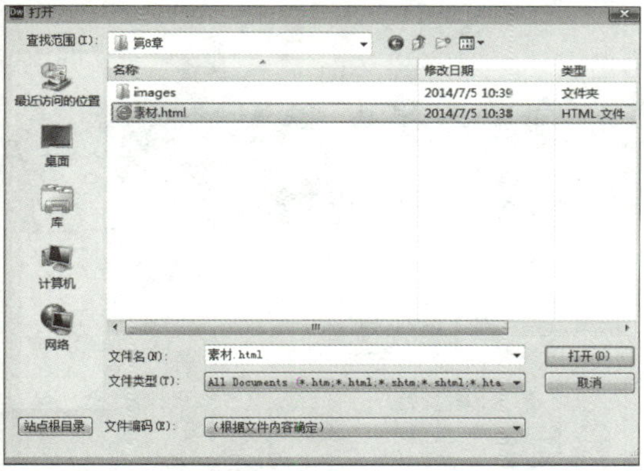

图 8-29　选择素材

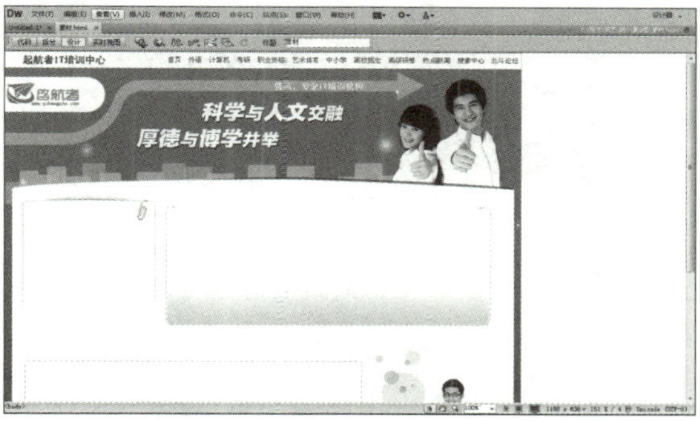

图 8-30　打开素材

03 将光标置于插入表格的位置，按 Delete 键删除，如图 8-31 所示。

04 在“属性”面板中设置“水平”为“左对齐”，“垂直”为“顶端”，如图 8-32 所示。此时的光标位置发生改变，如图 8-33 所示。

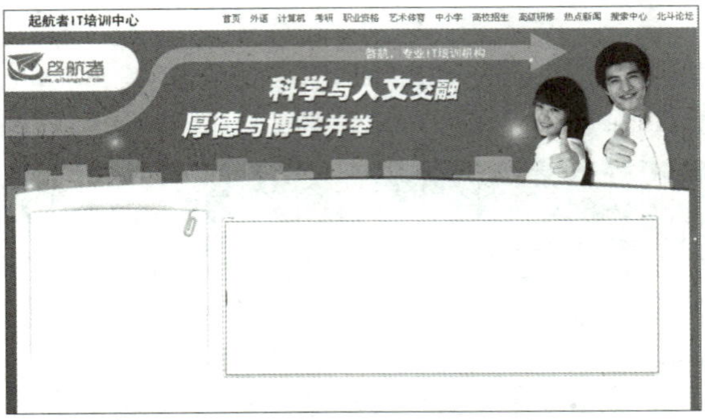

图 8-31　删除

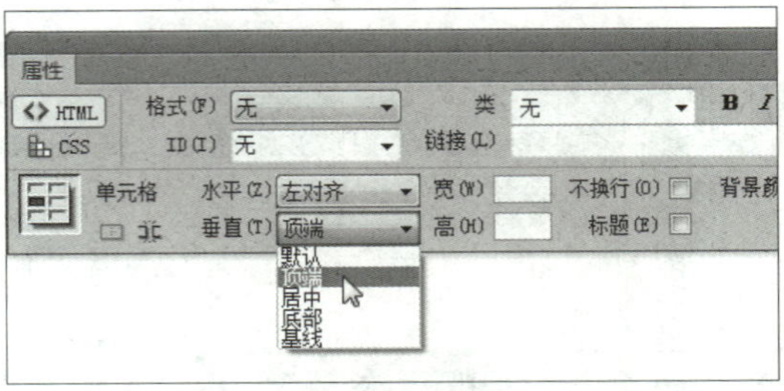

图 8-32　设置方向

05 执行“插入”|“表格”命令，如图 8-34 所示。

06 弹出“表格”对话框，设置“行数”为 5，“列”为 3，如图 8-35 所示。

07 单击“确定”按钮，即可在光标处插入表格，如图 8-36 所示。

图 8-33　光标位置发生改变

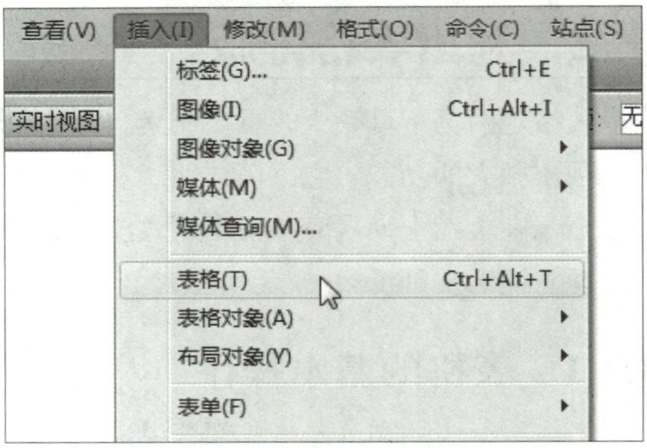

图 8-34　执行“插入”|“表格”命令

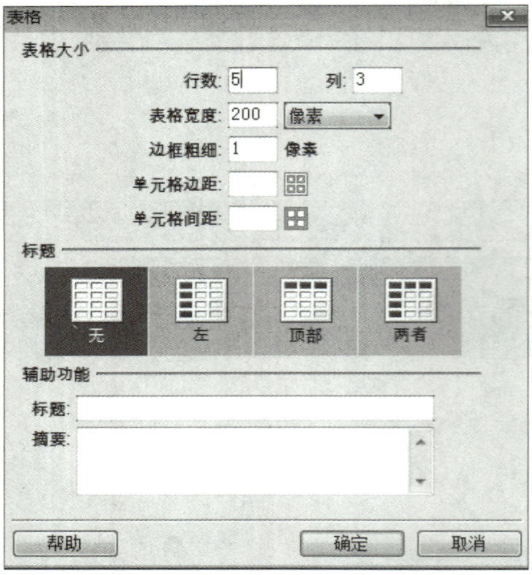

图 8-35　设置表格大小

图 8-36　插入表格

08 将光标置于表格右侧，当光标变成双向箭头时拖动鼠标，可调整表格的宽度，如图 8-37 所示。

09 用同样的方法，将光标放置在表格的下方，拖动光标可调整表格的高度，如图 8-38 所示。

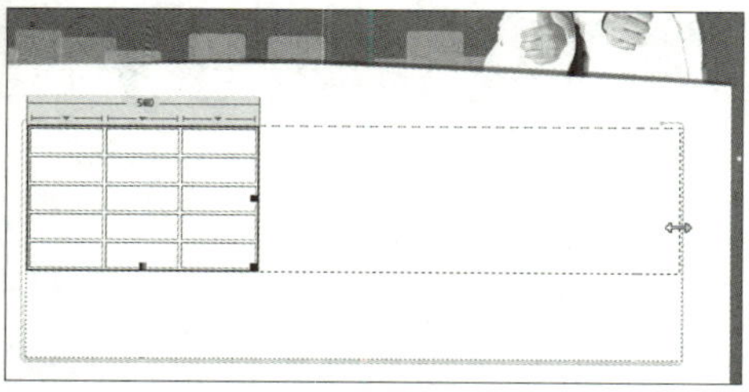

图 8-37　调整表格的宽度

图 8-38　调整表格的高度

10 单击表格的每列上方的向下箭头，可执行相应的操作，如图 8-39 所示。

11 选择整个表格，单击表格上方中间的箭头，在弹出的菜单中可执行相应的操作，如图 8-40 所示。

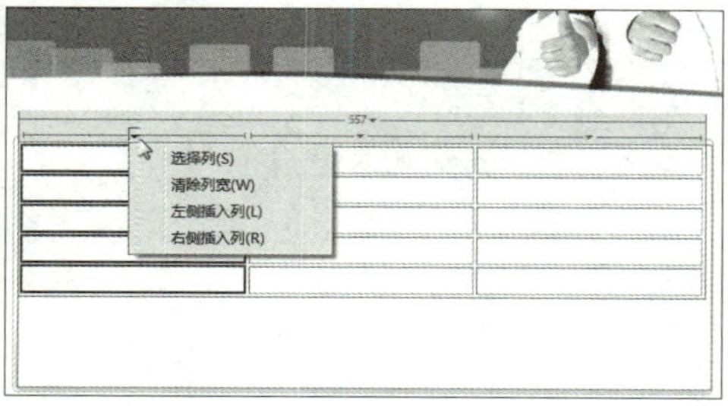

图 8-39　单击向下箭头

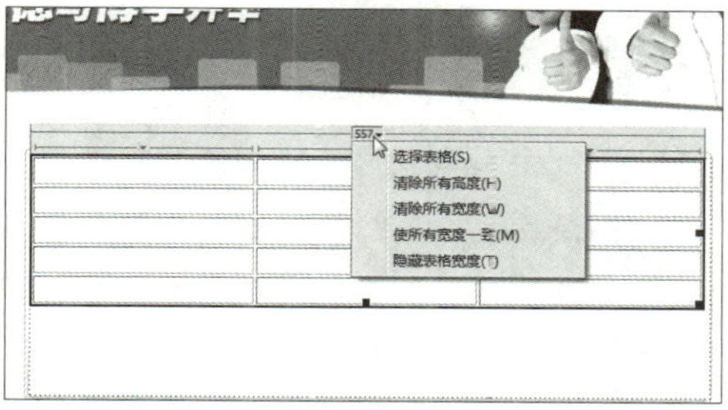

图 8-40　单击箭头

12 将光标放置在表格列与列之间的分隔线上，按住鼠标左键，可向左或向右移动调整列宽，如图 8-41 所示。

13 将光标放置在第 1 行的左侧，此时光标变成箭头形状，单击鼠标可选择该行单元格，如图 8-42 所示。

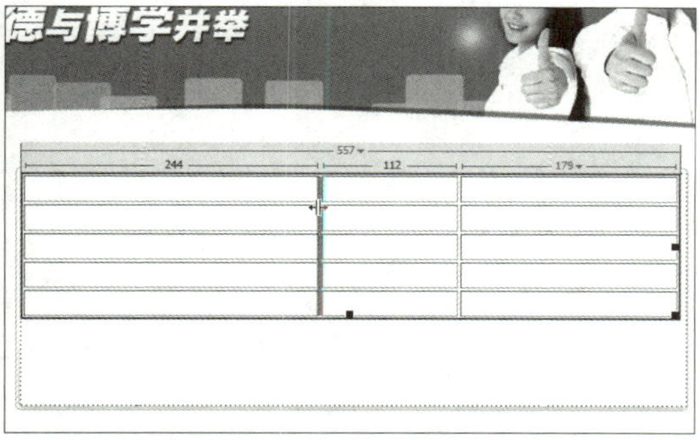

图 8-41　调整列宽

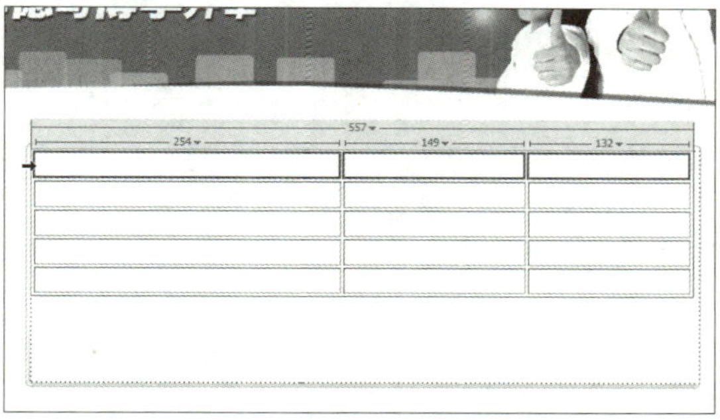

图 8-42　选择该行单元格

14 同样，将光标放置在行的上端，变成箭头形状时，单击鼠标，可选择该行单元格，如图 8-43 所示。

15 按住 Ctrl 键单击，可将多个单元格选中，如图 8-44 所示。

16 单击并拖动鼠标，选择多个单元格。

17 单击鼠标右键，执行“表格”|“合并单元格”命令，如图 8-45 所示。选择的单元格即合并为一个单元格，如图 8-46 所示。

18 选择其他单元格，单击鼠标右键，执行“列表”|“项目列表”命令，如图 8-47 所示。

19 此时选中的单元格即添加了项目列表符号，如图 8-48 所示。

20 在第 1 行输入文本，并按住 Ctrl 键选中第 1 行，如图 8-49 所示。

21 在“属性”面板中设置“水平”为“居中对齐”，如图 8-50 所示。

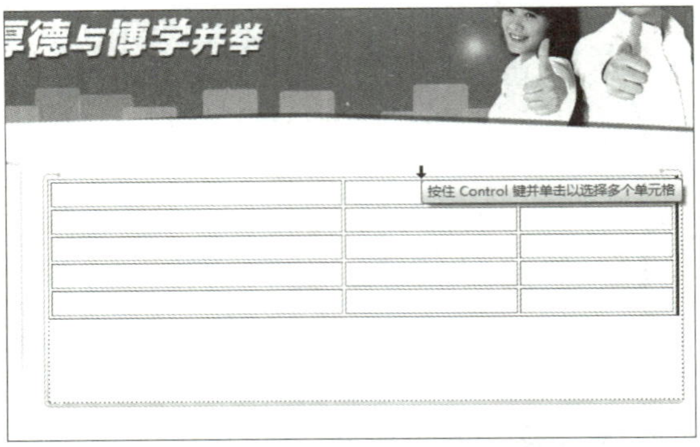

图 8-43　选择该行单元格

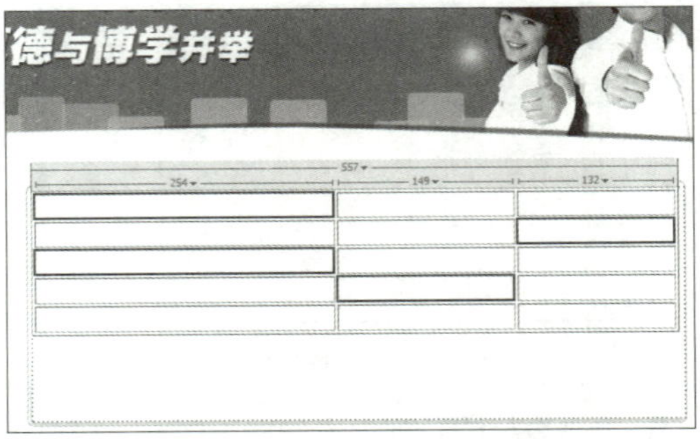

图 8-44　将多个单元格选中

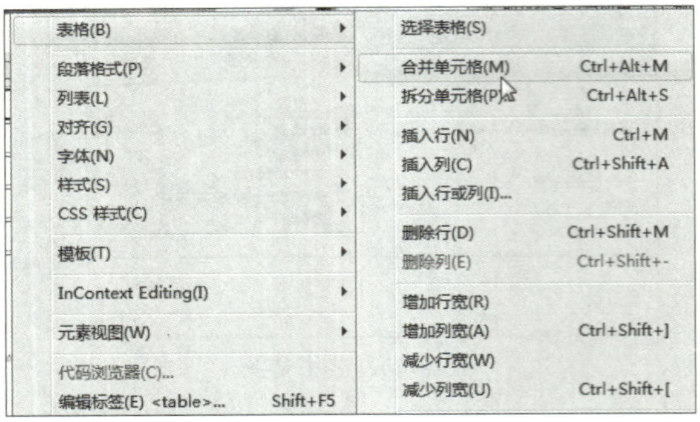

图 8-45　执行“表格”|“合并单元格”命令

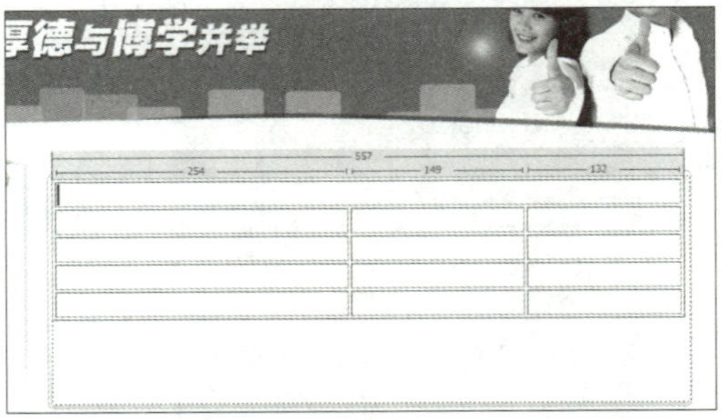

图 8-46　合并单元格

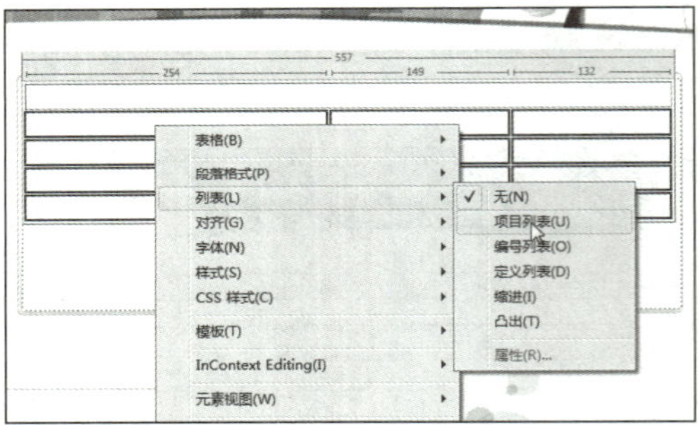

图 8-47　执行“列表”|“项目列表”命令

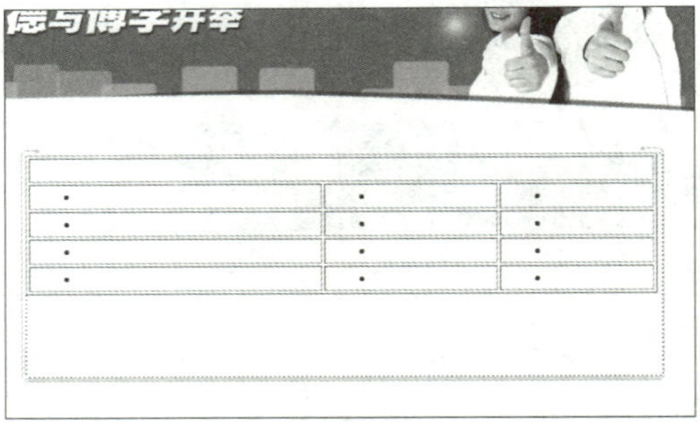

图 8-48　添加了项目列表符号

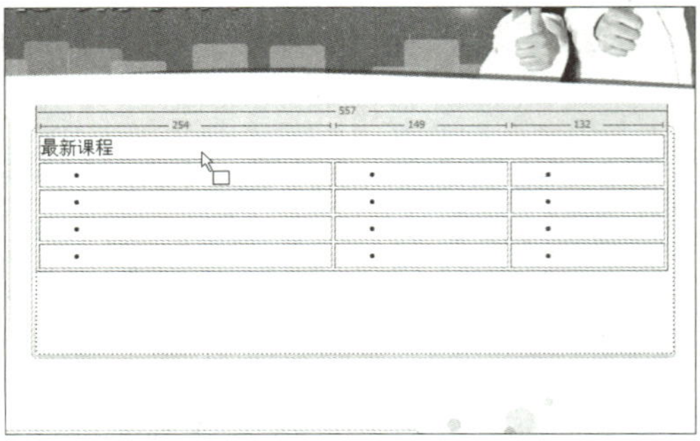

图 8-49　选中第 1 行

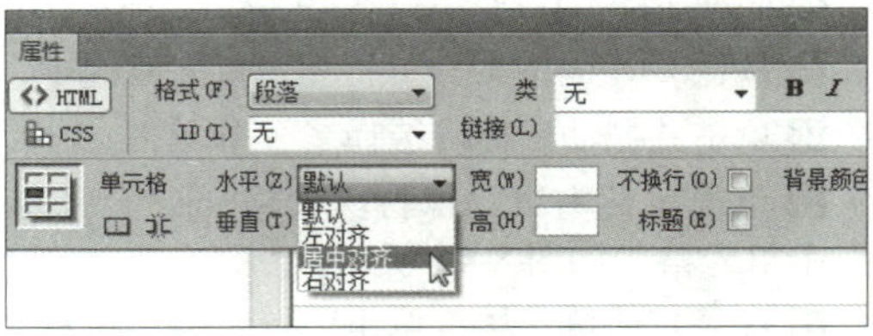

图 8-50　选择“居中对齐”选项

22 在其他单元格中输入文本，如图 8-51 所示。

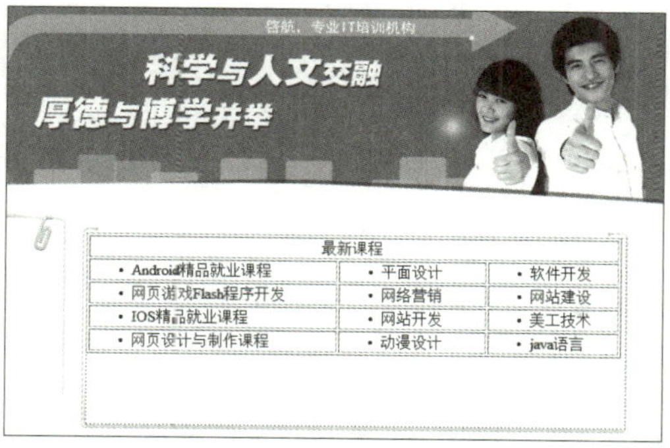

图 8-51　输入其他文本

8.2.2　表格的HTML代码

进行表格视图与 HTML5 代码的对比，对于优化和调整表格布局及样式有着重要意义。如图 8-52 所示为一个 3 行 4 列的表格。

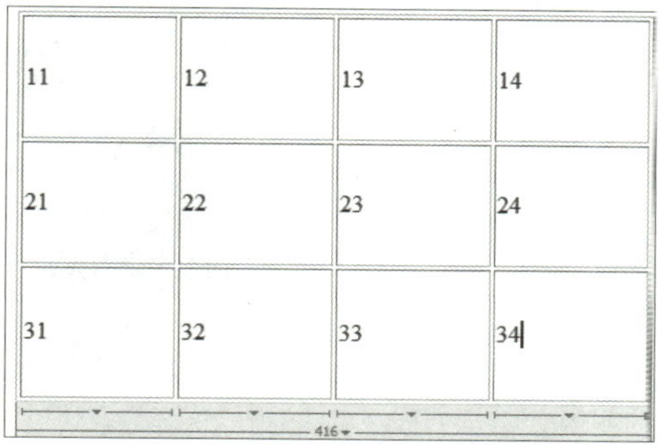

11	12	13	14
21	22	23	24
31	32	33	34

图 8-52　3 行 4 列的表格

在设计视图中为每个单元格中填入相应的数字，并在代码中编写如下：

`<table width="416" height="266" border="1">`	Table 是表格的起始标志，width 是表格的宽度，height 是表格的高度，border 是表格线宽度
`<tr>`	<tr> 是行的起始标志
`<td>11</td>`	<td> 是单元格的起始标志，</td> 是单元格的结束标志，中间 11 是单元格的内容
`<td>12</td>`	第 1 行第 2 列
`<td>13</td>`	第 1 行第 3 列
`<td>14</td>`	第 1 行第 4 列
`</tr>`	</tr> 是行的结束标志
`<tr>`	<tr> 第 2 行的起始标志
`<td>21</td>`	第 2 行第 1 列
`<td>22</td>`	
`<td>23</td>`	
`<td>24</td>`	
`</tr>`	第 2 行的结束标志
`<tr>`	第 3 行的起始标志

<td>31</td>	
<td>32</td>	
<td>33</td>	
<td>34</td>	
</tr>	第 3 行的结束标志
</table>	</table> 是表格的结束标志

8.2.3 表格排版实例

表格是网页排版的常用工具，以易于理解、简单明了的方式传递大量的信息。在网页中使用表格，能对页面中的图像、文本等元素进行准确定位，使得页面更加直观、有条理。

01 新建文档，在弹出的对话框中单击“附加 CSS 文件”后的“附加样式表”按钮，在弹出的列表框中选择 CSS 样式表，如图 8-53 所示。

02 单击“创建”按钮，此时的页面如图 8-54 所示。

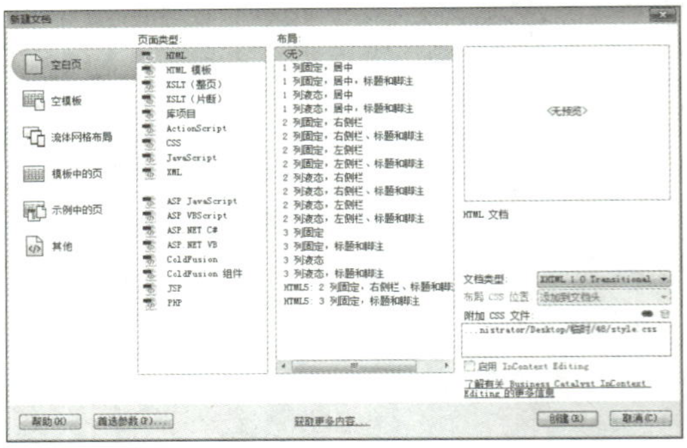

图 8-53 附加样式表

图 8-54 页面效果

03 执行“插入”|“表格”命令，在弹出的对话框中设置表格大小参数，如图 8-55 所示。

04 在“属性”面板中设置表格“对齐”为“居中对齐”，“类”为 table-corners，如图 8-56 所示。

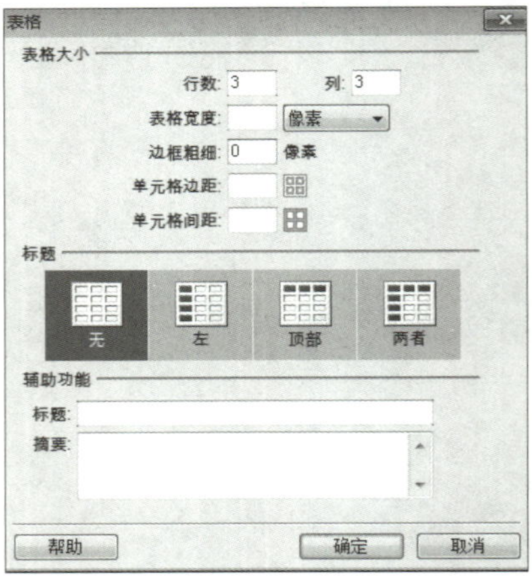

图 8-55 设置表格参数

图 8-56 设置属性

05 选择第 1 行第 1 列的单元格，在“属性”面板中设置“类”为 corner1，页面代码如图 8-57 所示。

06 选择第 1 行第 2 列的单元格，在“属性”面板中设置“类”为 bg-white，页面代码如图 8-58 所示。

07 用同样的方法，对第 2 行的第 1 列和第 2 列单元格设置类，代码如图 8-59 所示。

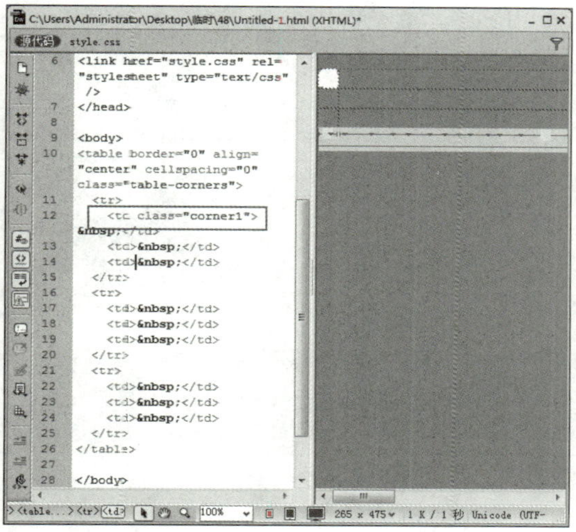

图 8-57 设置第 1 行第 1 列

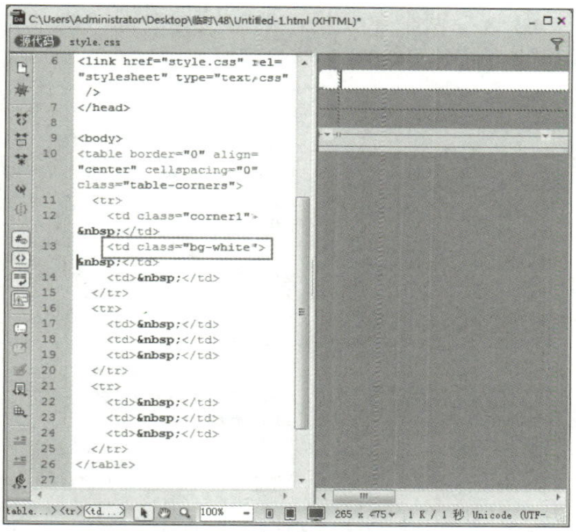

图 8-58 设置第 1 行第 2 列

08 选择第 2 行第 2 列的单元格，执行“插入”|“表格”命令，弹出对话框，设置参数，如图 8-60 所示。

```
<tr>
  <td class="corner1"> </td>
  <td class="bg-white"> </td>
  <td class="corner2"> </td>
</tr>
<tr>
  <td class="bg-white"> </td>
```

图 8-59 设置第 2 行的第 1 列和第 2 列

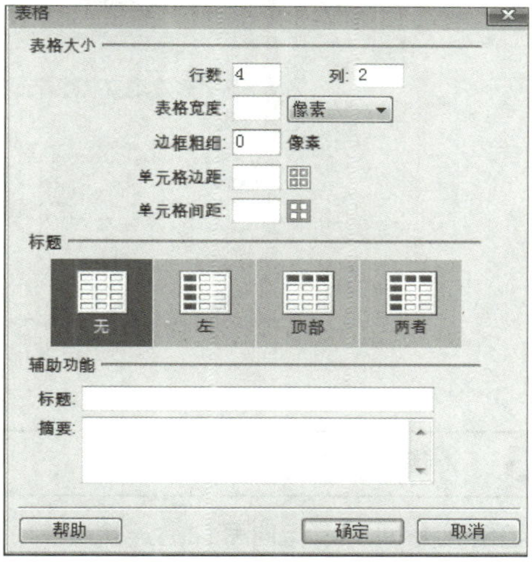

图 8-60 插入表格

09 选择单元格，在“属性”面板中设置参数，如图 8-61 所示。

10 选择第 1 个单元格，设置“类”为 top-img，此时的页面效果如图 8-62 所示。

图 8-61 设置属性

图 8-62 页面效果

11 选择两个单元格，单击鼠标右键，执行“表格”|“合并单元格”命令，如图 8-63 所示。合并后的页面效果如图 8-64 所示。

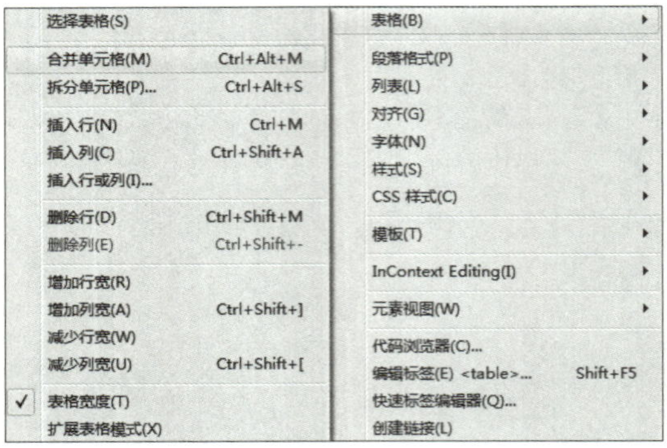

图 8-63 执行“表格”|“合并单元格”命令

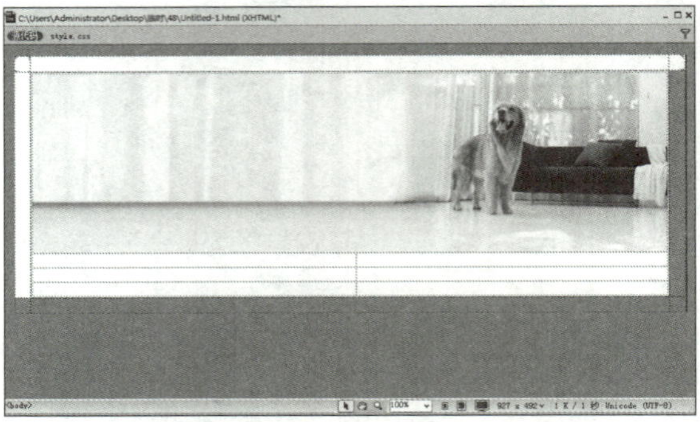

图 8-64 合并后的页面效果

13 用同样的方法，制作其他效果，如图 8-65 所示。

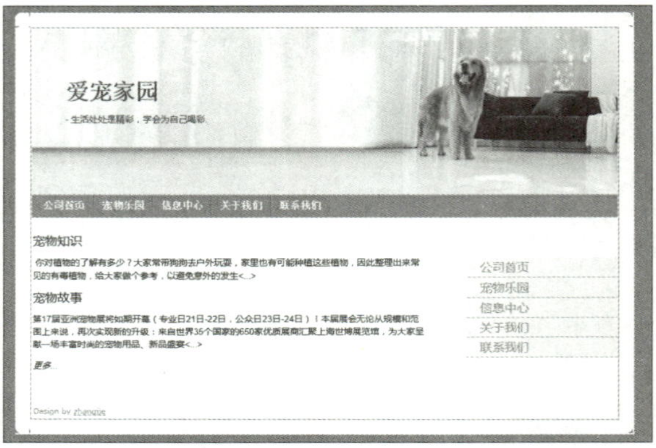

图 8-65 制作其他效果

8.3 建立超链接

超链接是网页中指向目标的连接关系，这个目标可以是另一个网页，也可以是同一网页上的不同位置、图片、电子邮件地址、文档或者应用程序等。在网页中超链接，可以指向一段文字或者一张图片。当浏览者点击这些已经链接的文字或图片后，在浏览器会打开显示并链接目标具体取决于目标的类型。

8.3.1 绝对路径与相对路径

在网页设计中，路径用于表示链接、插入图像、插入动画、CSS 文件的位置。表示文件路径的方式有两种：相对路径和绝对路径。

1. 相对路径

顾名思义，相对路径就是相对于当前文件的路径。网页中表示路径一般使用这个方法。

以下为建立路径所使用的几个特殊符号，及其所代表的意义。

- “./”：代表目前所在的目录。

- “../”：代表上一层目录。
- 以“/”开头：代表根目录。

2. 绝对路径

在网络中，以 http 开头的链接都是绝对路径，绝对路径就是主页上的文件或目录在硬盘上真正的路径。比如，Perl 程序是存放在 c:/apache/cgi-bin 下的，那么 c:/apache/cgi-bin 就是 cgi-bin 目录的绝对路径。绝对路径在制作网页中实际很少用到。

提示： 相对路径和绝对路径在系统文件中与在网络中的使用方式相似，但路径符号在系统文件中是斜线“/”，而在网络路径却是和它相反的反斜线“\”。

8.3.2 内部链接与外部链接

1. 内部链接

内部链接是指同一网站域名下不同内容页面之间的互相链接，如频道、栏目、终极内容页之间的链接，以及站内关键词之间的 Tag 链接等。因此，内部链接也被称为站内链接。

内部链接可以提高用户体验度，增加访问量。

01 启动 Dreamweaver，打开文档，选择图片，单击“属性”面板“链接”右侧的“浏览文件”图标，如图 8-66 所示。

02 弹出对话框，选择文件，如图 8-67 所示。

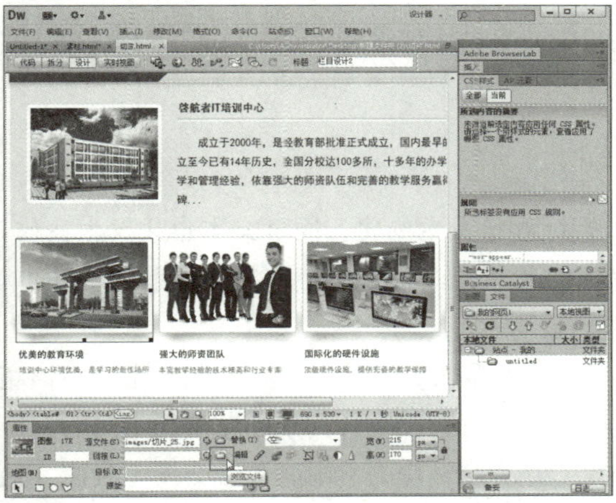

图 8-66 单击“浏览文件”图标

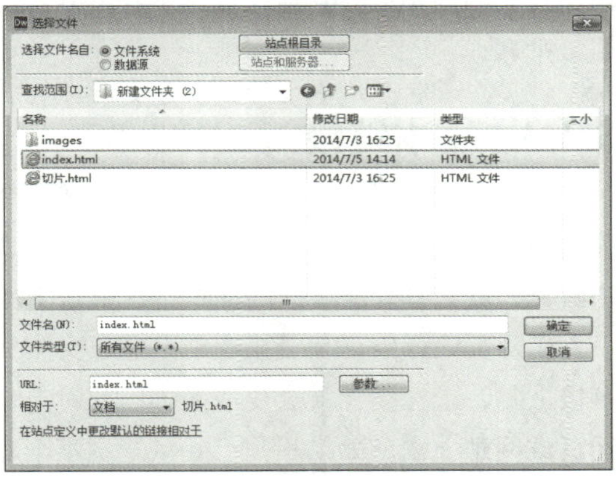

图 8-67 选择文件

03 单击“确定”按钮即可将该图片链接到选择的网页上。

04 或者直接单击链接右侧的“指向文件”按钮，如图 8-68 所示。

05 在“目标”右侧单击三角按钮，在弹出的列表中可选择不同的选项，如图 8-69 所示。

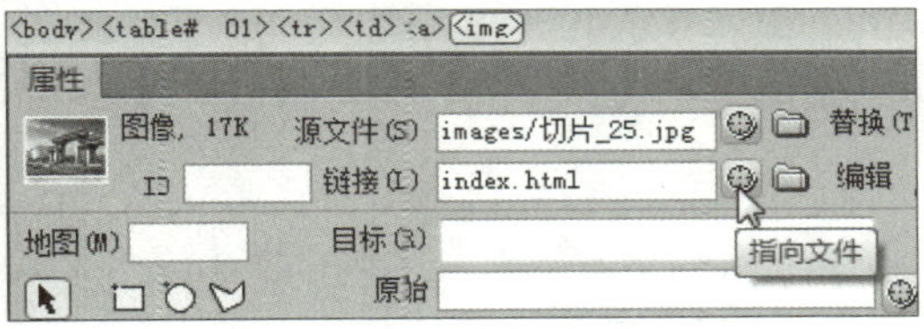

图 8-68 单击“指向文件”按钮

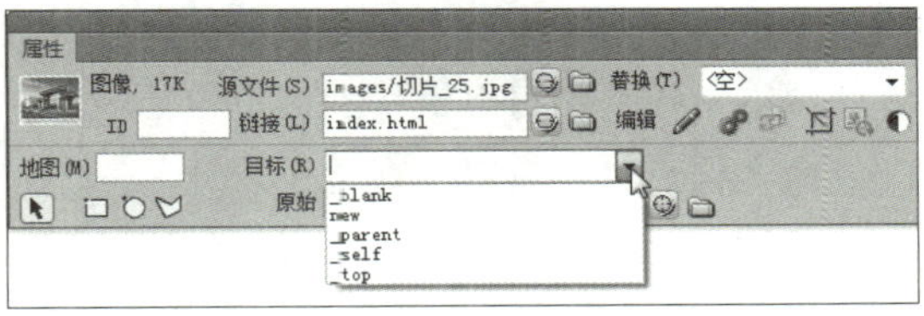

图 8-69 选择目标

不同的选项含义不同，设置选项后可链接的网页打开方式不同，具体的含义如下。

- _blank：在新窗口中打开。
- new：始终在同一新窗口中打开。
- _parent：在上一层窗口打开，一般用于框架网页。
- _self：在自身窗口大小打开。
- _top：消除框架，打开窗口。

切换至代码视图，可以看到超级链接的代码，如图 8-70 所示。

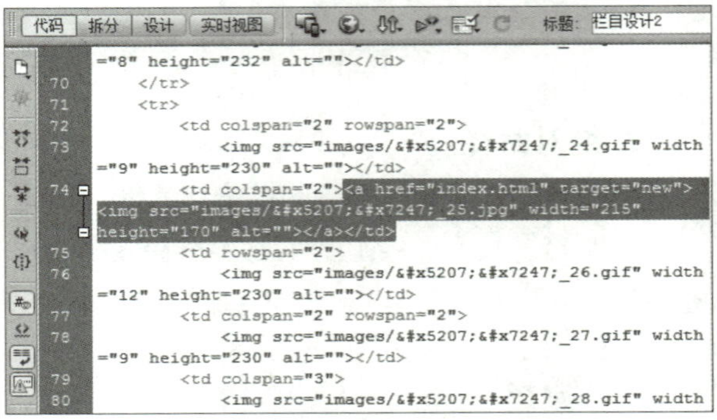

图 8-70　查看超级链接代码

代码片段	解释
<a href="index.html" target="new">	链接开始标志和链接的文件地址及目标
<img src="images /切片 _25.jpg" width="215" height="170" alt="">	图形对象、地址、高度、宽度、图片说明
</a>	链接结束标志

2. 外部链接

外部链接，又被称为反向链接或导入链接，是指通过其他网站链接到目标网站的链接。

外部链接指的是从其他网站指向目标网站的链接。高质量的外部链接指的是来自知名度高访问量大的网站，并且这些网站本身的外部链接较少，有助于快速提升目标网站知名度和搜索引擎排名。

8.3.3　文本链接

在浏览网页时，鼠标指针经过某些文本时，指针形状发生变化，同时文本也会发生变化，如出现下划线、文本的颜色发生改变、字体发生改变等，这通常是超链接的视觉提示。此时单击鼠标，就会打开所链接的网页，这就是文本超链接。

在网页设计中，超链接通常以蓝色文本和一条下划线的形式呈现。当移动鼠标指针到该超链接上时，鼠标指针就会变成手形，此时单击鼠标左键，可直接跳转到该超链接所指向的目标网页或网站上去。如果用户已经浏览过某个超链接，这个超链接的文本颜色就会发生改变（默认为紫色）。只有图像的超链接访问后颜色不会发生变化。

8.3.4　锚点链接

锚点，也称为书签或锚记，用来标记文档中的特定位置，使其可以跳转到当前文档或其他文档中的标记位置，免去浏览者翻阅网页寻找信息的麻烦。

锚点链接是指可以链接到网页中某个特定位置的链接。

命名锚点时，有以下规定。

- 只能使用字母和数字，锚点命名不支持中文。虽然在“命名锚点”对话框中能输入中文，但在“属性”面板上显示的则是一堆乱码，且在为锚点添加链接的时候也无法工作。

➢ 锚点名称的第 1 个字符最好是英文字母，一般不要以数字作为锚点名称的开头。

➢ 锚点名称区别英文字母的大小写。

➢ 锚点名称间不能含有空格，也不能含有特殊字符。

链接锚点时注意事项如下。

➢ 在 # 和锚点名之间不要留有空格，否则链接会失败。

➢ 在不同文件夹中为锚点创建链接时，其文件名后缀是“.htm”，不能写成“.html”，否则链接也会失败。

➢ 符号 # 是半角符号，不能为全角符号。

1. 抛锚

01 在页面顶部单击，将插入点移动到需要的位置，如图 8-71 所示。

02 执行“插入”|“命名锚点”命令，如图 8-72 所示。

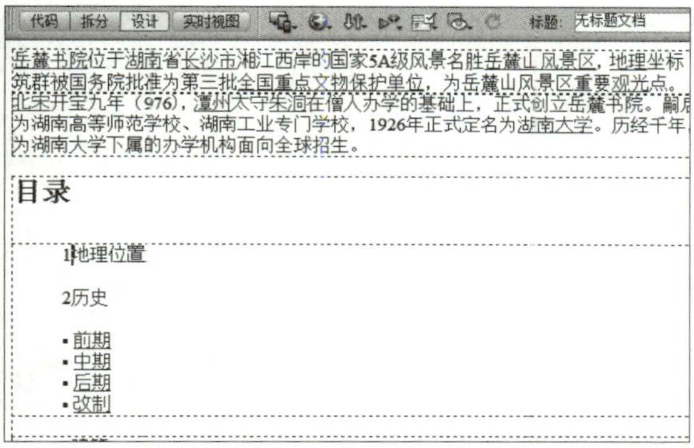

图 8-71　移动到需要的位置

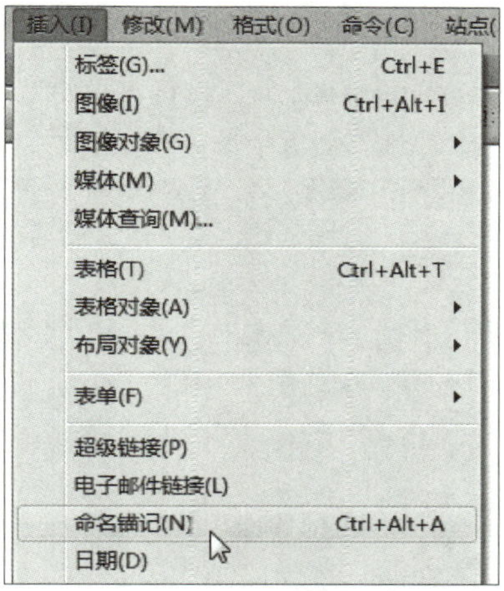

图 8-72　执行“插入”|“命名锚点”命令

03 弹出“命名锚点”对话框，在文本框中输入名称，如图 8-73 所示。此时该位置新增了锚点的标志，如图 8-74 所示。

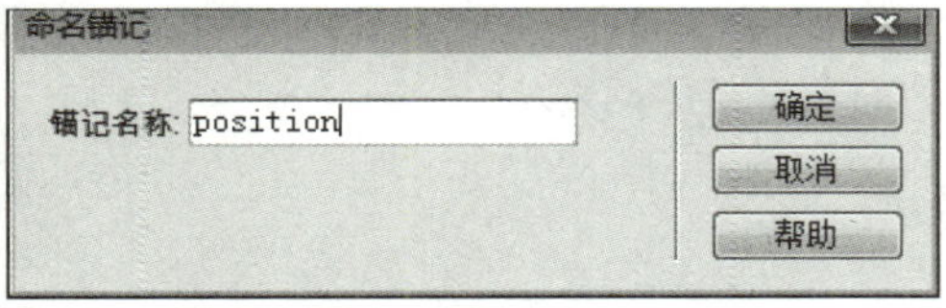

图 8-73　输入名称

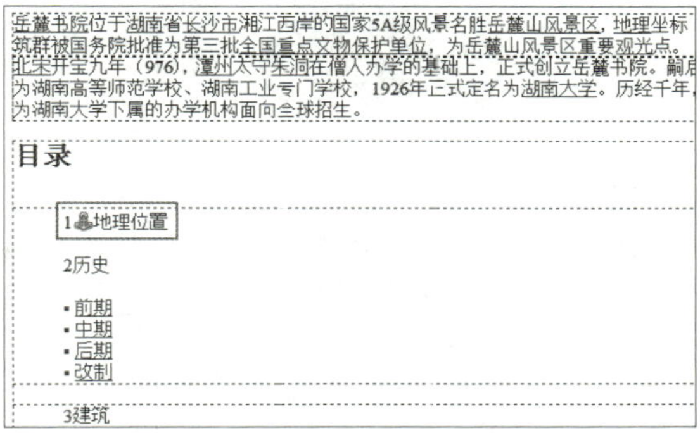

图 8-74　新增锚点标志

2. 找锚

移动页面到合适的位置，选择文字或图像，在“属性”面板的“链接”文本框中输入“#position”，如图 8-75 所示。

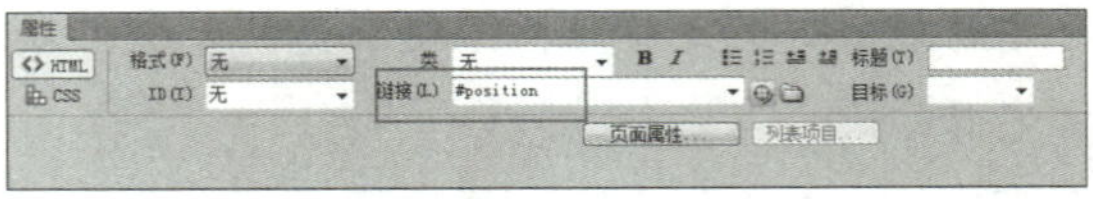

图 8-75　输入链接

按 F12 键预览效果，单击文字或图片超级链接时，可以发现页面定位到插入锚点的位置。

8.3.5　热点链接

当网页主要由图片构成时，若要在图片上添加超链接，可以利用 Dreamweaver 中的图像热点链接功能。

对图像的特定区域进行链接时就会用到热点链接，当用户单击某个热点时，会链接到相应的目标网页。热点区域形状主要有矩形、椭圆形和不规则多边形 3 种类型，其中矩形主要针对图像轮廓较规则且呈方形的图像；椭圆形主要针对圆形的规则轮廓；不规则多边形则针对匹配图像中任意非常规形状的轮廓。

01 启动 Dreamweaver，执行“文件”|“打开”命令，打开文档，如图 8-76 所示。

02 在“属性”面板中单击“矩形热点工具”按钮，如图 8-77 所示。

图 8-76　打开文档

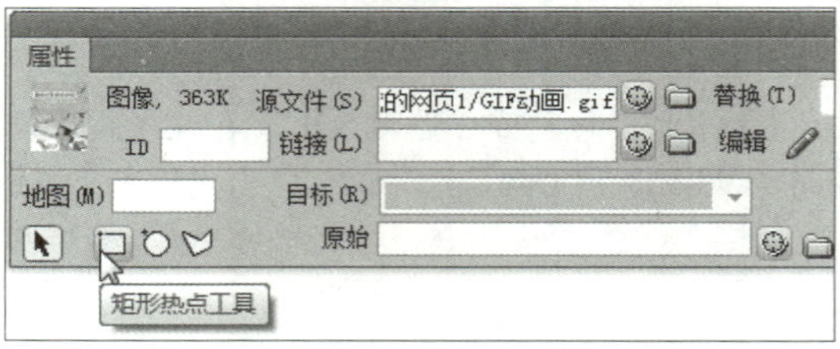

图 8-77　单击“矩形热点工具”

03 在图像上绘制矩形热点范围，如图 8-78 所示。

04 绘制完成后在“属性”面板中输入链接，如图 8-79 所示。

05 测试后将光标放置在热点区域，单击鼠标即可跳转到链接的网页。

图 8-78　绘制矩形热点范围

图 8-79　输入链接

下面对“属性”面板中的参数进行解释。

➢ 链接：输入相应的链接地址。

➢ 替换：填写说明文字，当光标移到热点就会显示相应的说明文字。

➢ 目标：不选择时则默认在浏览器窗口打开。

8.3.6 电子邮件链接

电子邮件链接是指打开一个已经指定发送地址的电子邮件窗口，然后输入要发送的电子邮件内容，即可直接将该邮件发送给指定的邮件接收者。

选择文字或图像，在“属性”面板的“链接”文本框中直接输入“mailto：邮件地址”，如“mailto：lushanbook@gmail.com”，如图 8-80 所示。

图 8-80　输入链接

或者执行“插入”|“电子邮件链接”命令，如图 8-81 所示。弹出“电子邮件链接”对话框，输入链接文字与邮件地址即可，如图 8-82 所示。

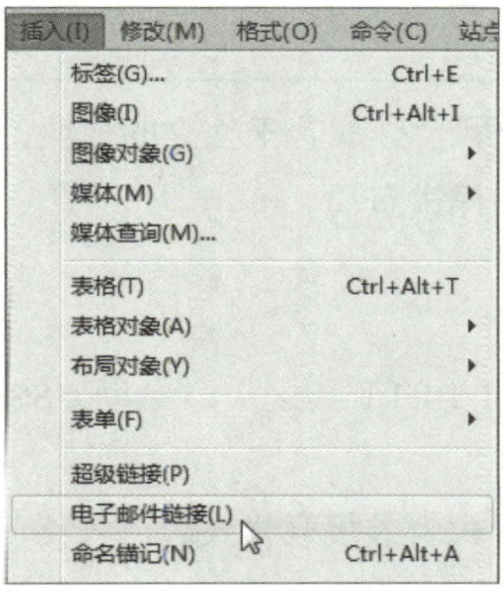

图 8-81　执行“插入”|“电子邮件链接”命令

图 8-82　输入链接文字与邮件地址

8.3.7 自动更新链接

超链接是网页中必不可少的元素之一，通过超链接可以将各个网页链接在一起。一个网站内包含了许多网页，每个网页之间由超链接相互作用。下面介绍如何管理网页中的超链接。

执行“编辑”|“首选参数”命令，如图 8-83 所示。弹出“首选参数”对话框，可对编辑选项进行设置，如图 8-84 所示。

在“移动文件时更新链接”选项后单击三角按钮，提供了 3 个选项，下面对选项进行介绍。

➢ 总是：当移动或重命名文档时，Dreamweaver 将自动更新其指向该文档的所有链接。

➢ 从不：不更新链接。

➢ 提示：在移动文档时，将弹出提示对话框。单击“更新”按钮，将更新这些文件中的链接。

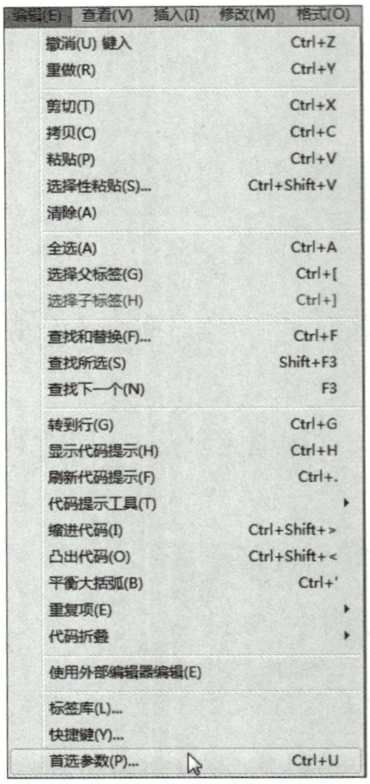

图 8-83　执行“编辑”|“首选参数”命令

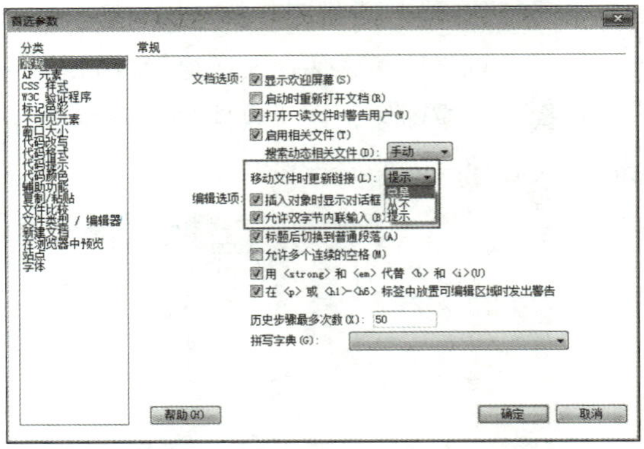

图 8-84　对编辑选项进行设置

8.4　Div和CSS网页布局

CSS+DIV 是实现网页结构化的理想方式：DIV 将整个网页分成若干独立的模块，CSS 则根据页面设计对这些由 DIV 定义的区块在页面上进行定位和样式布局。

8.4.1　如何编写CSS

CSS 是一种制作网页的关键技术，是网页设计必不可少的工具之一。借助 CSS 强大的功能，网页可以呈现千变万化的效果。

CSS 是 Casscading Style Sheets 的缩写，也称为层叠样式表或级联样式表。

1. 层叠次序

当同一个 HTML 元素被不止一个样式定义时，会使用哪个样式呢？

一般而言，所有的样式会根据下面的规则层叠于一个新的虚拟样式表中，其中数字 4 拥有最高的优先权。

- 浏览器默认设置。
- 外部样式表。
- 内部样式表（位于 <head> 标签内部）。
- 内联样式（在 HTML 元素内部）。

因此，内联样式（在 HTML 元素内部）拥有最高的优先权，这意味着它将优先于以下的样式声明：<head> 标签中的样式声明，外部样式表中的样式声明，或者浏览器中的样式声明（默认值）。

2. CSS语法

CSS 规则由两个主要的部分构成：选择器，以及一条或多条声明。

```
selector {declaration1; declaration2; ... declarationN }
```

- 选择器通常是需要改变样式的 HTML 元素。
- 每条声明由一个属性和一个值组成。属性（property）是希望设置的样式属性（style attribute）。每个属性有一个值。属性和值被冒号分开。

```
selector {property: value}
```

下面这行代码的作用是将 h1 元素内的文字颜色定义为红色，同时将字体大小设置为 14 像素。其中 h1 是选择器，color 和 font-size 是属性，red 和 14 px 是值。

```
h1 {color:red; font-size:14px;}
```

图 8-85 展示了上面这段代码的结构。

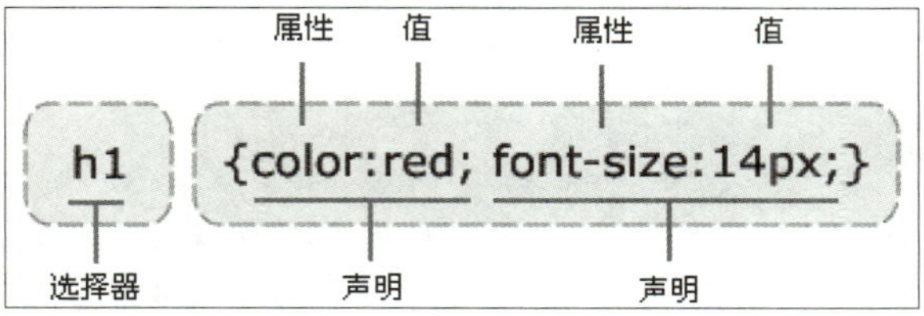

图 8-85　代码结构示意图

提示：请使用花括号来包围声明。

---

3. 值的不同写法和单位

除了英文单词 red，还可以使用十六进制的颜色值 #ff0000，如：

```
p { color: #ff0000; }
```

为了减少字节数，可以使用 CSS 的缩写形式，如：

```
p { color: #f00; }
```

还可以通过两种方法使用 RGB 值：

```
p { color: rgb(255,0,0); }
p { color: rgb(100%,0%,0%); }
```

需要注意的是，当使用 RGB 百分比时，即使当值为 0 时也要使用百分比符号。但是在其他的情况下就不需要这么做了。比如说，当尺寸为 0 像素时，0 之后不需要使用 px 像素单位，因为 0 就是 0，无论单位是什么。

如果值为若干单词，则要给值加引号。

```
p {font-family: "sans serif";}
```

当数值为 0 时，无论什么形式的单位都可以省略，如 width:0px 可以写成 width:0。

4. 多重声明

如果要定义不止一个声明，则需要用分号将每个声明分开。下面的例子展示出如何定义一个红色文字的居中段落。最后一条规则是不需要加分号的，因为分号在英语中是一个分隔符号，不是结束符号。然而，大多数有经验的设计师会在每条声明的末尾都加上分号，这么做的好处是：当从现有的规则中增减声明时，会尽可能地减少出错的可能性。

```
p {text-align:center; color:red;}
```

一般而言，应该在每行只描述一个属性，这样可以增强样式定义的可读性，就像这样：

```
p {
  text-align: center;
  color: black;
  font-family: arial;
}
```

5. 空格和大小写

大多数样式表包含不止一条规则，而大多数规则包含不止一个声明。多重声明和空格的使用使得样式表更容易被编辑。

```
body {
  color: #000;
  background: #fff;
  margin: 0;
  padding: 0;
  font-family: Georgia, Palatino, serif;
  }
```

是否包含空格不会影响 CSS 在浏览器的工作效果。同样，与 XHTML 不同，CSS 对大小写不敏感。不过存在一个例外：如果涉及与 HTML 文档一起工作的话，class 和 id 名称对大小写是敏感的。

6. 选择器的分组

可以对选择器进行分组，这样，被分组的选择器就可以分享相同的声明。方法是用逗号将需要分组的选择器分开。在下面的例子中对所有的标题元素进行了分组，所有的标题元素都是绿色的。

```
h1,h2,h3,h4,h5,h6 {
  color: green;
  }
```

7. CSS创建

当浏览器读到一个样式表时，它会根据该样式表中的规则来格式化 HTML 文档。插入样式表的方法如下。

（1）外部样式表

当样式需要应用于很多页面时，外部样式表将是理想的选择。在使用外部样式表的情况下，可以通过改变一个文件来改变整个站点的外观。每个页面使用 <link> 标签链接到样式表。<link> 标签在（文档的）头部：

```
<head>
<link rel="stylesheet" type="text/css" href="mystyle.css" />
</head>
```

浏览器会从文件 mystyle.css 中读到样式声明，并根据它来格式化文档。

外部样式表可以在任何文本编辑器中进行编辑。文件不能包含任何的 HTML 标签。样式表应该以 .css 扩展名进行保存。

下面是一个样式表文件的例子：

```
hr {color: sienna;}
p {margin-left: 20px;}
body {background-image: url("images/back40.gif");}
```

不要在属性值与单位之间留有空格。

（2）内部样式表

当单个文档需要特殊的样式时，就应该使用内部样式表。可以使用 <style> 标签在文档头部定义内部样式表，就像这样：

```
<head>
<style type="text/css">
  hr {color: sienna;}
  p {margin-left: 20px;}
  body {background-image: url("images/back40.gif");}
</style>
</head>
```

（3）内联样式

由于要将表现和内容混杂在一起，内联样式会损失掉样式表的许多优势。请慎用这种方法，例如当样式仅需要在一个元素上应用一次时。

要使用内联样式，需要在相关的标签内使用 style 属性。style 属性可以包含任何 CSS 属性。本例展示如何改变段落的颜色和左外边距：

```
<p style="color: sienna; margin-left: 20px">
This is a paragraph
</p>
```

（4）多重样式

如果某些属性在不同的样式表中被同样的选择器定义，那么属性值将从更具体的样式表中被继承过来。

例如，外部样式表拥有针对 h3 选择器的 3 个属性：

```
h3 {
  color: red;
  text-align: left;
  font-size: 8pt;
```

```
  }
```

而内部样式表拥有针对 h3 选择器的两个属性：

```
h3 {
  text-align: right;
  font-size: 20pt;
  }
```

假如拥有内部样式表的这个页面同时与外部样式表链接，那么 h3 得到的样式是：

```
color: red;
text-align: right;
font-size: 20pt;
```

即颜色属性将被继承于外部样式表，而文字排列（text-align）和字体尺寸（font-size）会被内部样式表中的规则取代。

8. CSS背景

CSS 允许应用纯色作为背景，也允许使用背景图像创建复杂的效果。

（1）背景色

可以使用 background-color 属性为元素设置背景色。这个属性接受任何合法的颜色值。

下面这条规则将元素的背景设置为灰色：

```
p {background-color: gray;}
```

如果希望背景色从元素中的文本向外延伸，只需增加一些内边距：

```
p {background-color: gray; padding: 20px;}
```

可以为所有元素设置背景色，这包括 body 一直到 em 和 a 等行内元素。

background-color 不能继承，其默认值是 transparent。transparent 有"透明"之意。也就是说，如果一个元素没有指定背景色，那么背景就是透明的，这样其组件元素的背景才能可见。

（2）背景图像

要把图像放入背景，需要使用 background-image 属性。background-image 属性的默认值是 none，表示背景上没有放置任何图像。

如果需要设置一个背景图像，必须为这个属性设置一个 URL 值：

```
body {background-image: url(/i/eg_bg_04.gif);}
```

大多数背景都应用到 body 元素，不过并不仅限于此。

下面例子为一个段落应用了一个背景，而不会对文档的其他部分应用背景：

```
p.flower {background-image: url(/i/eg_bg_03.gif);}
```

甚至可以为行内元素设置背景图像，下面的例子为一个链接设置了背景图像：

```
a.radio {background-image: url(/i/eg_bg_07.gif);}
```

理论上讲，甚至可以向 textareas 和 select 等替换元素的背景应用图像，不过并不是所有用户代理都能很好地处理这种情况。

另外，background-image 也不能继承。事实上，所有背景属性都不能继承。

(3) 背景重复

如果需要在页面上对背景图像进行平铺，可以使用 background-repeat 属性。

属性值 repeat 导致图像在水平垂直方向上都平铺，就像以往背景图像的通常做法一样。repeat-x 和 repeat-y 分别导致图像只在水平或垂直方向上重复，no-repeat 则不允许图像在任何方向上平铺。

默认地，背景图像将从一个元素的左上角开始。请看下面的例子：

```
body
  {
  background-image: url(/i/eg_bg_03.gif);
  background-repeat: repeat-y;
  }
```

(4) 背景定位

可以利用 background-position 属性改变图像在背景中的位置。

下面的例子在 body 元素中将一个背景图像居中放置：

```
body
  {
    background-image:url('/i/eg_bg_03.gif');
    background-repeat:no-repeat;
    background-position:center;
  }
```

为 background-position 属性提供值有很多方法。首先，可以使用一些关键字，如 top、bottom、left、right 和 center 等。通常，这些关键字会成对出现，不过也不总是这样。还可以使用长度值，如 100 px 或 5 cm 等，最后也可以使用百分数值。不同类型的值对于背景图像的放置略有影响。

(5) 关键字

图像放置关键字的作用直观明了，如其名称所示，如 top right 是将图像放置在元素内边距区的右上角。

根据规范，位置关键字可以按任何顺序组合出现，但要保证不超过两个关键字：一个用于水平方向，另一个用于垂直方向。如果只出现一个关键字，则默认另一个关键字是 center。

所以，如果希望每个段落的中部上方出现一个图像，只需声明如下：

```
p
  {
    background-image:url('bgimg.gif');
    background-repeat:no-repeat;
    background-position:top;
  }
```

下面是等价的位置关键字。

单一关键字	等价的关键字
center	center center
top	top center 或 center top
bottom	bottom center 或 center bottom
right	right center 或 center right
left	left center 或 center left

（6）百分数值

百分数值的表现方式相对复杂。假设希望用百分数值将图像在其元素中居中放置：

```
body
  {
    background-image:url('/i/eg_bg_03.gif');
    background-repeat:no-repeat;
    background-position:50% 50%;
  }
```

这会使得图像适当放置，其中心与其元素的中心对齐。换句话说，百分数值同时应用于元素和图像。也就是说，图像中描述为“50% 50%”的点（中心点）与元素中描述为“50% 50%”的点（中心点）对齐。

如果图像位于“0% 0%”,其左上角将放于元素内边距区的左上角。如果图像位置是“100% 100%”，则会使图像的右下角位于元素右边距的右下角。

因此，如果想把一个图像放在水平方向 2/3、垂直方向 1/3 处，可以这样声明：

```
body
  {
    background-image:url('/i/eg_bg_03.gif');
    background-repeat:no-repeat;
    background-position:66% 33%;
  }
```

如果只提供一个百分数值，所提供的这个值将用做水平值，垂直值将假设为 50%。这一点与关键字类似。

background-position 的默认值是“0% 0%”，在功能上相当于 top left。这就解释了背景图像为什么总是从元素内边距区的左上角开始平铺，除非设置了不同的位置值。

（7）长度值

长度值解释的是元素内边距区左上角的偏移。偏移点是图像的左上角。

比如，如果设置值为“50px 100px”，图像的左上角将在元素内边距区左上角向右 50 像素、向下 100 像素的位置上：

```
body
  {
```

```
    background-image:url('/i/eg_bg_03.gif');
    background-repeat:no-repeat;
    background-position:50px 100px;
  }
```

注意，这一点与百分数值不同，因为偏移只是从一个左上角到另一个左上角。也就是说，图像的左上角与 background-position 声明中的指定的点对齐。

（8）背景关联

如果文档比较长，那么当文档向下滚动时，背景图像也会随之滚动。当文档滚动到超过图像的位置时，图像就会消失。

可以通过 background-attachment 属性防止这种滚动。通过这个属性，可以声明图像相对于可视区是固定的（fixed），因此不会受到滚动的影响：

```
body
  {
  background-image:url(/i/eg_bg_02.gif);
  background-repeat:no-repeat;
  background-attachment:fixed
  }
```

background-attachment 属性的默认值是 scroll，也就是说，在默认的情况下，背景会随文档滚动。

（9）CSS 背景属性

属性	描述
background	简写属性，作用是将背景属性设置在一个声明中
background-attachment	背景图像是否固定或者随着页面的其余部分滚动
background-color	设置元素的背景颜色
background-image	把图像设置为背景
background-position	设置背景图像的起始位置
background-repeat	设置背景图像是否及如何重复

9. CSS文本

CSS 文本属性可以定义文本的外观。通过文本属性，可以改变文本的颜色、字符间距，对齐文本，装饰文本，对文本进行缩进等。

（1）缩进文本

把 Web 页面上的段落的第一行进行缩进，这是一种最常用的文本格式化效果。

CSS 提供了 text-indent 属性，该属性可以方便地实现文本缩进。

通过使用 text-indent 属性，所有元素的第一行都可以缩进一个给定的长度，甚至该长度可以是负值。

这个属性最常见的用途是将段落的首行缩进。下面的规则会使所有段落的首行缩进 5 em：

```
p {text-indent: 5em;}
```

一般来说，可以为所有块级元素应用 text-indent 属性，但无法将该属性应用于行内元素，图像之类的替换元素上也无法应用 text-indent 属性。不过，如果一个块级元素（比如段落）的首行中有一个图像，它会随该行的其余文本移动。

提示：如果想把一个行内元素的第一行“缩进”，可以用左内边距或外边距创造这种效果。

（2）使用负值

text-indent 还可以设置为负值。利用这种技术，可以实现很多有趣的效果，比如“悬挂缩进”，即第一行悬挂在元素中余下部分的左边：

```
p {text-indent: -5em;}
```

需要注意的是，如果对一个段落设置了负值，那么首行的某些文本可能会超出浏览器窗口的左边界。为了避免出现这种显示问题，建议针对负缩进再设置一个外边距或一些内边距：

```
p {text-indent: -5em; padding-left: 5em;}
```

（3）使用百分比值

text-indent 可以使用所有长度单位，包括百分比值。

百分数要相对于缩进元素父元素的宽度。换句话说，如果将缩进值设置为 20%，所影响元素的第一行会缩进其父元素宽度的 20%。

在下例中，缩进值是父元素的 20%，即 100 个像素：

```
div {width: 500px;}
p {text-indent: 20%;}


<div>
<p>this is a paragragh</p>
</div>
```

（4）继承

text-indent 属性可以继承，请考虑如下标记：

```
div#outer {width: 500px;}
div#inner {text-indent: 10%;}
p {width: 200px;}
<div id="outer">
<div id="inner">some text. some text. some text.
<p>this is a paragragh.</p>
</div>
</div>
```

以上标记中的段落也会缩进 50 像素，这是因为这个段落继承了 id 为 inner 的 div 元素的缩进值。

（5）水平对齐

text-align 是一个基本的属性，它会影响一个元素中文本行之间的对齐方式。

值 left、right 和 center 会导致元素中的文本分别左对齐、右对齐和居中。

西方语言都是从左向右读，所以 text-align 的默认值是 left。文本在左边界对齐，右边界呈锯齿状（称为“从左到右”文本）。对于希伯来语和阿拉伯语之类的语言，text-align 则默认为 right，因为这些语言从右向左读。当然，center 会使每个文本行在元素中居中。

提示：要将块级元素或表元素居中，可以通过在这些元素上适当地设置左、右外边距实现。

10. 字间隔

word-spacing 属性可以改变字（单词）之间的标准间隔，其默认值 normal 与设置值为 0 是一样的。

word-spacing 属性接受一个正长度值或负长度值。如果提供一个正长度值，那么字之间的间隔就会增加。为 word-spacing 设置一个负值，会把间隔拉近：

```
p.spread {word-spacing: 30px;}
p.tight {word-spacing: -0.5em;}

<p class="spread">
This is a paragraph. The spaces between words will be increased.
</p>
<p class="tight">
This is a paragraph. The spaces between words will be decreased.
</p>
```

（1）字母间隔

letter-spacing 属性与 word-spacing 的区别在于，字母间隔修改的是字符或字母之间的间隔。与 word-spacing 属性一样，letter-spacing 属性的可取值包括所有长度。默认关键字是 normal（这与 letter-spacing:0 相同）。输入的长度值会使字母之间的间隔增加或减少指定的量：

```
h1 {letter-spacing: -0.5em}
h4 {letter-spacing: 20px}
<h1>This is header 1</h1>
<h4>This is header 4</h4>
```

（2）字符转换

text-transform 属性处理文本的大小写。这个属性有 4 个值：none、uppercase、lowercase、capitalize。

- 默认值 none 对文本不做任何改动，将使用源文档中的原有大小写。
- uppercase 和 lowercase 将文本转换为全大写和全小写字符。
- capitalize 只对每个单词的首字母大写。

作为一个属性，text-transform 可能无关紧要，不过如果需要将所有 h1 元素变为大写，这个属性就很有用。不必单独地修改所有 h1 元素的内容，只需使用 text-transform 就可以完成这个修改：

```
h1 {text-transform: uppercase}
```

使用 text-transform 有两方面的好处。首先，只需写一个简单的规则就可以完成这个修改，无须修改 h1 元素本身。其次，如果日后决定将所有大小写再切换为原来的大小写，可以更容易地完成修改。

（3）文本装饰

text-decoration 属性提供了多种文本装饰效果。

text-decoration 有 5 个值：none、underline、overline、line-through、blink。

- underline 会对元素添加下划线，就像 HTML 中的 U 元素一样。
- overline 的作用恰好相反，会在文本的顶端画一个上划线。
- line-through 则在文本中间画一个贯穿线，等价于 HTML 中的 S 和 strike 元素。
- blink 会让文本闪烁，类似于 Netscape 支持的 blink 标记。
- none 值会关闭原本应用到一个元素上的所有装饰。

通常，无装饰的文本是默认外观，但也不总是这样。例如，链接默认会有下划线。如果希望去掉超链接的下划线，可以使用以下 CSS 来做到这一点：

```
a {text-decoration: none;}
```

如果显式地用这样一个规则去掉链接的下划线，那么锚与正常文本之间在视觉上的唯一差别就是颜色（至少默认是这样的，不过也不能完全保证其颜色肯定有区别）。

还可以在一个规则中结合多种装饰。如果希望所有超链接既有下划线，又有上划线，则规则如下：

```
a:link a:visited {text-decoration: underline overline;}
```

不过要注意的是，如果两个不同的装饰都与同一元素匹配，胜出规则的值会完全取代另一个值。参见以下的规则：

```
h2.stricken {text-decoration: line-through;}
h2 {text-decoration: underline overline;}
```

对于给定的规则，所有 class 为 stricken 的 h2 元素都只有一个贯穿线装饰，而没有下划线和上划线，因为 text-decoration 值会替换而不是累积。

（4）处理空白符

white-space 属性会影响到用户代理对源文档中的空格、换行和 Tab 字符的处理。

通过使用该属性，可以影响浏览器处理字之间和文本行之间的空白符的方式。从某种程度上讲，默认的 XHTML 处理已经完成了空白符处理：它会把所有空白符合并为一个空格。所以给定以下标记，它在 Web 浏览器中显示时，各个字之间只会显示一个空格，同时忽略元素中的换行：

```
<p>This      paragraph has     many
   spaces              in it.</p>
```

可以用以下声明显式地设置这种默认行为：

```
p {white-space: normal;}
```

上面的规则告诉浏览器按照平常的做法去处理：丢掉多余的空白符。如果给定这个值，换行字符（回车）会转换为空格，一行中多个空格的序列也会转换为一个空格。

不过，如果将 white-space 设置为 pre，受这个属性影响的元素中，空白符的处理就有所不同，其行为就像 XHTML 的 pre 元素一样，空白符不会被忽略。

如果 white-space 属性的值为 pre，浏览器将会注意额外的空格，甚至回车。在这个方面，而且仅在这个方面，任何元素都可以相当于一个 pre 元素。

与之相对的值是 nowrap，它会防止元素中的文本换行，除非使用了一个 br 元素。在 CSS 中使用 nowrap 类似于 HTML 4 中用 <td nowrap> 将一个表单元格设置为不能换行，不过 white-space 值可以应用到任何元素。

下面总结了 white-space 属性的行为。

值	空白符	换行符	自动换行
pre-line	合并	保留	允许
normal	合并	忽略	允许
nowrap	合并	忽略	不允许
pre	保留	保留	不允许
pre-wrap	保留	保留	允许

（5）文本方向

CSS2 引入了一个属性来描述其方向性。

direction 属性影响块级元素中文本的书写方向、表中列布局的方向、内容水平填充其元素框的方向，以及两端对齐元素中最后一行的位置。

对于行内元素，只有当 unicode-bidi 属性设置为 embed 或 bidi-override 时才会应用 direction 属性。

direction 属性有两个值：ltr 和 rtl。大多数情况下，默认值是 ltr，显示从左到右的文本。如果显示从右到左的文本，应使用值 rtl。

11. CSS链接

CSS 能够以不同的方法为链接设置样式。

（1）设置链接的样式

能够设置链接样式的 CSS 属性有很多种（如 color, font-family, background 等）。

链接的特殊性在于能够根据所处的状态设置它们的样式。

链接的 4 种状态如下。

- a:link：普通的、未被访问的链接。
- a:visited：用户已访问的链接。
- a:hover：鼠标指针位于链接的上方。
- a:active：链接被点击的时刻。

实例如下。

```
a:link {color:#FF0000;}    /* 未被访问的链接 */
a:visited {color:#00FF00;} /* 已被访问的链接 */
a:hover {color:#FF00FF;}   /* 鼠标指针移动到链接上 */
a:active {color:#0000FF;}  /* 正在被点击的链接 */
```

当为链接的不同状态设置样式时，按照以下次序规则：

- a:hover 必须位于 a:link 和 a:visited 之后。
- a:active 必须位于 a:hover 之后。

（2）常见的链接样式

在上面的例子中，链接根据其状态改变颜色。

下面看看其他几种常见的设置链接样式的方法。

- 文本修饰：text-decoration 属性大多用于去掉链接中的下划线。实例如下。

```
a:link {text-decoration:none;}
a:visited {text-decoration:none;}
a:hover {text-decoration:underline;}
a:active {text-decoration:underline;}
```

- 背景色：background-color 属性规定链接的背景色。实例如下。

```
a:link {background-color:#B2FF99;}
a:visited {background-color:#FFFF85;}
a:hover {background-color:#FF704D;}
a:active {background-color:#FF704D;}
```

12. CSS列表

CSS 列表属性允许放置、改变列表项标志，或者将图像作为列表项标志。

（1）CSS 列表

从某种意义上讲，任何非描述性的内容都可以认为是列表。人口普查、太阳系、家谱、饭店菜单都可以表示为一个列表或者是列表的嵌套。

列表的多样性使得列表相当重要，但 CSS 中对列表样式的支持显得相对有限。

（2）列表类型

要影响列表的样式，最简单（同时支持最充分）的办法就是改变其标志类型。

例如，在一个无序列表中，列表项的标志（marker）是出现在各列表项旁边的圆点。在有序列表中，标志可能是字母、数字或另外某种计数体系中的一个符号。

要修改用于列表项的标志类型，可以使用属性 list-style-type：

```
ul {list-style-type : square}
```

上面的声明把无序列表中的列表项标志设置为方块。

（3）列表项图像

有时，常规的标志是不够的。如想对各标志使用一个图像，这可以利用 list-style-image 属性：

```
ul li {list-style-image : url(xxx.gif)}
```

只需要简单地使用一个 url() 值，就可以使用图像作为标志。

（4）列表标志位置

CSS 可以确定标志出现在列表项内容之外还是内容内部，这是利用 list-style-position 完成的。

（5）简写列表样式

为简单起见，可以将以上 3 个列表样式属性合并为一个方便的属性：list-style，就像这样：

```
li {list-style : url(example.gif) square inside}
```

list-style 的值可以按任何顺序列出，而且这些值都可以忽略。只要提供了一个值，其他的属性就会填入其默认值。

（6）CSS 列表属性（list）

属性	描述
list-style	简写属性。用于把所有用于列表的属性设置于一个声明中
list-style-image	将图像设置为列表项标志
list-style-position	设置列表中列表项标志的位置
list-style-type	设置列表项标志的类型
marker-offset	设置水平间距

13. CSS表格

CSS 表格属性可以极大地改善表格的外观。

（1）表格边框

如需在 CSS 中设置表格边框，可使用 border 属性。

下面的例子为 table、th 以及 td 设置了蓝色边框：

```
table, th, td
  {
  border: 1px solid blue;
  }
```

请注意，上例中的表格带有双线条边框，这是由于 table、th 以及 td 元素都有独立的边框。

如果需要把表格显示为单线条边框，可使用 border-collapse 属性。

（2）折叠边框

border-collapse 属性设置是否将表格边框折叠为单线条边框：

```
table
  {
  border-collapse:collapse;
  }

table,th, td
```

```
  {
  border: 1px solid black;
  }
```

（3）表格宽度和高度

通过 width 和 height 属性可定义表格的宽度和高度。

下面的例子将表格宽度设置为 100%，同时将 th 元素的高度设置为 50 px：

```
table
  {
  width:100%;
  }

th
  {
  height:50px;
  }
```

（4）表格文本对齐

text-align 和 vertical-align 属性设置表格中文本的对齐方式。

text-align 属性设置水平对齐方式，比如左对齐、右对齐或者居中：

```
td
  {
  text-align:right;
  }
```

vertical-align 属性设置垂直对齐方式，比如顶部对齐、底部对齐或居中对齐：

```
td
  {
  height:50px;
  vertical-align:bottom;
  }
```

（5）表格内边距

如需控制表格中内容与边框的距离，可为 td 和 th 元素设置 padding 属性：

```
td
  {
  padding:15px;
  }
```

（6）表格颜色

下面的例子设置边框的颜色，以及 th 元素的文本和背景颜色：

```
table, td, th
```

```
  {
  border:1px solid green;
  }

th
  {
  background-color:green;
  color:white;
  }
```

（7）CSS Table 属性

属性	描述
border-collapse	设置是否把表格边框合并为单线条的边框
border-spacing	设置分隔单元格边框的距离
caption-side	设置表格标题的位置
empty-cells	设置是否显示表格中的空单元格
table-layout	设置显示单元、行和列的算法

14. CSS轮廓

轮廓（outline）是绘制于元素周围的一条线，位于边框边缘的外围，可起到突出元素的作用。CSS outline 属性规定元素轮廓的样式、颜色和宽度。

属性	描述
outline	在一个声明中设置所有的轮廓属性
outline-color	设置轮廓的颜色
outline-style	设置轮廓的样式
outline-width	设置轮廓的宽度

8.4.2　定义CSS样式

CSS 样式即级联样式表。它是一种用来表现 HTML（标准通用标记语言的一个应用）或 XML（标准通用标记语言的一个子集）等文件样式的计算机语言。

01 执行“窗口”|“CSS 样式”命令，如图 8-86 所示。

02 打开“CSS 样式”面板，单击右下角的“新建 CSS 规则”图标，如图 8-87 所示。

03 弹出“新建 CSS 规则”对话框，如图 8-88 所示。

04 单击“确定”按钮即可，如图 8-89 所示。

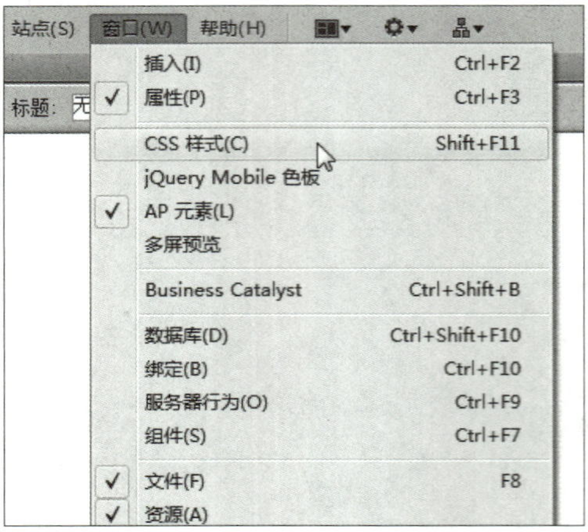

图 8-86 执行“窗口”|“CSS 样式”命令

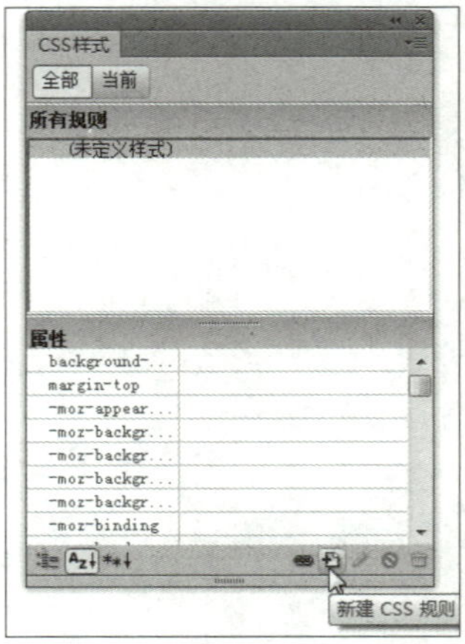

图 8-87 单击“新建 CSS 规则”图标

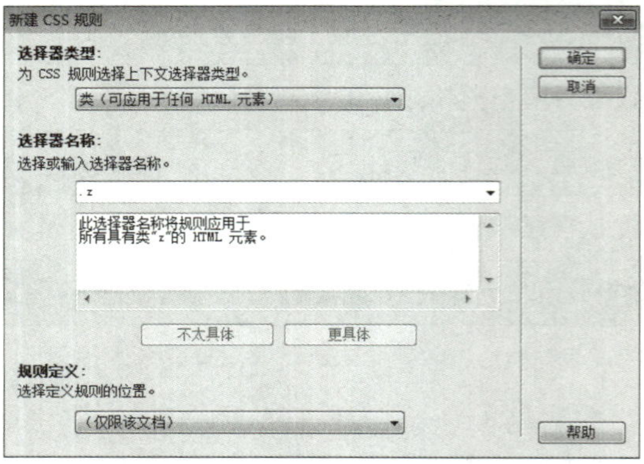

图 8-88 “新建 CSS 规则”对话框

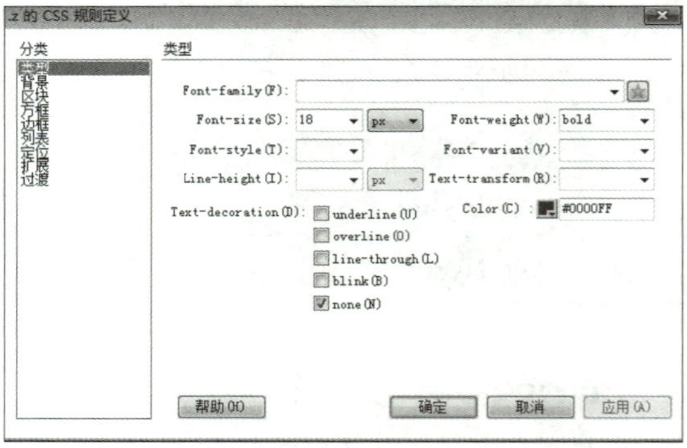

图 8-89 单击“确定”按钮

提示：设置选择器的名称时应以点开头。

05 选择网页中的内容，在“属性”面板的“目标规则”下拉列表中即可选择应用的 CSS 样式，如图 8-90 所示。

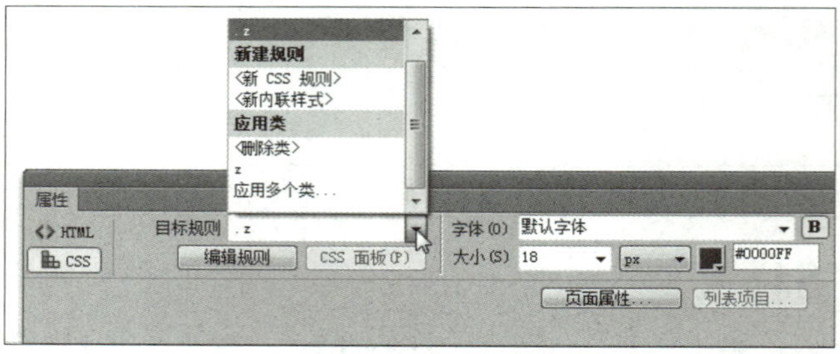

图 8-90 选择目标规则

8.4.3 修改CSS样式

在“CSS 样式”面板选择样式后，双击鼠标，或者单击右下角的“编辑样式”按钮，如图 8-91 所示。弹出“Z 的 CSS 规则定义”对话框，可对样式进行修改，如图 8-92 所示。

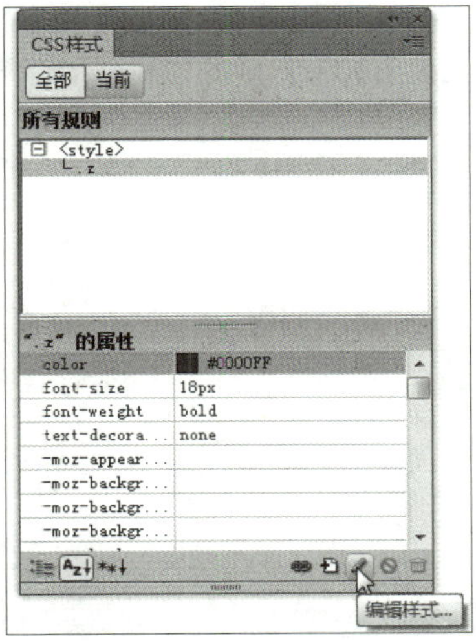

图 8-91 单击“编辑样式”按钮

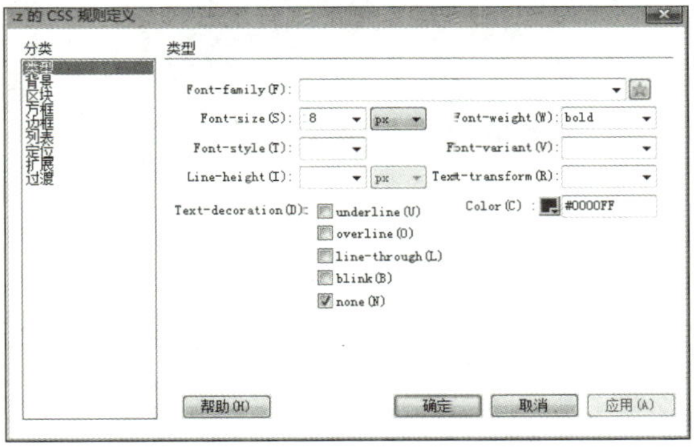

图 8-92 修改样式

8.4.4 变化的超链接

在大多数网页中，特别是导航类网页中，很多文字设有超链接。将鼠标移至文字上时，颜色会发生改变，如图 8-93 所示。这种效果的实现就是使用了 CSS 样式。

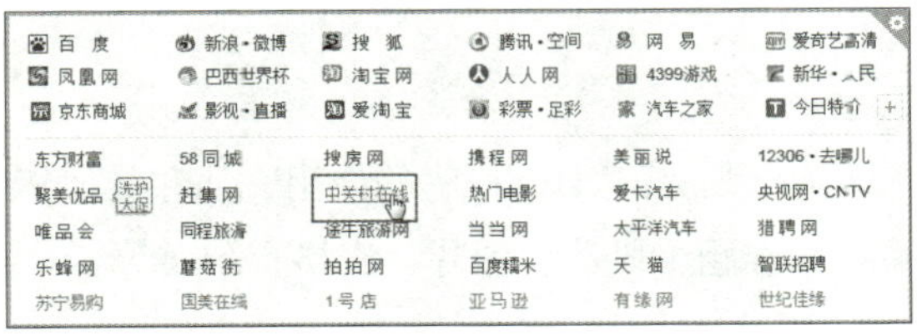

图 8-93 文字颜色发生改变

8.4.5 使用外部CSS

新建 CSS 样式后，可以将其存储在独立的文件中，也可将定义好的 CSS 样式移动到新样式表文件中。

01 在“CSS 样式”面板中选择样式，单击鼠标右键，执行“移动 CSS 规则”命令，如图 8-94 所示。

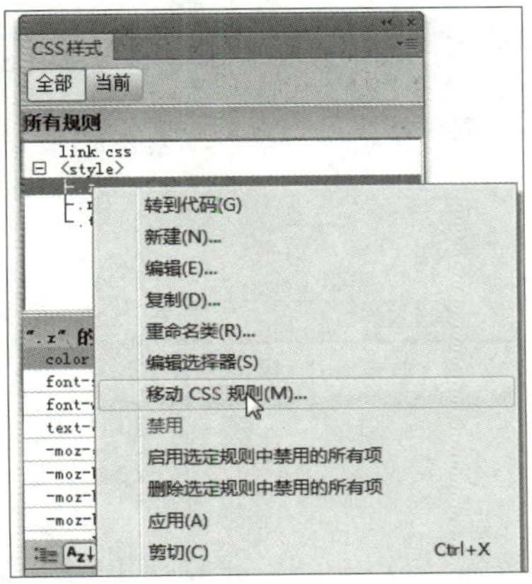

图 8-94 执行“移动 CSS 规则”命令

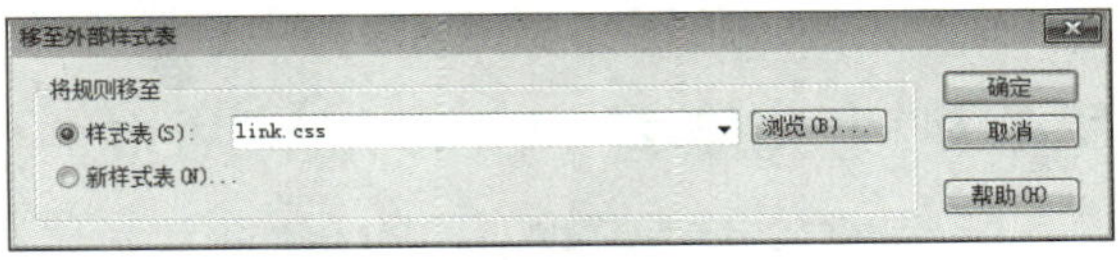

图 8-95 “移至外部样式表”对话框

02 弹出“移至外部样式表”对话框，如图 8-95 所示，选择样式表后单击“确定”按钮即可。

03 或者将外部 CSS 文件附加到网页中。在“CSS 样式”面板下方单击“附加样式表”按钮，如图 8-96 所示。

04 弹出“链接外部样式表”对话框，选择“文件 /URL”，如图 8-97 所示，单击“确定”按钮即可。

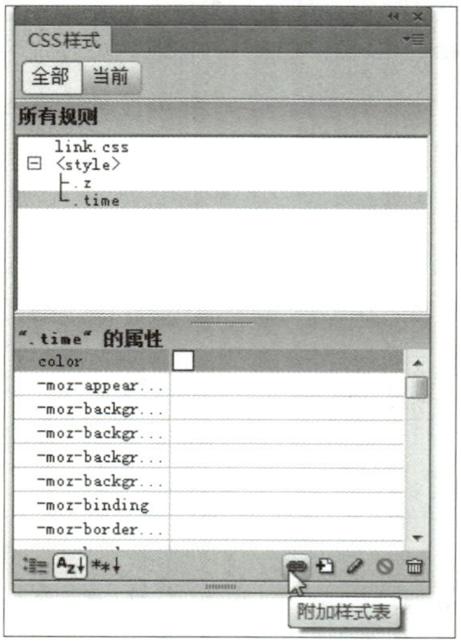

图 8-96　单击“附加样式表”按钮

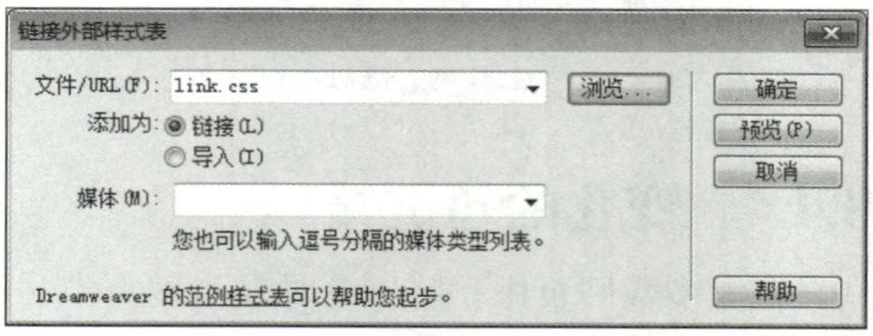

图 8-97　选择“文件 /URL”

8.4.6　创建Div标签

Div 全称为 division，即为“划分”。Div 标签的使用方法和其他标签相同。另外，Div 可以包含任何 HTML 内容元素，如标题、段落、图片、表格、列表等。

下面具体介绍创建 Div 的方法。

01 启动 Dreamweaver，执行“插入”|“布局对象”|“Div 标签”命令，如图 8-98 所示。

02 弹出对话框，设置“插入”“类”及 ID 值，如图 8-99 所示。

03 单击“确定”按钮，即可插入 Div 标签。

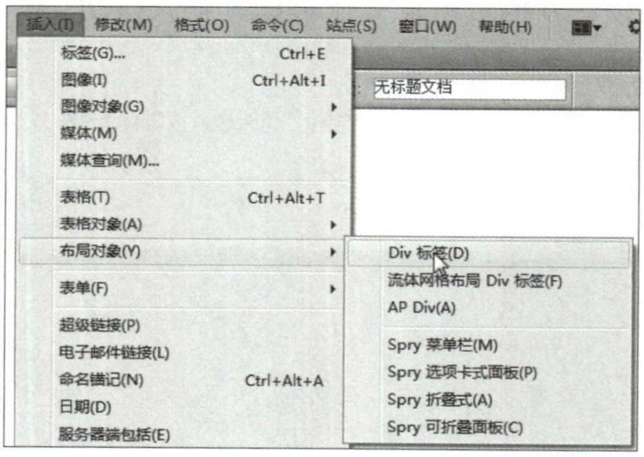

图 8-98　执行“插入”|“布局对象”|“Div 标签”命令

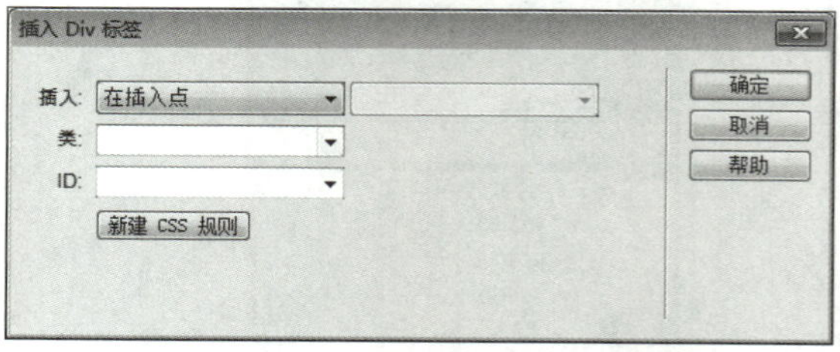

图 8-99　插入 AP Div

8.4.7　使用Div+CSS布局网页

所谓布局，就是将网页中的各个板块放置在合适的位置，Div+CSS 是最常用的布局方法之一，Div 将页面整体划分为若干模块，CSS 则根据页面设计将以 Div 为单位的各分块在页面上定位，最后在各个板块中添加相应的内容。

本节将介绍使用 Div+CSS 布局网页的操作方法。

01 新建文档，并附加外部 CSS 样式表。

02 单击“插入”面板中的“插入 Div 标签”按钮，如图 8-100 所示。

03 在弹出的对话框中选择 ID 为 bg，如图 8-101 所示。

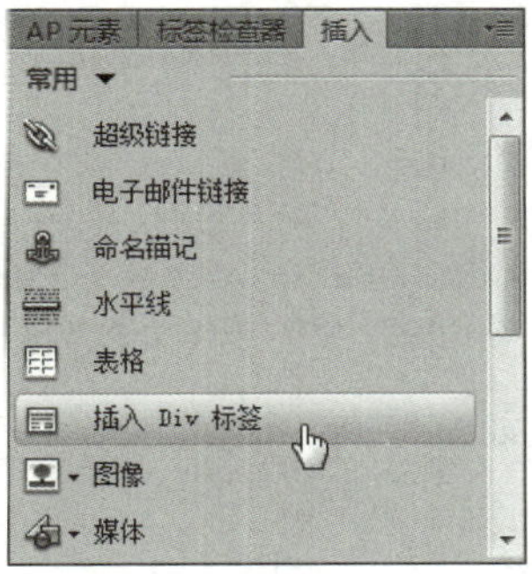

图 8-100　单击“插入 Div 标签”按钮

图 8-101　选择 ID 为 bg

04 将标签内的文字删除，如图 8-102 所示。

05 再次插入 Div 标签，设置 ID 为 sadrzaj，如图 8-103 所示。

图 8-102　删除文字

图 8-103　设置 ID 为 sadrzaj

06 将标签内的文字删除，再次插入 Div 标签，设置 ID 为 toplinks，如图 8-104 所示。

07 在页面中将文字删除，并输入“首页”，如图 8-105 所示。

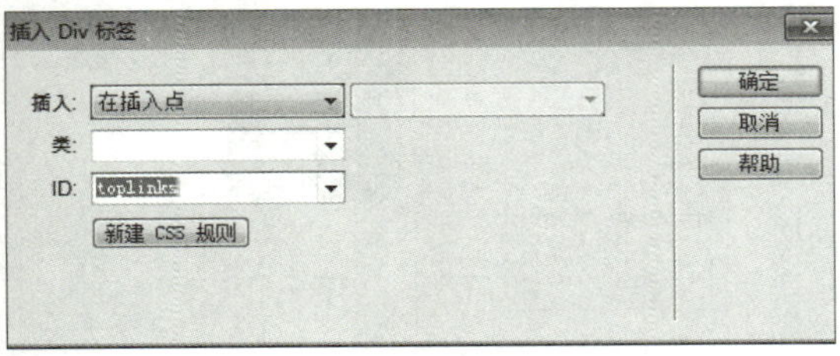

图 8-104　设置 ID 为 toplinks

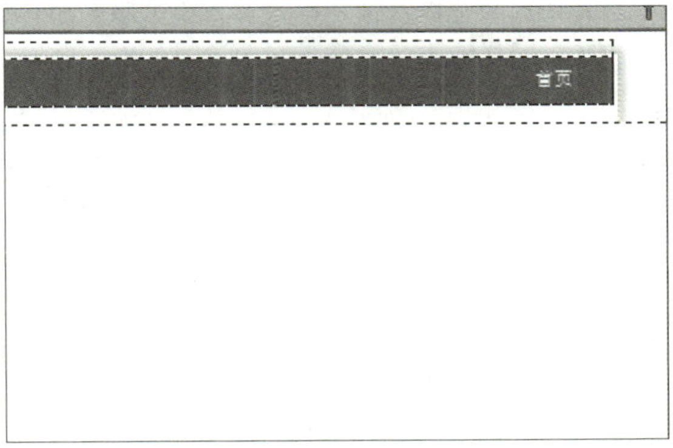

图 8-105　输入“首页”

08 选中“首页”文字，在“属性”面板中设置“链接”为 #，如图 8-106 所示。

09 用同样的方法，输入其他文字，如图 8-107 所示。

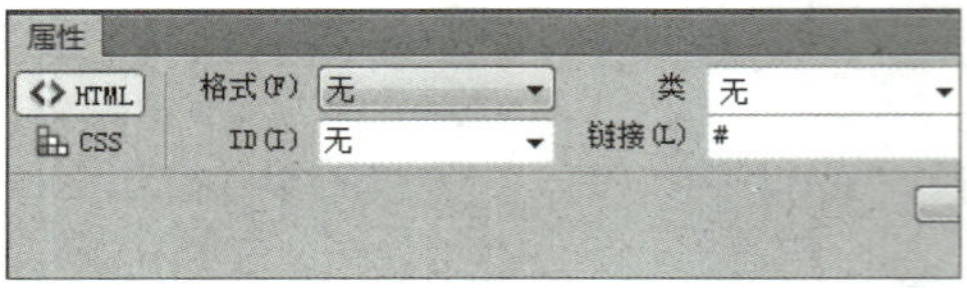

图 8-106　设置链接为 #

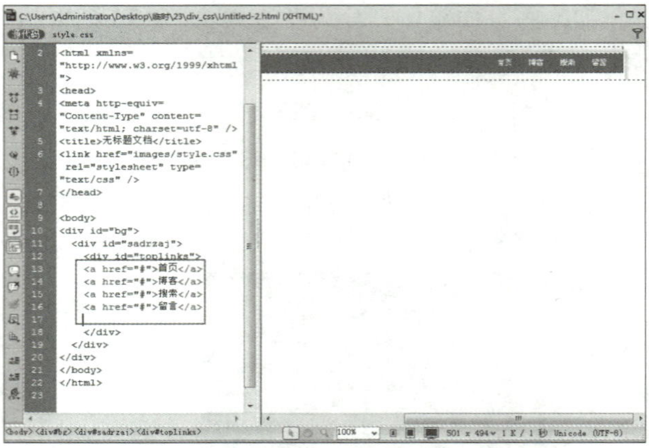

图 8-107　输入其他文字

10 用同样的方法，插入 Div 标签并输入文字，代码及页面如图 8-108 所示。

11 插入 Div 标签，并设置 ID 为 navigacija。

12 执行“插入”|“HTML”|“文本对象”|“项目列表”命令，如图 8-109 所示。

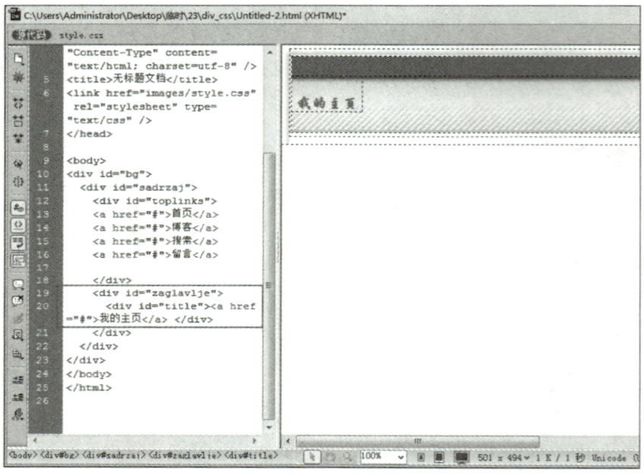

图 8-108　代码及页面

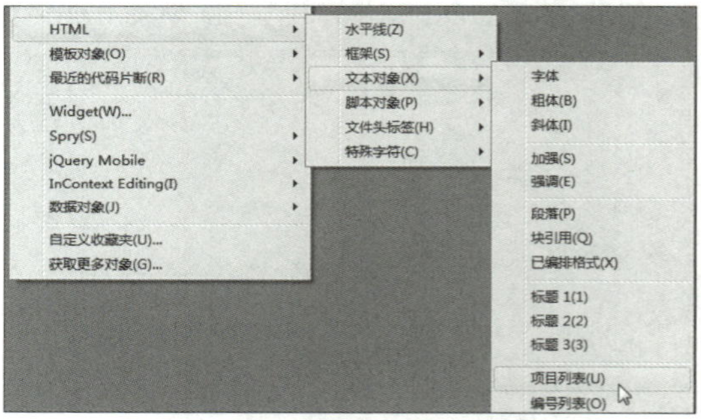

图 8-109　执行“项目列表”命令

13 在页面中输入文字，并设置“链接”为 #，如图 8-110 所示。

14 用同样的方法，插入其他项目列表，并输入文字，如图 8-111 所示。

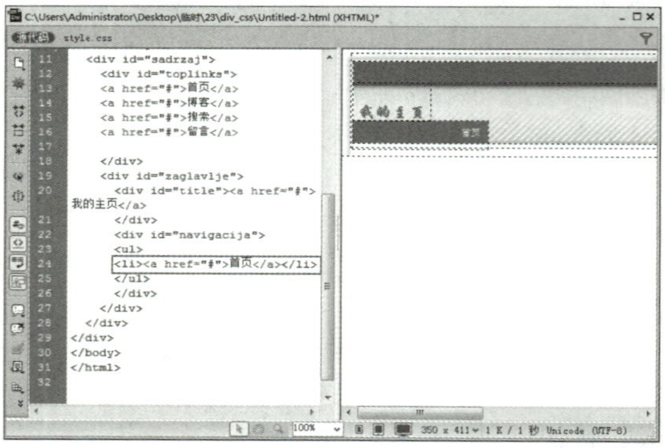

图 8-110　输入文字并设置链接

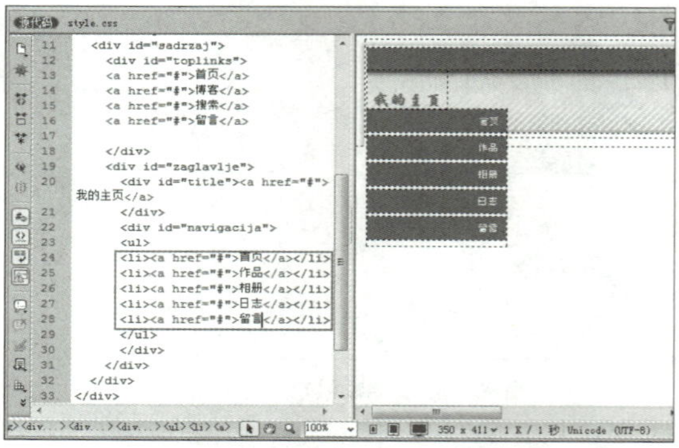

图 8-111　插入其他项目列表

15 插入 Div 标签，设置“类”为 lijevo，如图 8-112 所示。将标签内的文字删除。

16 执行“插入”|“HTML”|“文本对象”|“段落”命令，如图 8-113 所示。

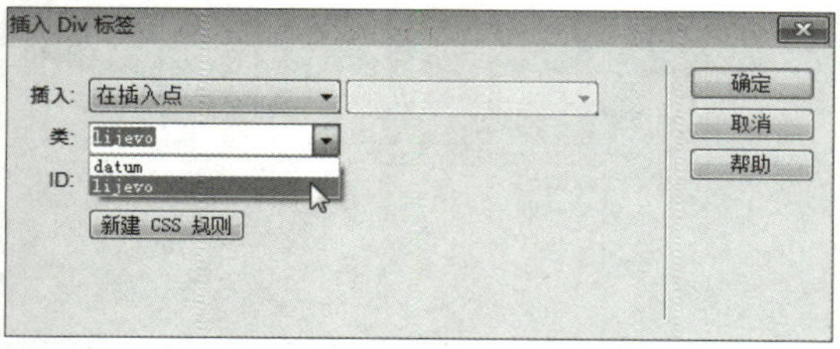

图 8-112　设置类

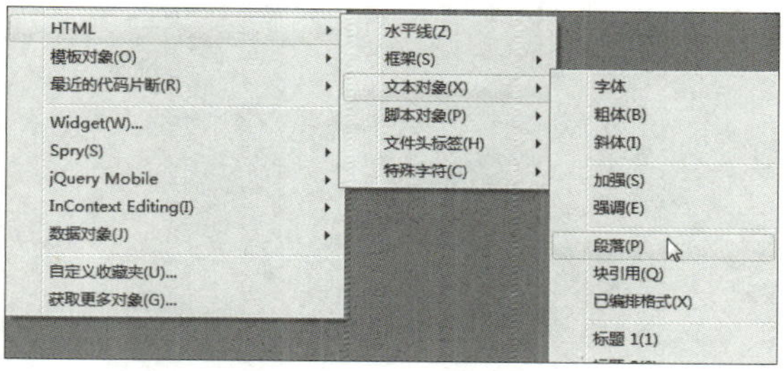

图 8-113　执行“段落”命令

17 输入文字。根据前面所述方法插入项目列表，如图 8-114 所示。

18 用同样的方法，可制作页面其他内容，最终效果如图 8-115 所示。

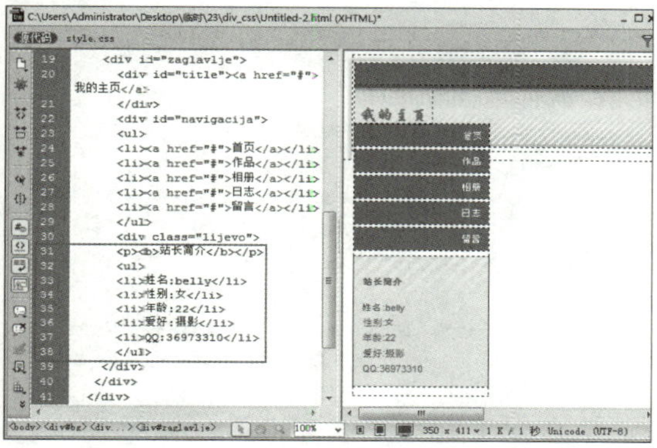

图 8-114　插入项目列表

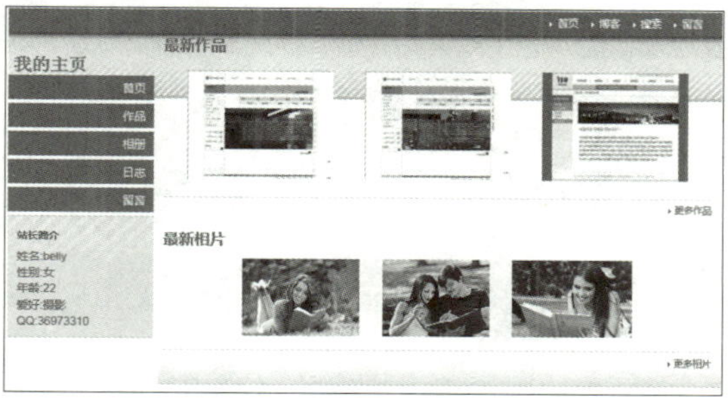

图 8-115　最终效果

8.5　模板的应用

在一个网站中，通常需要制作多个风格相同、内容并列的网页。这些网页具有统一的外观格式，如果逐页制作，费事费力而且效率不高。这时，就应该使用 Dreamweaver 的模板功能，将一个模板应用于多个页面后，可通过编辑模板来达到修改所有页面的效果，可以大大提高工作效率。

8.5.1　创建模板

创建模板的方法有两种，一种是从现有文档中创建模板，另一种是从空白文档中创建模板。

1. 从现有文档中创建

01 打开要创建为模板的网页文档，执行“文件”|“另存为模板”命令，如图 8-116 所示。

02 弹出“另存模板”对话框，在“站点”下拉列表中选择站点，在“另存为”文本框中输入名称，如图 8-117 所示。

03 单击“保存”按钮，弹出 Dreamweaver 提示对话框，如图 8-118 所示。

04 单击“是”按钮，即可生成并保存为模板。

2. 从空白文档中创建

01 执行“文件”|“新建”命令，如图 8-119 所示。

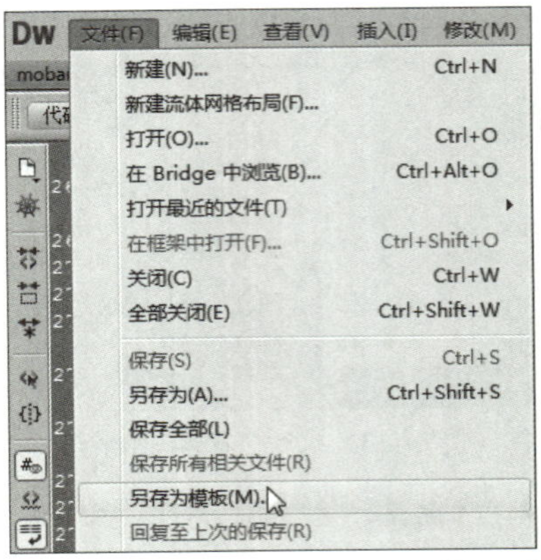

图 8-116　执行“文件”|“另存为模板”命令

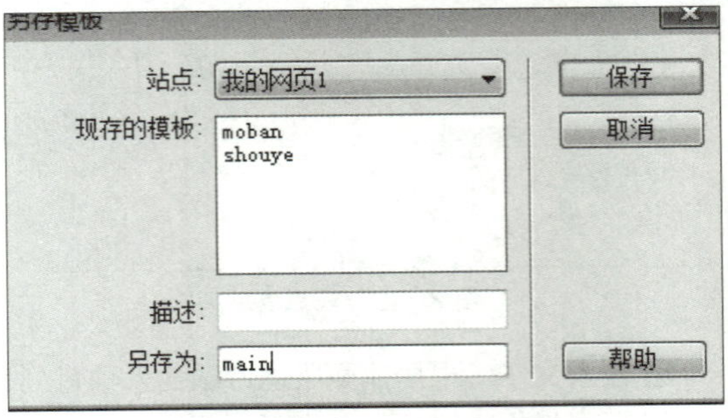

图 8-117　输入名称

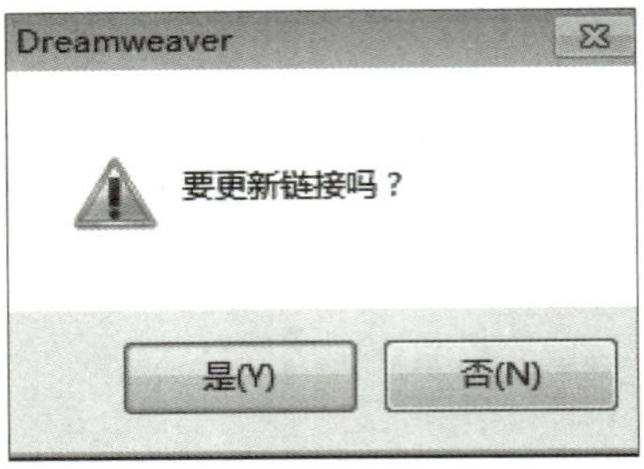

图 8-118　提示对话框

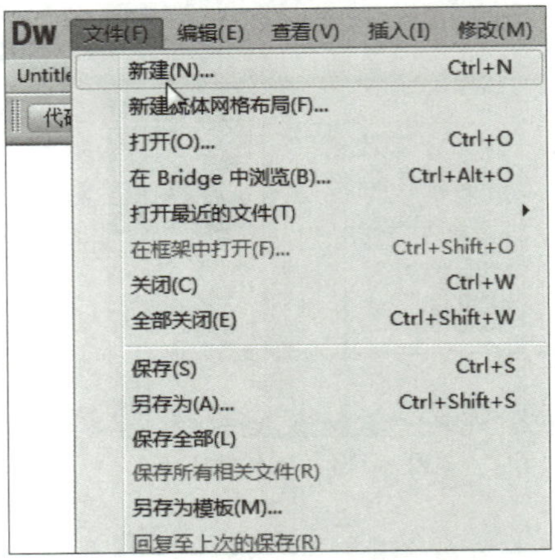

图 8-119　执行“文件”|“新建”命令

02 弹出“新建文档”对话框，选择左侧的“空模板”选项，在“模板类型”下选择“HTML 模板”，在“布局”下选择“无”，如图 8-120 所示。

03 单击“创建”按钮，即可创建一个空白模板网页，如图 8-121 所示。

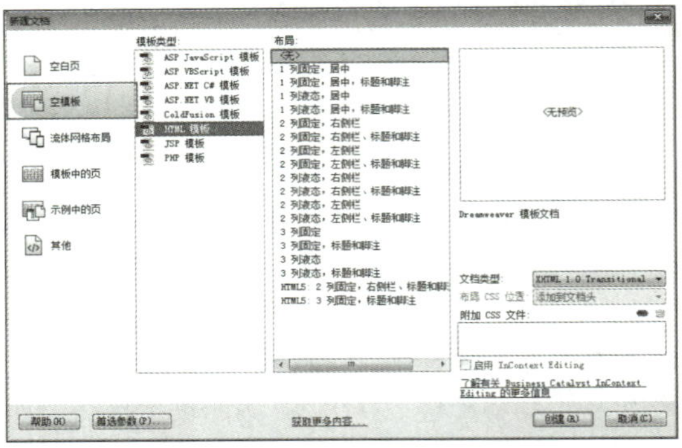

图 8-120　选择文档类型

图 8-121　创建空白模板网页

04 单击“创建”按钮，即可创建一个空白模板网页，如图 8-122 所示。

05 弹出提示对话框，单击“确定”按钮，如图 8-123 所示。

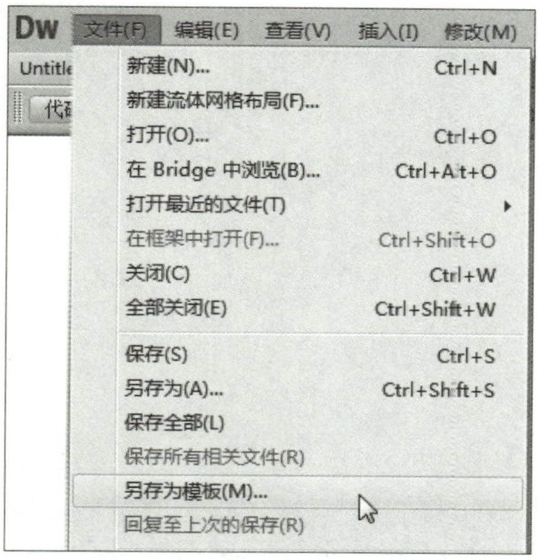

图 8-122　执行“文件”|“另存为模板”命令

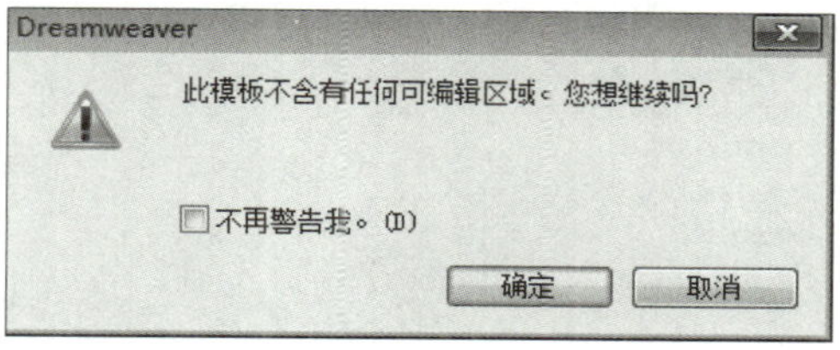

图 8-123　单击“确定”按钮

06 弹出“另存模板”对话框，输入文件名，单击“保存”按钮，如图 8-124 所示，即可创建一个模板，如图 8-125 所示。

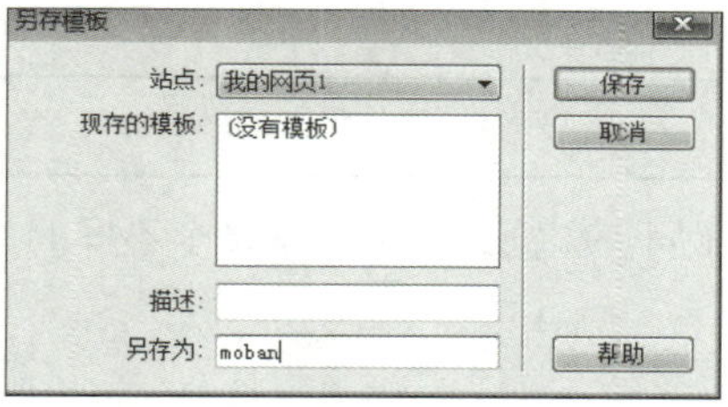

图 8-124　单击“保存”按钮

图 8-125　创建模板

提示：模板一般保存在本地站点根文件夹中的一个特殊文件夹 Templates 中。如果 Templates 文件夹在站点中不存在，则在创建新模板时会自动创建该文件夹。

8.5.2　创建基于模板的网页

创建了模板后，可以将该模板作为新网页的基础，在此基础上新建网页。执行“文件”|“新建”命令，打开“新建文档”对话框，在左侧选择“模板中的页”选项，然后在“站点”列表框中选择站点。在模板列表中选择模板，如图 8-126 所示。单击“创建”按钮，即可创建基于模板的网页。

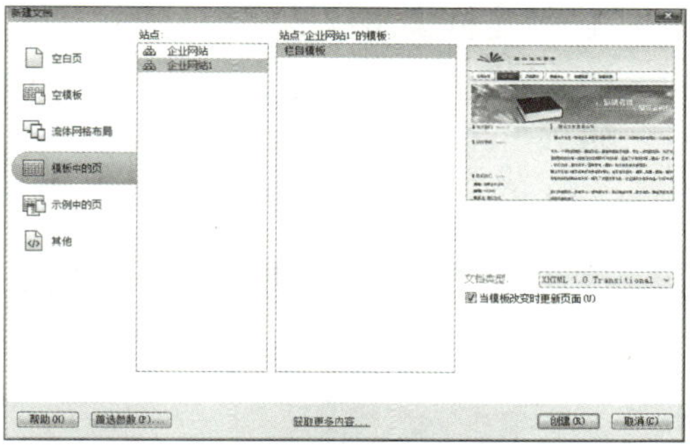

图 8-126　选择模板

8.5.3　应用模板到页

若需要在现有的文档中应用模板，则可以打开要应用模板的文档，然后执行“修改”|“模板”|“应用模板到页”命令，如图 8-127 所示。弹出“选择模板”对话框，选择一个模板，如图 8-128 所示，单击“选定”按钮，即可将模板应用到页。

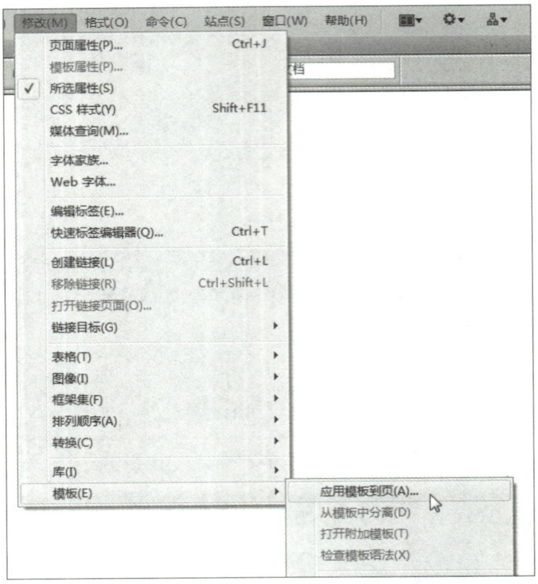

图 8-127 执行“修改”|“模板”|“应用模板到页”命令

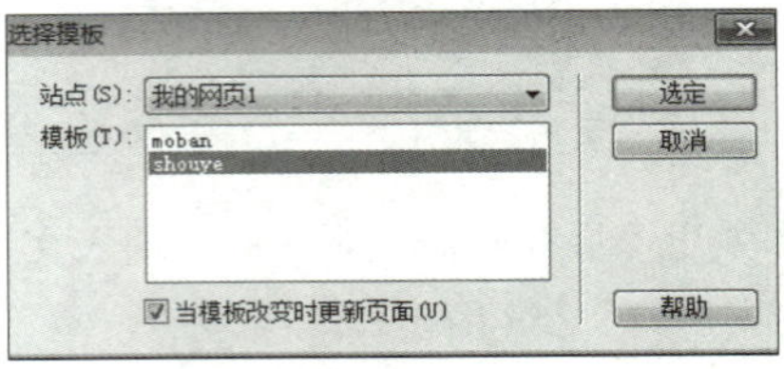

图 8-128 选择一个模板

8.6 建立框架网页

框架是网页中经常使用的效果。使用框架，可以在同一浏览窗口中显示多个不同的文件。

8.6.1 创建框架网页

最常见的框架网页是将窗口的左侧或上侧的区域设置为目录区，用于显示文件的目录或导航条。而将右边一块面积较大的区域设置为页面的主体区域。然后在文件目录和文件内容之间建立超链接，用户单击目录区中的文件目录，文件内容将在主体区域内显示。使用这种方法便于用户继续浏览其他的网页文件。

1. 创建框架集

01 新建空白文档，执行“插入”|“HTML”|“框架”|“上方及左侧嵌套”命令，如图 8-129 所示。

02 弹出对话框，可以设置标题，单击“确定”按钮，如图 8-130 所示。

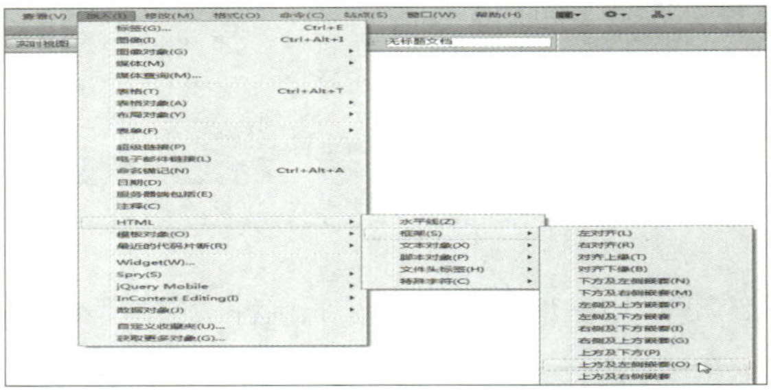

图 8-129 执行“上方及左侧嵌套”命令

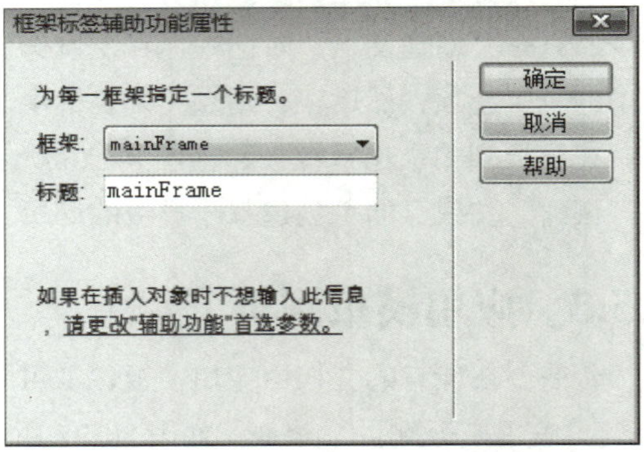

图 8-130 单击“确定”按钮

03 执行操作后即新建了一个框架集，如图 8-131 所示。

04 将光标置于框架的边缘，当光标变成双向箭头时拖动鼠标，可调整框架，如图 8-132 所示。

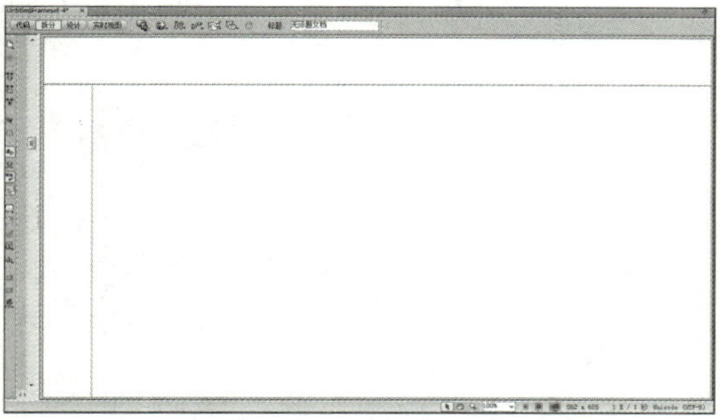

图 8-131 新建的框架集

图 8-132 调整框架

05 执行“修改”|“框架”|“拆分右框架”命令，如图 8-133 所示。此时右侧框架即被拆分为两部分，如图 8-134 所示。

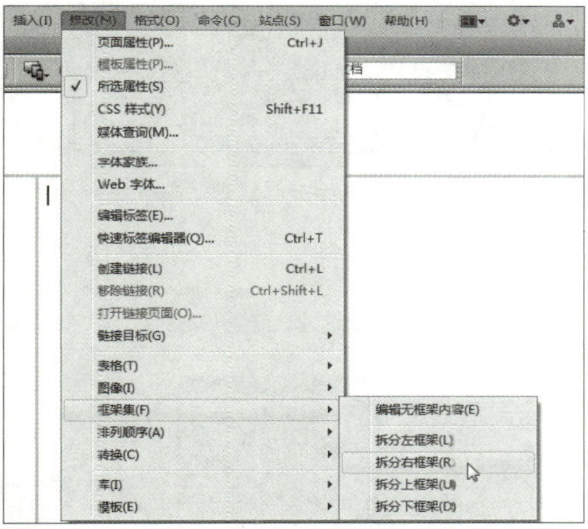

图 8-133 执行“修改”|“框架”|“拆分右框架”命令

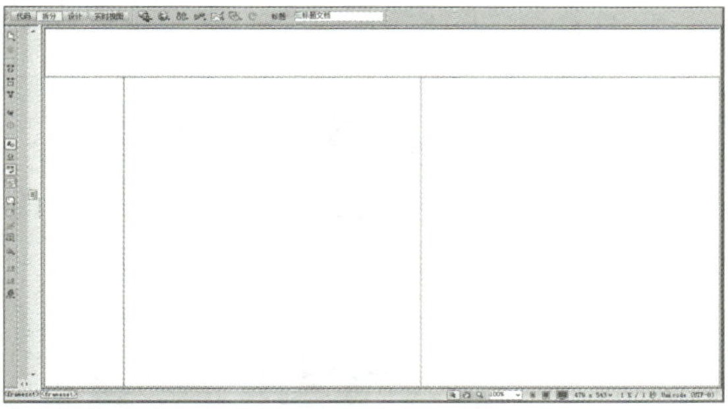

图 8-134 框架被拆分

06 将光标放置在编辑窗口四角的框架边框交接处，出现十字形拖曳图标后，按住鼠标左键，可以拖出框架，如图 8-135 所示。

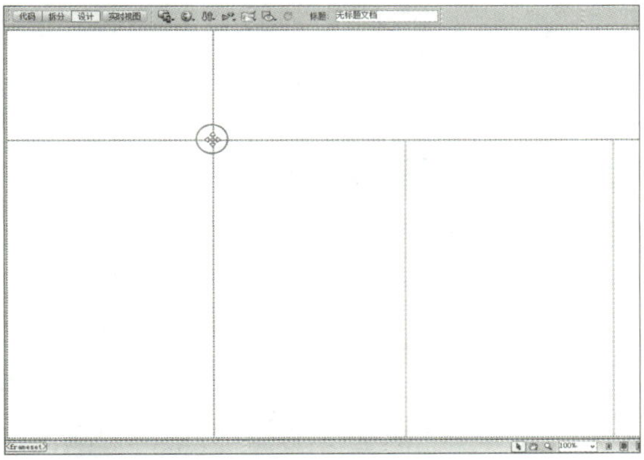

图 8-135 拖出框架

2. 选择框架集

- 在文档窗口中单击要选择的框架，即可选中该框架。
- 在文档窗口中，当鼠标指针靠近框架集的边框并且出现上下箭头时，单击整个框架集的边框，可以选择整个框架集。

- 执行“窗口”|“框架”命令，如图 8-136 所示。打开“框架”面板，如图 8-137 所示。在面板中单击要选择的框架，被选中的框架边框内侧会出现虚线，如图 8-138 所示。
- 如果要选中“框架”集，可以在“框架”面板中单击框架集的边框，此时框架集的边框变成虚线，如图 8-139 所示。

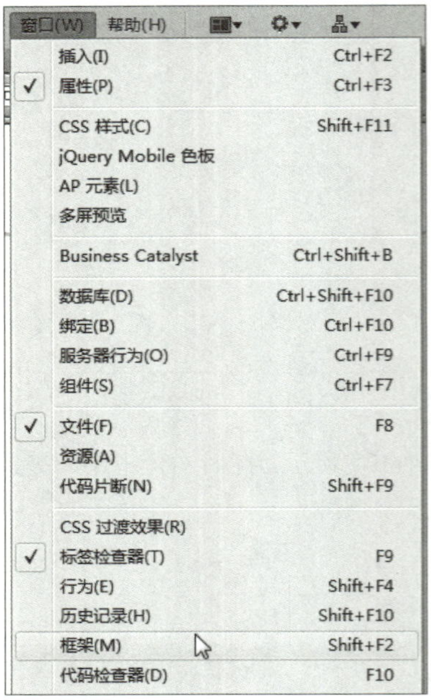

图 8-136 执行“窗口”|“框架”命令

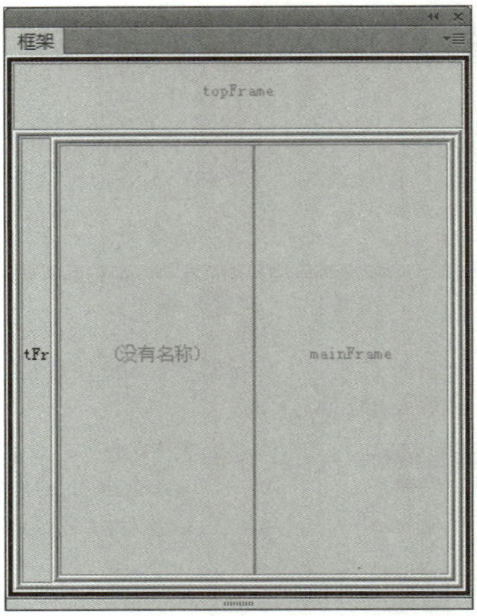

图 8-137 打开“框架”面板

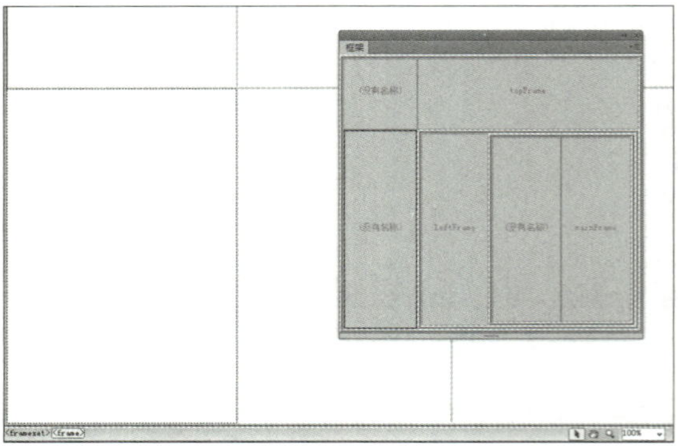

图 8-138 选中框架

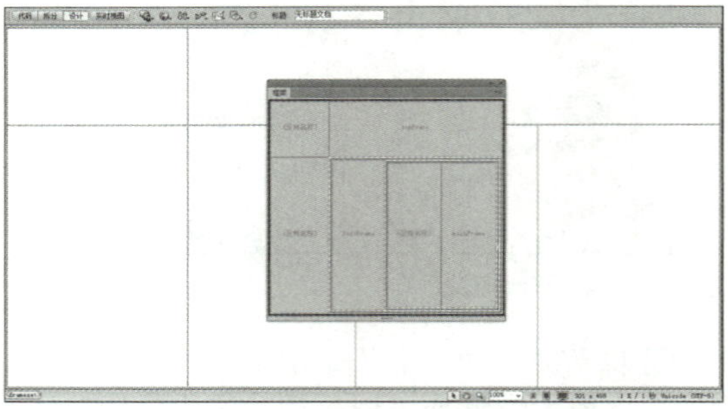

图 8-139 选择框架

8.6.2 设置框架样式

在浏览器中不显示框架的边框，能够保持页面的完整性。下面介绍框架样式的设置。

01 选中总框架集，在“属性”面板中设置“边框”为“否”，“边框宽度”为 0，在“行列选定范围”右侧单击上面框架，然后设置“行”为“152 像素”，如图 8-140 所示。

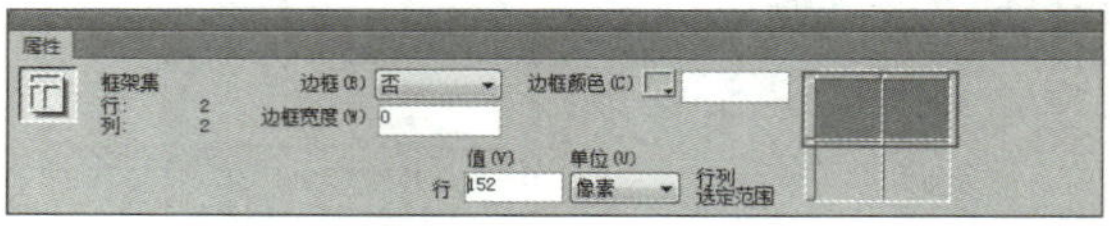

图 8-140 属性设置

提示： 下面介绍框架集“属性”面板的各参数。

- 边框：设置边框，在其下拉列表中包含“是”“否”“默认”3个选项。设置为“默认”时，将由浏览器端的设置决定。
- 边框宽度：设置整个框架集的边框宽度，单位为像素。
- 边框颜色：设置框架集的边框颜色。
- 行/列：“属性”面板中显示的行或列，是由框架集的结构决定的。
- 单位：行、列尺寸的单位，其下拉列表中包含了“像素”“百分比”“相对”3个选项。

02 选择框架集中上面的框架，由于上面的框架为固定的，因此在“属性”面板中设置“滚动”为“否”，“边框”为“否”，选中“不能调整大小”复选框，如图8-141所示。

03 由于下面框架的内容会随着栏目的不同而变化，因此在“属性”面板中设置“滚动”为“自动”，其余参数同上，如图8-142所示。

图 8-141　设置属性

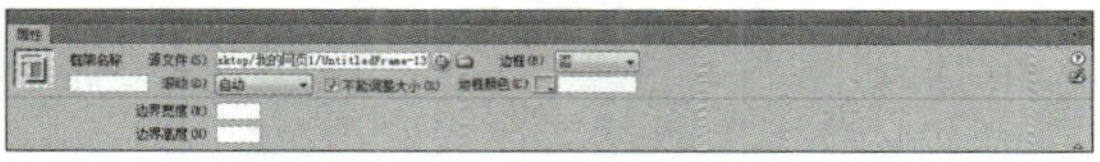

图 8-142　设置属性

提示： 下面介绍框架“属性”面板的各参数。

- 边框名称：用来设置链接指向的目标。
- 源文件：框架的源文件。
- 滚动：设置框架内的内容显示不下时是否出现滚动条，其下拉列表中包含了“否”“自动”“默认”3个选项。
- 不能调整大小：选中该复选框，则限定框架的尺寸。
- 边框：用于设置框架的边框，在其下拉列表中包含了“是”“否”“默认”3个选项。
- 边框颜色：用于设置框架边框的颜色。
- 边界宽度：用于设置框架边框与内容之间的左右边距，以像素为单位。
- 边界高度：用于设置框架边框与内容之间的上下边距，以像素为单位。

8.6.3　链接框架

要在一个框架中使用链接打开另一个框架中的文档，必须设置链接目标，链接的目标属性指定在其中打开链接的内容框架或窗口。如果导航条位于左框架，而希望链接的内容显示在右侧的主要内容框架中，则必须将主要内容框架的名称指定为每个导航条链接的目标。当访问者单击导航链接时，将在主框架中打开指定的内容。

在“属性”面板中的“目标”下拉列表中选择 mainFrame 选项，用来作为指向链接的目标。

在“属性”面板中的“链接”下列列表中选择链接文档应在其中显示的框架或窗口。

- blank：打开一个新窗口显示目标网页。
- parent：目标网页的内容在父框架窗口中显示。
- self：目标网页的内容在当前所在框架窗口中显示。
- top：目标网页的内容在最顶层框架窗口中显示。

8.7 信息表单

表单是用于实现网页浏览者与服务器之间交互的一种页面元素，在网络中被广泛用于各种信息的搜索与反馈。

8.7.1 插入表单

表单是收集访问者反馈信息的有效方式，在网络中可以通过表单填写并提交数据。在制作表单网页之前，首先要创建表单。

01 启动 Dreamweaver，打开素材文件，如图 8-143 所示。

02 将光标置于文档中要插入表单的位置，执行“插入”|“表单”|“表单”命令，如图 8-144 所示。

图 8-143 打开素材文件

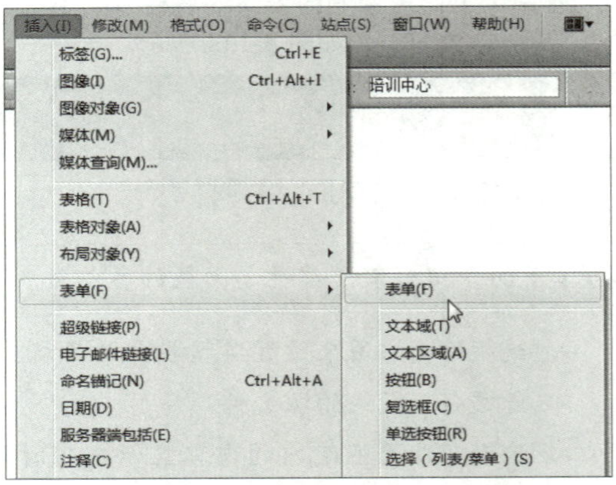

图 8-144 执行“插入”|“表单”|“表单”命令

03 页面中出现红色虚线框，这个红色虚线框线就是表单，如图 8-145 所示。

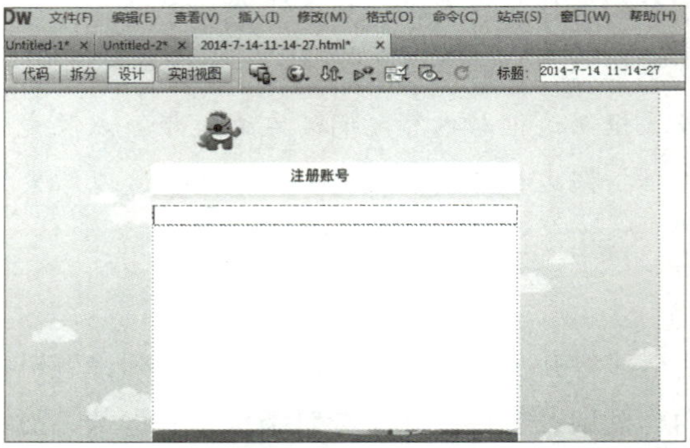

图 8-145 表单

8.7.2 插入文本字段

添加表单后，就可以向表单中添加对象，如文本字段、复选框、单选按钮、列表/菜单等。

01 将光标置于表单中，执行“插入”|“表格”命令，如图 8-146 所示。

02 插入 10 行 2 列的表格，页面如图 8-147 所示。

03 将光标置于表格的第 1 行第 1 列单元格中，输入文字“姓名：”，如图 8-148 所示。

04 将光标置于表格的第 1 行第 2 列单元格中，执行“插入”|“表单”|“文本域”命令，插入文

本域，如图 8-149 所示。

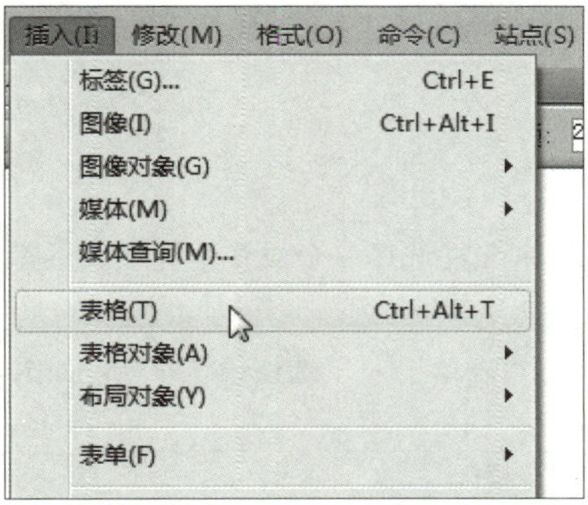

图 8-146　执行“插入”|“表格”命令

图 8-147　插入表格

图 8-148　输入文字

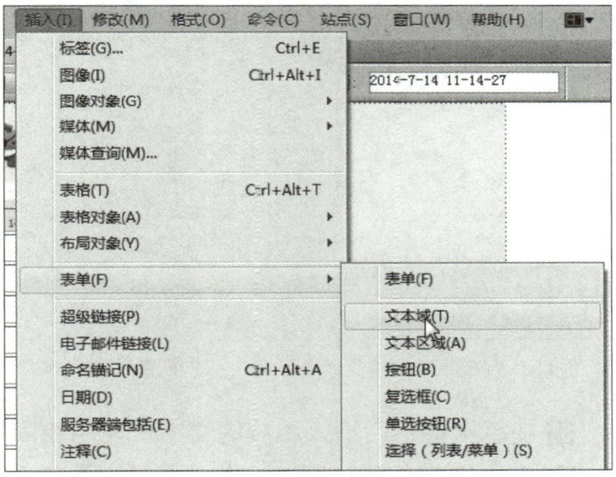

图 8-149　执行“文本域”命令

05 弹出对话框，单击“确定”按钮，如图 8-150 所示，即可在单元格中插入文本域，如图 8-151 所示。

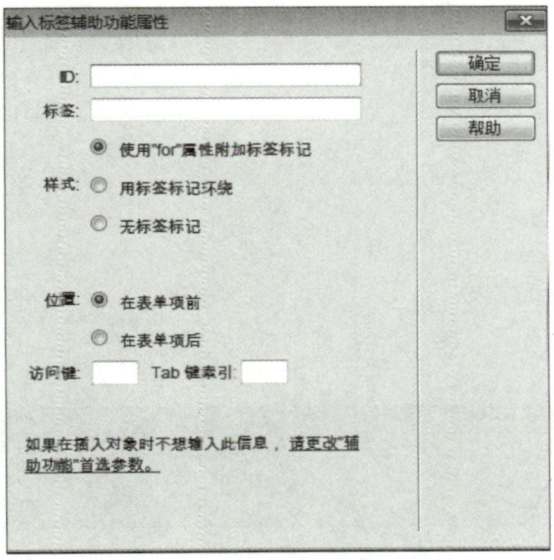

图 8-150　单击“确定”按钮

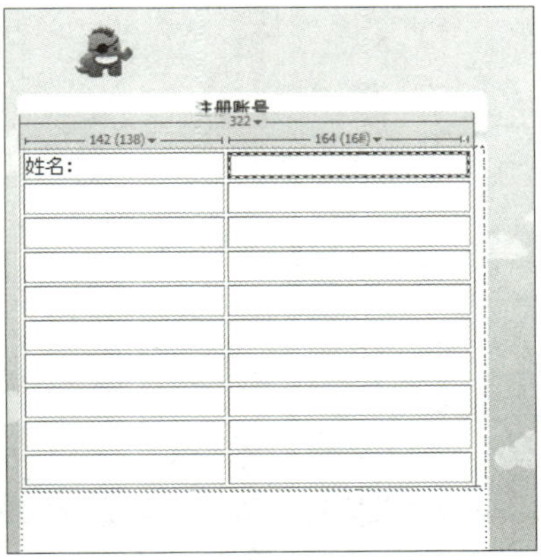

图 8-151　插入文本域

06 选中插入的文本域，打开“属性”面板，设置“字符宽度”参数为 25，“最多字符数”参数为 10，“类型”为“单行”，如图 8-152 所示。

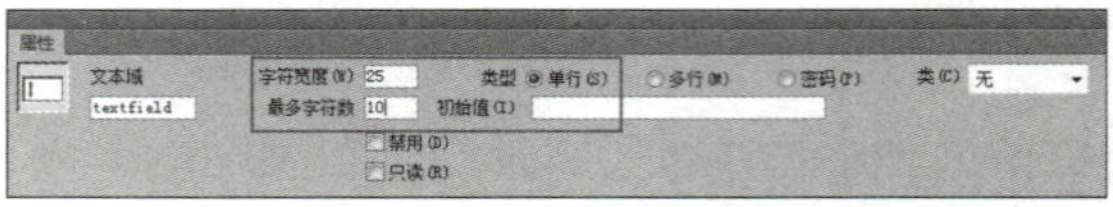

图 8-152　属性设置

8.7.3　插入单选按钮和复选框

单选按钮只允许从选项组中选择一个选项，复选框则允许选择一个或多个选项。

01 在第 2 行第 1 列单元格中输入文字“性别：”。

02 将光标置于第 2 行第 2 列单元格中，执行“插入”|“表单”|“单选按钮”命令，如图 8-153 所示，单元格中即插入了一个单选按钮，如图 8-154 所示。

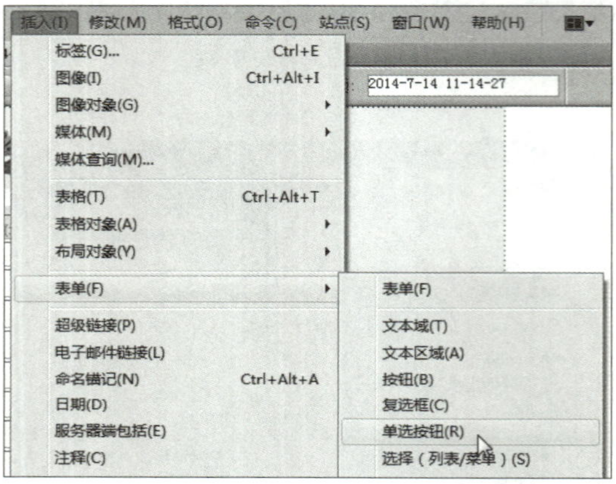

图 8-153　执行“插入”|“表单”|“单选按钮”命令

图 8-154　插入单选按钮

03 在单选按钮后输入相应的文字。使用相同的方法，继续插入单选按钮和文字，如图 8-155 所示。

04 选中第 2 个单选按钮，在“属性”面板中修改“初始状态”为“已勾选”，如图 8-156 所示。

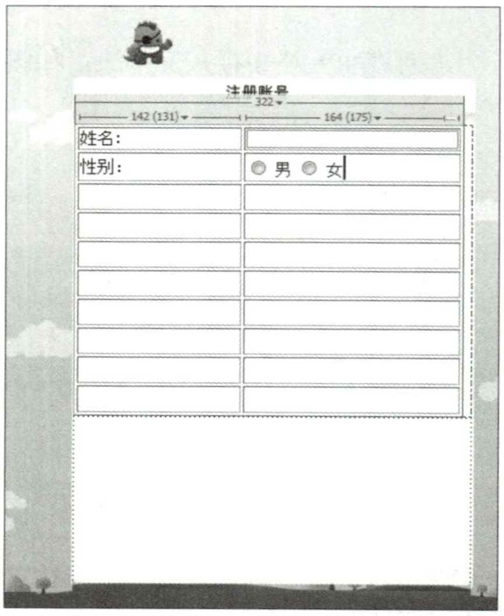

图 8-155　插入单选按钮与文字

图 8-156　修改初始状态

提示：单选按钮的“属性”面板中参数介绍如下。

- 单选按钮：用来设置所选单选按钮的名称。
- 选定值：用来设置单选按钮传递变量的值。
- 初始状态：用来设置单选按钮的初始状态，即在浏览器中首次载入该表单时单选按钮的默认状态。包括“已勾选”和“未选中”两个选项。“已勾选”指单选按钮的初始状态为选中状态。默认显示为“未选中”。

05 在第 3 行第 1 列单元格中输入文字“爱好：”，然后将光标置于第 3 行第 2 列。
06 执行“插入”|“表单”|“复选框”命令，如图 8-157 所示。
07 此时的单元格中即插入了一个复选框，如图 8-158 所示。

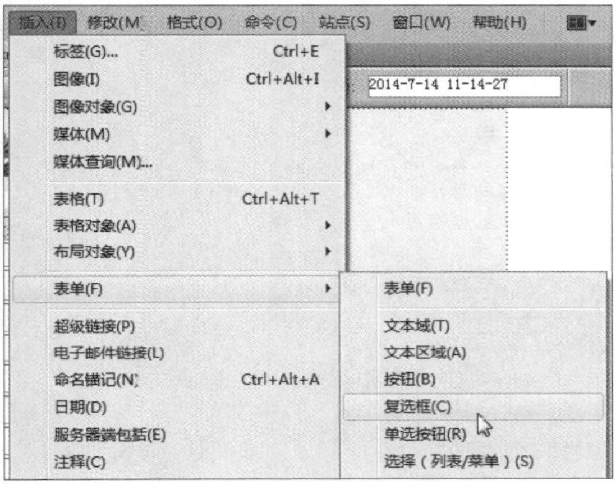

图 8-157 执行“插入”|“表单”|“复选框”命令

图 8-158 插入复选框

08 继续插入复选框，并在复选框后输入相应的文字，如图 8-159 所示。
09 或者直接执行“插入”|“表单”|“复选框组”命令，如图 8-160 所示。

图 8-159 输入文字

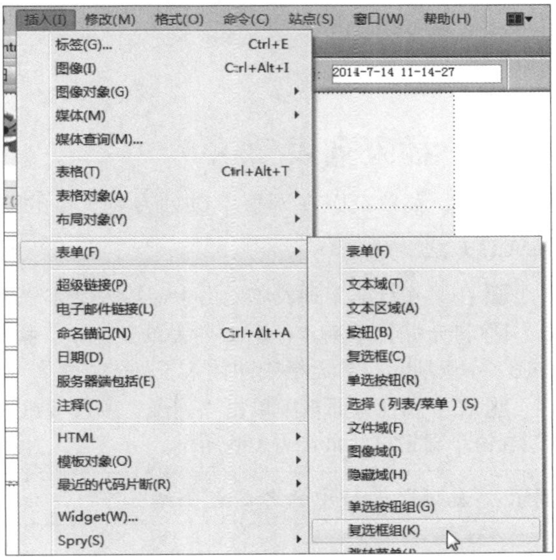

图 8-160 执行命令

10 弹出“复选框组”对话框，单击“复选框”后的[+]按钮，添加一个复选框，如图 8-161 所示。

11 单击“标签”下的复选框名称进行修改，如图 8-162 所示。

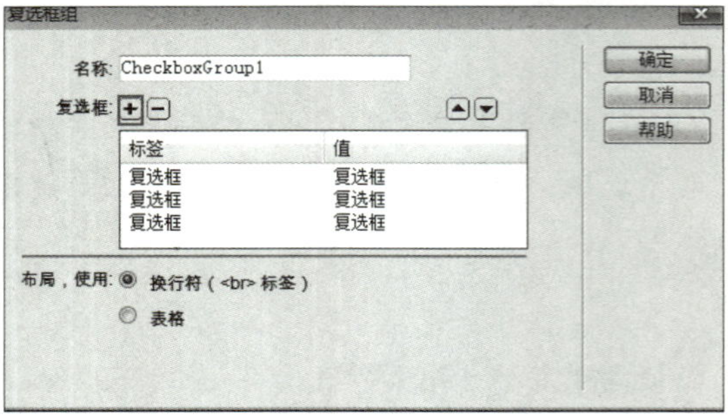

图 8-161　添加复选框

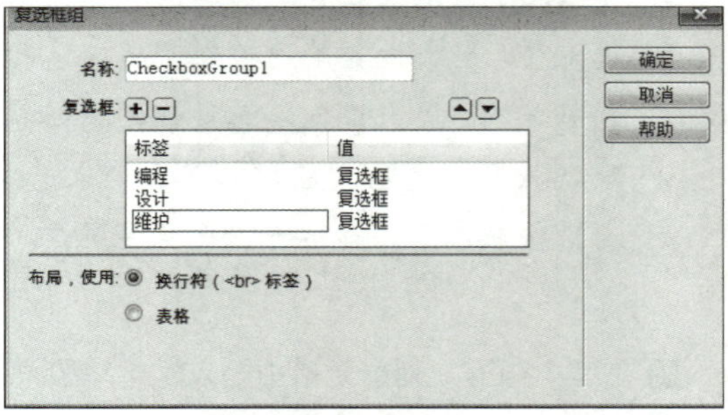

图 8-162　修改名称

12 单击“确定”按钮，此时的表格中即添加了 3 个复选框组成的复选框组，页面如图 8-163 所示。

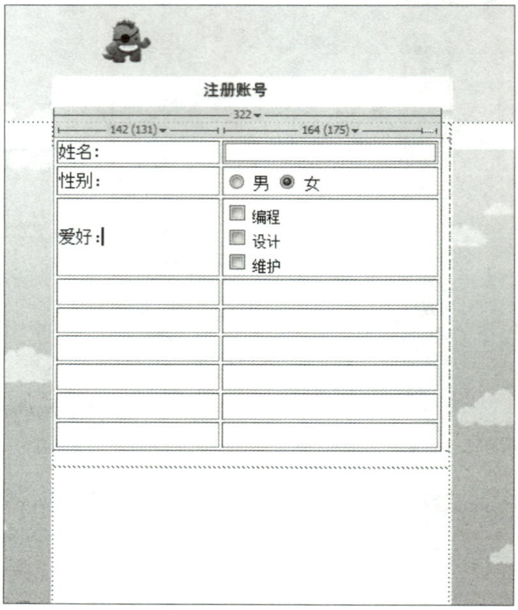

图 8-163　页面

8.7.4　插入列表/菜单

列表 / 菜单可以在网页中以列表或菜单的形式提供一系列的预设选项。下面介绍插入列表 / 菜单的方法。

01 在第 4 行第 1 列表单元格中，输入文字“职业:”，如图 8-164 所示。

02 将光标置于第 4 行第 2 列表单元格中，执行“插入”|“表单”|“选择（列表 / 菜单）”命令，如图 8-165 所示，单元格中即插入了列表 / 菜单，如图 8-166 所示。

03 在“属性”面板中单击“列表”单选按钮，然后单击“列表值”按钮，如图 8-167 所示。弹出“列表值”对话框，如图 8-168 所示。

提示:“属性”面板中的各参数介绍如下。

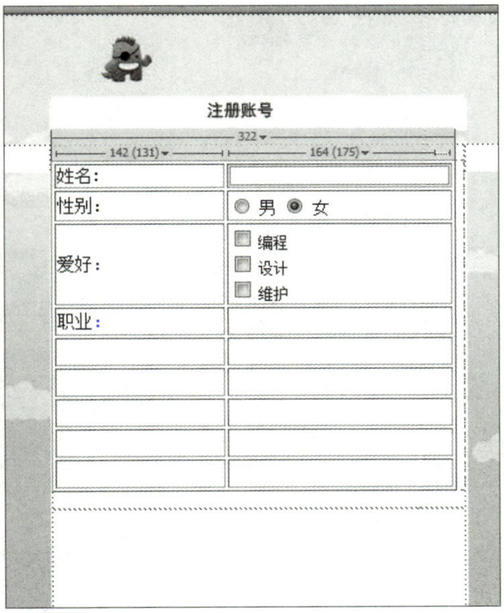

图 8-164　输入文字

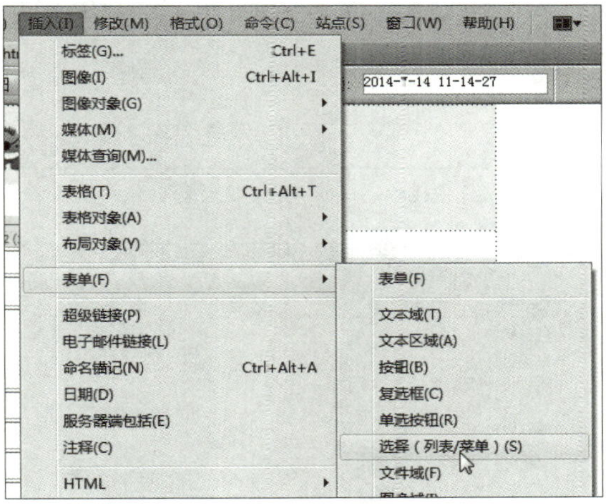

图 8-165　执行命令

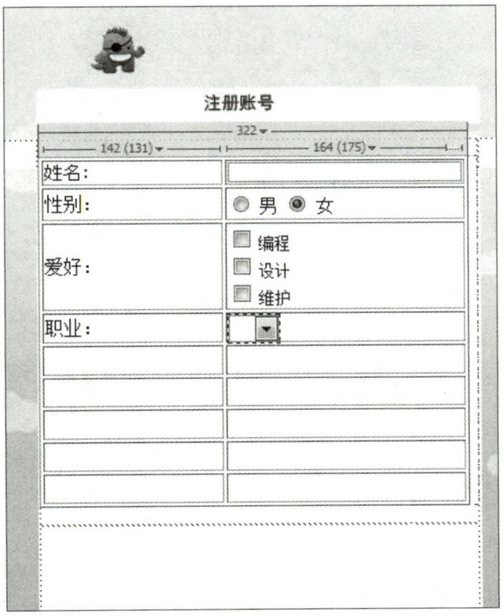

图 8-166　插入列表菜单

图 8-167　单击“列表值”按钮

- 列表 / 菜单名称：在文本框中输入列表 / 菜单的名称。
- 类型：选择菜单或列表，菜单为弹出式菜单，列表则为滚动式列表。
- 高度：设置列表框中显示的行数，单位为字符。
- 选定范围：勾选“允许多选”复选框，则可以选择多个选项。
- 初始化时选定：设置列表中默认显示的列表项。
- 列表值：单击该按钮，可在弹出的对话框中设置列表菜单。

05 单击[+]按钮，新增列表，并输入相应的名称，如图 8-169 所示。

06 单击“确定”按钮，单元格中即新增了一个滚动列表，如图 8-170 所示。

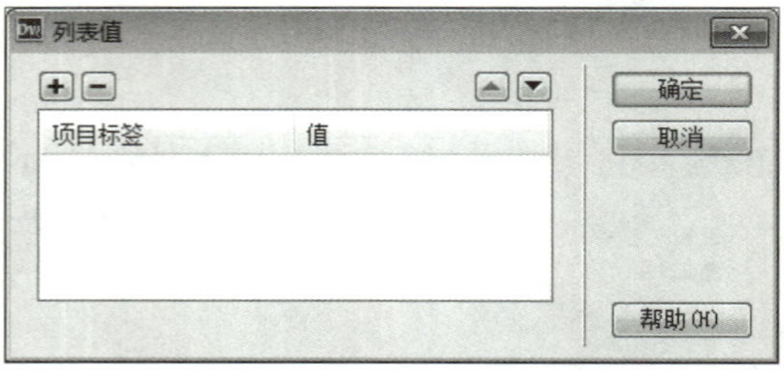

图 8-168　弹出“列表值”对话框

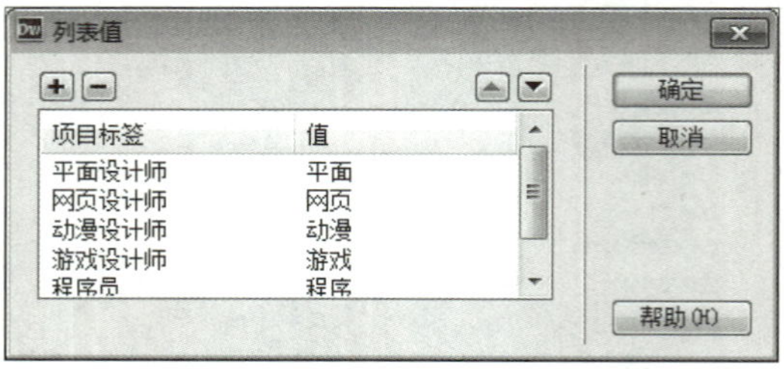

图 8-169　新建列表

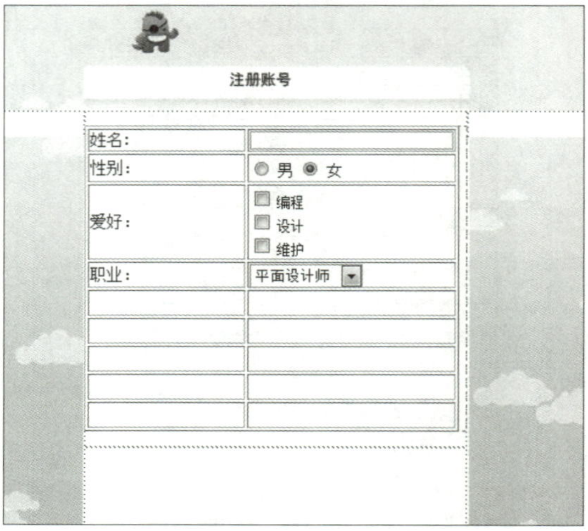

图 8-170　新增滚动列表

8.7.5　插入文件域

文件域能够在网页中建立一个文件地址输入选择栏和一个“浏览”按钮，可以在本地计算机中选择上传的文件。

01 在第 5 行第 1 列单元格中输入文字“头像选择：”，如图 8-171 所示。

02 将光标置于第 5 行第 2 列单元格中，执行“插入”|“表单”|“文件域”命令，如图 8-172 所示。单元格中即插入了一个文件域，如图 8-173 所示。

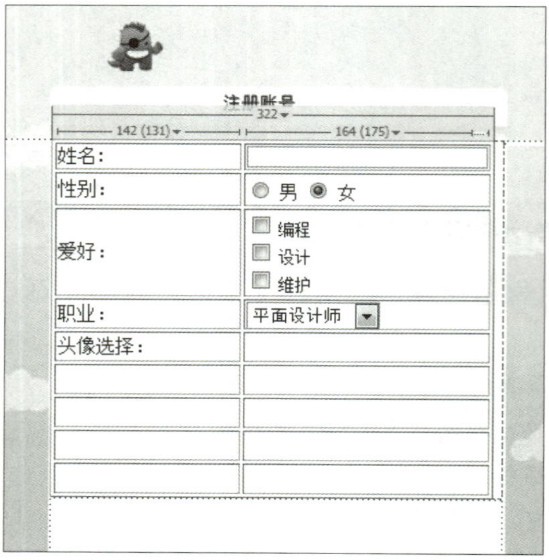

图 8-171　输入文字

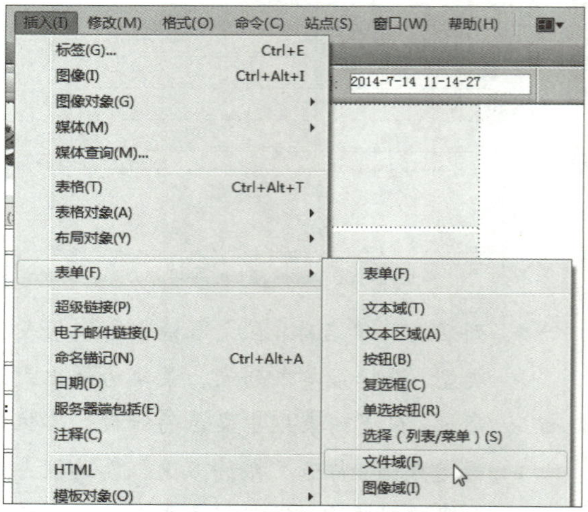

图 8-172　执行“插入”|“表单”|“文件域”命令

03 在“属性”面板中可对文件域的属性进行设置，如图 8-174 所示。

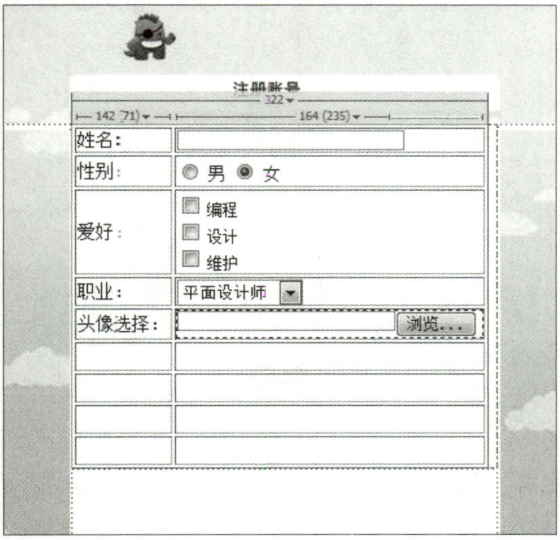

图 8-173　插入文件域

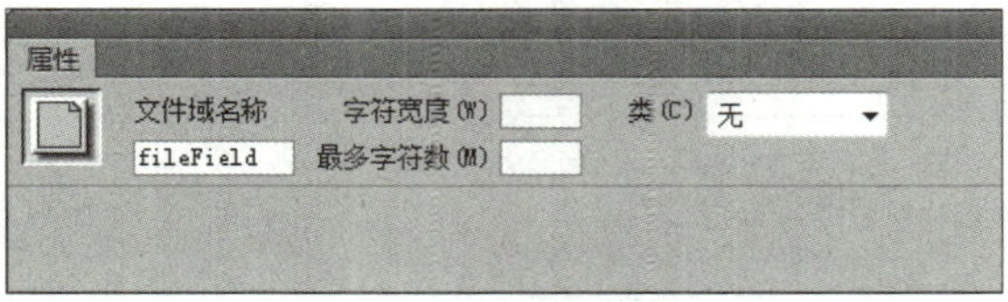

图 8-174　设置属性

8.7.6　插入跳转菜单

插入跳转菜单后，单击则可以跳转到相应的网页或文件。

01 选择第 6 行的两个单元格，单击鼠标右键，执行“表格”|“合并单元格”命令，如图 8-175 所示。

02 执行“插入”|“表单”|“跳转菜单”命令，如图 8-176 所示。

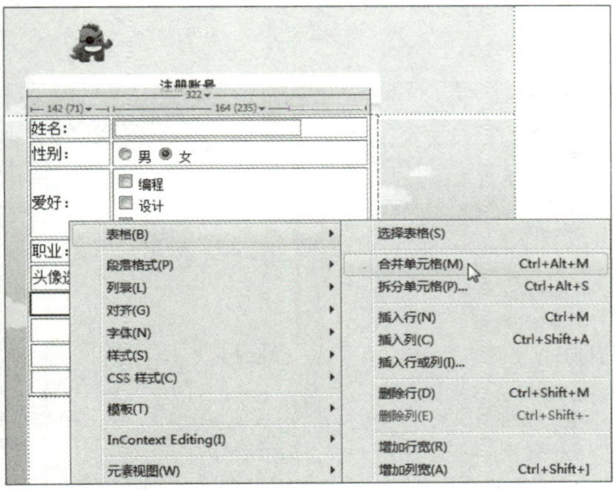

图 8-175　执行“表格”|“合并单元格”命令

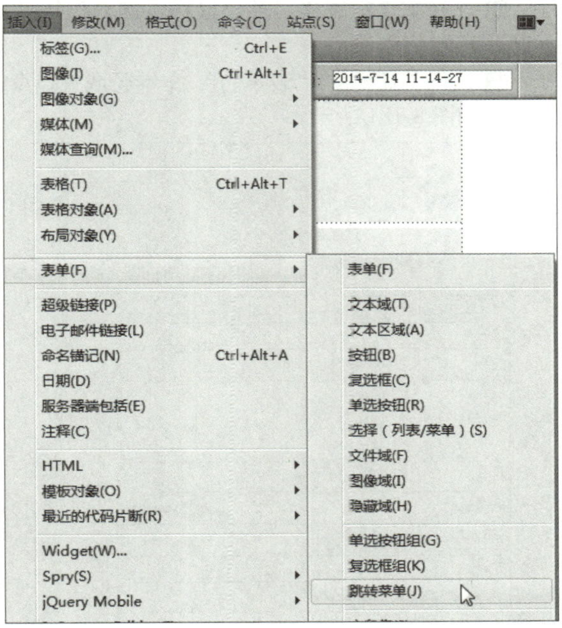

图 8-176　执行“插入”|“表单”|“跳转菜单”命令

03 弹出“插入跳转菜单”对话框，在文本框中输入“阅读相关协议”；在“选择时，转到 URL”文本框中输入网址链接，并勾选“菜单之后插入前往按钮”复选框，如图 8-177 所示。

04 单击“确定”按钮，单元格中即插入了跳转菜单，如图 8-178 所示。

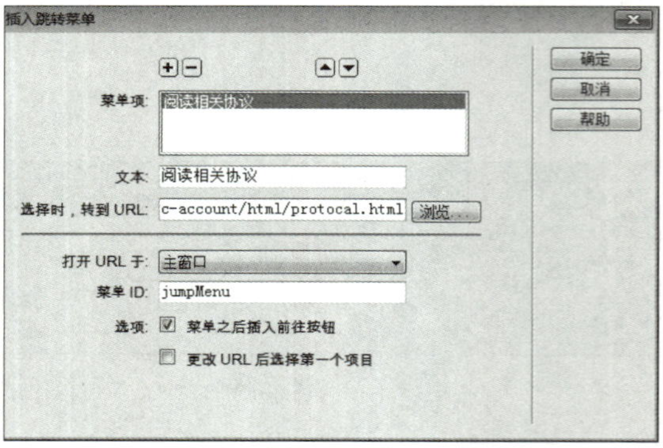

图 8-177 设置对话框参数

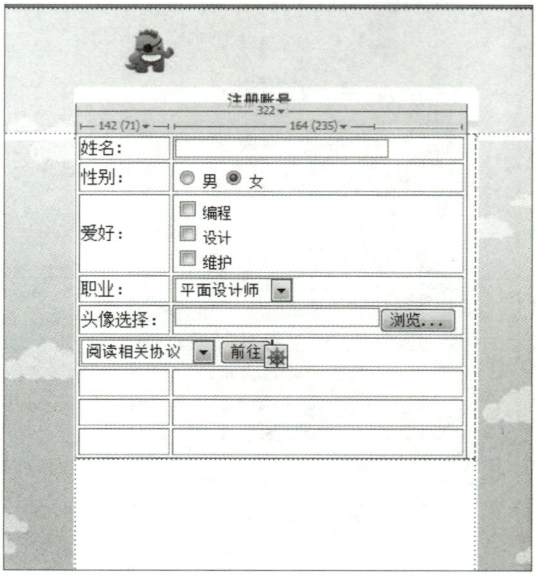

图 8-178 插入跳转菜单

8.7.7 插入文本区域

插入文本区域类似于插入文字字段，只不过文本区域可以输入更多的文本。

01 选择第 7 行表格，单击鼠标右键，执行“表格”|“合并单元格”命令，输入文字“密码:”，如图 8-179 所示。

02 执行“插入”|“表单”|“文本区域”命令，如图 8-180 所示。在单元格中即添加了一个文本区域，如图 8-181 所示。

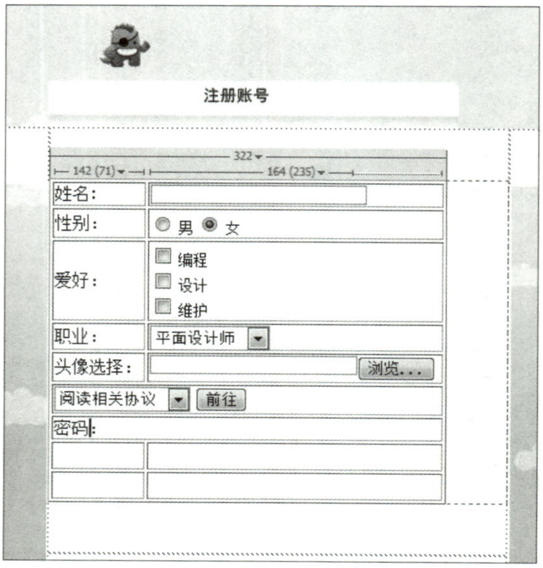

图 8-179 输入文字

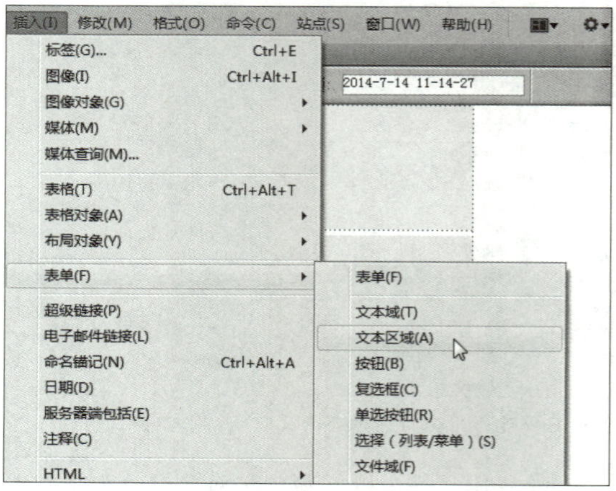

图 8-180 执行“插入”|“表单”|“文本区域”命令

03 修改属性参数，如图 8-182 所示。修改后的表单如图 8-183 所示。

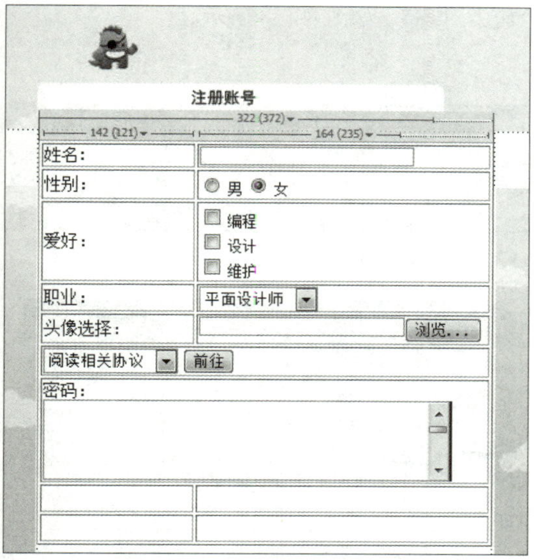

图 8-181　添加文本区域

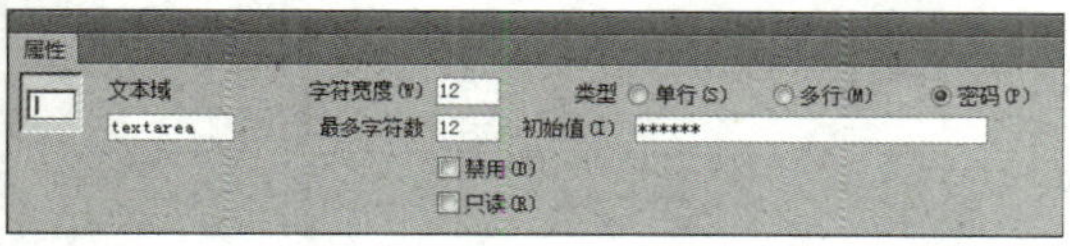

图 8-182　修改属性

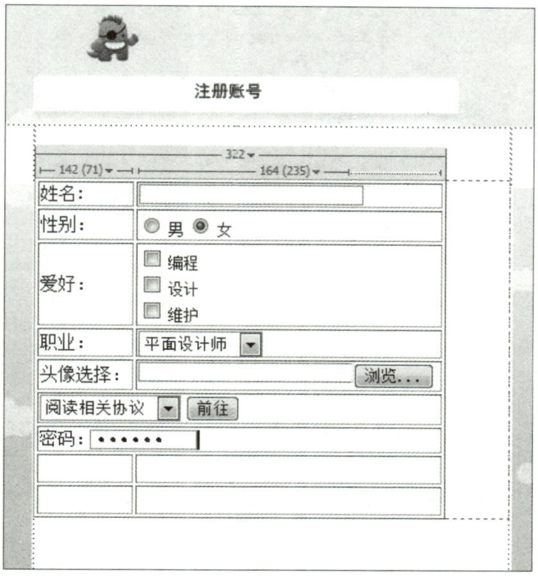

图 8-183　修改后的表单

8.7.8　插入按钮

按钮用于控制整个表单的操作，如使用表单按钮可以将输入的表单数据提交到服务器中。

01 选择最后两行单元格，单击鼠标右键，执行“表格”|“合并单元格”命令，合并后的效果如图 8-184 所示。

02 执行“插入”|“表单”|“按钮”命令，如图 8-185 所示。该单元格中即插入了一个按钮，如图 8-186 所示。

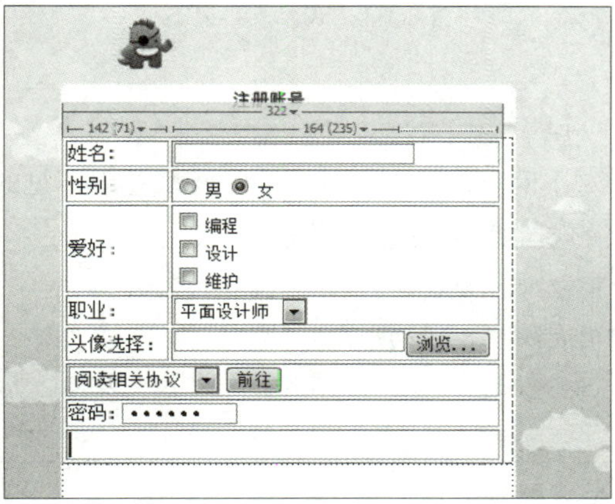

图 8-184　合并后的效果

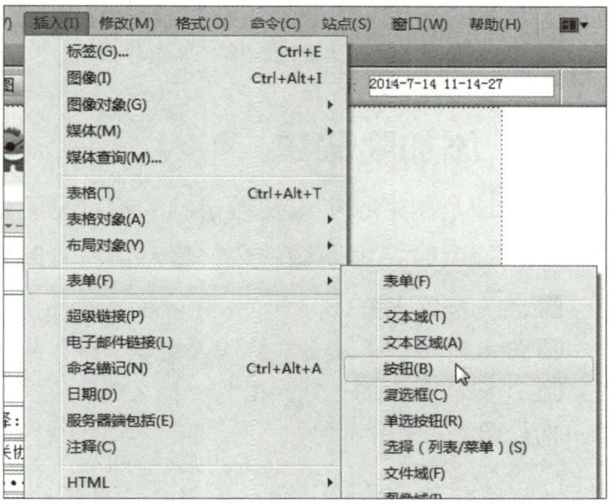

图 8-185　执行“插入”|“表单”|“按钮”命令

03 在“属性”面板中修改“值”为“注册”，如图 8-187 所示。

04 按住 Ctrl 键选择该单元格，设置“水平”为“居中对齐”，如图 8-188 所示。

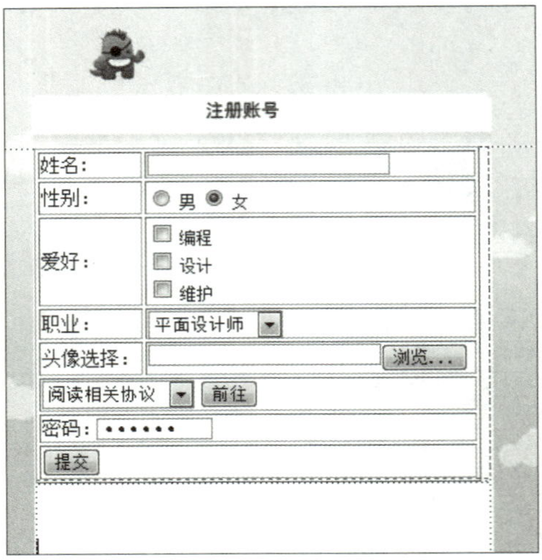

图 8-186　插入按钮

图 8-187　修改“值”为“注册”

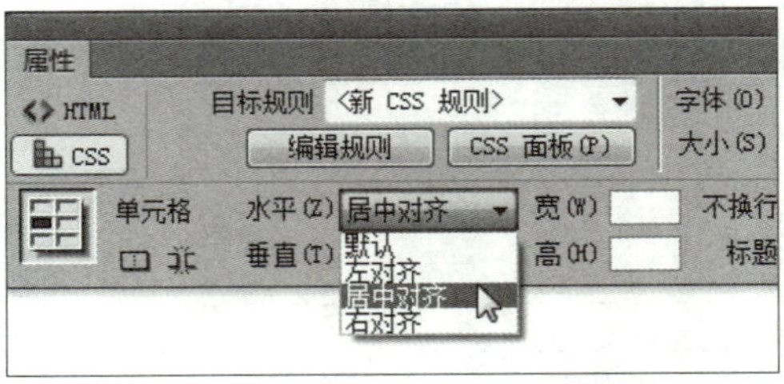

图 8-188　设置“水平”为“居中对齐”

05 再次插入一个按钮，在“属性”面板中修改“值”为“清空”，并单击“重设表单”单选按钮，如图 8-189 所示。

06 调整表格的大小后效果如图 8-190 所示。

图 8-189　单击“重设表单”单选按钮

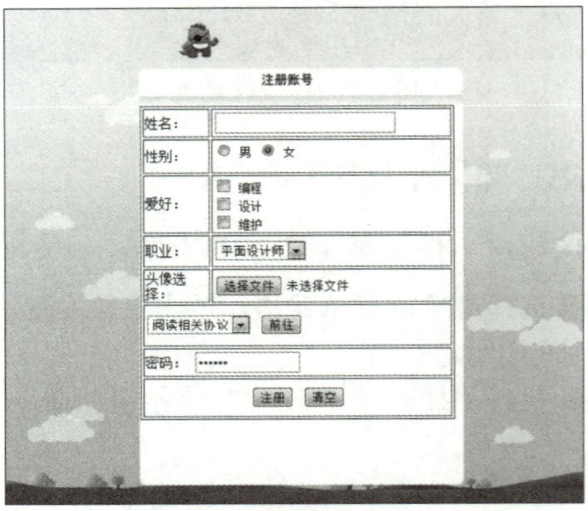

图 8-190　调整表格大小

8.7.9　添加隐藏域

隐藏域是用来收集或发送信息的不可见元素，对于网页的访问者来说，隐藏域是看不见的。当表单被提交时，隐藏域就会将信息用设置时定义的名称和值发送到服务器上。

01 将光标置于第 2 行中，单击鼠标右键，执行“表格”|“插入行”命令，如图 8-191 所示。

02 插入行后，输入文本并插入文本字段，此时的页面如图 8-192 所示。

03 选择第 2 行第 2 列，执行“插入”|“表单”|“隐藏域”命令，如图 8-193 所示。插入隐藏域的页面如图 8-194 所示。

提示：隐藏域的“属性”面板如图 8−195 所示，各参数解释如下。

- 隐藏区域：用于设置所隐藏域的名称。
- 值：用于设置隐藏域的值。

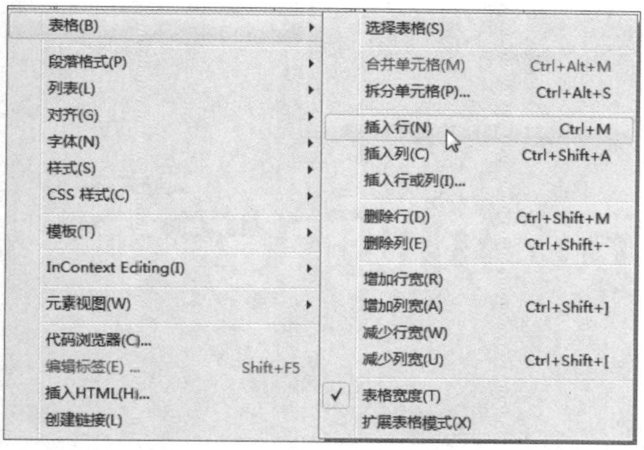

图 8-191　执行“表格”|“插入行”命令

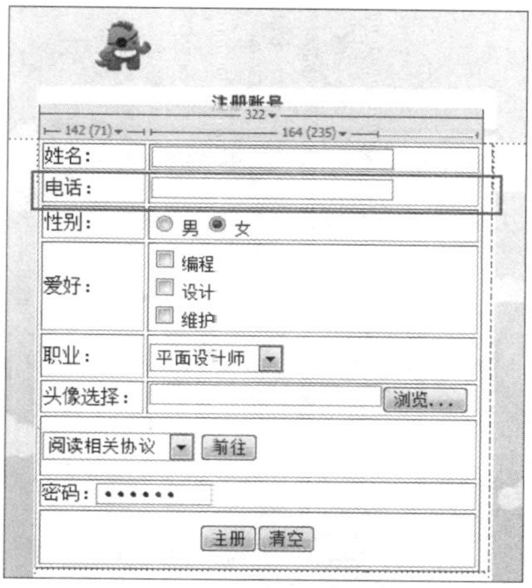

图 8-192　页面效果

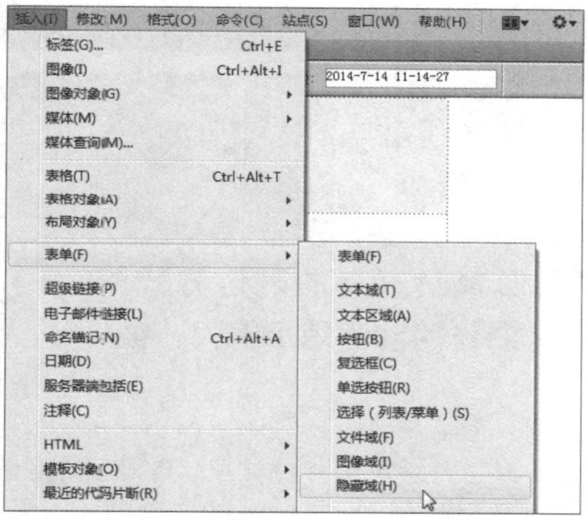

图 8-193　执行“插入”|“表单”|“隐藏域”命令

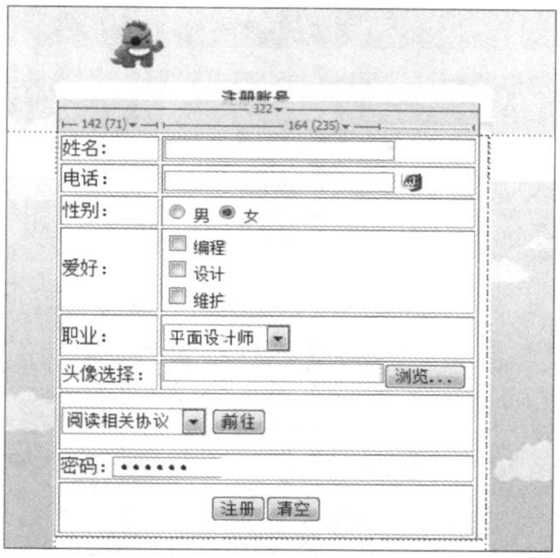

图 8-194　插入的隐藏域

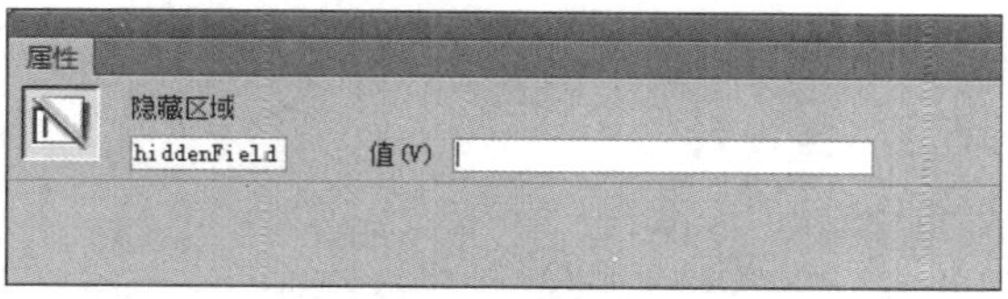

图 8-195　隐藏域的“属性”面板

模块 9 网页动画设计

内容概要

在信息传递过程中，动画是一种既形象又直接的表达方式。Animate 是一款优秀的矢量动画制作软件，制作的动画短小精悍，被广泛应用于网页动画的设计中。

知识要点

- 掌握网页动画基本理论
- 掌握基本动画设计
- 学会 Animate 网页广告设计
- 学会 Animate 导航设计

9.1 网页动画基本理论

动画，是经由创作者的精心编排与设计，使原本无生命的事物仿佛被赋予了生命。简单来说，动画就是将静态画面转化动态表现，也称之为画出来的运动。

网页动画是基于计算机网络的动画形式，是网络媒体的重要组成部分。

9.1.1 网页动画特点

网页动画之所以应用广泛，与其自身的特点是分不开的。

1. 互动性强，富有趣味性

网络动画之所以成为网络媒体的构成元素之一，正是因为其具备实现交互的能力，这也成为网络动画最重要的、有别于其他动画形式的固有特征。网页动画的交互性使用户可以更精确、更容易地控制动画的播放。

2. 表现力强，富有吸引力

网页动画短小精悍，表现力极强，网页广告、网站欢迎页或网页 Banner 等网页动画通常都具有较大的视觉冲击力，能最大程度地吸引浏览者的注意。

3. 文件容量小，加载速度快

通过关键帧和组件技术的使用，使得生成的动画文件非常小，几 K 字节的动画文件已经可以实现许多令人心动的动画效果，使得动画可以在网页瞬间加载后里就能流畅播放。流媒体播放技术允许动画可以边下载边播放，这意味着即使后续内容还没有下载到硬盘，用户也可以开始观赏动画。

4. 矢量绘制，生动形象

使用 Animate 创建的元素是用矢量来描述的。与位图图形不同，矢量图形可以任意缩放尺寸而不会影响图形质量。网页动画将音乐、动画、声效等融为一体，大大增强了生动性和感染力。

9.1.2 网页动画种类

据网页动画根据其交互功能，可以分为两类，即演示类和交互类。演示类动画是指以展示为目的的动画，包括专题片头、广告、动画 Banner 等；交互类动画则实现交互功能，如按钮、表单、游戏等。根据网页动画的制作工序，可将网页分为逐帧动画和元件动画。

1. 逐帧动画

逐帧动画是一种常见的动画形式，其原理是在“连续的关键帧”中分解动画动作，也就是在时间轴上逐帧绘制不同的内容，使其连续播放而形成动画。逐帧动画具有非常大的灵活性，几乎可以表现任何想表现的内容，而它类似于电影的播放模式，很适合于展现细腻的动画。

2. 元件动画

元件动画是指创建元件后，对元件使用补间、遮罩、引导或添加脚本语言的动画效果。网页中具备交互功能的动画就是元件动画。浏览者可以使用用鼠标或键盘对动画的播放进行控制，如图 9-1 所示。

图 9-1　网页中的元件动画

9.1.3　网页动画设计原则

动画是网页中最吸引人的元素，具有很强的视觉冲击力。在网页中，动画往往是第一视觉中心，因此在传达主要信息时动画是有效的手段。网页动画起到调节页面的重要作用，在静态页面为主的网站中适当地加入动画，可以达到“动静相宜”的良好视觉效果。

要做好网页动画，应遵循以下两个基本原则。

1. 形式服务于内容

网页动画的最重要目的是信息的准确传达，形式为内容服务、形式与内容的统一是创意设计的出发点。在此前提下，寻找创意的突破口，达到既合情合理，又出人意料的效果。内容与形式的统一包括信息载体的选择与信息内容的统一、色彩与内容的统一，以及字体与内容的统一等。有些页面内容不适合安排较多的动画，这时设计者应避免动画过多地“抓”注意力，而忽视主题内容的情形。

2. 适量安排动画数目

视觉总是处在一个不断运动的状态中，即使视觉主体是静止不动的，视线也在按照视觉流程不断搜索。网页上某个区域采用动画形式，动静对比能使其引人注目。如果页面上还有其他动画区域，由于视觉的生理本能，能使视线游移于亮点之间，形成一条线；如果是多个动点，则视线会游移于多点，每个点都未能得到足够的关注，反而背离制作动画的初衷。这一点在综合网站的设计规划中尤为重要。如果在页面上必须出现不止一个动画，则应给予较大的区别，例如采用面积的大小对比，或形成时间差别。遵守运动视觉传达的规律，有意识地使浏览者的视线关注该区域而形成视觉流程。

9.1.4　常见动画设计效果

场景的动画设计效果包括色彩循环动画、元素沿直线或曲线的滚动、元素的跳动与闪动、元素的淡入与淡出、元素飞入画面、元素的缓慢旋转、闪烁和灯光效果、元素之间的过渡与变形等。

1. 色彩循环动画

通过改变图形的色彩属性来实现色彩的循环变化，如网页中的宣传广告，通过文字颜色的改变吸引浏览者的注意力。

2. 元素沿直线或曲线的滚动

文字或图片的滚动，或直线移动，或沿固定路线移动，这种动画在 Animate 中表现为引导动画。如公告栏中滚动的字幕、蝴蝶沿着弧线飞舞，等等。

3. 元素的跳动与闪动

通过对元素进行上下位置的移动，使元素跳动起来，如网页广告中的按钮，吸引用户点击。或者通过对元素的大小调整或挤压拉伸等变形操作，使元素闪动起来，在跳动后保持 5~10 秒的静止，这样跳动可以吸引浏览者的视线，静止则使浏览者能看清图像。

4. 元素的淡入与淡出

图像、文字等元素从无到有或从有到无，实现淡入淡出的过渡效果，在 Animate 中可以通过改变元素的透明度实现。

5. 元素飞入画面

文字或图片从某处飞到另一处，常见的效果有下雨、下雪、小鸟飞行等。

6. 元素的缓慢旋转

如汽车车轮的旋转、立体图形的旋转等。通过设置动画中的旋转方法来实现旋转的动画效果，通常旋转几周后就停顿一会儿。

7. 闪烁和灯光效果

通过角色入场出现闪烁效果，用以吸引浏览者的注意，通常是运用从无到有、再到正常显示的动画来实现。

8. 元素之间的过渡与变形

将一幅图像的部分或整体毫无痕迹地融入另一幅图像中。

9.2 创建简单动画

动画技术是指采用逐帧拍摄对象并连续播放以产生运动的影像技术。当快速播放动画时，人的眼睛会产生视觉暂留现象，所以感觉画面动了起来。在 Animate 中，动画分为逐帧动画、补间动画、补间形状动画和传统补间动画 4 种类型。

9.2.1 逐帧动画

逐帧动画由若干关键帧组成，通过关键帧的不断变化，完成整个动画。在制作逐帧动画时，设计者需要对每一帧的内容进行绘制，因此，工作量较大，但产生的动画效果非常逼真。逐帧动画多用于制作复杂动画。

1. 逐帧动画的特点

逐帧动画是指在时间轴中逐帧绘制不同的内容，并连续播放以形成动画效果。逐帧动画具有以下几个特点。

- 逐帧动画占用较大内存，文件很大。
- 逐帧动画由众多单个的关键帧组合而成，每个关键帧均可独立编辑，并且相邻关键帧中的对象变化不大。
- 逐帧动画具有非常大的灵活性，几乎可以表达任何形式的动画。
- 逐帧动画分解的帧越多，动作就会越流畅，适合制作特别复杂及细节丰富的动画。
- 逐帧动画中的每一帧都是关键帧，每一帧的内容都要进行手动编辑，工作量很大，这也是传统动画的制作方式。

2. 导入逐帧动画

在制作动画时，可以通过导入 JPEG、PNG、GIF 等格式的图像创建逐帧动画。导入 GIF 格式的位图与导入同一序列的 JPEG 格式的位图类似，如图 9-2 所示，只需将 GIF 格式的图像导入舞台，即可在舞台中直接生成动画。

图 9-2　导入图像

9.2.2　补间动画

补间动画是指一种使用元件的动画，通过补间动画可以设置对象的属性，制作运动、大小和旋转的变化、淡化及颜色效果。补间动画常用于制作由对象的连续运动或变形所构成的动画。与传统补间和形状补间相比，补间动画会自动构建运动路径，以便为第 1 帧和下一个关键帧之间的各帧设置动画。

1. 创建补间动画

在 Animate 中有 3 种创建补间动画的方式。

- 选择舞台中要创建补间动画的实例或图形，在时间轴中右击任意帧，在弹出的快捷菜单中选择“创建补间动画”命令。
- 选择舞台中要创建补间动画的实例或图形，执行“插入”→“补间动画”命令。
- 选择舞台中要创建补间动画的实例或图形，右击对象，在弹出的快捷菜单中选择“创建补间动画”命令。

2. 编辑补间动画运动路径

补间路径是一条表示所补间实例或图形空间运动的直线。确定补间实例或图形在舞台中的位置后，可以看到该对象在舞台中显示的一条运动路径，这条路径即为补间路径，如图 9-3 所示。

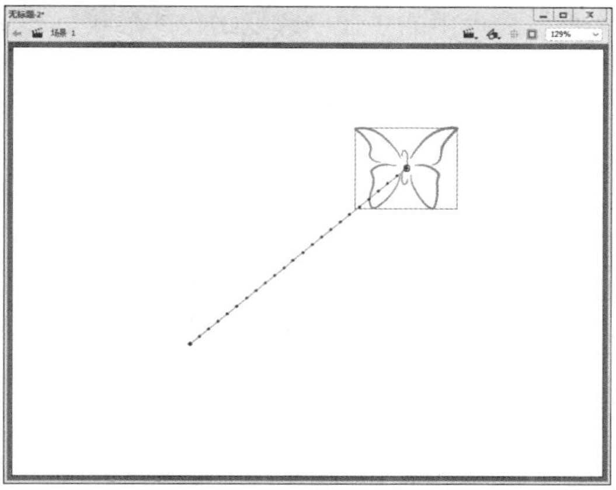

图 9-3 补间路径

在 Animate 中，有多种方式可以改变补间动画的运动路径，常见的有如下几种。

- 在补间范围的任意帧中改变对象位置，即可改变补间动画的运动路径，如图9-4和图9-5所示。

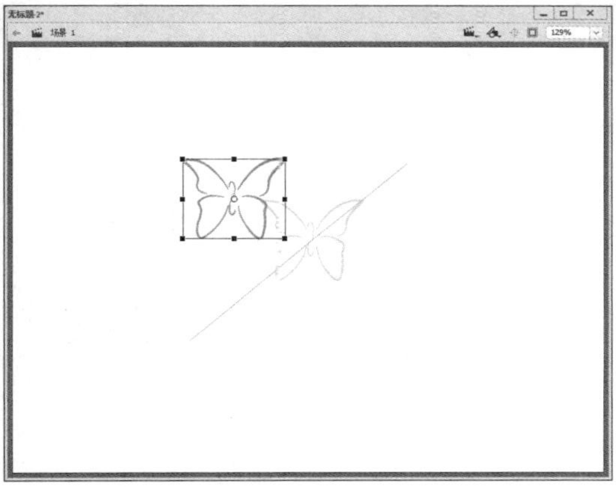

图 9-4 改变对象位置 1

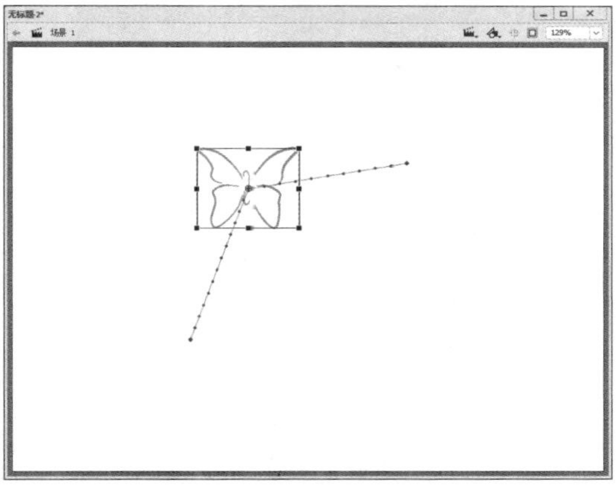

图 9-5 改变对象位置 2

- 使用“选择工具”“部分选取工具”“任意变形工具”更改补间路径的位置、形状或大小，如图9-6和图9-7所示。

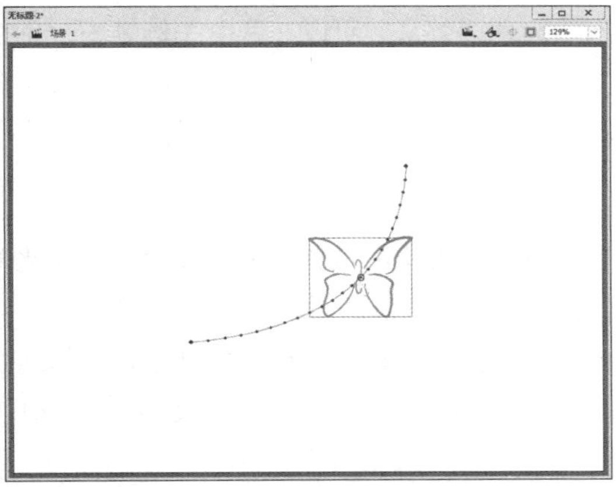

图 9-6 更改补间路径位置、形状、大小 1

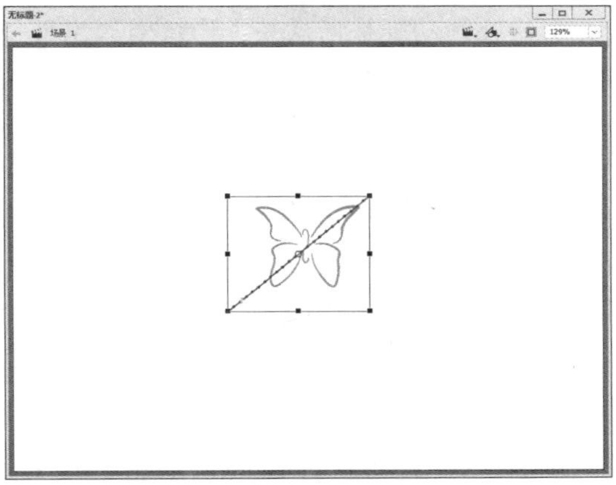

图 9-7 更改补间路径位置、形状、大小 2

● 使用“修改”→“变形”命令中的子命令改变路径的形状，如图9-8和图9-9所示。

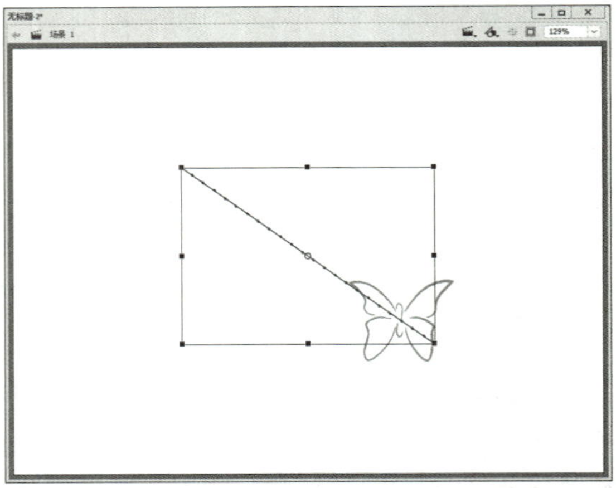

图 9-8　使用子命令改变路径形状 1

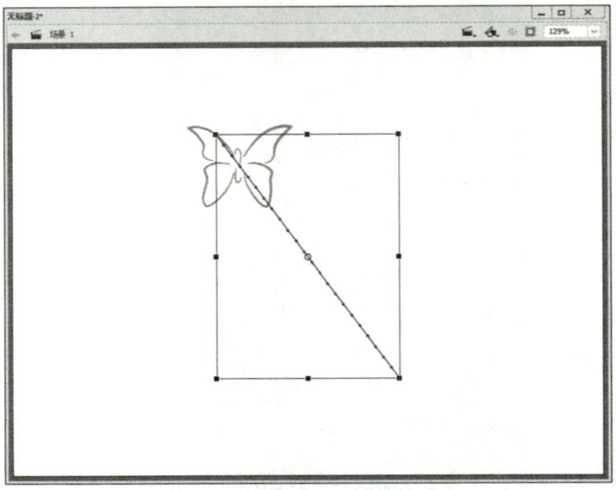

图 9-9　使用子命令改变路径形状 2

● 在“属性”面板中调整路径的选项，如图9-10和图9-11所示。

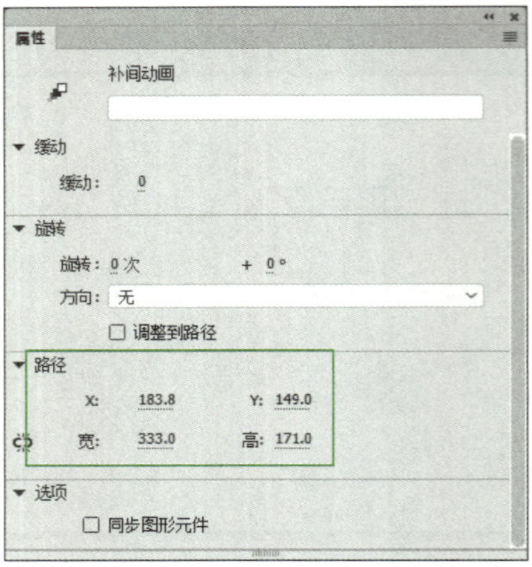

图 9-10　在“属性”面板中调整路径选项

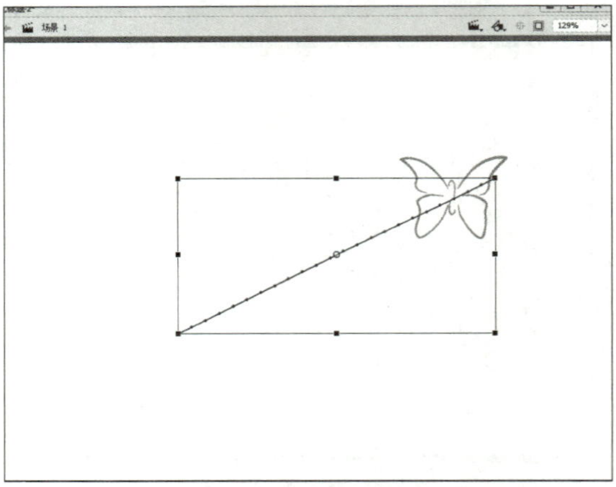

图 9-11　路径选项调整后的效果

9.2.3　补间形状动画

形状补间动画是指从一个形状变形为另一个形状的动画效果。可以在两个关键帧中分别绘制一个形状，然后利用 Animate 生成二者之间各帧中的值或形状的动画。如图 9-12 和图 9-13 所示为形状补间动画，形状补间动画适用于图形对象。

1. 创建形状补间动画

使用形状补间动画可以实现两个图形之间颜色、大小、形状和位置的相互变化，其变化的灵活性介于逐帧动画和补间动画之间。下面介绍创建形状补间动画的方法。

移动时间线至第 1 帧，使用“文字工具”输入文字，按 Ctrl+B 组合键分离文字，如图 9-14 所示。移动时间线至第 24 帧，在同一图层中按 F7 键插入空白关键帧，再次输入文字，按 Ctrl+B 组合键分离文字，如图 9-15 所示。

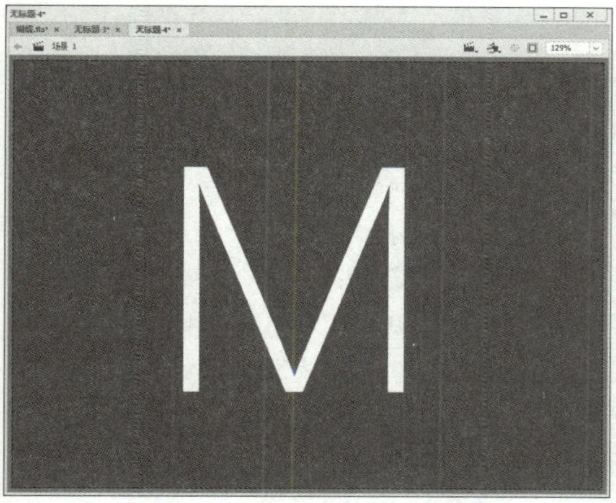

图 9-12 生成形状补间动画 1

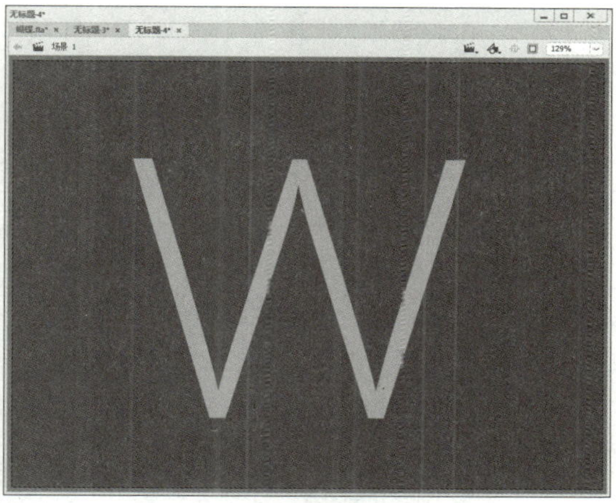

图 9-13 生成形状补间动画 2

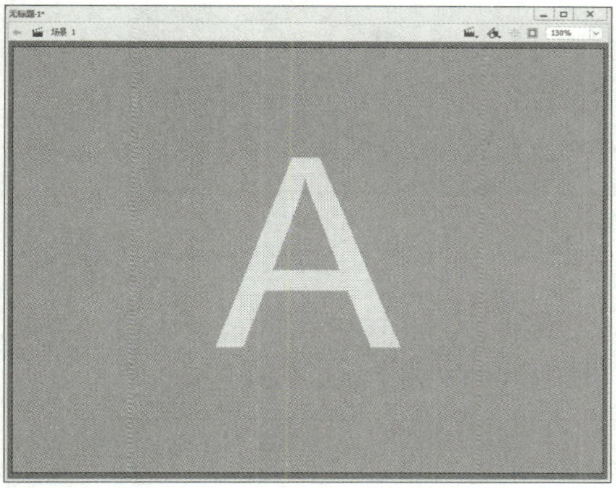

图 9-14 分离文字

图 9-15 再次分离文字

在两个关键帧之间的帧上右击，在弹出的快捷菜单中选择“创建形状补间”命令，即可创建形状补间动画，此时时间轴中的两个关键帧之间变为橘色，如图 9-16 所示。变化过程如图 9-17 所示。

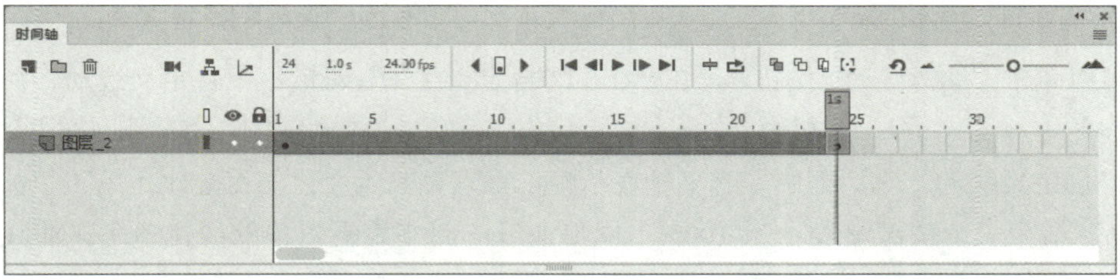

图 9-16 两个关键帧之间变为橘色

2. 编辑形状补间动画

创建形状补间动画后，可以选中形状补间动画中的帧，在“属性”面板中调整形状补间动画，如图 9-18 所示。

下面将针对形状补间动画的两个属性进行介绍。

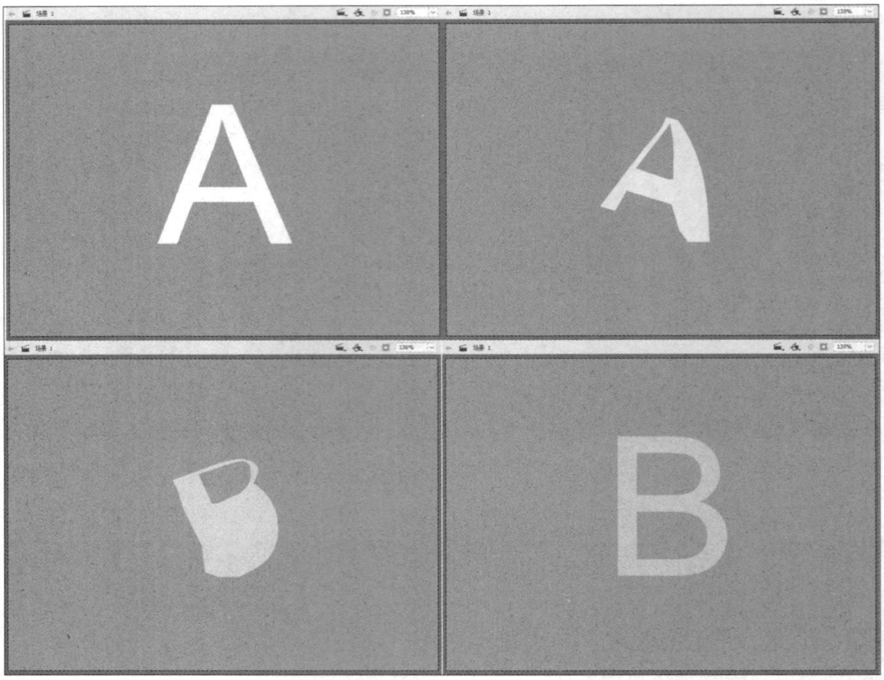

图 9-17　变化过程

（1）缓动

缓动可用于设置形状对象变化的快慢趋势。可以单击“补间”区域中的“缓动类型”设置框，在弹出的缓动预设列表中选择合适的预设，并应用于选中的对象，如图 9-19 所示。

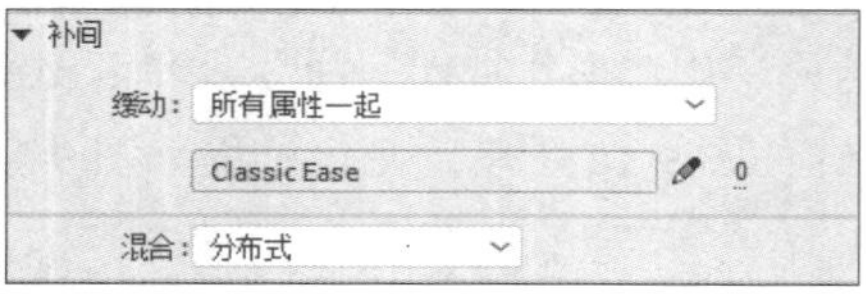

图 9-18　“属性”面板

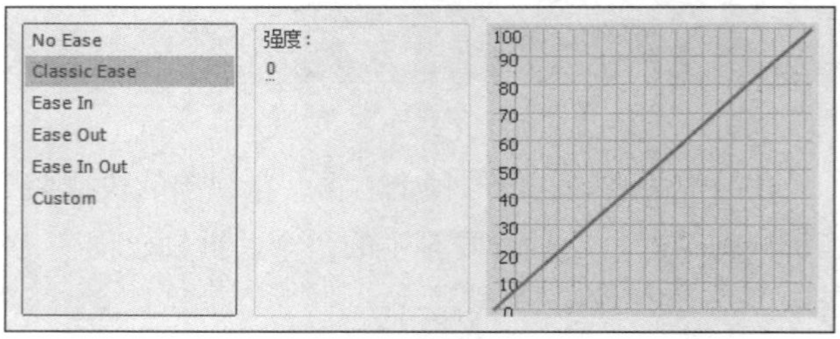

图 9-19　“缓动类型”放置框

也可以单击“编辑缓动”按钮，在弹出的“自定义缓动”对话框中自定义缓动，如图 9-20 所示。

在“自定义缓动”对话框中，水平轴表示帧，垂直轴表示变化的百分比。第 1 个关键帧表示为 0%，最后一个关键帧表示为 100%。图形曲线的斜率表示对象的变化速率。曲线水平时(无斜率)，变化速率为零；曲线垂直时，变化速率最大，一瞬间完成变化。

（2）混合

混合可用于设置形状补间动画的变形形式。在该下拉列表框中，包括“分布式”和“角形”两个选项。若将其设置为“分布式”，则创建的动画中间形状比较平滑；若将其设置为“角形”，则创建的动画中间形状会保留明显的角和直线，该选项适合具有锐化角度和直线的混合形状。图 9-21 和图 9-22 分别为同一帧不同混合形式的效果。

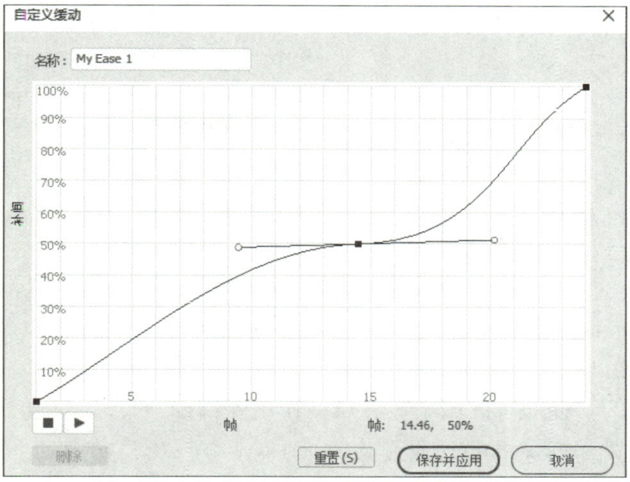

图 9-20 “自定义缓动”对话框

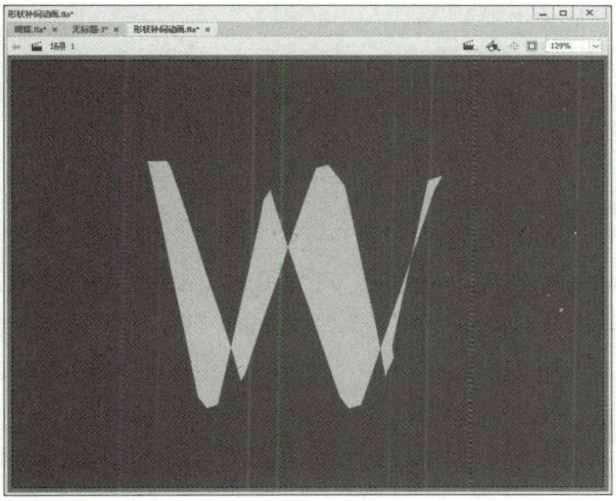

图 9-21 不同混合形式效果 1

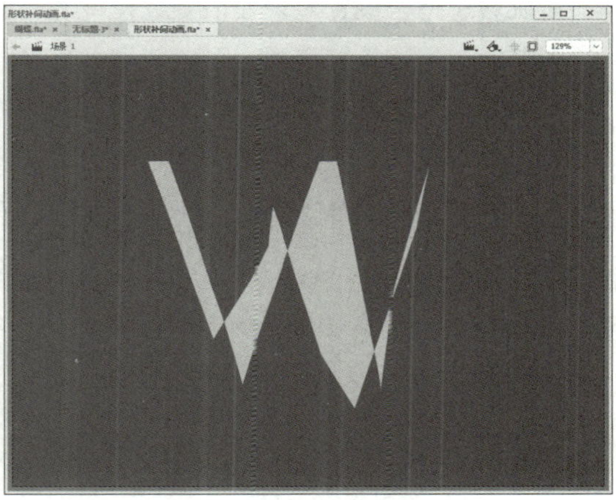

图 9-22 不同混合形式效果 2

9.2.4 传统补间动画

传统补间动画与补间动画类似，但是制作更为复杂。在一个关键帧中定义一个元件的实例、组合对象或文字块的大小、颜色、位置、透明度等属性，在另一个关键帧中改变这些属性，根据二者之间帧的值创建的动画被称为“传统补间动画”。

使用传统补间动画可以在两个具有相同或不同元件的关键帧之间进行补间，多用于有位置变化的补间动画。创建传统补间动画后，时间轴中的两个关键帧之间变为紫色，如图 9-23 所示。

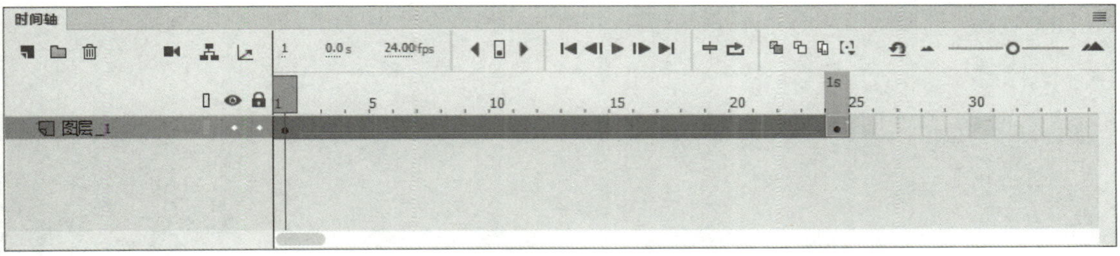

图 9-23 两个关键帧之间变为紫色

创建传统补间动画后，可以选中传统补间动画中的帧，在“属性”面板中调整传统补间动画，如图 9-24 所示。

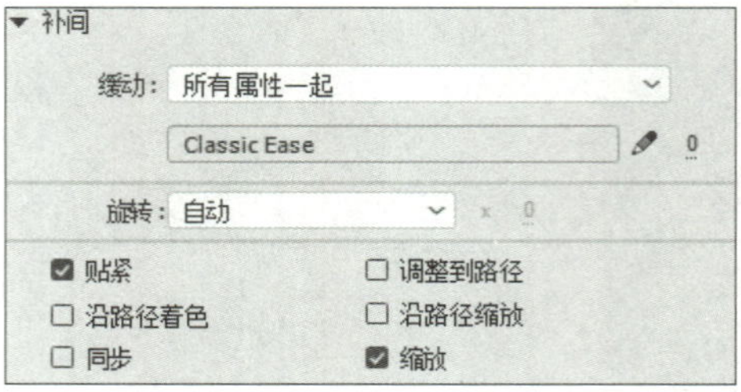

图 9-24 “属性”面板中调整

在“属性”面板的“补间”区域中，各属性作用介绍如下。

- **缓动：**用于设置变形运动的加速或减速。0表示变形为匀速运动，负数表示变形为加速运动，正数表示变形为减速运动。
- **旋转：**用于设置对象在渐变过程中是否旋转以及旋转的方向和次数。
- **贴紧：**勾选该复选框，可以使动画自动吸附到路径上移动。
- **同步：**勾选该复选框，可以使图形元件的实例动画和主时间轴同步。
- **调整到路径：**用于引导层动画，勾选该复选框，可以使对象紧贴路径来移动。
- **缩放：**勾选该复选框，可以改变对象的大小。

提示：若创建传统补间动画时前后两个关键帧中的对象不是“元件”，则 Animate 会自动将前后两个关键帧中的对象分别转换为“补间 1”和“补间 2”两个元件。

模块 10 网页制作技术

内容概要

网络化的今天，人们的生活、学习和工作已离不开网络，Web 页面呈现信息已成为各种信息共享和发布的主要形式。

知识要点

- 对图像文件进行基本操作，使用 HTML5 的基本结构创建网页
- 使用表格实现数据展示
- 使用媒体元素在网页中播放视频
- 使用 HTML5 结构元素进行布局
- 使用表单元素布局表单
- 制作语义化的表单
- 使用 HTML5 属性初步验证表单

10.1 HTML5文件的基本结构

当今，互联网已完全融入人们的日常生活中，从网上获取信息或通过网络反馈信息都离不开网页，而这些都是以 HTML 文件为基础制作出来的。例如常规的宣传页面、用户反馈调查页面和电子邮箱页面等。

10.1.1 HTML简介及发展史

HTML 是用来描述网页的一种语言，它是一种超文本标记语言，也就是说，HTML 不是一种编程语言，而是一种标记语言（Markup Language）。HTML 是由一套标记标签（Markup Tag）组成，在制作网页时，HTML 使用标记标签来描述网页。

使用浏览器打开任意一个页面，按 F12 键，就会看到一段程序，里面显示的是这个网页 HTML 源文件，如图 10-1 所示。

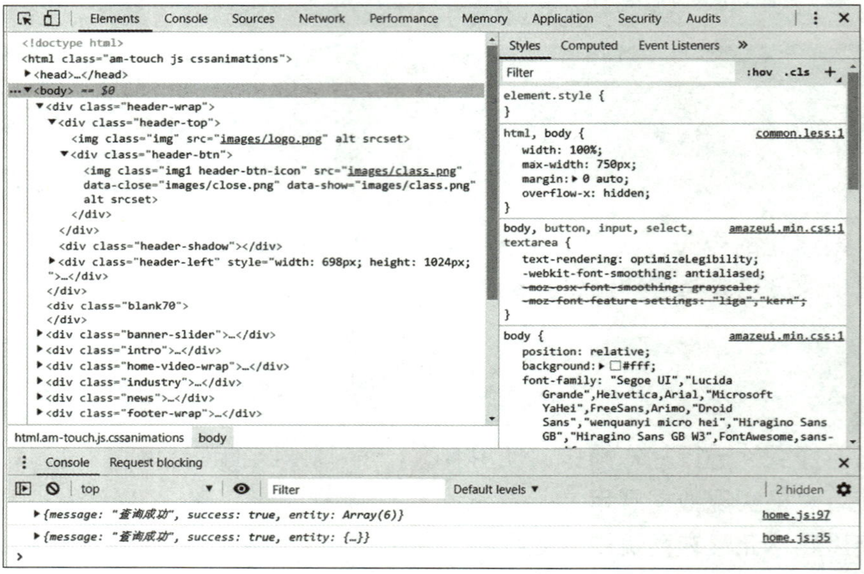

图 10-1　HTML 源文件

在这里简单介绍一下 HTML 的发展史。

超文本标记语言——1993 年 6 月在互联网工程工作小组工作草案中发布（并非标准）。

HTML2.0——1995 年 11 月作为 RFC1866 发布；2000 年 6 月在 RFC2854 发布之后被宣布过时。

HTML3.2——1996 年 1 月 14 日，W3C 推荐标准。

HTML4.0——1997 年 12 月 18 日，W3C 推荐标准。

HTML4.01（微小改进）——1999 年 12 月 24 日，W3C 推荐标准；2000 年 5 月 15 日，发布基本严格的 HTML4.01 语法，是国际标准化组织和国际电工委员会的标准。

XHTML1.0——2000 年 1 月 26 日发布，是 W3C 推荐标准，后来经过修订于 2002 年 8 月 1 日重新发布。

XHTML1.1——2001 年 5 月 31 日发布。

XHTML2.0——W3C 工作草案，由于改动过大，学习这项新技术的成本过高而最终失败，因此，现在最常用的是 XHTML1.0 的标准。

HTML5——目前最新的版本，于 2004 年被提出；2007 年被 W3C 接纳并成立新的 HTML 工作团队；2008 年 1 月 22 日，公布 HTML5 第一份正式草案；2012 年 12 月 17 日，HTML5 规范正式定稿；2013 年 5 月 6 日，HTML5.1 正式草案公布。

HTML 没有 1.0 版本是因为当时有很多不同的版本，第一个正式规范为了和当时的各种 HTML 标准区分开，使用 2.0 作为其版本号。

HTML5 作为最新版本，提供了一些新的元素和一些有趣的新特性，同时也建立了一些新的规则。这些元素、特性和规则的建立，提供了许多新的网页功能，如使用网页实现动态渲染图形、图表、图像和动画，以及不需要安装任何插件直接使用网页播放视频等。

10.1.2 HTML5的优势

HTML5 自正式推出以来，各主流浏览器对于 HTML5 表现出来的积极支持，也说明了 HTML5 大受欢迎。

1. 世界知名浏览器厂商对HTML5的支持

微软公司：2010 年 3 月 16 日，开始提供 IE9.0 浏览器首个开发者预览版的下载，此版本将更多支持 CSS3、SVG 和 HTML5 等互联网浏览器通用标准。

谷歌公司：2010 年 2 月 19 日，Google Gears 项目经理伊安 · 费特通过博客宣布，谷歌将放弃对 Gears 浏览器插件项目的支持，重点开发 HTML5 项目。

苹果公司：2010 年 6 月 7 日，苹果公司在开发者大会发布 Safari 5，这款浏览器支持 10 个以上的 HTML5 新技术，包括全屏播放、HTML5 视频、HTML5 地理位置、HTML5 的形式验证等功能。

2. 市场的需求

现在的市场已经迫不及待地要求有一个统一的互联网通用标准。HTML5 的目标是将 Web 带入一个成熟的应用平台，在 HTML5 平台上，视频、音频、图像、动画以及同计算机的交互都被标准化。

3. 跨平台

HTML5 可以做到跨平台开发，用户只需打开浏览器即可访问应用，PC 网站、各种移动设备、插件等核心代码就不需要重复编写，极大地减少开发人员的工作量。

10.1.3 网页编辑工具

要进行网页开发，选择一款好的开发工具是非常必要的。网页开发的工具非常多，如记事本、Dreamweaver、UltraEdit、Sublime、WebStorm、HBuilder X 等。

使用 HBuilder X 编辑 HTML 文档的步骤如下。

步骤 1：打开“文件”→“新建”子菜单，选择新建类型中的“项目”选项，如图 10-2 所示。

步骤 2：打开“新建项目”对话框，选中“普通项目”单选按钮，填写项目名称，在“选择模板”中选择项目，设置完成后单击“创建”按钮即可，如图 10-3 所示。

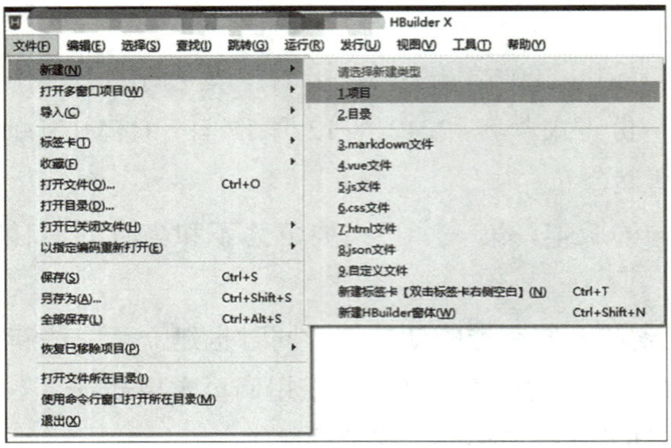

图 10-2 “新建”菜单

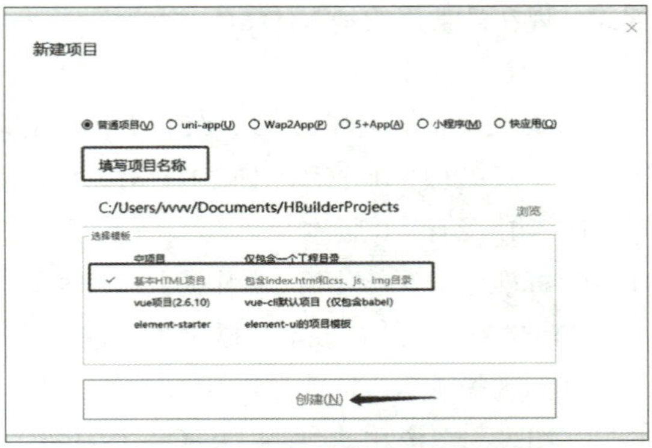

图 10-3 “新建项目”对话框

步骤 3：打开“运行”→“运行到浏览器”子菜单，选择“Chrome”选项，如图 10-4 所示。

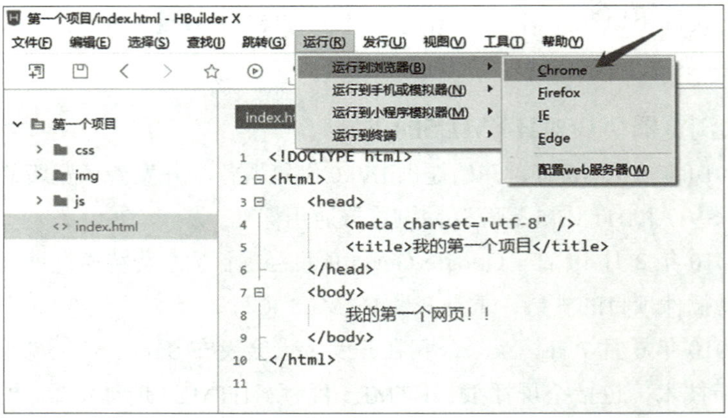

图 10-4 “运行到浏览器”子菜单

在 body 元素和 title 元素中添加网页内容，网页内容添加完成后，鼠标移动到 HBuilder X 编辑器上方，会出现几个常用的浏览器图标，在这里选择的是 Chrome，单击 Chrome 浏览器图标即可打开该页面，如图 10-5 所示。

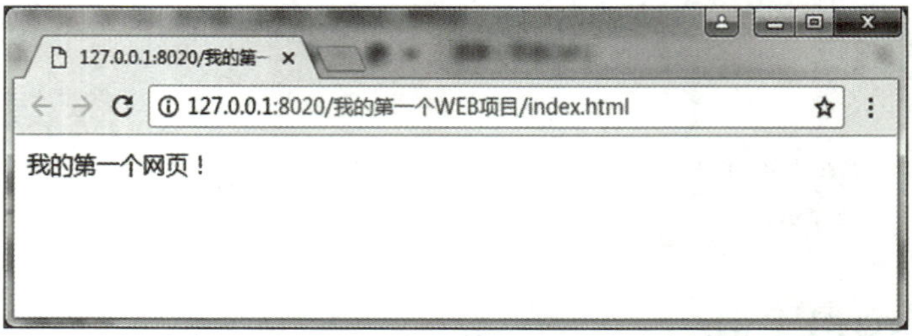

图 10-5 打开网页

10.1.4 HTML5文件的基本结构

前面讲过 HTML 是一种超文本标记语言，如网页中的一个标题、一个段落、一张图片等，这些都是利用一个个 HTML 标记完成的。最基本的语法就是 < 标记 > 内容 </ 标记 >。

标记在有的地方也称为标签或者元素，其实它们指的是同一种东西。标签都是成对出现的，有一个开头标记对应着一个结束标记，以“<>”开始，以“</>”结束，要求成对出现，标签之间有缩进，体现层次感，方便阅读和修改。

当浏览器读到 HTML 文件后，就会解释里面的标记符，然后把标记符相对应的功能表达出来。页面的各部分内容都在对应的标签中。

HTML5 的基本结构分为两部分，整个 HTML 包括头部（head）和主体（body），头部包括网页标题（title）等基本信息，主体包括网页的内容信息，如图片文字等。HTML5 的基本结构如图 10-6 所示。

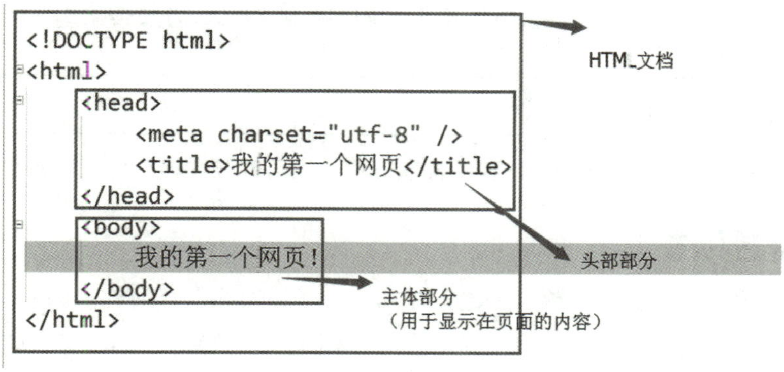

图 10-6　HTML5 的基本结构

10.1.5　网页的基本声明

一个完整的网页除了基本结构外，还包括网页声明 <meta> 标签等其他的基本信息，下面进行详细讲解。

1. DOCTYPE声明

从图 10-6 中可以看到，最上面有一行关于 DOCTYPE 文档类型的声明，约束 HTML 文档的结构，检验是否符合相关 Web 标准，同时告诉浏览器，使用哪种规范来解释这个文档中的代码。DOCTYPE 声明必须位于 HTML 文档的第一行。

```
<!DOCTYPE html>
```

2. <title>标签

使用 <title> 标签描述网页的标题，类似一篇文章的标题，一般为一个简洁的主题。例如，搜狐网站的主页，对应的网页标题如下。

```
<title> 搜狐—中国最大的门户网站 </title>
```

打开网页后，将在浏览器窗口的标题栏中显示网页标题。

3. <meta>标签

使用该标签描述网页的摘要信息，包括文档内容类型、字符编码信息、搜索关键字、网站提供的功能和服务的详细描述等，<meta> 标签描述的内容并不显示，其目的是方便浏览器解析或利于搜索引擎搜索，它采用“名称 / 值”对的方式描述摘要信息。

（1）文档内容类型、字符编码信息书写如下。

```
<meta charset="UTF-8"/>
```

在保存文件时编码方式一定要与 HTML5 页面中的 <meta> 标签中的编码方式保持一致，否则会出现乱码。

（2）搜索关键字和内容描述信息书写如下。

```
<meta name="keywords" content="HTML5"/>
<meta name="description" content="HTML5+CSS3 是最新的网页编程技术之一 "/>
```

实现的方式仍然为“名称 / 值”对的形式，其中 keywords 表示搜索关键字，description 表示网站内容的具体描述。通过提供搜索关键字和内容描述信息，方便搜索引擎的搜索。

10.2 网页的基本标签

本节主要介绍常用网页基本标签，包括标题标签、段落标签和换行标签、水平线标签等。

10.2.1 标题标签

标题标签表示一段文字的标题或主题，并且支持多层次的内容结构。例如，一级标题采用 <h1> ~ <h6>，并赋予了标题一定的外观，所有的标题字体加粗，<h1> 字号最大，<h6> 字号最小。不同等级的标题标签对比的应用见例 1，显示效果如图 10-7 所示。

例 1：

```
<!DOCTYPE html>
<html>
<head lang="en">
    <meta charset="UTF-8">
<title> 标题标签 </title>
</head>
<body>
   <h1> 一级标题（最大）</h1>
   <h2> 二级标题 </h2>
   <h3> 三级标题 </h3>
   <h4> 四级标题 </h4>
   <h5> 五级标题 </h5>
   <h6> 六级标题（最小）</h6>
</body>
</html>
```

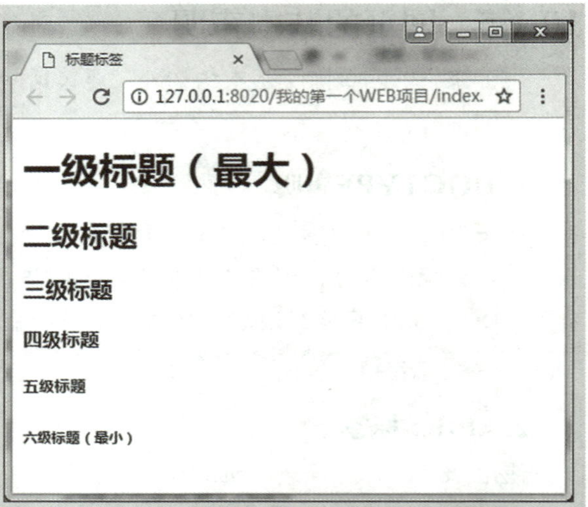

图 10-7　标题标签显示效果

10.2.2 段落标签和换行标签

段落标签 <p>…</p> 表示一段文字等内容。例如，描述“北京欢迎你”这首歌，包括歌名{标题}和歌词{段落}。段落标签的应用见例 2，显示效果如图 10-8 所示。

例 2：

```
<!DOCTYPE html>
<html>
<head>
     <meta charset="UTF-8">
     <title>段落标签的应用</title>
</head>
<body>
<h1>北京欢迎你</h1>
<p>北京欢迎你，有梦想谁都了不起！</p>
<p>有勇气就会有奇迹。</p>
</body>
<html>
```

图 10-8　段落标签的应用

例 2 中，使用 <h1> 标签来表示标题，使用 <p> 标签表示一个段落，这里对应了前面介绍的 HTML 内容语义化。

换行标签
 表示强制换行显示，该标签比较特殊，没有结束标签，直接使用
 表示标签的开始和结束。例如，“北京欢迎你”的歌词紧凑显示，每句之间要求换行。换行标签的应用见例 3，显示效果如图 10-9 所示。

例 3：

```
<!DOCTYPE html>
<html>
<head>
     <meta charset="UTF-8">
     <title>换行标签的应用</title>
</head>
<body>
   <h1>北京欢迎你</h1>
   <hr/>
   <p>
      北京欢迎你，为你开天辟地，<br/>
      流动中的魅力充满朝气。<br/>
      北京欢迎你，在太阳下分享呼吸，<br/>
      在黄土地刷新成绩。<br/>
      北京欢迎你，像音乐感动你，<br/>
      让我们都加油去超越自己。<br/>
   </p>
</body>
<html>
```

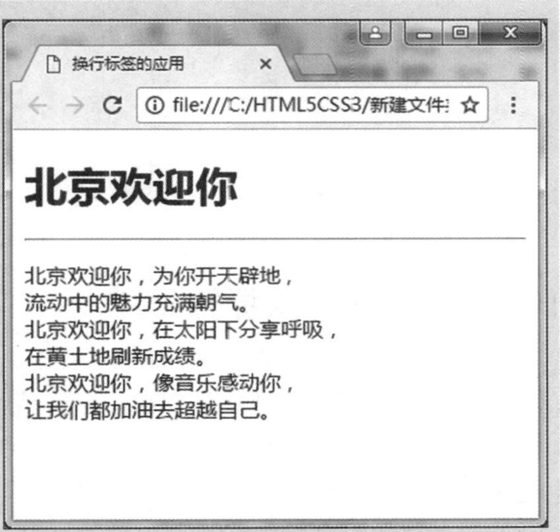

图 10-9　换行标签的应用

10.2.3 水平线标签

水平线标签 <hr/> 表示一条水平线。注意该标签与
 标签一样，比较特殊，没有结束标签，为了让版面更加清晰直观，可以在歌名和歌词间加一条水平分隔线。换行标签的应用见例 4，显示效果如图 10-10 所示。

例 4：

```
<!DOCTYPE html>
<html>
<head lang="en">
      <meta charset="UTF-8">
      <title> 换行标签的应用 </title>
</head>
<body>
<h1> 北京欢迎你 </h1>
<hr/>
<p>
   北京欢迎你，有梦想谁都了不起！ <br/>
   有勇气就会有奇迹。<br/>
   北京欢迎你，为你开天辟地，<br/>
   流动中的魅力充满朝气。<br/>
   北京欢迎你，在太阳下分享呼吸，<br/>
   在黄土地刷新成绩。<br/>
   北京欢迎你，像音乐感动你，<br/>
   让我们都加油去超越自己。<br/>
</p>
</body>
<html>
```

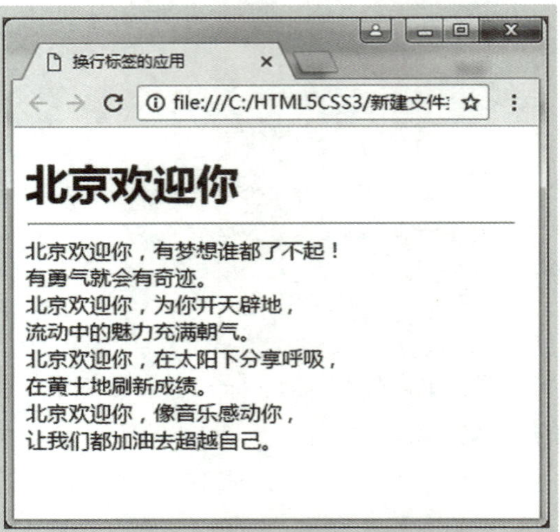

图 10-10 换行标签的应用

10.2.4 字体样式标签

在网页中，经常会遇到字体加粗或斜体，可以使用 <strong> 标签来让字体变粗，<em> 标签让文字倾斜。例如，“徐志摩人物简介”使用加粗显示，介绍中出现的日期使用倾斜显示。字体样式标签的应用见例 5，显示效果如图 10-11 所示。

例 5：

```
<!DOCTYPE html>
<html>
<head lang="en">
     <meta charset="UTF-8">
     <title> 字体样式标签 </title>
```

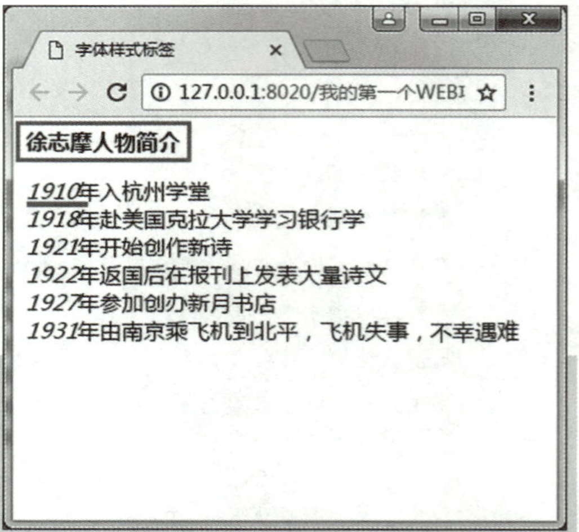

图 10-11 字体样式标签的应用

```
</head>

<body>
<strong> 徐志摩人物简介 </strong>

<p>
      <em>1910</em> 年入杭州学堂 <br/>
      <em>1918</em> 年赴美国克拉大学学习银行学 <br/>
      <em>1921</em> 年开始创作新诗 <br/>
      <em>1922</em> 年返国后在报刊上发表大量诗文 <br/>
      <em>1927</em> 年参加创办新月书店 <br/>
      <em>1931</em> 年由南京乘飞机到北平，飞机失事，不幸遇难 <br/>
</p>
</body>
<html>
```

10.2.5 注释和特殊符号

HTML 中的注释是方便代码阅读和调试，当浏览器遇到注释时会自动忽略注释内容。HTML 的注释格式如下。

```
<!-- 注释内容 -->
```

当页面的 HTML 结构复杂或内容较多时，需要添加必要的注释方便代码阅读和维护。有时为了调试，需要暂时注释一些不必要的 HTML 代码。例如，将例 5 中的一些代码注释掉，具体代码见例 6，显示效果如图 10-12 所示。

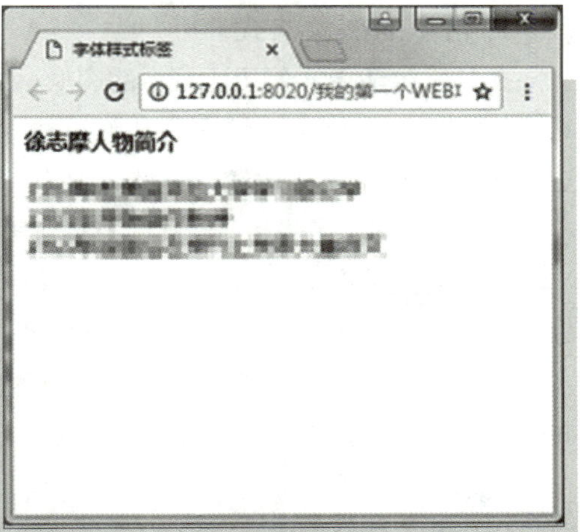

图 10-12　代码注释效果

例 6：

```
<!DOCTYPE html>
<html>
<head lang="en">
 <meta charset="UTF-8">
<title> 字体样式标签 </title>
</head>
<body>
 <strong> 徐志摩人物简介 </strong>
 <p>
 <!--  <em>1910</em> 年入杭州学堂 <br/>  -->
 <em>1918</em> 年赴美国克拉大学学习银行学 <br/>
 <em>1921</em> 年开始创作新诗 <br/>
 <em>1922</em> 年返国后在报刊上发表大量诗文 <br/>
```

```
  <!--  <em>1927</em>年参加创办新月书店<br/>
  <em>1931</em>年由南京乘飞机到北平，飞机失事，不幸遇难<br/>  -->
  </p>
</body>
<html>
```

由于大于号（>）、小于号（<）等已作为HTML的语法符号，因此，如果要在页面中显示这些特殊符号，必须使用相应的HTML代码表示，这些特殊符号对应的HTML代码被称为字符实体。这些字符实体都以“&”开头，以“；”结束。HTML中常用的特殊符号及其对应的字符实体，如表10-1所示。

表10-1 HTML中常用的特殊符号及其对应的字符实体

显示结果	描述	字符实体	实体编号
	空格		
&	和号	&	&
€	欧元	€	€
§	小节	§	§
©	版权	©	©
®	注册商标	®	®

10.2.6 图像标签

在浏览网页时，随时都可以看到页面上的各种图像，图像是网页中不可缺少的一种元素。下面介绍常见的图像格式。

1. 常见的图像格式

在日常生活中，使用比较多的图像格式有四种，即JPG格式、GIF格式、BMP格式、PNG格式。在网页中使用比较多的是JPG格式、GIF格式和PNG格式，大多数浏览器都可以显示这些图像，PNG格式比较新，部分浏览器不支持此格式。

（1）JPG格式

JPG格式是在Internet上被广泛支持的图像格式。JPG格式采用的是有损压缩，会造成图像画面的失真，不过压缩之后的体积很小，而且比较清晰，所以比较适合在网页中应用。

随着JPG格式文件品质的提高，文件的大小和下载时间也会随之增加。通常可以通过压缩JPG格式文件的方法在图像品质和文件大小之间达到良好的平衡。

（2）GIF格式

GIF格式是网页中使用最广泛、最普通的一种图像格式。GIF格式文件支持透明颜色，它在网页的背景和一些多层特效的显示上用得非常多，还支持动画，这是它最突出的一个特点。

（3）BMP格式

BMP格式在Windows操作系统中使用得比较多。BMP格式文件与其他Microsoft Windows

程序兼容，它不支持文件压缩，也不适用于 Web 页。

（4）PNG 格式

PNG 格式是 20 世纪 90 年代中期开始开发的图像文件存储格式，它兼有 GIF 格式和 JPG 格式的优势，同时具备 GIF 格式不具备的特性。

2. 图像标签的基本语法

图像标签的基本语法如下。

```
<img src="图像地址" width="图像宽度" height="图像高度" alt="替代文字" title="图像提示文字"/>
```

其中，src 属性表示图片路径，alt 属性指定替代文本，表示图像无法显示时（如图片路径错误或网速太慢等）替代显示的文本，当图像无法显示时，还可以看到网页丢失的信息内容。所以 alt 属性在制作网页时和 src 属性配合使用。当图像地址错误时 alt 属性生效，如图 10-13 所示。

title 属性可以提供提示或帮助信息，当鼠标移至图片上是显示提示信息，方便使用。当鼠标悬停在图像上 title 属性生效，如图 10-14 所示。

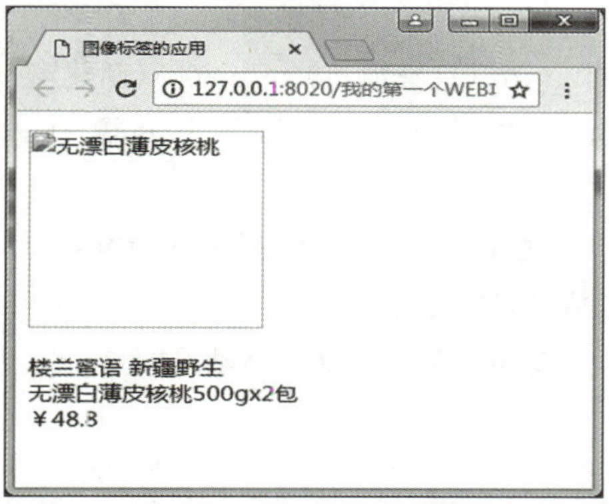

图 10-13　图像标签应用 1

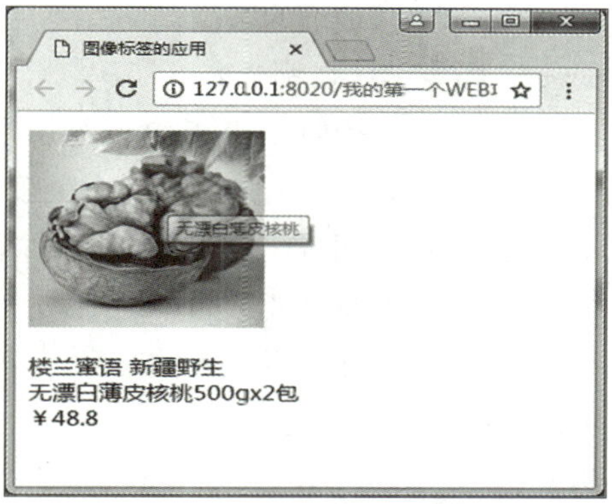

图 10-14　图像标签应用 2

图像标签的应用见例 7。

例 7：

```
<!DOCTYPE html>
<html>
<head lang="en">
  <meta charset="UTF-8">
<title>图像标签的应用</title>
</head>
<body>
<p> <img src="image/hetao.jpg" width="160" height="160" alt="无漂白薄皮核桃" title="无漂白薄皮核桃"/></p>
<p>楼兰蜜语 新疆野生<br/>
  无漂白薄皮核桃 500gx2 包<br/>
  ¥48.8</p>
```

```
</body>
<html>
```

width 和 height 两个属性分别表示图片的宽度和高度，如果不设置，那么图片默认显示原始大小。

10.2.7 超链接标签

超链接 <a> 标签在网页中极为常用，超链接常用来设置其他页面的导航链接。下面介绍超链接的基本用法和应用场合。

1. 超链接的基本用法

超链接包含两部分：一是链接地址，即链接的目标，可以是某个网址或文件的路径，对应为 <a> 标签的 href 属性；二是链接文本或图像，单击该文本或图像，将跳转到 href 属性指定的链接地址。超链接的基本语法如下。

```
<a href=" 链接地址 " target=" 目标窗口位置 "> 文本 </a>
```

href：表示链接地址的路径。

target：指定链接在哪个窗口打开，常用的取值有 _self（自身窗口）、_blank（新建窗口）。

当单击某个链接时，将指向万维网上的文档。万维网使用统一资源定位器（Uniform Resource Location，URL）来定义一个链接地址。

根据链接地址是指向站外文件还是站内文件，链接地址又分为绝对路径和相对路径。

绝对路径：完整描述指向目标地址，一般指向本站点外的文件。

相对路径：相对于当前页面的路径，一般指向站点内的文件，不需要网站 URL 地址形式。

页面间链接的应用见例 8。

例 8：

```
<!DOCTYPE html>
<html>
<head lang="en">
    <meta charset="UTF-8">
<title> 页面间链接 </title>
</head>
<body>
    <p><a href="http://www.baidu.com" target="_blank"> 绝对路径 </a></p>
     <p><a href="xinhua/demo.html" target="_blank"> 相对路径 </a></p>
     <p><a href="../xinhua/index.html" target="_blank"> 相对路径 </a></p>
</body>
</html>
```

使用相对路径时常用到两个特殊符号："../"表示当前目录的上级目录，"../../"表示当前目录的上上级目录。

2. 超链接的应用场合

根据超链接的应用场合，可以分为 3 类：一类是页面间的链接，二类是错链接，三类是功能性链接。

（1）页面间的链接

页面间的链接是指从一个页面链接到另一个页面，如图 10-15 所示。

图 10-15　页面间的链接

（2）锚链接

锚链接常用于目标页内容很多，需要定位到目标页内容中的某个位置。例如，网上常见的新手帮助页面，当单击某个超链接时，将跳转到对应帮助的内容介绍处，可以使用 name 属性和 id 属性进行锚链接的定位，如图 10-16 所示。

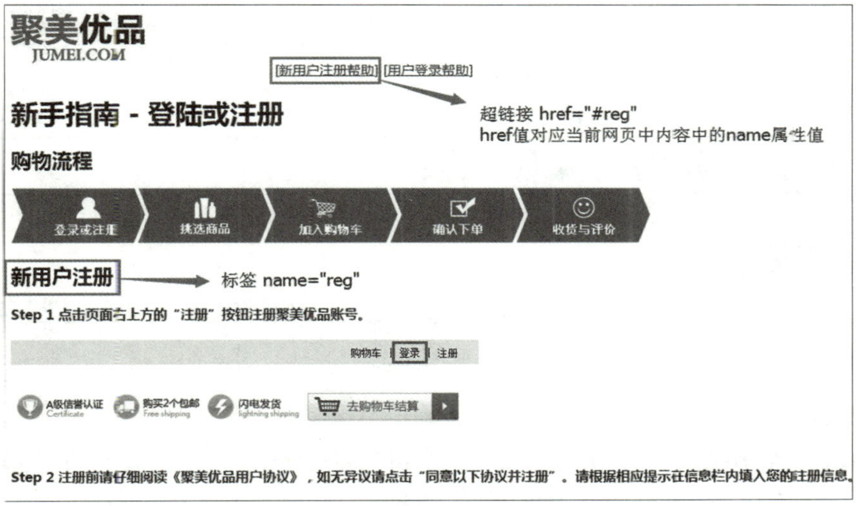

图 10-16　锚链接

（3）功能性链接

功能性链接比较特殊，当单击该链接时不是打开某个网页，而是启动本机自带的某个应用程序。

以电子邮件为例，单击“联系我们”邮件链接时，将打开用户的电子邮件程序，并自动填写“收件人”文本框中的电子邮件地址。

下载链接的用法是“直接填写文件名称网站路径”。

```
<a href="上课代码.rar">下载文件</a>
```

电子邮件链接的用法是“mailto：电子邮件地址”。

```
<a href="mailto:123456@qq.com">发送邮件</a>
```

移动端自动拨号的用法是“tel：电话号码”。

```
<a href="tel:13888888888">拨打电话（需要用移动端浏览器打开）</a>
```

10.2.8 块元素和行内元素

图 10-17 中，p 元素、h1 元素不管自身内容多少，都独占一行，这样的元素被称为块元素。而 strong 元素、a 元素等元素，宽度由内容决定，其他元素可以排在其后面，这样的元素被称为行内元素。

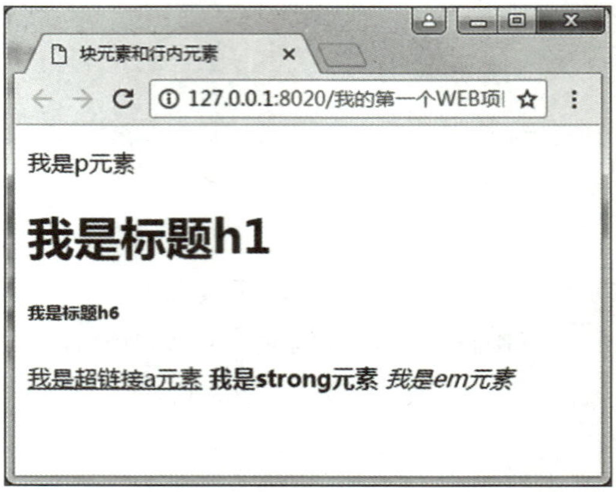

图 10-17 块元素和行内元素

10.3 列表、表格与媒体元素

10.3.1 列表

简单来说，列表是信息资源的一种展示形式。它可以使信息结构化和条理化，并以列表的样式显示出来，以便浏览者能便捷地获得相应的信息。

1. 列表简介

从图 10-18~ 图 10-20 中可以发现，虽然都是用列表来显示信息，但是有的列表项前面有序号，有的前面没有序号。实际上在 HTML5 中的列表可以分为 3 种类型：无序列表、有序列表和定义列表。

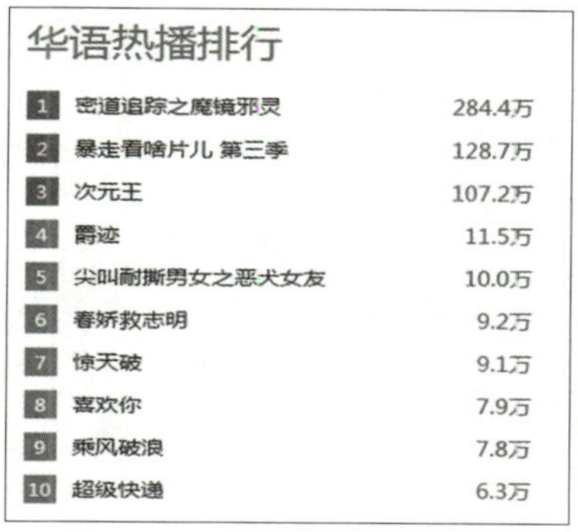

图 10-18 列表类型 1

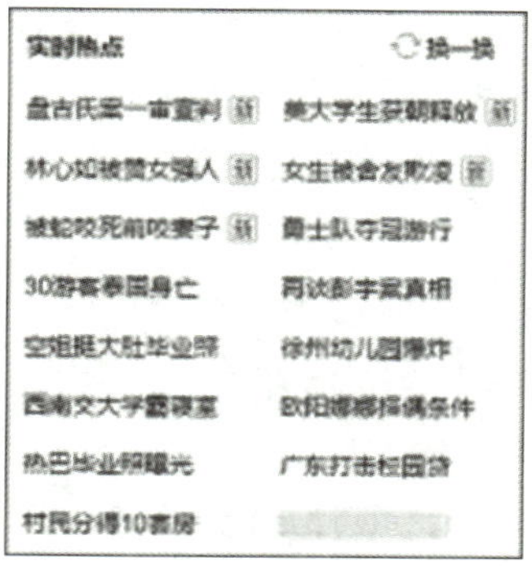

图 10-19 列表类型 2

图 10-20 列表类型 3

2. 无序列表及其应用

无序列表由 <ul> 标签和 <li> 标签组成，使用 <ul> 标签作为无序列表的声明，使用 <li> 标签为每个列表项的起始。语法如下。

```
<ul>
    <li> 第一项 </li>
    <li> 第二项 </li>
    <li> 第三项 </li>
</ul>
```

<li> 标签里面可以嵌套任意标签。

特性如下。

➢ 没有顺序，每个 <li> 标签独占一行（块元素）。

➢ 默认 <li> 标签项前面有个实心小圆点。

➢ 一般用于无序类型的列表，如导航、侧边栏新闻、有规律的图文组合模块等。

3. 有序列表及其应用

有序列表由 <ol> 标签和 <li> 标签组成，使用 <ol> 标签作为无序列表的声明，使用 <li> 标签为每个列表项的起始。语法如下。

```
<ol>
    <li> 第一项 </li>
    <li> 第二项 </li>
    <li> 第三项 </li>
</ol>
```

<li> 标签里面可以嵌套任意标签。

特性如下。

➢ 有顺序，每个 <li> 标签独占一行（块元素）。

➢ 默认 <li> 标签项前面有顺序标记。

➢ 一般用于排序类型的列表，如试卷、问卷选项等。

4. 定义列表及其应用

定义列表（清单列表）是一种很特殊的列表形式，它是标题及列表项的结合。与无序和有序列表不一样，它使用 <dl> 标签作为每个列表项的起始，而对于每个列表项的定义则使用 <dd> 标签来完成。语法如下。

```
<dl>
    <dt> 列表头 </dt>
    <dd> 列表项 1</dd>
    <dd> 列表项 2</dd>
    <dt> 列表头 </dt>
    <dd> 列表项 1</dd>
</dl>
```

<li> 标签里面可以嵌套任意标签。

特性如下。

➢ 没有顺序，每个 <dt> 标签、<dd> 标签独占一行（块元素）。

➢ 默认没有标记。

➢ 一般用于（一个标题下有一个或多个列表项）*n 的情况。

定义列表的应用见例 9，显示效果如图 10-21 所示。

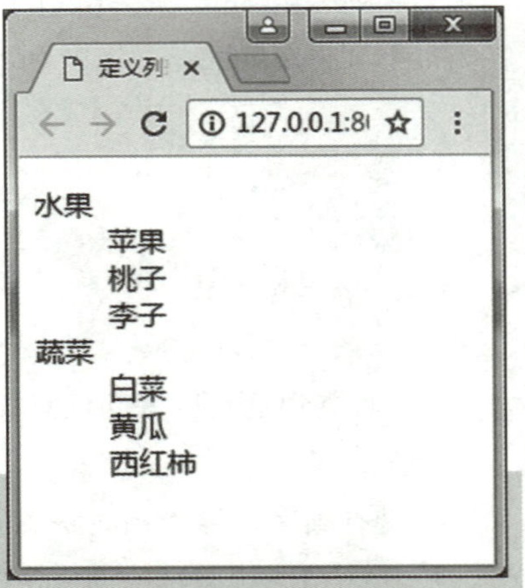

图 10-21　定义列表

例 9：

```
<!DOCTYPE html>
<html>
<head lang="en">
    <meta charset="utf-8"/>
<title> 定义列表 </title>
```

```
</head>
<body>
<dl>
      <dt>水果</dt>
      <dd>苹果</dd>
      <dd>桃子</dd>
      <dd>李子</dd>
      <dt>蔬菜</dt>
      <dd>白菜</dd>
      <dd>黄瓜</dd>
      <dd>西红柿</dd>
</dl>
</body>
</html>
```

10.3.2 表格

表格是块状元素，发明该标签的初衷是用于显示表格数据。例如，学校中常见的考试成绩单、选修课课表和企业中常见的工资账单等。

1. 为什么使用表格

（1）简单通用

由于表格列行的简单结构，因此对它的理解和编写都很方便。

（2）结构稳定

表格每行的列数一致，同行单元格高度一致且水平对齐，同列单元格宽度一致且垂直对齐。这种严格的约束形成了一个不易变形的长方形盒子结构，堆叠排列起来结构很稳定。

2. 表格的基本结构

表格是由指定数目的行和列组成的。

单元格：是表格的最小单位，一个或多个单元格纵横排列组成了表格。

行：一个或多个单元格横向堆叠形成了行。

列：由于表格单元格的宽度必须一致，因此单元格纵向排列形成了列。

3. 表格的基本语法

（1）表格的基本语法

表格的基本语法如下。

```
<table>
    <tr>
        <th>1 行 1 列的标题</th>
        <th>1 行 2 列的标题</th>
```

```
    </tr>
    <tr>
        <td>1 行 1 列的单元格 </td>
        <td>1 行 2 列的单元格 </td>
    </tr>
</table>
```

（2）创建表格的步骤

一般分为四个步骤。

步骤 1：创建表格标签 <table>…</table>。

步骤 2：在表格标签 <table>…</table> 里创建行标签 <tr>…</tr>，可以有多行。

步骤 3：在第一行标签 <tr>…</tr> 里创建单元格标签 <th>…</th>，用于创建表格标题。

步骤 4：在行标签 <tr>…</tr> 里创建单元格标签 <td>…</td>，可以有多个单元格。

例如，在页面中添加一个 2 行 3 列的表格，具体代码见例 10，显示效果如图 10-22 所示。

图 10-22 创建表格

例 10：

```
<!DOCTYPE html>
<html>
<head lang="en">
        <meta charset="utf-8"/>
        <title> 基本表格 </title>
</head>

<body>
<table border="2">
    <tr>
        <th>1 行 1 列的标题 </th>
        <th>1 行 2 列的标题 </th>
        <th>1 行 3 列的标题 </th>
    </tr>
    <tr>
        <td>1 行 1 列的单元格 </td>
        <td>1 行 2 列的单元格 </td>
        <td>1 行 3 列的单元格 </td>
    </tr>
```

```
    <tr>
        <td>2 行 1 列的单元格 </td>
        <td>2 行 2 列的单元格 </td>
        <td>2 行 3 列的单元格 </td>
    </tr>
</table>

</body>
<html>
```

4. 表格的跨列与跨行

前面介绍了如何创建简单表格，而现实中往往需要较为复杂的表格，有时需要将多个单元格合并为一个单元格，也就是要用到表格的跨列与跨行功能。

（1）表格的跨列

跨列是指单元格的横向合并。语法如下。

```
<table>
    <tr>
      <td colspan=" 所跨的列数 "> 单元格内容 </td>
    </tr>
</table>
```

col 为 column（列）的缩写，span 为跨度，colspan 为跨列。

跨多列表格的应用见例 11，显示效果如图 10-23 所示。

例 11：

```
<!DOCTYPE html>
<html>
<head lang="en">
    <meta charset="utf-8"/>
    <title> 跨多列的表格 </title>
</head>
<body>
 <table  border="1">
    <tr>
      <td colspan="2"> 学生成绩 </td>
    </tr>
    <tr>
      <td> 语文 </td>
      <td>98</td>
    </tr>
```

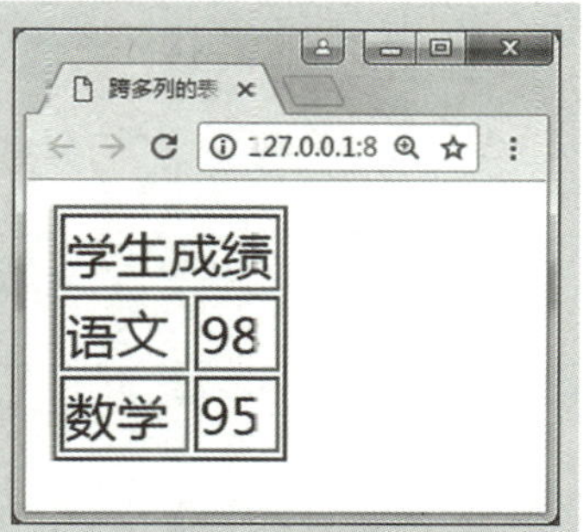

图 10-23　跨多列的表格

```
    <tr>
      <td> 数学 </td>
      <td>95</td>
    </tr>
  </table>
 </body>
<html>
```

（2）表格的跨行

跨行是指单元格在垂直方向上的合并，语法如下。

```
<table>
     <tr>
       <td rowspan=" 所跨的行数 "> 单元格内容 </td>
     </tr>
</table>
```

row 为行的意思，rowspan 即为跨行。

跨多行表格的应用见例 12，显示效果如图 10-24 所示。

例 12：

```
<!DOCTYPE html>
<html>
<head lang="en">
    <meta charset="utf-8"/>
<title> 跨多行的表格 </title>
</head>
<body>
 <table border="1">
      <tr>
        <td rowspan="2"> 张三 </td>
        <td> 语文 </td>
        <td>98</td>
      </tr>
      <tr>
        <td> 数学 </td>
        <td>95</td>
      </tr>
      <tr>
        <td rowspan="2"> 李四 </td>
        <td> 语文 </td>
```

图 10-24　跨多行的表格

```
        <td>88</td>
      </tr>
      <tr>
        <td> 数学 </td>
        <td>91</td>
      </tr>
    </table>
</body>
```

有时表格中既有跨列又有跨行的情况，从而形成了复杂的表格显示。跨行跨列表格的应用见例 13，显示效果如图 10-25 所示。

例 13：

```
<!DOCTYPE html>
<html>
<head lang="en">
    <meta charset="utf-8"/>
    <title> 跨行跨列的表格 </title>
</head>
<body>
 <table border="1" >
      <tr>
        <td colspan="3"> 学生成绩 </td>
      </tr>
      <tr>
        <td rowspan="2"> 张三 </td>
        <td> 语文 </td>
        <td>98</td>
      </tr>
      <tr>
        <td> 数学 </td>
        <td>95</td>
      </tr>
      <tr>
        <td rowspan="2"> 李四 </td>
        <td> 语文 </td>
        <td>88</td>
      </tr>
      <tr>
```

图 10-25 跨行跨列的表格

```
            <td> 数学 </td>
            <td>91</td>
        </tr>
    </table>
  </body>
<html>
```

模块 11 综合网页设计实例

内容概要

在学习了网页设计的所有知识后，本模块将介绍综合网页的设计方法。

知识要点

- 学会企业网站设计
- 学会网页导航栏设计

11.1 企业网站设计

企业类网站设计风格应多元化、个性化，充分体现企业形象，网页视觉感强烈，运用的素材图片能达到展示企业凝聚力、传播企业形象的效果。对于小型企业而言，网站应做到简洁大气。本节设计制作的就是小型企业。

11.1.1 网页创意构思

本节设计制作“麓山文化图书公司”网站，网页的构思要围绕该公司的产品展开。为了突出网站的特点，网页设计需从版式布局、页面配色及网站风格上进行处理。

1. 版式布局

由于本节制作的是企业类网站，考虑到浏览者的浏览习惯，因此以竖向双栏布局，合理利用空间，保持页面的平衡。另外，通过一致的版式营造统一感，体现和谐、理性的美。

2. 页面配色

网站整体以经典的浅灰色为主，辅以蓝色、橙色在浅灰色的背景上点缀，以形成整个画面颜色的视觉冲击效果，体现企业的高品味、含蓄、精致、雅致和耐人寻味。

- 浅灰色：主色调为背景色非常明确，是接近于明度白色且非常浅的灰调，页面显得非常简洁而含蓄。
- 蓝色：辅助色蓝色的加入打破了平面平淡的配色格局，眼前顿时一亮的感觉。
- 橙色：点睛色的点缀，减少了非彩色调浅灰色有可能产生的单调感觉。

3. 网站风格

灰色简洁的页面是网站给人的第一感觉，灰色和蓝色、橙色的搭配体现企业的雅致风格。首页采用了简单的布局，将网站名称和网站内容呈献给浏览者，通过栏目的点击进行网页的跳转。网页的内部通过产品的展示，突出所要表现的主题。

11.1.2 Photoshop网页效果图设计

在对网站进行设计前，先设计出效果图，以确保页面之间的统一性及完整性。

1. 首页效果图设计

首页以Logo、导航、Banner及各栏目的设计来体现网站风格，如图11-1所示。将“推荐产品”栏目放置于视线重点区域，吸引浏览者的目光。

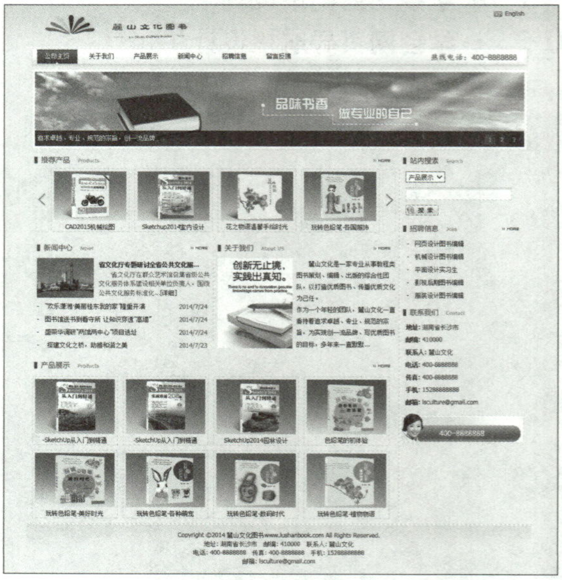

图11-1　首页效果图设计

2. 子页效果图设计

根据统一与变化的原则，设计包括“关于我们”“产品展示”“新闻中心”“招聘信息”“留言反馈”共5个子页面。在页面的设计上体现各栏目的主题诉求，如图11-2所示。

3. Photoshop效果图切片

效果图设计完成后，就需要对其进行切片，并保存到images文件夹中。由于本书篇幅有限，这里不对切片进行详细讲解。

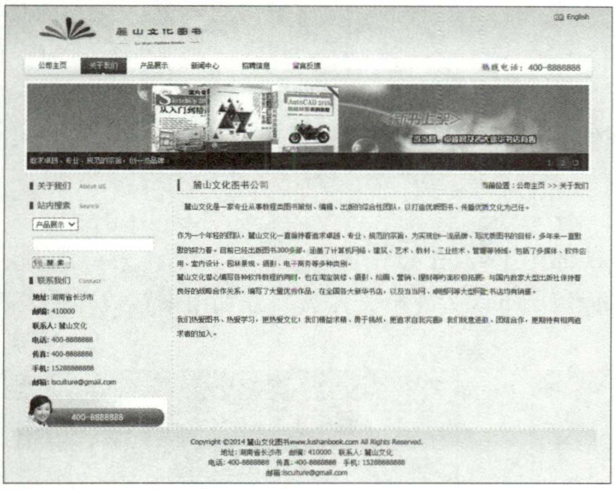

“关于我们”页面

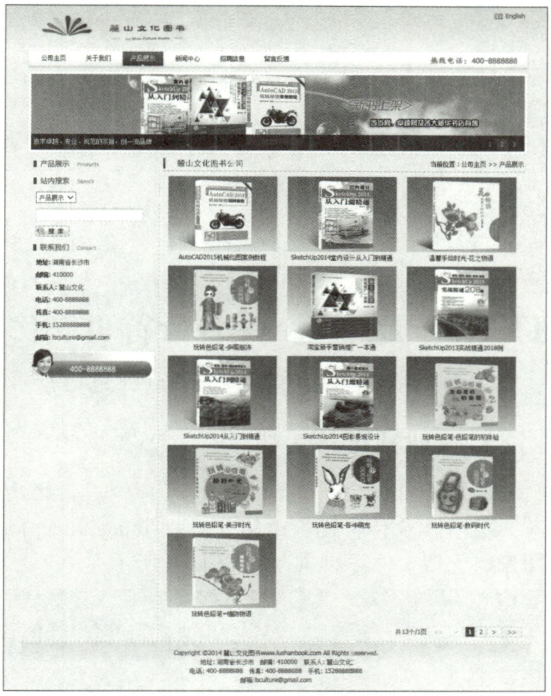

“产品展示”页面

“新闻中心”页面

“招聘信息”页面

“留言反馈”页面

图 11-2　子页效果图设计

11.1.3　Dreamweaver首页制作

下面介绍如何使用 Dreamweaver 进行首页制作。

1. 创建站点与文件

01 执行“站点”|“新建站点”命令，新建站点，如图 11-3 所示。

02 在“文件”面板中建立 css、images、uploadfile、scripts 共 4 个文件夹，分别用来存放样式表、图像、上传文件、脚本，如图 11-4 所示。

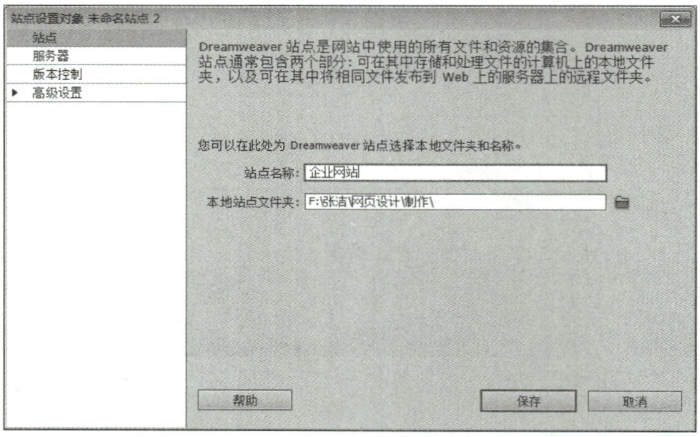

图 11-3　新建站点

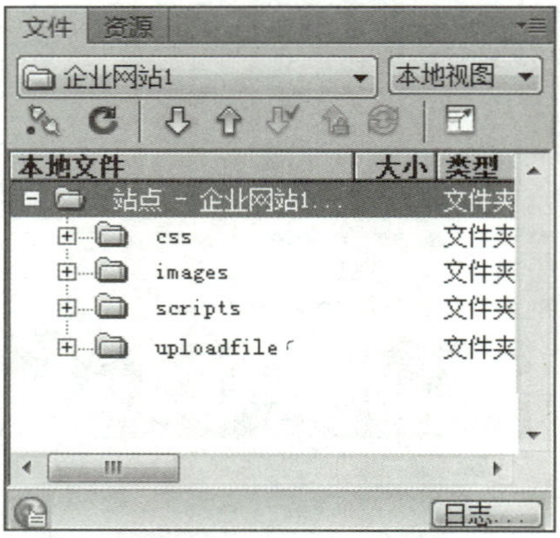

图 11-4　新建 4 个文件夹

03 所有将要用到的图片已经制作完成，并放置在 images 文件夹下，如图 11-5 所示。

04 在 css 文件夹下建立多个样式表文件，分别命名，如图 11-6 所示。

05 在 scripts 文件夹下建立多个脚本文件，分别命名，如图 11-7 所示。

06 执行“文件”|“新建”命令，弹出对话框，单击“附加 CSS 样式”图标，如图 11-8 所示。

07 在弹出的对话框中添加链接，如图 11-9 所示。

08 用同样的方法，附加所有 CSS 文件，如图 11-10 所示。

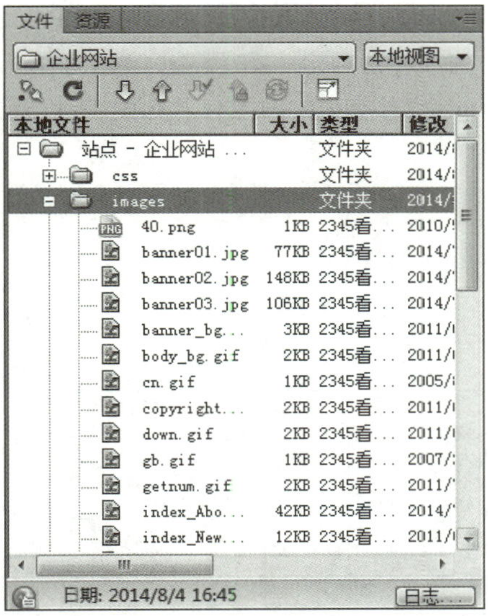

图 11-5 将图片放在 images 中

图 11-6 建立多个样式表文件

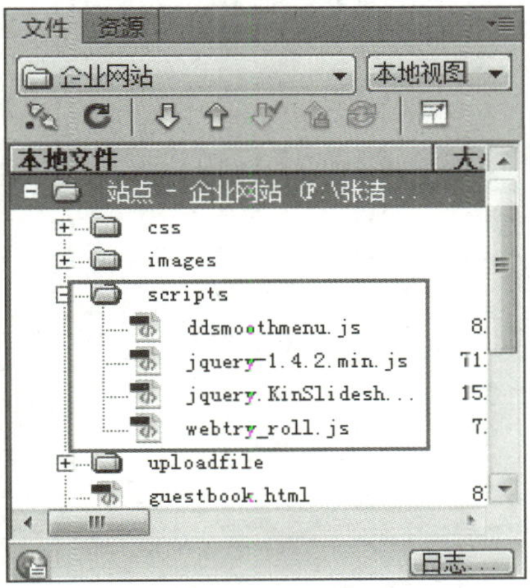

图 11-7 建立多个脚本文件

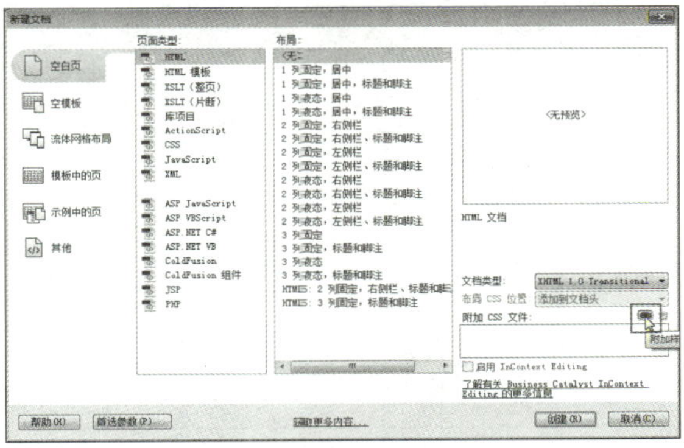

图 11-8 单击“附加 CSS 样式”图标

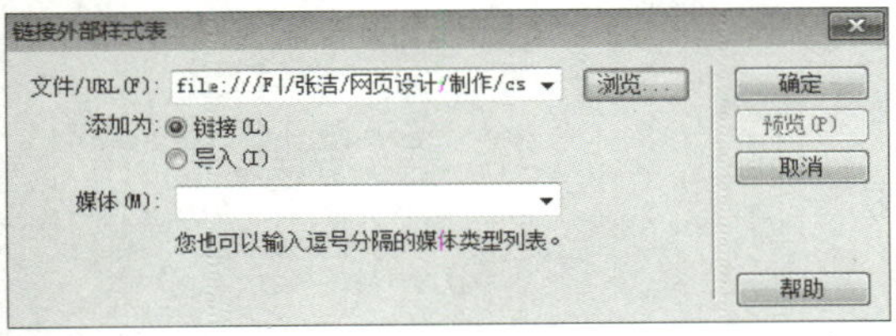

图 11-9 添加链接

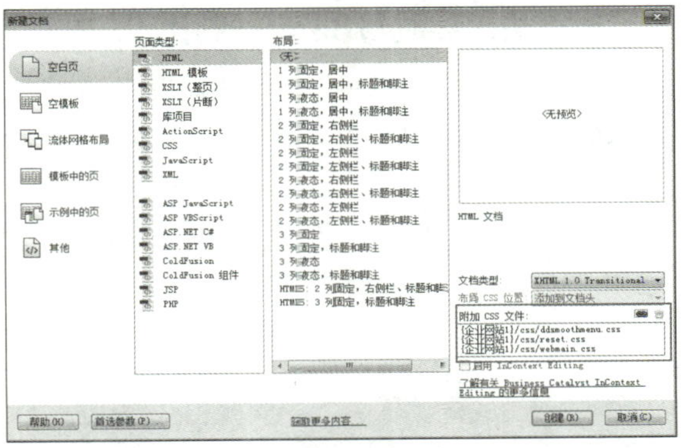

图 11-10 附加所有 CSS 文件

09 单击“创建”按钮。执行“文件”|“另存为”命令，弹出对话框，将文件保存为 index.html，如图 11-11 所示。

10 用同样的方法，新建 single.html、products.html、news.html、jobs.html、guestbook.html。

11 进入 index.html 页面，执行“插入”|“HTML”|“脚本对象”|“脚本”命令，如图 11-12 所示。

12 弹出对话框，单击“源”后面的按钮，选择 scripts 文件夹中的 js 文件，如图 11-13 所示。

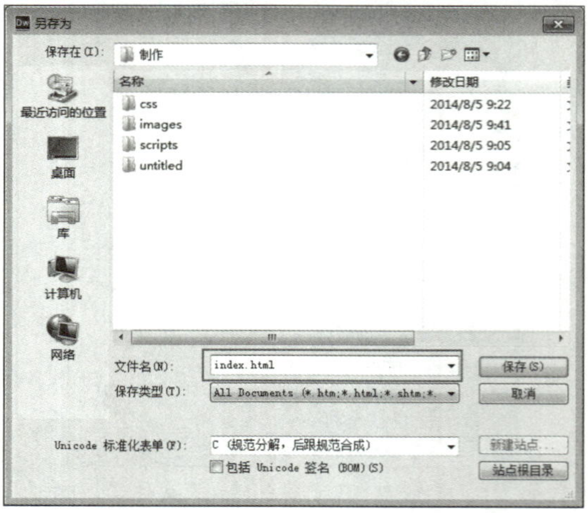

图 11-11　保存为 index.html

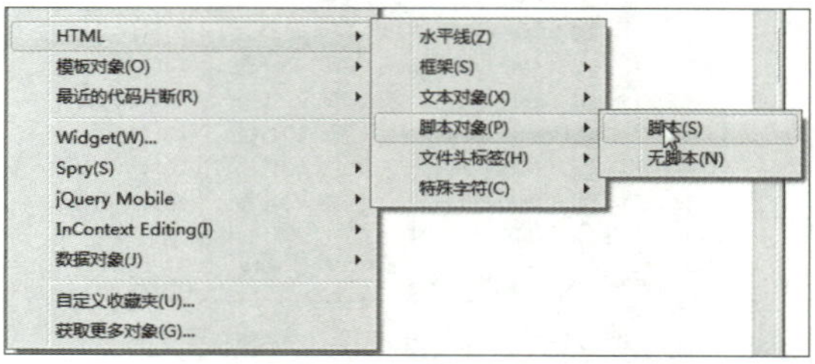

图 11-12　执行“插入”|“HTML”|“脚本对象”|“脚本”命令

13 用同样的方法，链接其他外部 javascript 文件，代码如图 11-14 所示。

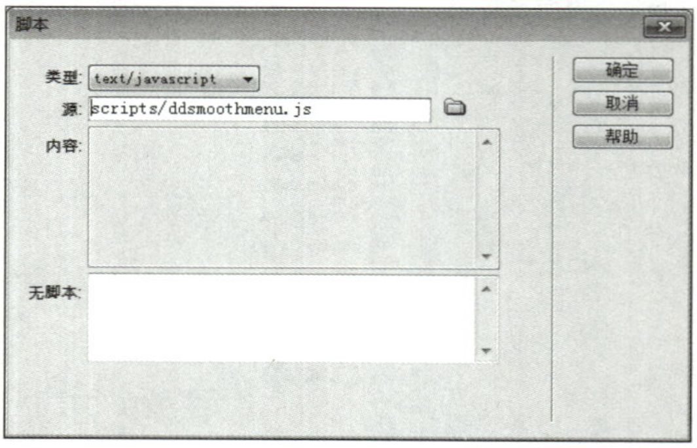

图 11-13　选择源

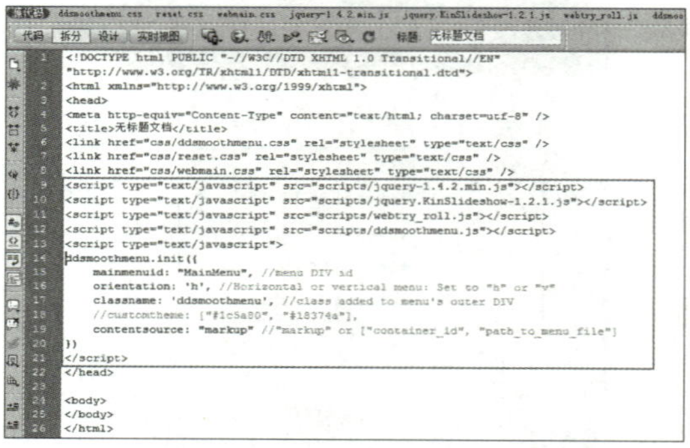

图 11-14　代码

2. 页头、导航与Banner制作

01 在“属性”面板中单击“页面属性”按钮，如图 11-15 所示。

02 在弹出的对话框中选择“标题 / 编码”选项，设置“标题”为“麓山文化”，如图 11-16 所示。

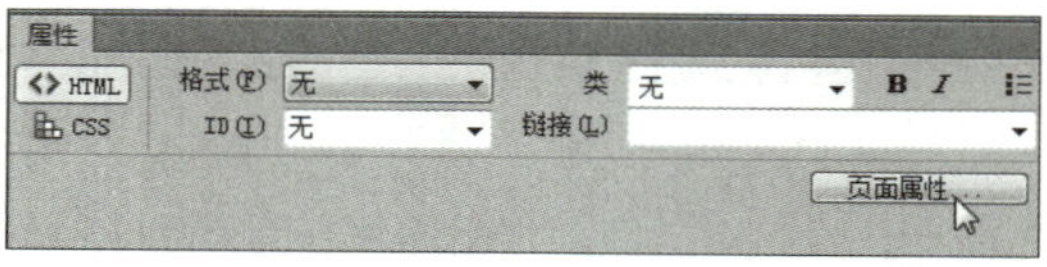

图 11-15　单击“页面属性”按钮

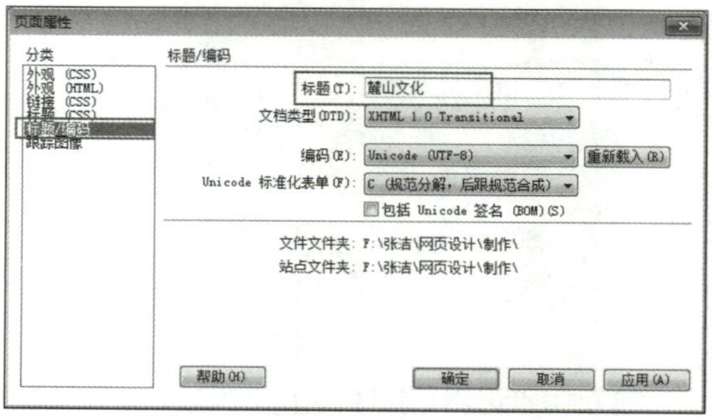

图 11-16　设置标题

03 在“插入”面板中单击“插入 Div 标签”按钮，如图 11-17 所示。

04 弹出对话框，设置 ID 为 wrapper 如图 11-18 所示。

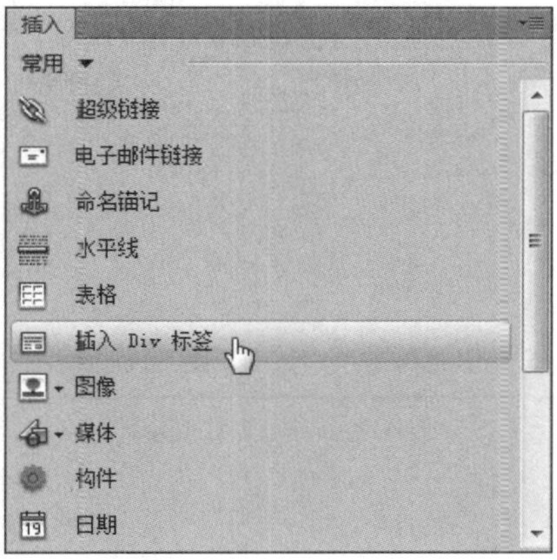

图 11-17 单击“插入 Div 标签”按钮

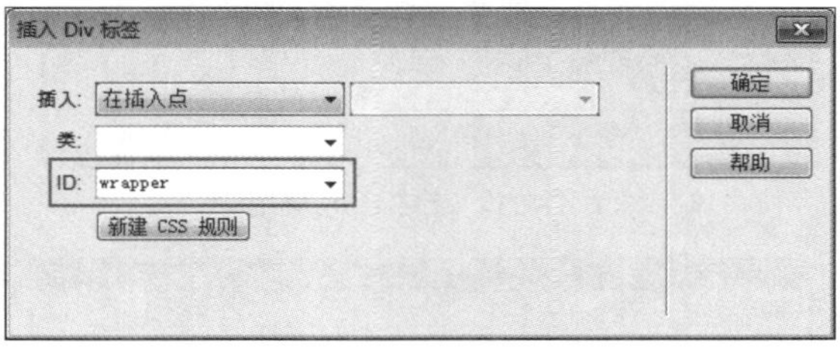

图 11-18 设置 ID

05 单击“确定”按钮。将页面中标签内的文字删除，如图 11-19 所示。

06 在“CSS 样式”面板下方单击“新建 CSS 规则”按钮，如图 11-20 所示。

图 11-19 删除文字

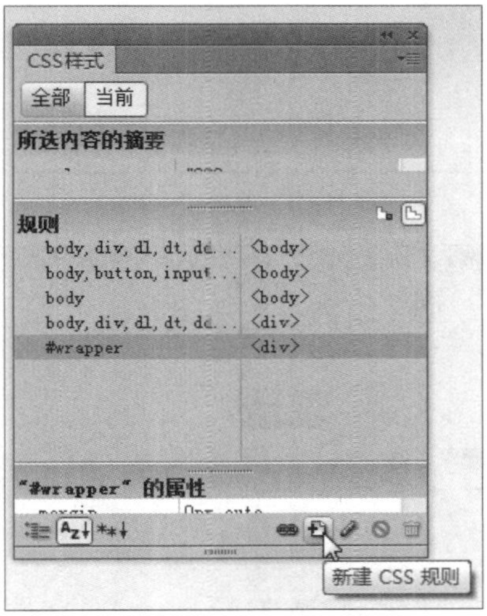

图 11-20 单击“新建 CSS 规则”按钮

07 弹出对话框，设置“选择器类型”为“类”，“选择器名称”为“.top”，“规则定义”为 webmain.css，如图 11-21 所示。

08 弹出对话框，选择“方框”选项卡，设置 Height 为 90，如图 11-22 所示。

09 选择“定位”选项卡，设置 Position 为 relative，如图 11-23 所示。

10 插入 Div 标签，设置“类”为 top，如图 11-24 所示。

11 执行“插入”|“图像”命令，在弹出的对话框中选择 Logo 图像，单击“确定”按钮，如图 11-25 所示。

12 弹出对话框，输入“替换文本”，单击“确定”按钮，如图 11-26 所示。此时的页面效果如图 11-27 所示。

13 选择图片，在“插入”面板中单击“插入 Div 标签”按钮。弹出对话框，设置 ID 为 lang，如图 11-28 所示。

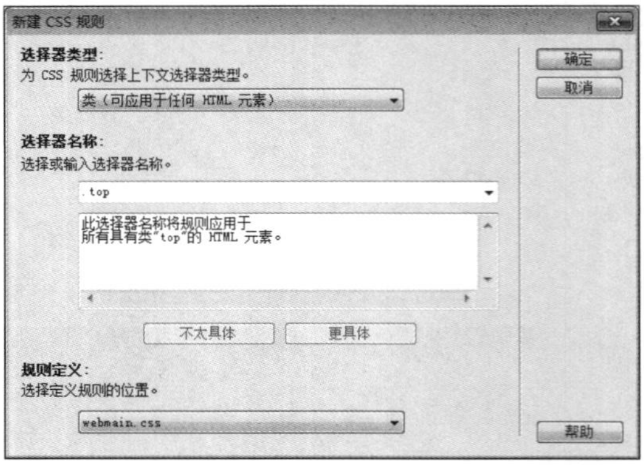

图 11-21　新建 CSS 规则

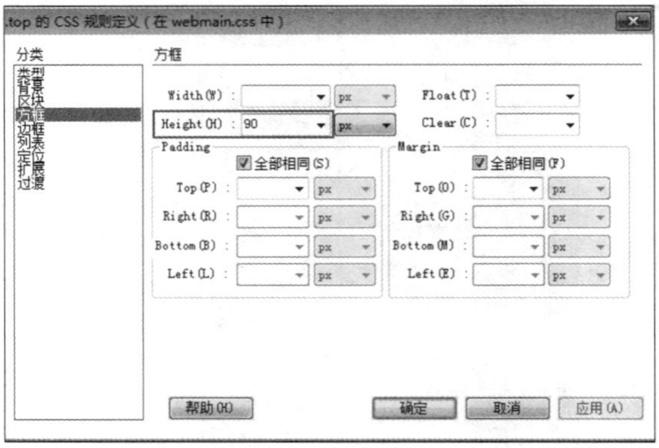

图 11-22　设置 Height

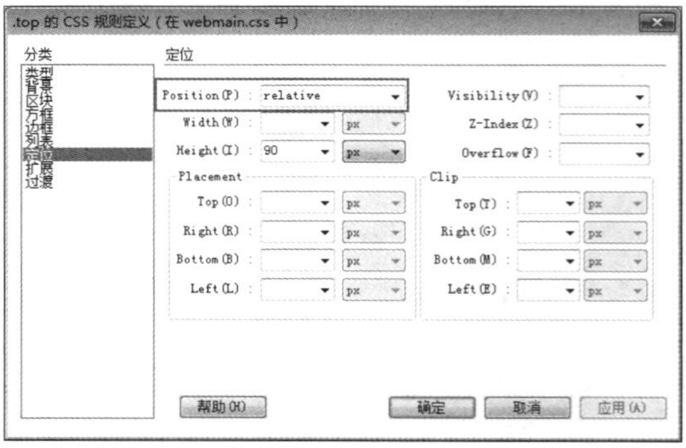

图 11-23　设置 Position

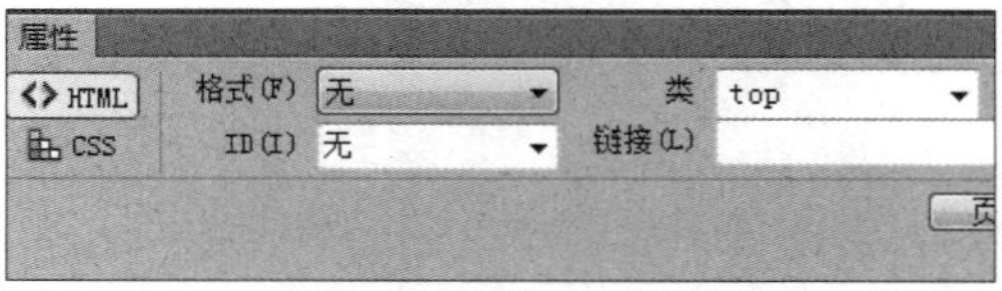

图 11-24　设置类

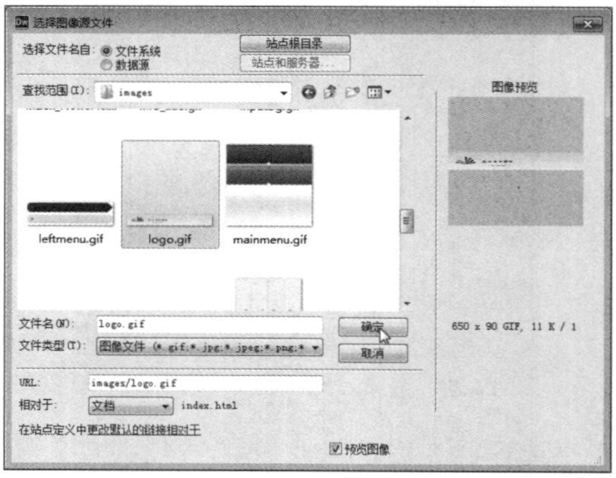

图 11-25　单击“确定”按钮

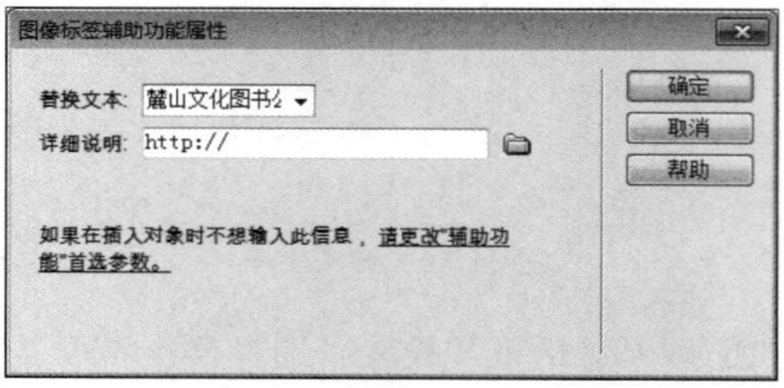

图 11-26　单击“确定”按钮

图 11-27　页面效果

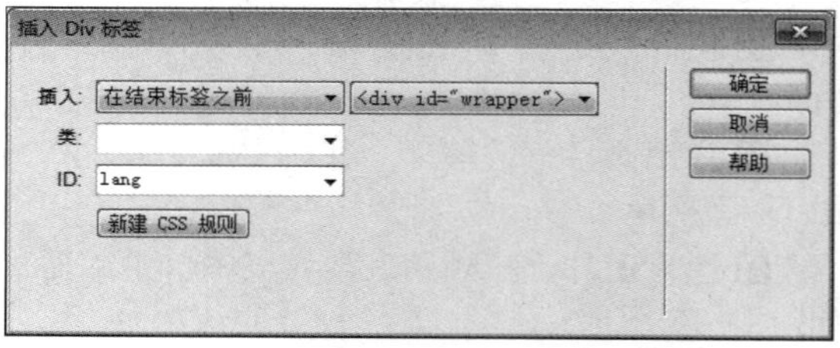

图 11-28　设置 ID

14 插入 Div 标签后，插入图片并输入文字，如图 11-29 所示。

15 在“属性”面板中设置“链接”，如图 11-30 所示。

图 11-29 插入图片并输入文字

图 11-30 设置链接

16 插入 Div 标签，设置“类”为 ddsmoothmenu，ID 为 MainMenu，如图 11-31 所示。

17 在页面中删除标签内的文字，如图 11-32 所示。

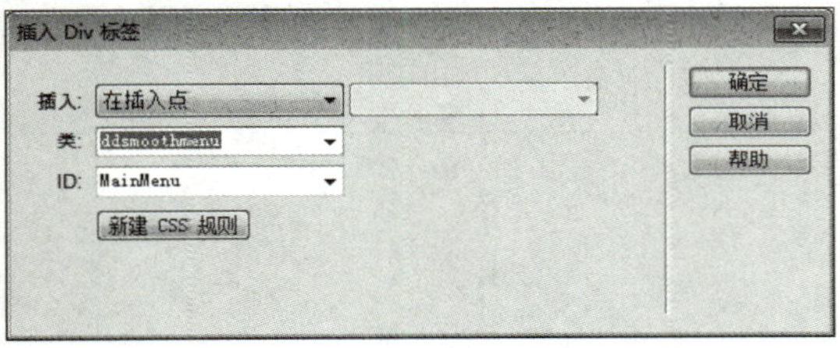

图 11-31 插入 Div 标签

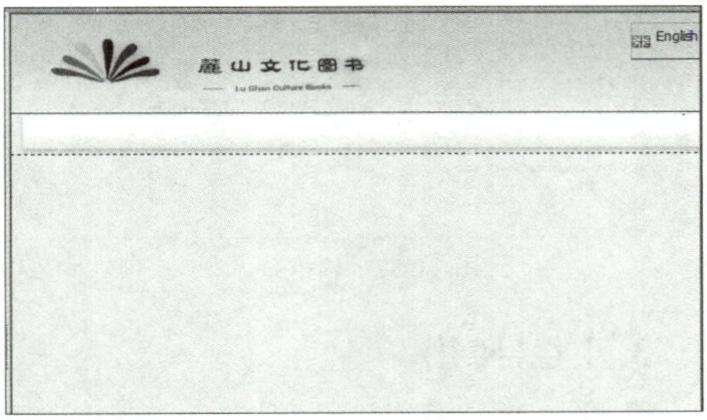

图 11-32 删除文字

18 执行“插入”|“HTML”|“文本对象”|“项目列表”命令，如图 11-33 所示。

19 在设计页面中输入“公司主页”。选择文字，在“属性”面板中设置“链接”为 index.html，标题为“公司主页”，ID 为 menu_selected，如图 11-34 所示。

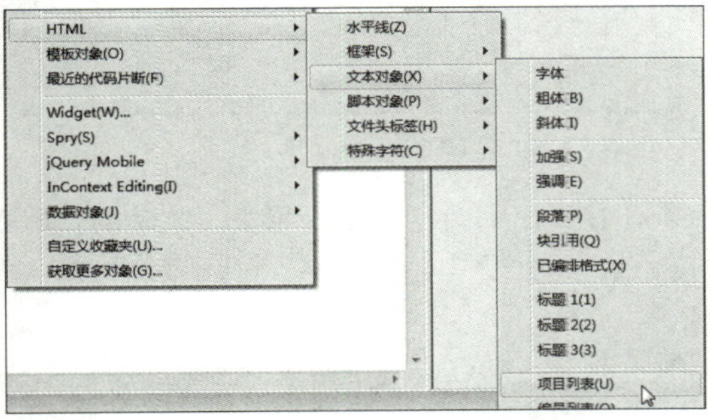

图 11-33 执行“项目列表”命令

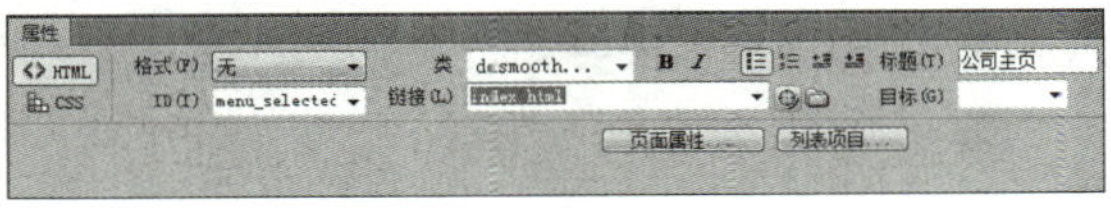

图 11-34 设置属性

20 执行“插入”|“HTML”|“文本对象”|“列表项”命令，分别插入列表项，然后输入文字，如图 11-35 所示。此时，代码视图中的代码如图 11-36 所示。

21 执行“插入”|“HTML”|“脚本对象”|“脚本”命令，在弹出的对话框中输入内容，代码如图 11-37 所示。

22 插入 Div 标签 Banner，并在页面中插入图像，页面效果如图 11-38 所示。此时，代码视图中的代码如图 11-39 所示。

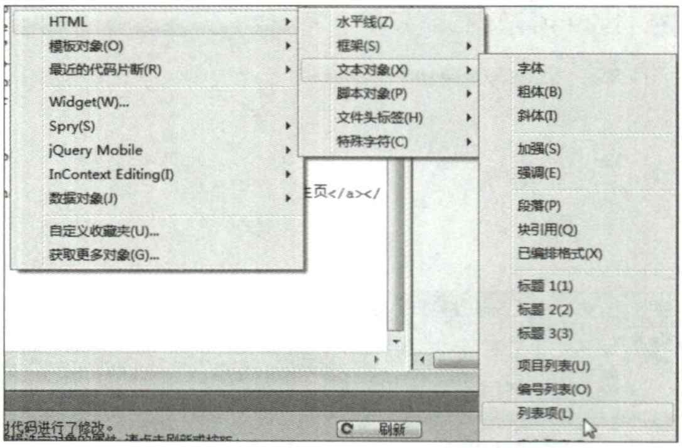

图 11-35　执行“列表项”命令

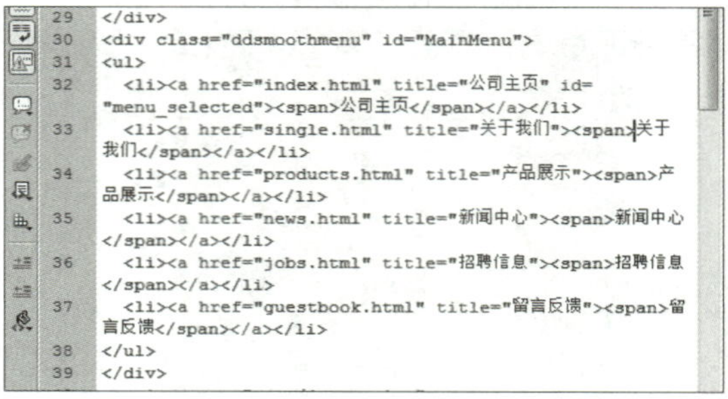

图 11-36　代码

图 11-37　输入脚本

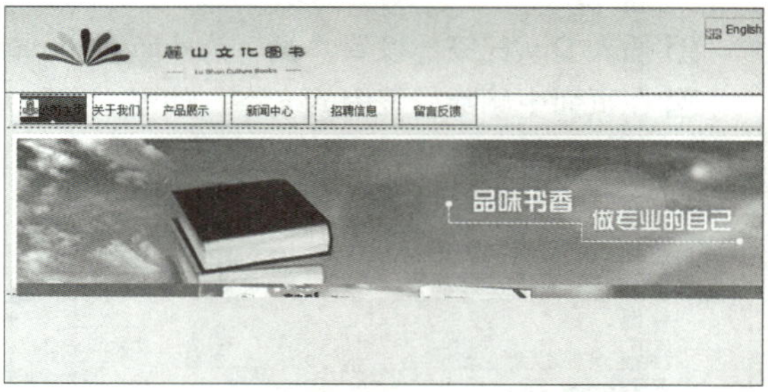

图 11-38　页面效果

3. 主栏目制作

01 插入 Div 标签，设置“类”为 clearfix，ID 为 index.main，如图 11-40 所示。

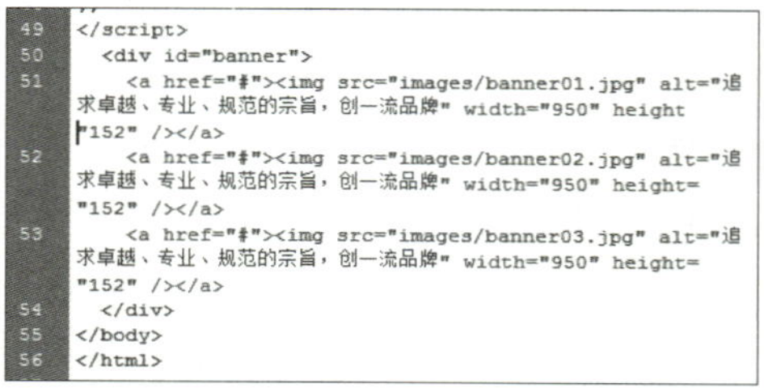

图 11-39　代码

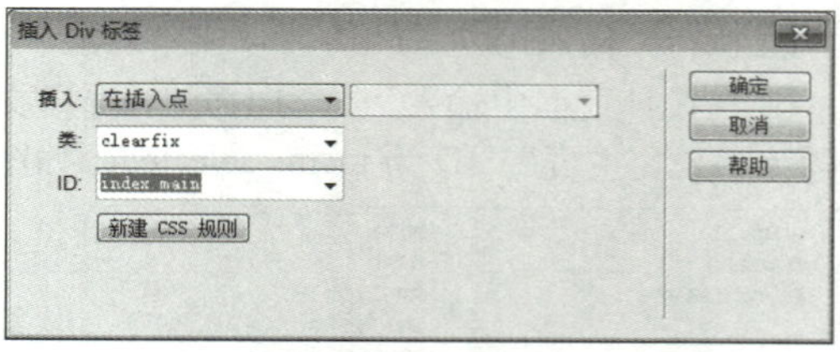

图 11-40　插入 Div 标签

02 执行“插入”|“布局对象”|“Div 标签”命令，在弹出的对话框中设置类，此时的代码如图 11-41 所示。

03 添加代码“<h2><span> 暂无信息 </span></h2>”。

04 在页面中添加插入图片，页面效果如图 11-42 所示。

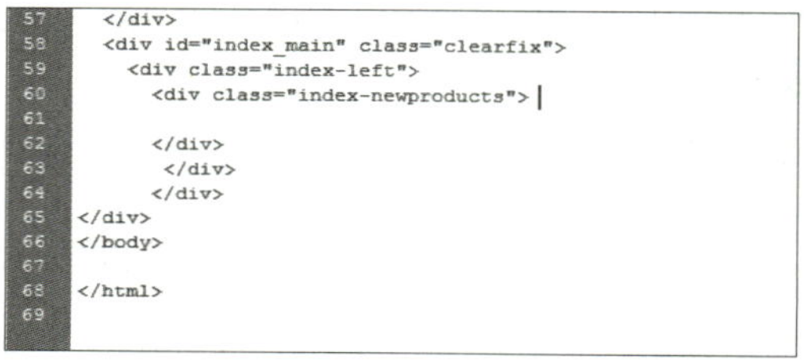

图 11-41　输入代码

图 11-42　页面效果

05 选择图片，在“属性”面板中设置“链接”为 products.html，如图 11-43 所示。

06 插入 Div 标签，新建 CSS 样式 productsroll。插入 Div 标签，设置 ID 为 LeftArr1，如图 11-44 所示。

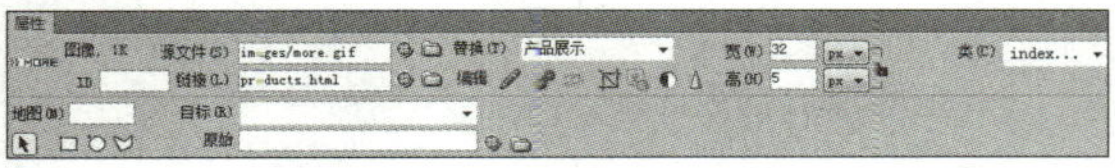

图 11-43 设置链接

图 11-44 插入 Div 标签

07 在页面中删除文字，页面效果如图 11-45 所示。

08 插入 Div 标签 RightArr1，删除标签内的文字，页面效果如图 11-46 所示。

图 11-45 页面效果

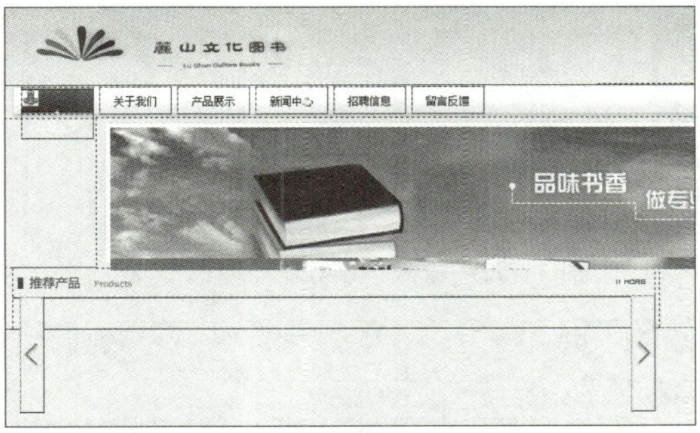

图 11-46 页面效果

09 执行“插入”|“HTML”|“文本对象”|“项目列表”命令。在“属性”面板中设置 ID 为 ScrollBox，“类”为 clearfix，如图 11-47 所示。

10 执行“插入”|“HTML”|“文本对象”|“列表项”命令。

11 插入图像，并在“属性”面板中设置“链接”为 products.html，“替换”为“CAD 2015 机械绘图”，“宽”为 140，“高”为 100，如图 11-48 所示。此时的页面效果如图 11-49 所示。

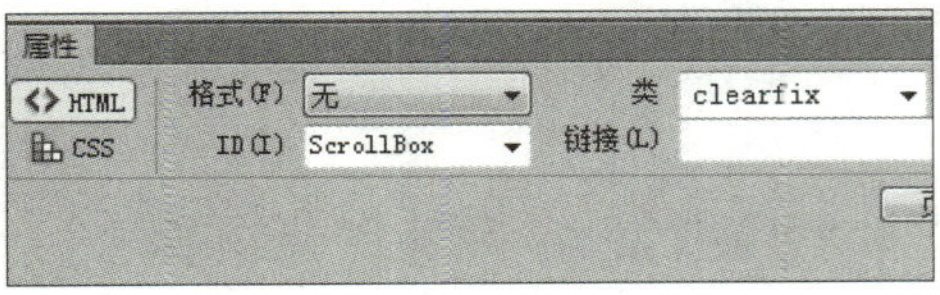

图 11-47 设置 ID 与类

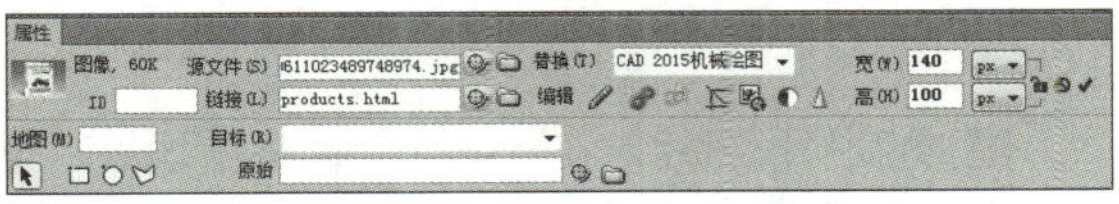

图 11-48 设置属性

12 执行“插入”|“标签”命令，在弹出的对话框中选择 span，如图 11-50 所示。

13 在页面中换行，并输入“CAD 机械绘图”，此时的代码如图 11-51 所示。

14 用同样的方法，定义列表项目并插入图像，代码如图 11-52 所示。页面效果如图 11-53 所示。

15 在代码视图中输入代码，如图 11-54 所示。

16 插入 Div 标签，设置“类”为 index-news。执行“插入”|“HTML”|“文本对象”|“标题 2”命令。

17 执行“插入”|“标签”命令，在弹出的对话框中选择 span，在代码中输入“新闻中心”，如图 11-55 所示。

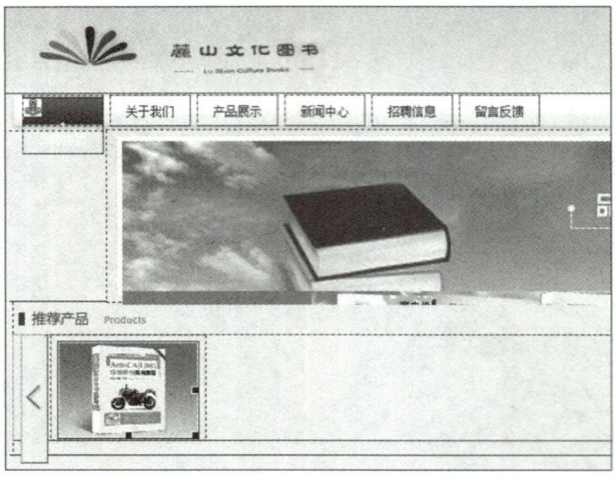

图 11-49 页面效果

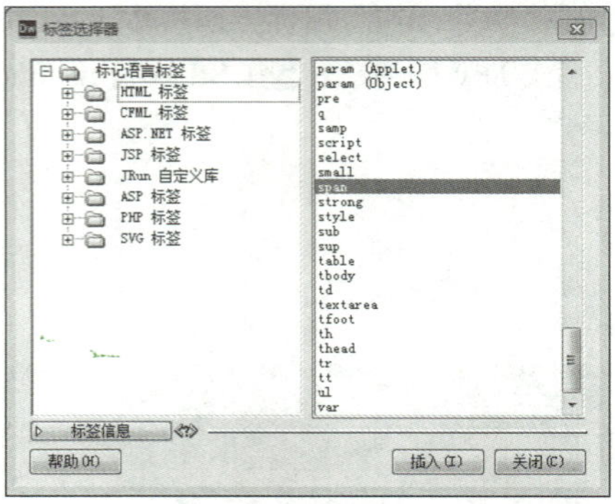

图 11-50 选择 span

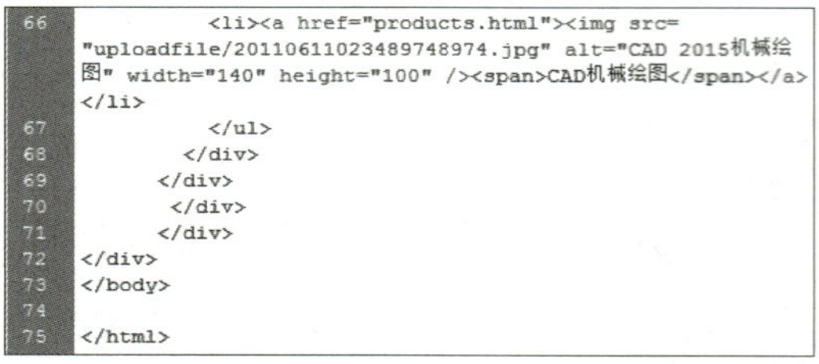

图 11-52 输入“CAD 机械绘图”

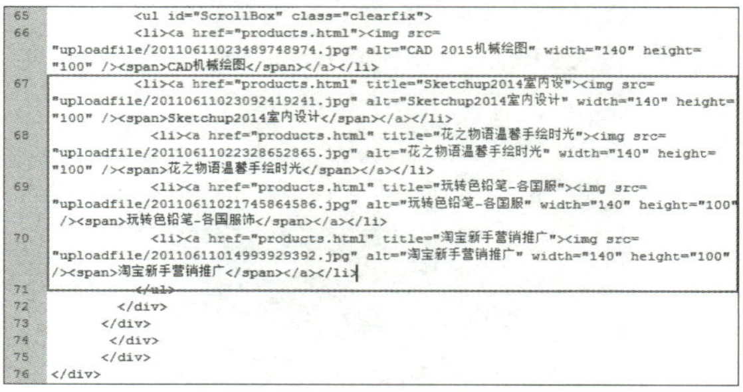

图 11-52 代码

图 11-53 页面效果

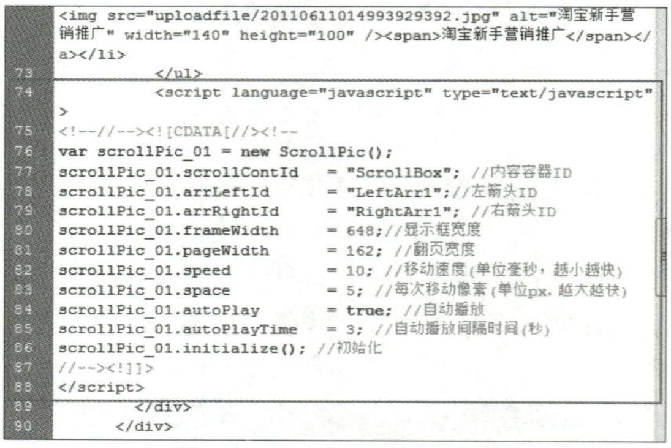

图 11-54 输入代码

18 插入一张图片，在“属性”面板中设置“链接”与“替换”文本，如图 11-56 所示。

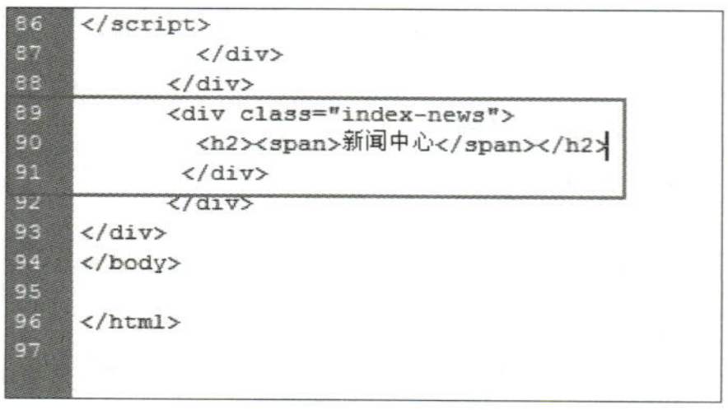

图 11-55 输入“新闻中心”

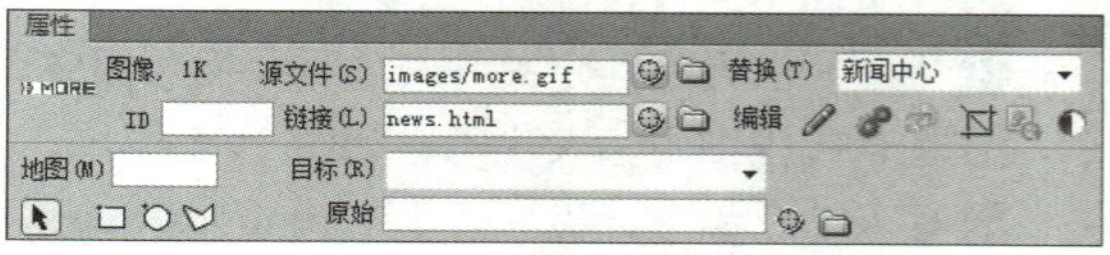

图 11-56 设置链接与替换文本

19 根据前面的方法，定义列表项目，并输入文字、设置链接等，代码如图 11-57 所示。页面效果如图 11-58 所示。

20 插入 Div 标签，设置 class 为 index-about。

```html
        </div>
        <div class="index-news">
          <h2><span>新闻中心</span><a href="news.html"><img src="images/more.gif" width="32" height="5" alt="新闻中心" /></a></h2>
          <ul>
            <li class="clearfix"><a href="news.html" title="省文化厅专题研讨全省公共文化"><img src="images/index_NewsPic.jpg" alt="省文化厅专题研讨全省公共文化" width="110" height="80" /></a>
            <h3><a href="news.html" title="省文化厅专题研讨全省公共文化">省文化厅专题研讨全省公共文化服...</a></h3>
            <p>    省文化厅在群众艺术馆召集省级公共文化服务体系建设相关单位负责人，围绕公共文化服务标准化...<a href="news.html" title="省文化厅专题研讨全省公共文化">[详细]</a></p></li>
            <li><a href="news.html" title="欢乐潇湘·美丽桂东我的家"><span>2014/7/24</span>- &ldquo;欢乐潇湘·美丽桂东我的家&rdquo;隆重开演</a></li>
            <li><a href="news.html" title="图书馆送书到看守所 让知识穿透"><span>2014/7/24</span>- 图书馆送书到看守所 让知识穿透&ldquo;高墙&rdquo;</a></li>
            <li><a href="news.html" title="盛荣华调研"><span>2014/7/24</span>- 盛荣华调研&ldquo;两馆两中心&rdquo;项目选址</a></li>
            <li><a href="news.html" title="搭建文化之桥，助推和谐之美"><span>2014/7/23</span>- </a>            <a href="news.html" title="搭建文化之桥，助推和谐之美">搭建文化之桥，助推和谐之美</a></li>
          </ul>
        </div>
        <div class="index-about">
          <h2><span>关于我们</span><a href="single.html"><img src="images/more.gif" width="32" height="5" alt="关于我们" /></a></h2>
          <p><img src="images/index_AboutPic.jpg" alt="关于我们" width="145" height="181" /><a href="single.html" title="关于我们">    麓山文化是一家专业从事教程类图书策划、编辑、出版的综合性团队，以打造优质图书、传播优质文化为己任。<br />
              作为一个年轻的团队，麓山文化一直秉持着追求卓越、专业、规范的宗旨，为实现创一流品牌、写优质图书的目标，多年来一直默默...</a></p>
        </div>
```

图 11-57　代码

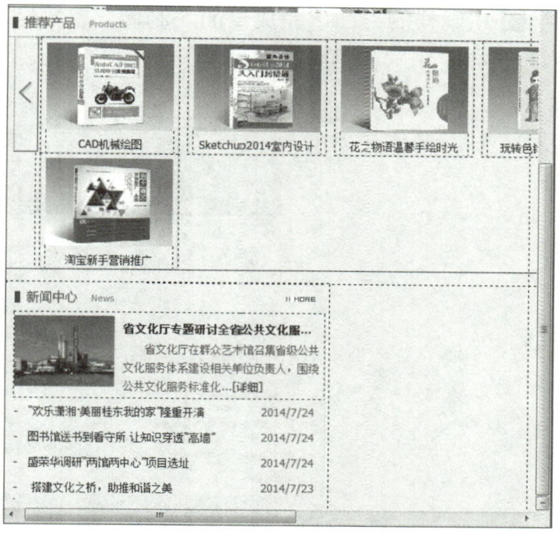

图 11-58　页面效果

21 在设计视图中插入图片与文字，并设置图片链接，代码如图 11-59 所示。页面效果如图 11-60 所示。

```html
        <div class="index-about">
          <h2><span>关于我们</span><a href="single.html"><img src="images/more.gif" width="32" height="5" alt="关于我们" /></a></h2>
          <p><img src="images/index_AboutPic.jpg" alt="关于我们" width="145" height="181" /><a href="single.html" title="关于我们">  麓山文化是一家专业从事教程类图书策划、编辑、出版的综合性团队，以打造优质图书、传播优质文化为己任。<br />
              作为一个年轻的团队，麓山文化一直秉持着追求卓越、专业、规范的宗旨，为实现创一流品牌、写优质图书的目标，多年来一直默默...</a></p>
        </div>
        </div>
</div>
</body>

</html>
```

图 11-59　代码

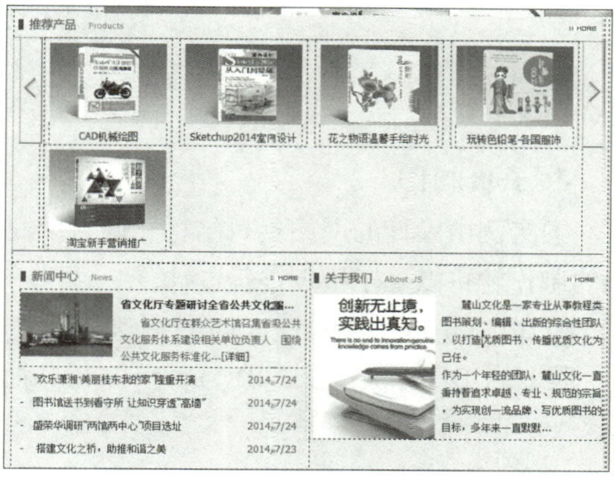

图 11-60　页面效果

22 用同样的方法制作页面，效果如图 11-61 所示。代码视图中的代码如图 11-62 所示。

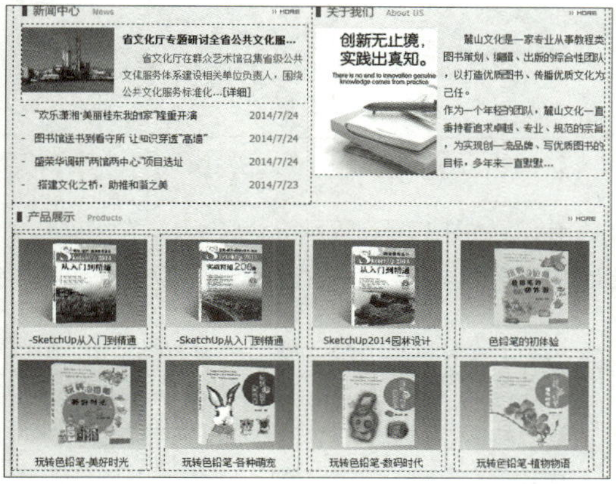

图 11-61　制作页面效果

```html
              作为一个年轻的团队，麓山文化一直秉持着追求卓越、专业、规范的宗旨，为实现创一流品牌、写优质图书的目标，多年来一直默默...</a></p>
        </div>
        <div class="index-products">
          <h2><span>产品展示</span><a href="products.html"><img src="images/more.gif" width="32" height="5" alt="产品展示" /></a></h2>
          <ul class="clearfix">
            <li><a href="products.html" title="SketchUp从入门到精通"><img src="uploadfile/201106110325l6391639.jpg" alt="SketchUp从入门到精通" width="154" height="110" /><span>-SketchUp从入门到精通</span></a></li>
            <li><a href="products.html" title="SketchUp从入门到精通"><img src="uploadfile/201106110327335833 58.jpg" alt="SketchUp从入门到精通" width="154" height="110" /><span>-SketchUp从入门到精通</span></a></li>
            <li><a href="products.html" title="SketchUp2014园林设计"><img src="uploadfile/201106110320671867l8.jpg" alt="SketchUp2014园林设计" width="154" height="110" /><span>SketchUp2014园林设计</span></a></li>
            <li><a href="products.html" title="色铅笔的初体验"><img src="uploadfile/20110611031809849 84.jpg" alt="色铅笔的初体验" width="154" height="110" /><span>色铅笔的初体验</span></a></li>
            <li><a href="products.html" title="玩转色铅笔-美好时光"><img src="uploadfile/201106110317023 6236.jpg" alt="玩转色铅笔-美好时光" width="154" height="110" /><span>玩转色铅笔-美好时光</span></a></li>
            <li><a href="products.html" title="玩转色铅笔-各种萌宠"><img src="uploadfile/20110611031576567656.jpg" alt="玩转色铅笔-各种萌宠" width="154" height="110" /><span>玩转色铅笔-各种萌宠</span></a></li>
            <li><a href="products.html" title="玩转色铅笔-数码时代"><img src="uploadfile/20110611031134093409.jpg" alt="玩转色铅笔-数码时代" width="154" height="110" /><span>玩转色铅笔-数码时代</span></a></li>
            <li><a href="products.html" title="玩转色铅笔-植物物语"><img src="uploadfile/20110611031086798679.jpg" alt="玩转色铅笔-植物物语" width="154" height="110" /><span>玩转色铅笔-植物物语</span></a></li>
          </ul>
        </div>
        </div>
```

图 11-62　代码视图中的代码

23 用同样的方法，完成页面的制作，首页完成效果如图 11-63 所示。

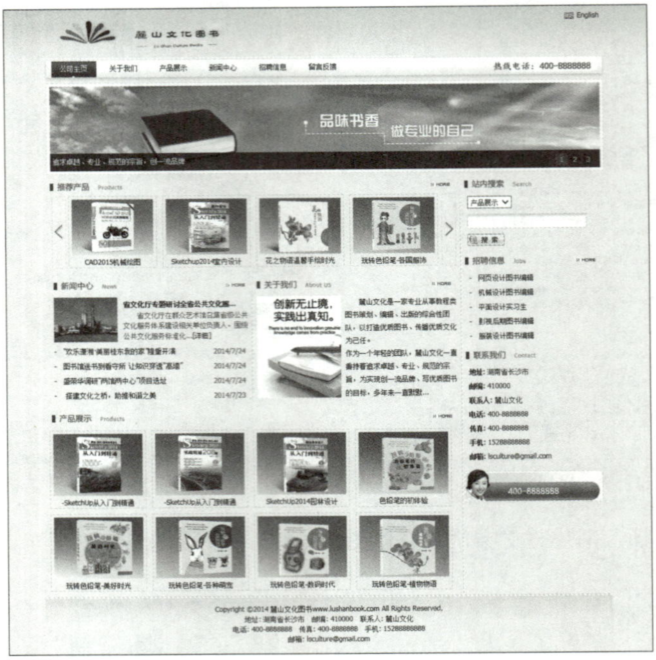

图 11-63　首页完成效果

4. 子页制作

本实例中设计的网站栏目结构相同，因此只需建立一个子网页，将其创建为模板，其他页面的制作就可以基于模板进行设计。

01 用同样的方法制作网页的页头部分，包括 Logo、导航及 Banner，如图 11-64 所示。

02 插入 Div 标签，设置 ID 为 page_main，如图 11-65 所示。

图 11-64　制作网网页的页头部分

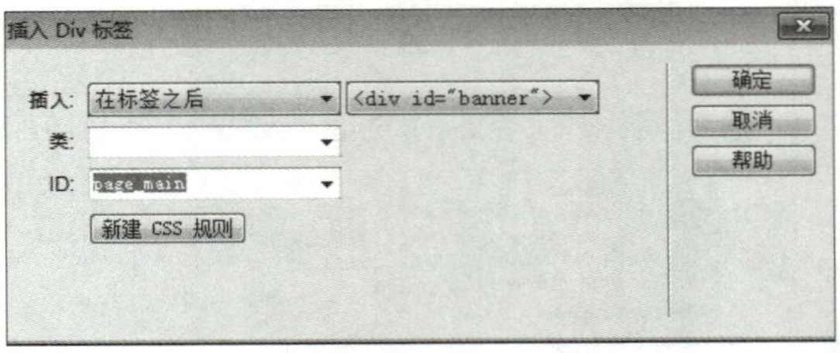

图 11-65　设置 ID

03 选择标签，在“属性”面板中设置“类”为 clearfix，如图 11-66 所示。

04 插入 Div 标签，设置“类”为 page-right。再次插入 Div 标签，并设置“类”为 site-nav。在页面中输入文字，此时的代码如图 11-67 所示。

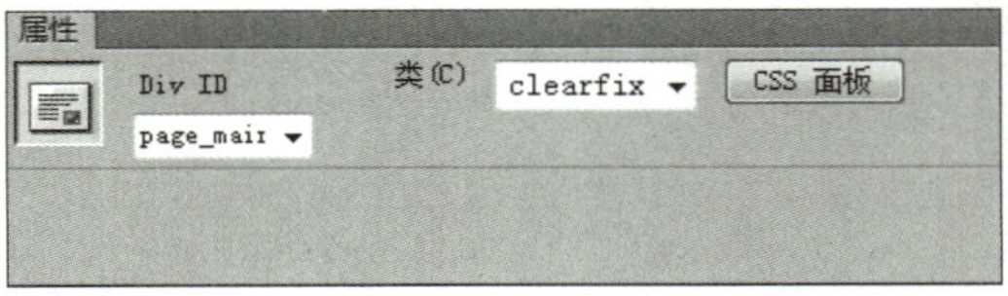

图 11-66　设置类

```
<div class="clearfix" id="page_main">
<div class="page-right">
<div class="site-nav"><span>当前位置 ： </span></div>
</div>
</div>

</body>
</html>
```

图 11-67　输入代码

05 在页面中输入文字“公司主页 >>”，如图 11-68 所示。

06 选择文字，在“属性”面板中设置“链接”为 index.html，如图 11-69 所示。

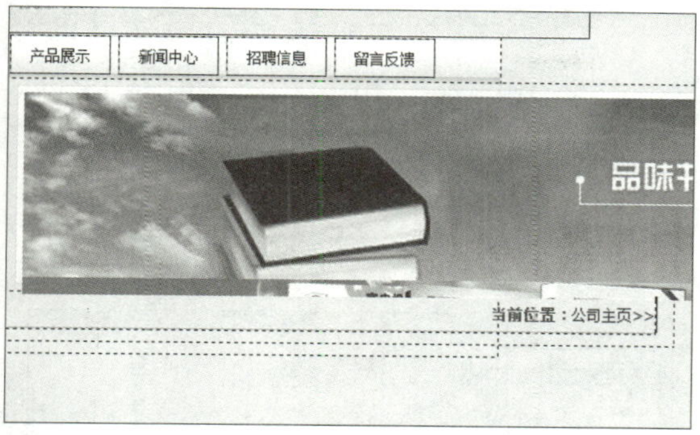

图 11-68 输入文字

图 11-69 设置链接

07 继续输入文字“关于我们”，设置文字“链接”为 single.html，代码如图 11-70 所示。

08 插入 Div 标签，在代码视图中编写程序代码，如图 11-71 所示。

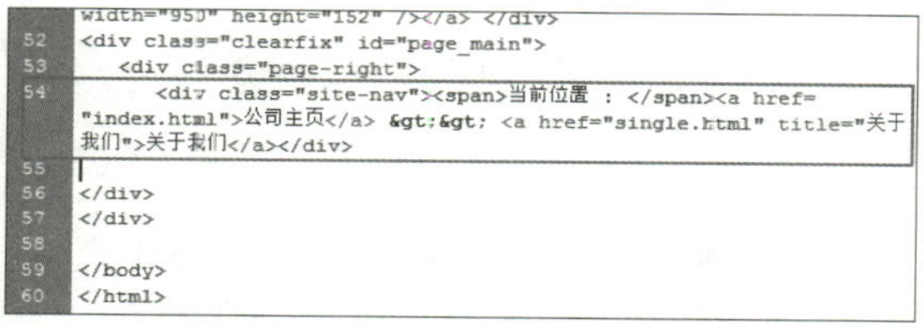

图 11-70 设置文字链接的代码

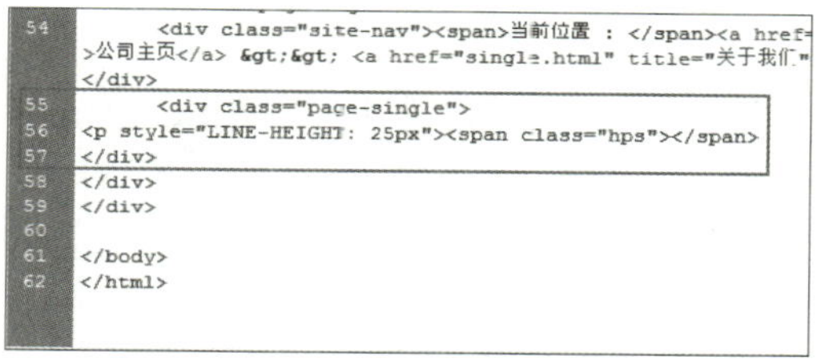

图 11-71 输入脚本

09 在设计页面中输入文字，如图 11-72 所示。

10 插入 Div 标签，插入标题 2，并输入文字，此时的代码如图 11-73 所示。

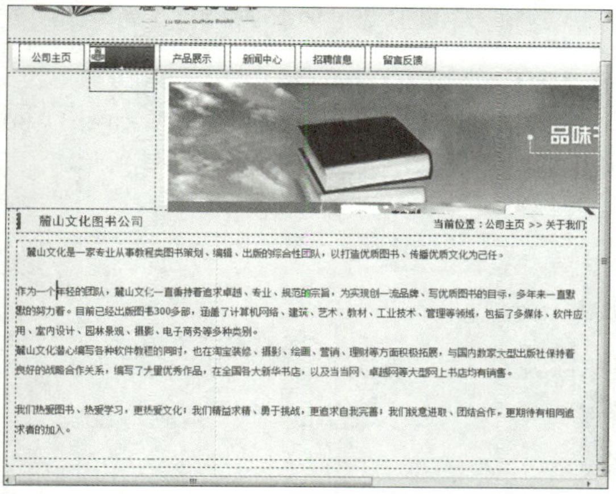

图 11-72 输入文字

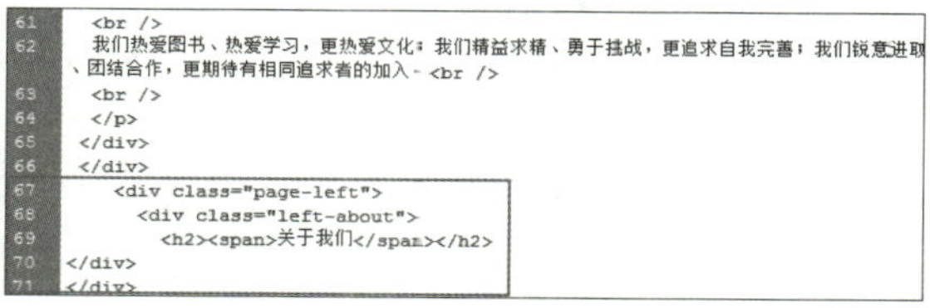

图 11-73 代码

11 插入 Div 标签，设置 ID 为 LeftMenu，“类”为 ddsmoothmenu-v，如图 11-74 所示。

12 将标签内的文本删除。执行“插入”|“HTML”|“脚本对象”|“脚本”命令，在代码视图中编辑代码，如图 11-75 所示。

13 执行“插入”|“表单”|“表单”命令，在弹出的对话框中设置“名称”，如图 11-76 所示。

14 选择“样式表 / 辅助功能”选项，设置 ID，如图 11-77 所示。

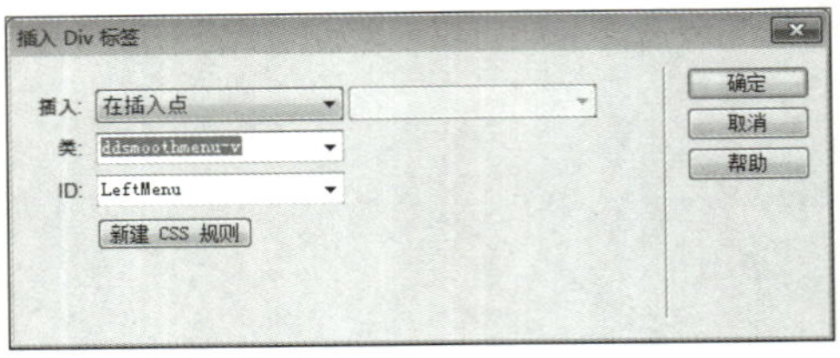

图 11-74　插入 Div 标签

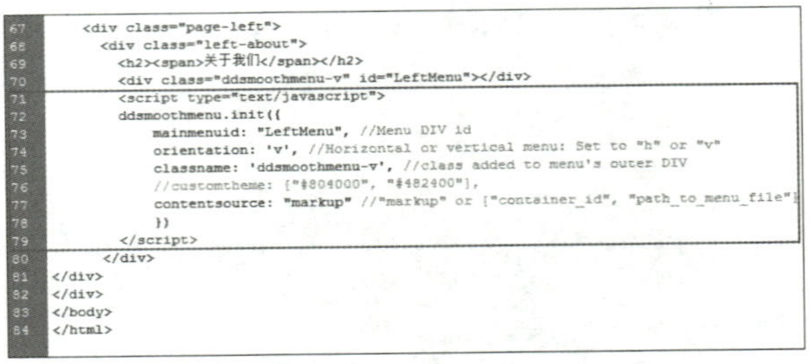

图 11-75　编辑代码

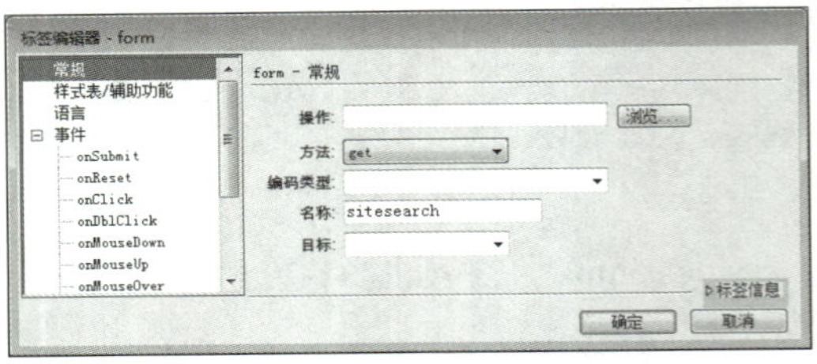

图 11-76　设置名称

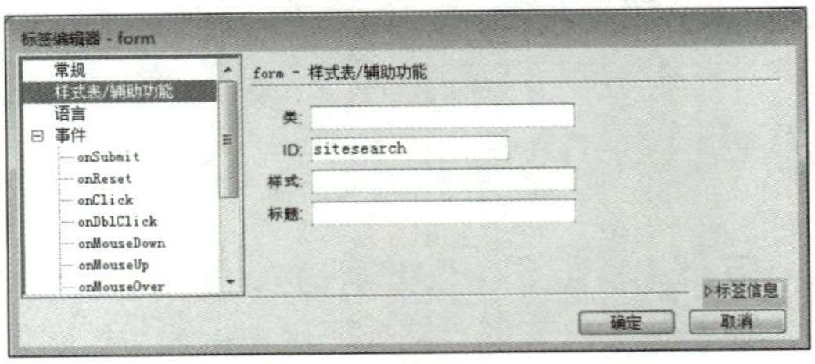

图 11-77　设置 ID

15 执行“插入”|“表单”|“选择（列表 / 菜单）”命令，设置名称及 ID 均为 searchid。

16 在“属性”面板中单击“列表值”按钮，如图 11-78 所示。

17 弹出对话框，设置列表值，如图 11-79 所示。

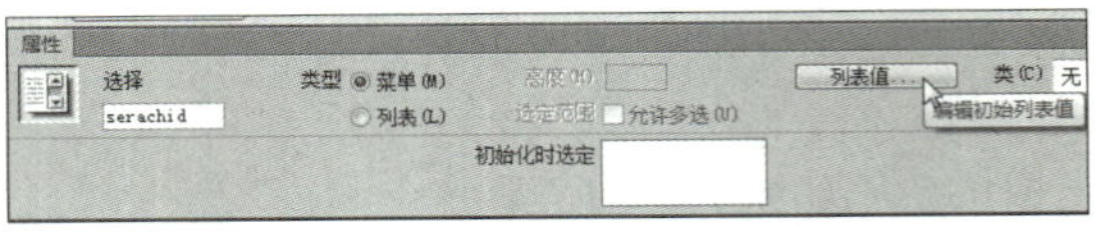

图 11-78　单击“列表值”按钮

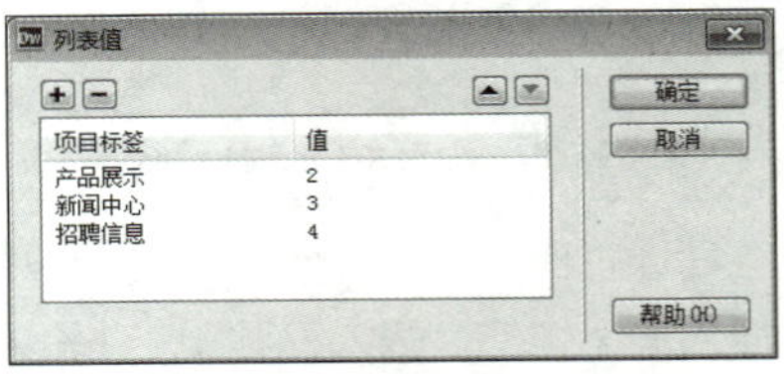

图 11-79　设置列表值

18 执行“插入”|“表单”|“文本域”命令，设置名称及 ID 均为 searchtext。

19 执行“插入”|“表单”|“按钮”命令，在弹出的对话框设置“类型”为“提交”，如图 11-80 所示。设置名称及 ID 均为 searchbutton。此时的代码如图 11-81 所示，页面效果如图 11-82 所示。

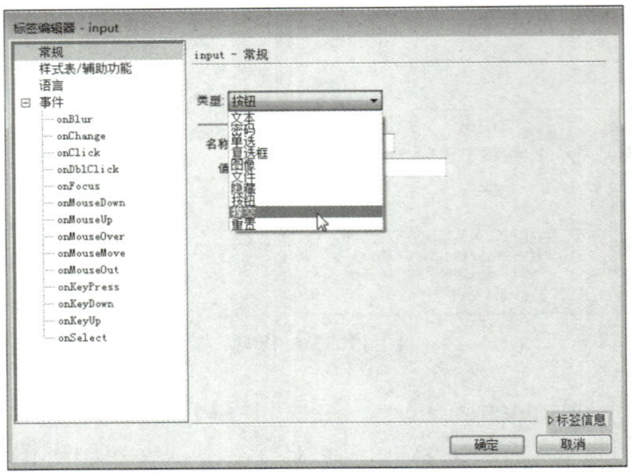

图 11-80　设置类型

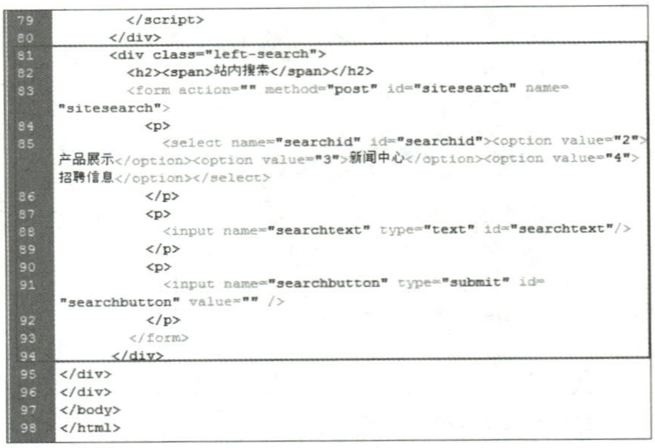

图 11-81　代码

20 在代码视图中编写程序代码，如图 11-83 所示。在页面中输入文字，如图 11-84 所示。

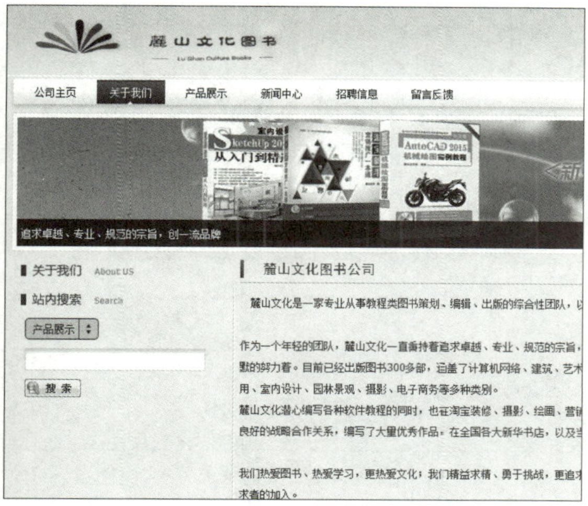

图 11-82　页面效果

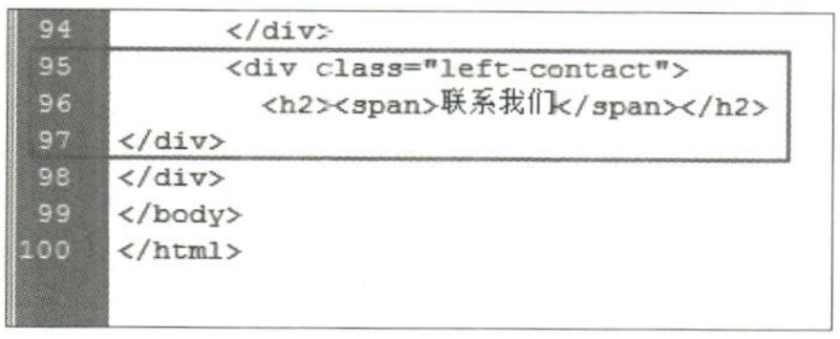

图 11-83　编写代码

21 在页面中插入图片，如图 11-85 所示。

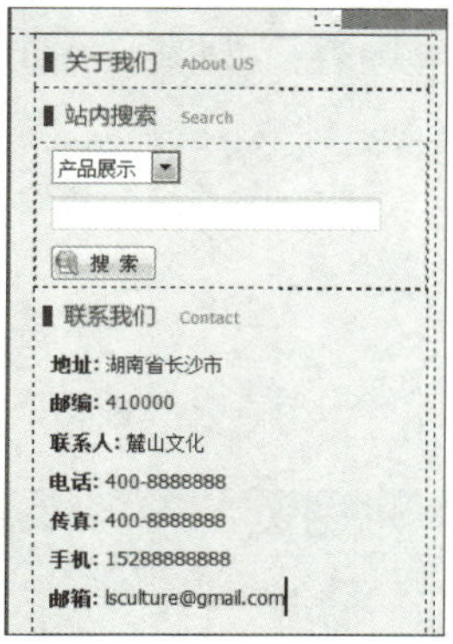

图 11-84　输入文字

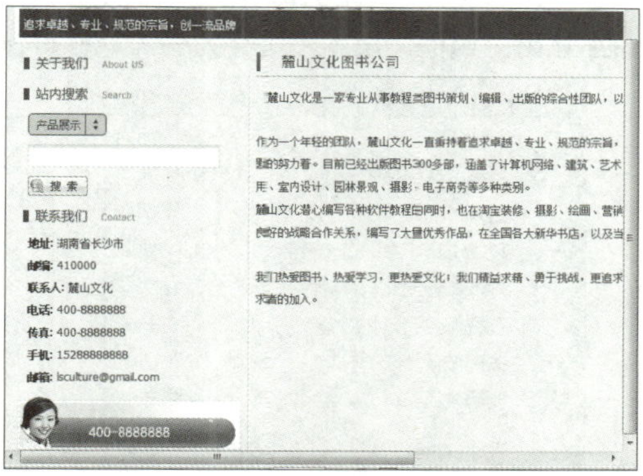

图 11-85　插入图片

22 插入 Div 标签，设置 ID 为 copyright，如图 11-86 所示。

23 在代码中输入代码，如图 11-87 所示。页面效果如图 11-88 所示。

图 11-86　设置 ID

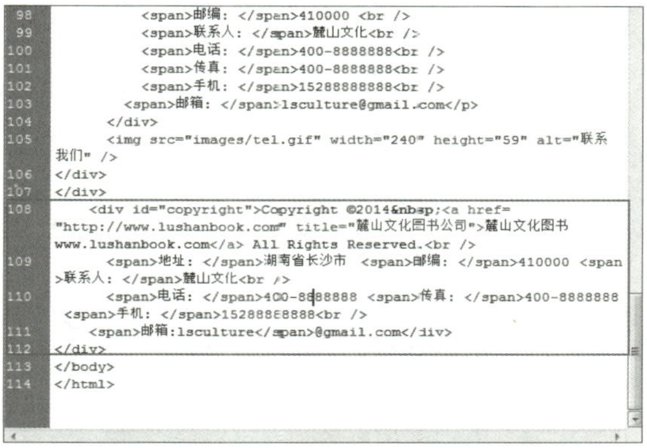

图 11-37　输入代码

24“关于我们”页面制作完成，按 F12 键预览效果，如图 11-89 所示。

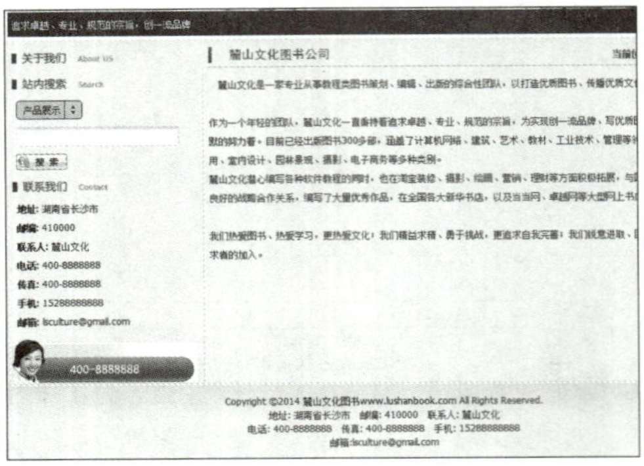

图 11-88　页面效果

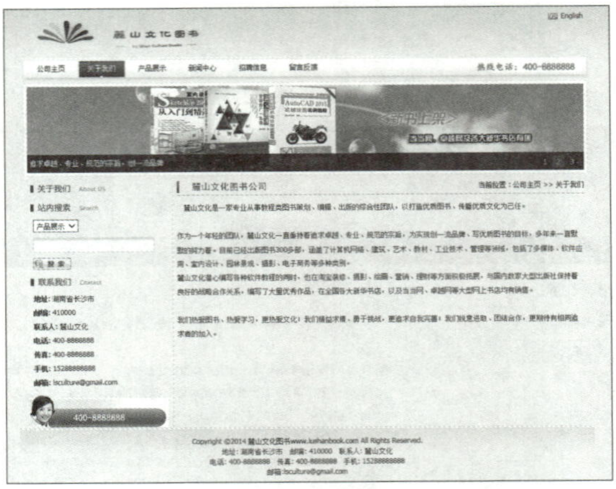

图 11-89　预览效果

5. 创建模板与应用模板

01 执行“文件”|“另存为模板”命令，如图 11-90 所示。

02 弹出对话框，设置“另存为”为“栏目模板”，单击“保存”按钮，如图 11-91 所示。

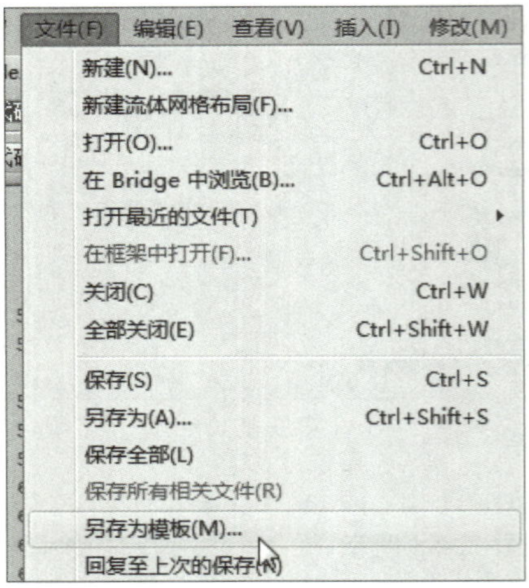

图 11-90　执行“文件”|“另存为模板”命令

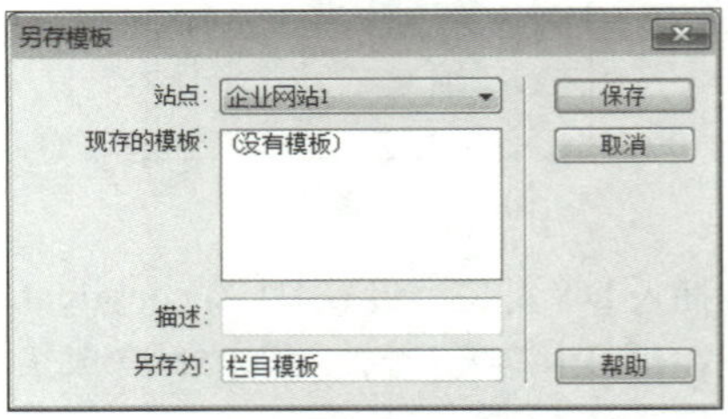

图 11-91　单击“保存”按钮

03 弹出提示对话框，单击“确定”按钮，如图 11-92 所示。

04 选择页面中需要更改的部分，如图 11-93 所示。

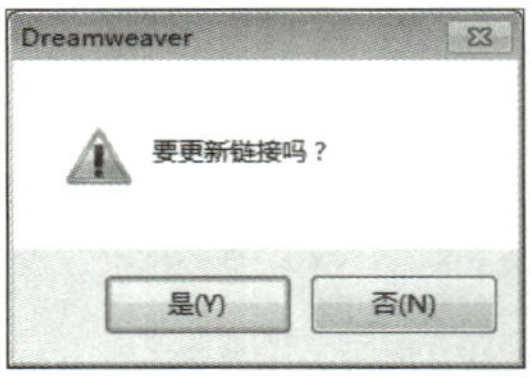

图 11-92　单击“确定”按钮

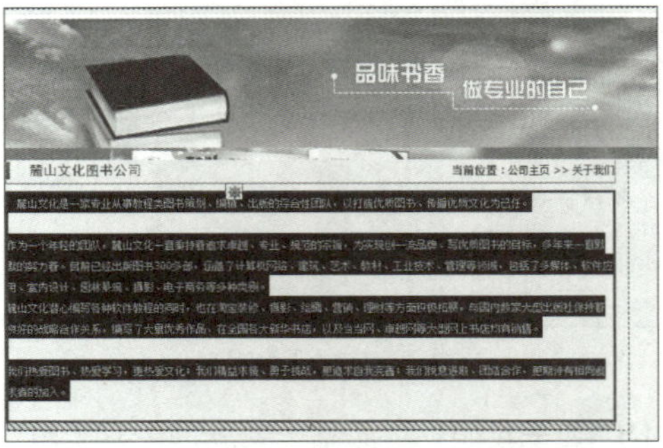

图 11-93　选择需更改的部分

05 在“插入”面板中，单击“模板”中的三角按钮，在弹出的列表中选择“可编辑区域”选项，如图 11-94 所示。

06 弹出对话框，单击“确定”按钮，如图 11-95 所示。

07 选中文字“关于我们”，如图 11-96 所示。

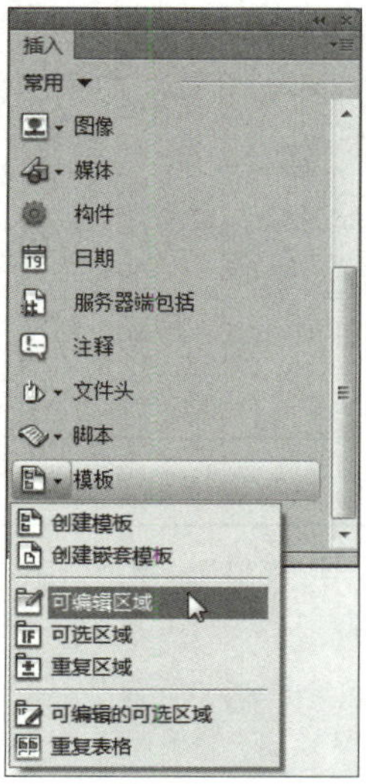

图 11-94 选择“可编辑区域”选项

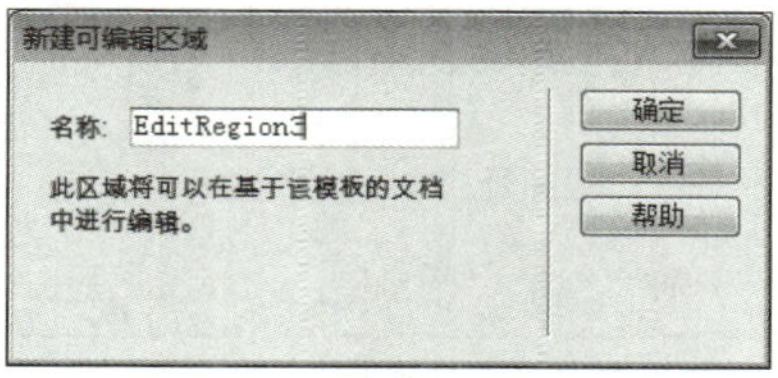

图 11-95 单击“确定’按钮

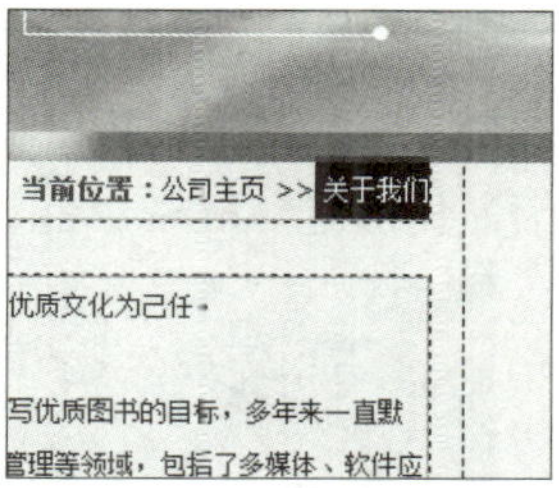

图 11-96 选中文字

08 制作可编辑区域。在模板中可编辑区域呈绿色显示，如图 11-97 所示。

09 用同样的方法，将导航设置为可编辑区域。

10 在“文件”面板中双击 products.html 文件，打开页面。

11 执行“修改”|“模板”|“应用模板到页”命令，如图 11-98 所示。

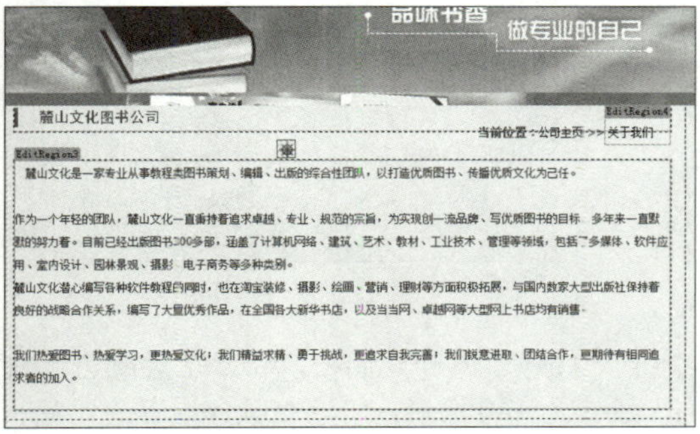

图 11-97 可编辑区域呈绿色显示

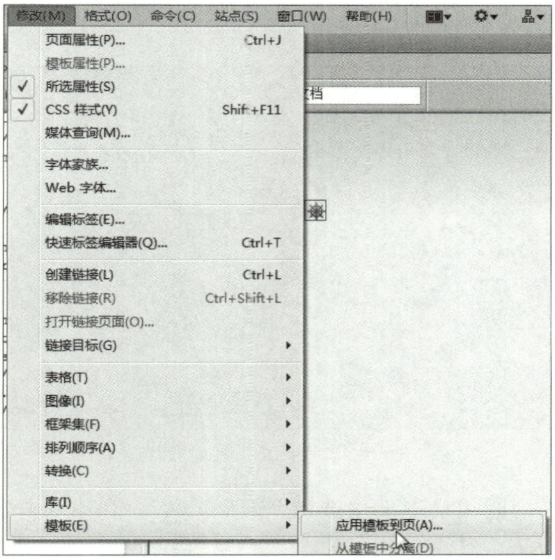

图 11-98 执行“修改”|“模板”|“应用模板到页”命令

12 弹出对话框，选择模板，单击“选定”按钮，如图 11-99 所示。

13 打开网页后，用前面所述的方法，修改可编辑区域，页面效果如图 11-100 所示。

14 用同样的方法，制作其他子页面。

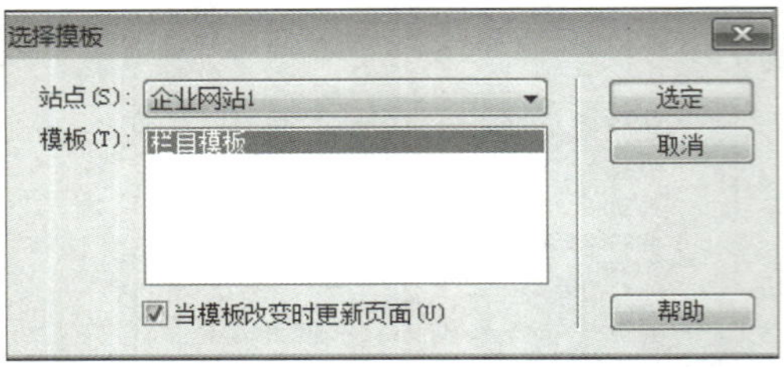

图 11-99　单击“选定”按钮

图 11-100　页面效果

11.2　网页导航栏制作

下面介绍如何通过 Animate 制作网页导航栏，制作完成后的效果如图 11-101 所示。

图 11-101　网页导航栏

01 启动软件后，按 Ctrl+N 组合键，弹出“新建文档”对话框，选择“ ActionScript 3.0”选项，将“宽”设置为 760 像素，将“高”设置为 160 像素，单击“确定”按钮，如图 11-102 所示。

02 新建文档后，打开“时间轴”面板，将“图层 1”名称更改为“背景”，完成后的效果如图 11-103 所示。

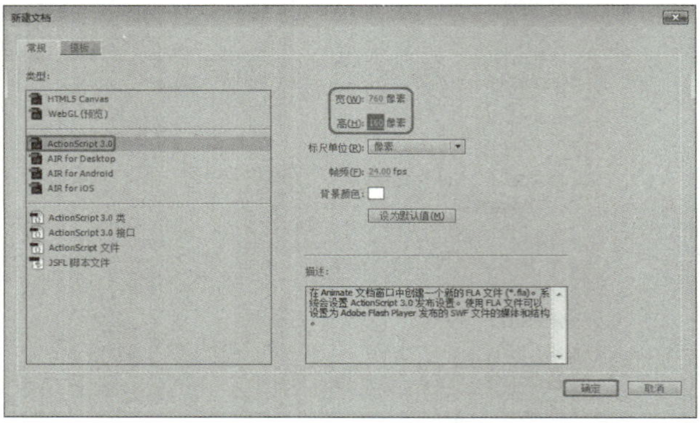

图 11-102　新建文档

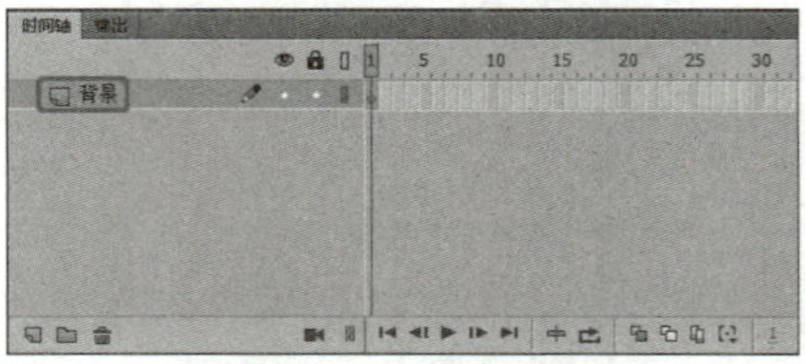

图 11-103　选择背景

03 在工具箱中选择“矩形工具”，在舞台中绘制矩形，打开“属性”面板，将“笔触颜色”设置为“#FE5CFF”，将“宽”设置为 760 像素，将“高”设置为 160 像素，将填充颜色设置为任意一种颜色，完成效果如图 11-104 所示。

04 确定刚刚绘制的矩形处于选择状态，在“对齐”面板中单击“水平中齐”按钮和“垂直中齐”按钮，如图 11-105 所示。

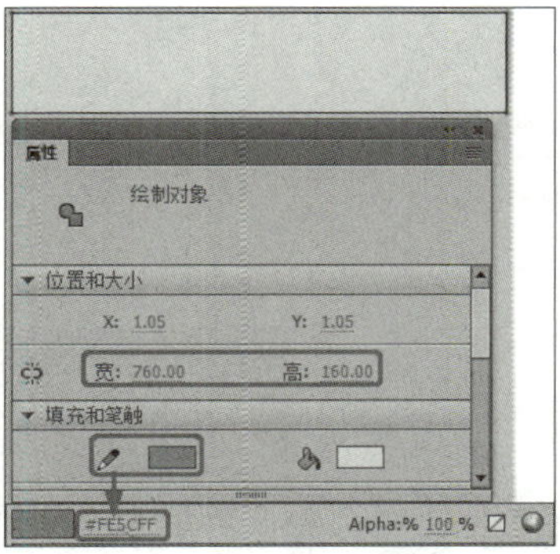

图 11-104 创建矩形

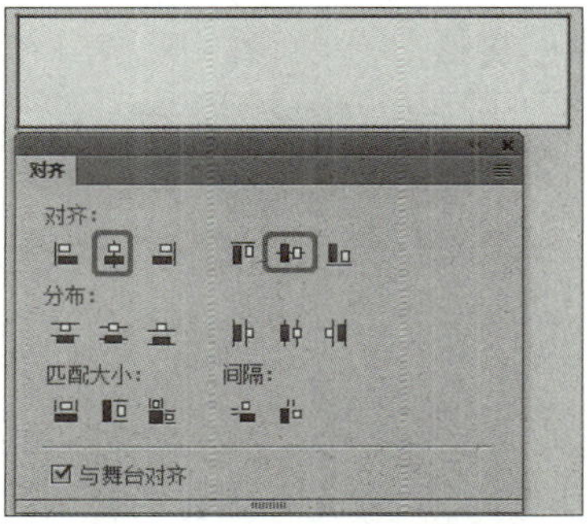

图 11-105 设置矩形的属性

05 继续选择矩形，打开“颜色”面板，选择“填充颜色”，将“填充类型”设置为“线性渐变”，将第一个色标颜色设置为“#FE0BFF”，将第二个色标设置为白色，如图 11-106 所示。

06 在工具箱中选择“渐变变形工具”，对图形进行调整，如图 11-107 所示。

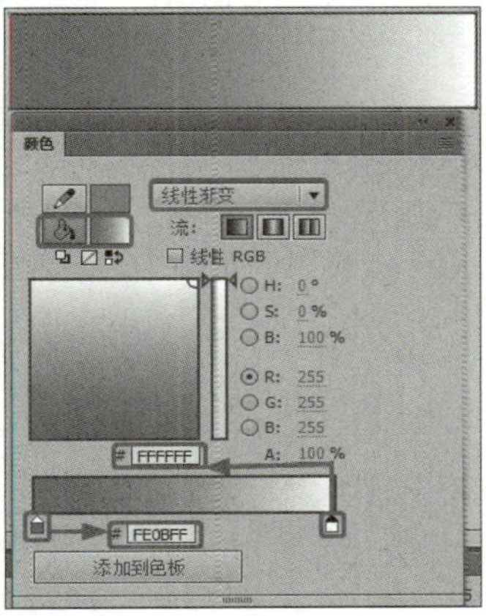

图 11-106 设置填充颜色

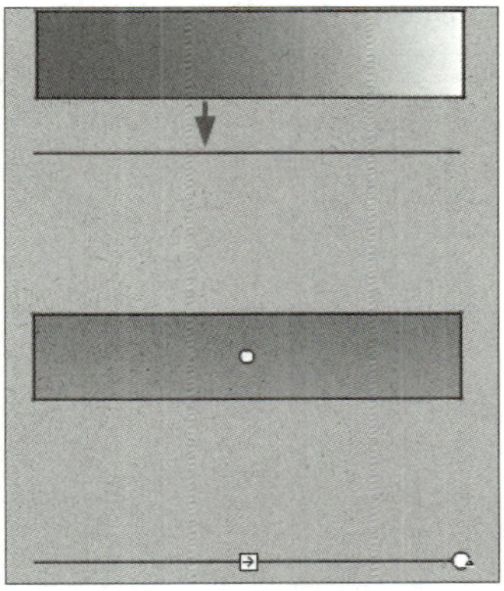
图 11-107 调整渐变色

07 选择绘制的矩形，按 Alt 键进行复制，选择复制的矩形，打开“属性”面板，将“宽”设置为 760 像素，将“高”设置为 45 像素，并调整位置，如图 11-108 所示。

08 按 Ctrl+F8 组合键，弹出“创建新元件”对话框，将“名称”设置为“文字 01”，将“类型”设置为“图形”，如图 11-109 所示。

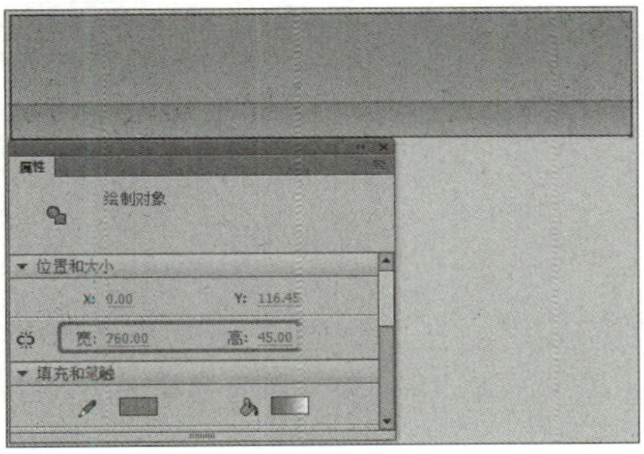

图 11-108 复制矩形

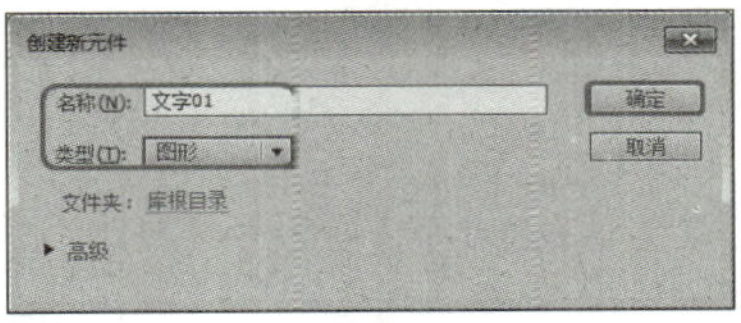

图 11-109 “创建新元件”对话框

09 在工具箱中选择“椭圆工具”，在舞台中绘制椭圆，打开“属性”面板，将“笔触颜色”设置为无，将“填充颜色”设置为“#CC33CC”，如图 11-110 所示。

10 在工具箱中选择“文本工具”，输入文本，打开“属性”面板，将“文本类型”设置为“动态文本”，将“系列”设置为“汉仪雪峰体简”，将“大小”设置为25磅，将“颜色”设置为白色，如图11-111所示。

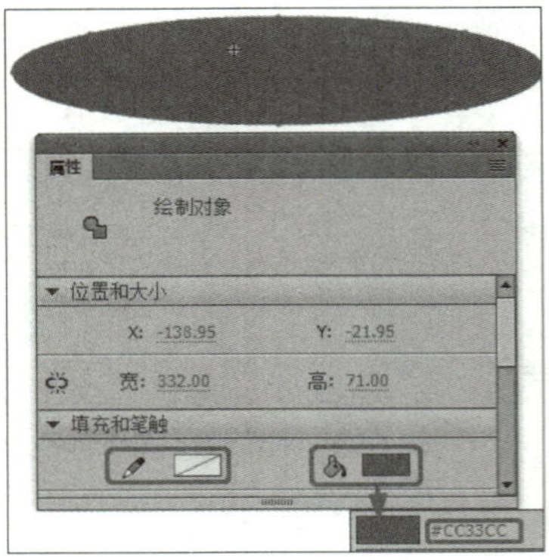

图 11-110　绘制椭圆

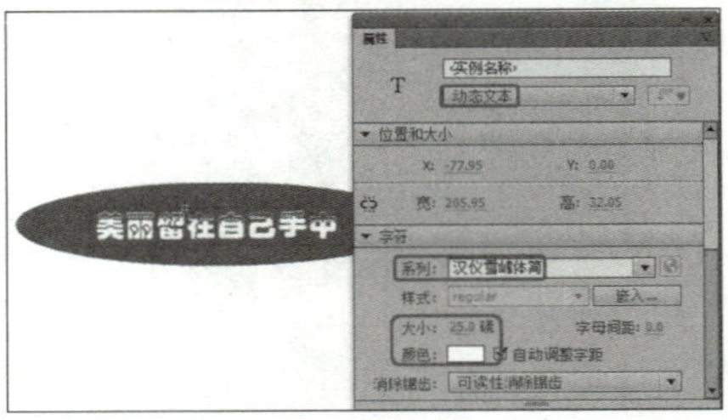

图 11-111　输入文本

11 按Ctrl+F8组合键，弹出“创建新元件”对话框，将“名称”设置为“星”，将“类型”设置为“图形”，设置完成后单击“确定”按钮，如图11-112所示。

12 在工具箱中选择“多角星形工具”，打开“属性”面板，将“笔触颜色”设置为无，将“填充颜色”设置为“#00FFFF”，单击“选项”按钮，弹出“工具设置”对话框，将“样式”设置为“星形”，将“边数”设置为5，单击“确定”按钮，在舞台中进行图形绘制，如图11-113所示。

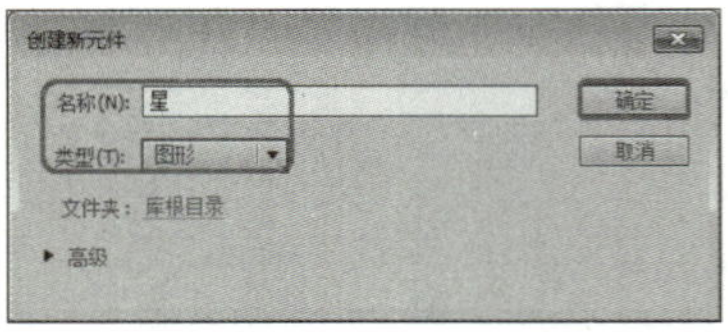

图 11-112　创建元件

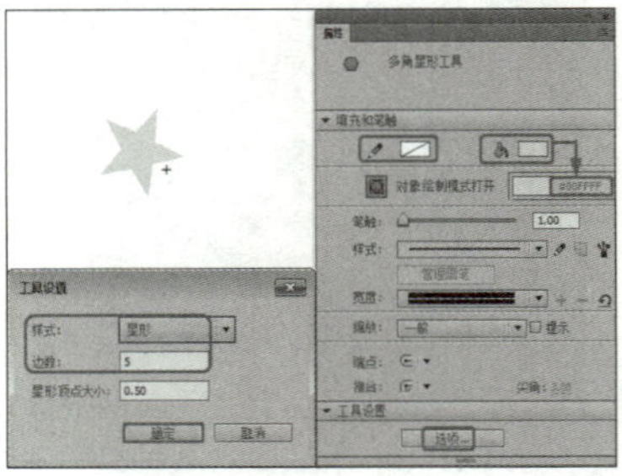

图 11-113　绘制五角星

13 使用“任意变形工具”选择五角星，并将其中心点调正到舞台的中心点，如图11-114所示。

14 在“变形”面板中将“旋转”设置为40°，连续单击“重制选区和变形”按钮，如图11-115所示。

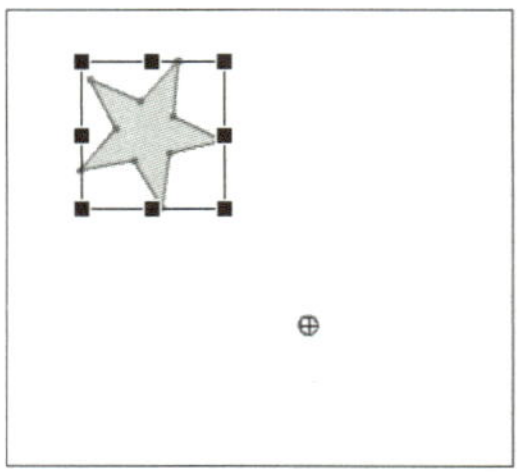

图 11-114　调整中心点

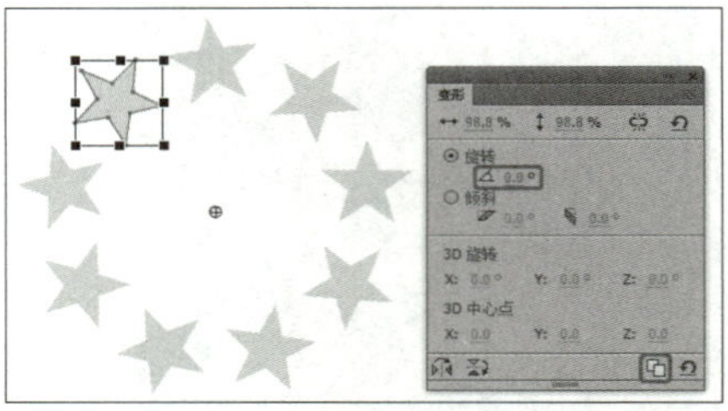

图 11-115　旋转五角星

15 按Ctrl+F8组合键，弹出“创建新元件”对话框，将“名称”设置为“星动画”，将“类型”设置为“影片剪辑”，设置完成后单击“确定”按钮，如图11-116所示。

16 打开“库”面板中，选择“星”元件拖至舞台中，打开“对齐”面板单击“水平中齐”和“垂直中齐”按钮，使其与舞台对齐，完成后的效果如图11-117所示。

17 在“时间轴”面板中选择“图层1”的第60帧，并插入关键帧，如图11-118所示。

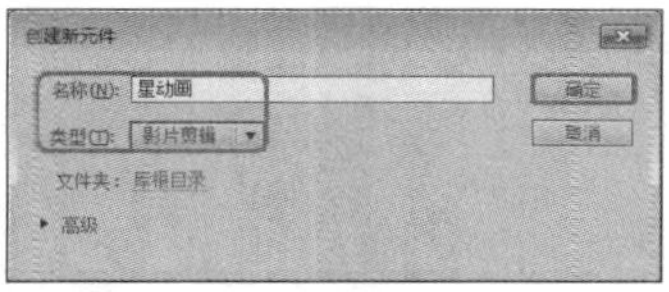

图 11-116 创建新元件

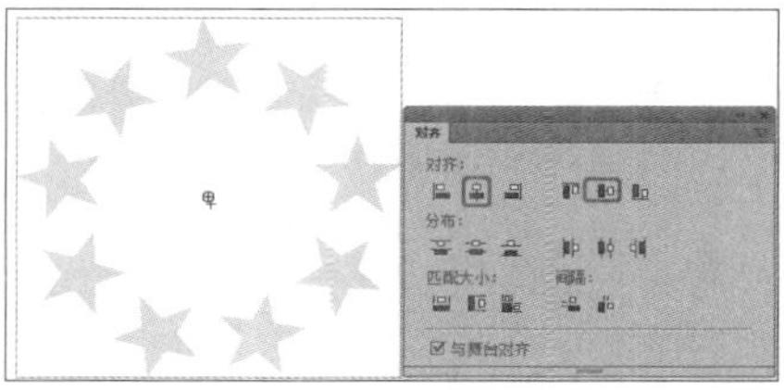

图 11-117 调整位置

18 选择第 1 帧，单击鼠标右键，在弹出的快捷菜单中选择“创建传统补间”，如图 11-119 所示。

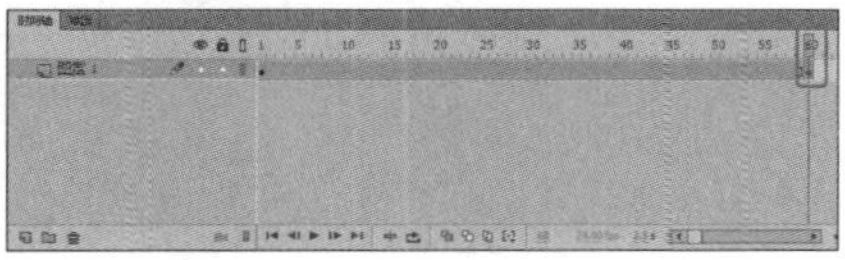

图 11-118 插入关键帧

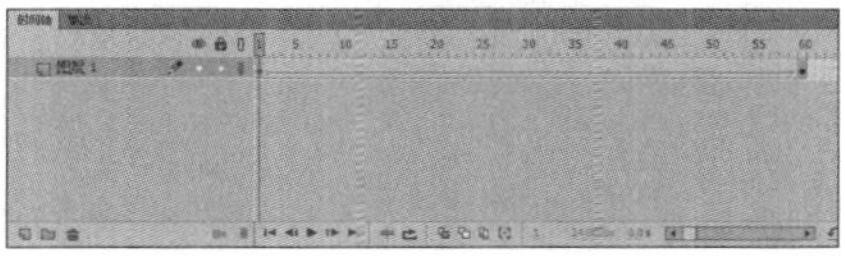

图 11-119 创建传统补间

19 选择“图层 1”的第 1 帧，打开“属性”面板，在“补间”组中将“旋转”设置为“顺时针”，将“旋转次数”设置为 1，如图 11-120 所示。

20 返回到“场景 1”中，新建“按钮”图层，按 Ctrl+F8 组合键，弹出“创建新元件”对话框，将“名称”设置为“首页”，将“类型”设置为“按钮”，单击“确定”按钮，如图 11-121 所示。

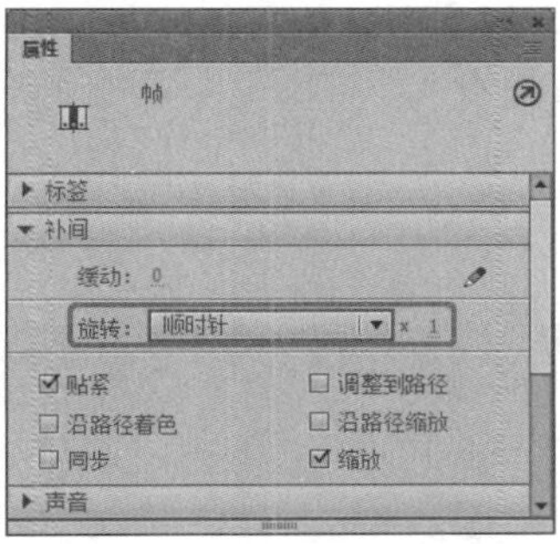

图 11-120 设置帧的属性

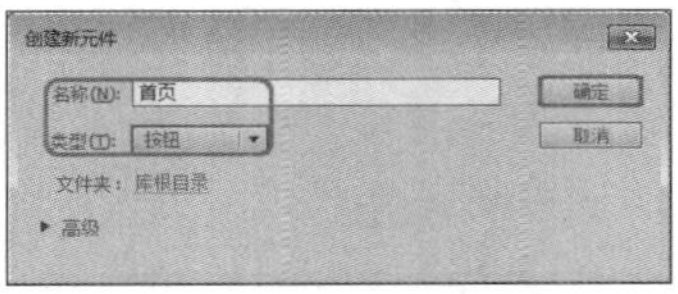

图 11-121 创建新元件

21 在“时间轴”面板中选择“弹起”帧，在工具箱中选择“文本工具”，打开“属性”面板，将“文本类型”设置为“动态文本”，将“系列”设置为“文鼎霹雳体”，将“大小”设置为 25 磅，将“颜色”设置为“#00FF33”，将“消除锯齿”设置为“可读性消除锯齿”，设置完成后在舞台中输入文本“首页”，如图 11-122 所示。

22 选择输入的文本，打开“对齐”面板，单击“水平中齐”和“垂直中齐”按钮，使其与舞台对齐，如图 11-123 所示。

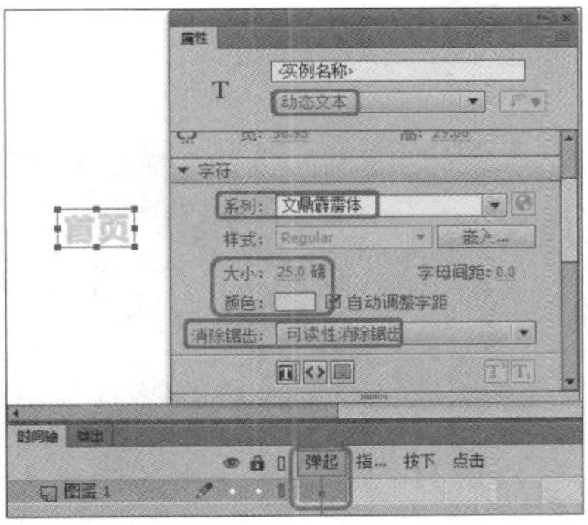

图 11-122 设置文本

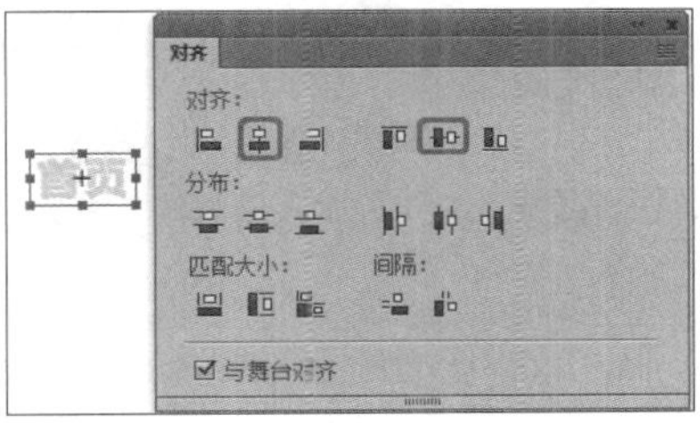

图 11-123 “对齐”面板

23 选择“指针经过”帧，并插入关键帧，选择舞台中的文字，单击鼠标右键，在弹出的快捷菜单中选择“转换为元件”命令，在打开的“转换为元件”对话框中，将“名称”设置为“g- 首页”，将“类型”设置为“图形”，单击“确定”按钮，如图 11-124 所示。

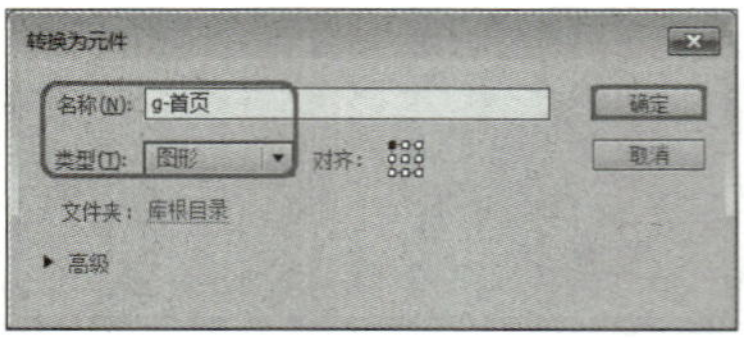

图 11-124　创建元件

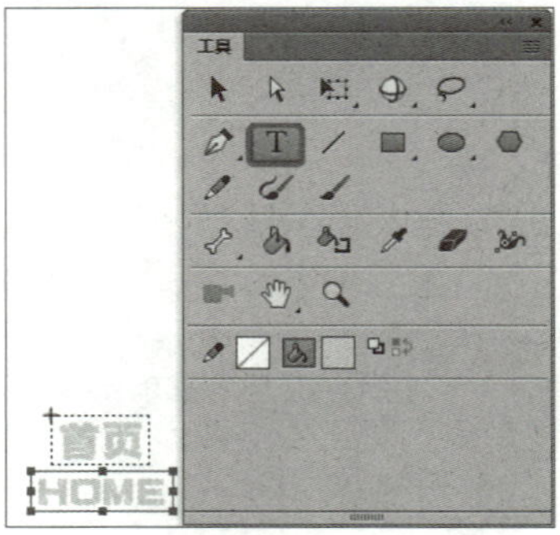

图 11-125　输入文本

24 进入“g- 首页”元件中，在“首页”下方输入“HOME”，将“大小”设置为 20 磅，如图 11-125 所示。

25 选择所有的文字，按 Ctrl+G 组合键将其组合，打开“对齐”面板，单击“水平中齐”和“垂直中齐”按钮，使其与舞台对齐，如图 11-126 所示。

26 选择舞台中的文字单击鼠标右键，在弹出的快捷菜单中选择“转换为元件”命令，弹出“转换为元件”对话框，将名称设置为“m- 首页”，将“类型”设置为“影片剪辑”，单击“确定”按钮，如图 11-127 所示。

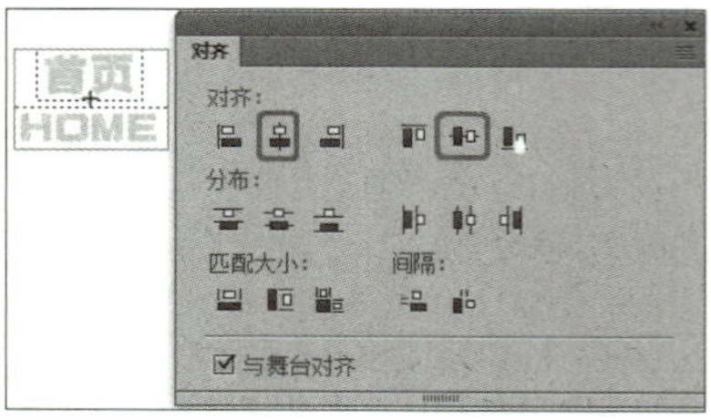

图 11-126　组合并调整位置

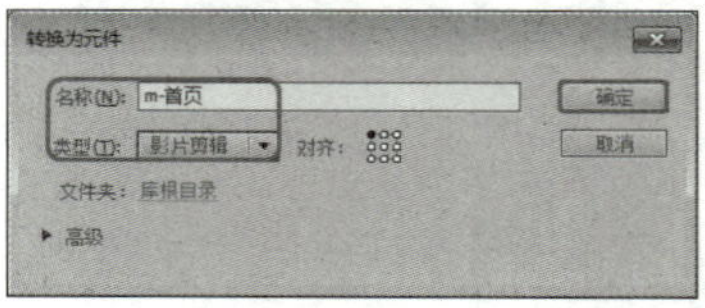

图 11-127　转换为元件

27 双击上一步制作的元件，进入“ m- 首页”元件，在“时间轴”面板中新建一个图层，在工具箱中选择“矩形工具”，在“属性”面板中将“笔触颜色”设置为无，将“填充颜色”设置为“#FF00CC”，将“Alpha”设置为 50%，并使其能覆盖“HOME”文字，如图 11-128 所示。

28 在“时间轴”面板中，选择“图层 1”的第 10 帧，按 F6 键插入关键帧，并创建传统补间，完成后的效果如图 11-129 所示。

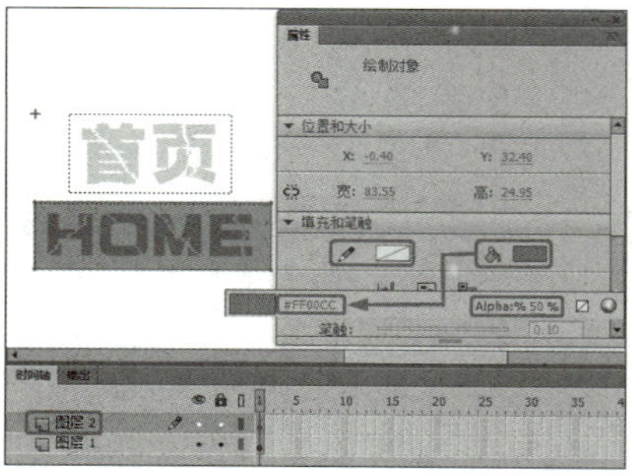

图 11-128　绘制矩形

图 11-129　创建传统补间

29 选择“图层 2”的第 10 帧，按 F5 键插入帧。选择“图层 1”的第 10 帧，在舞台中向下移动文字，使文字“首页”被矩形覆盖，如图 11-130 所示。

30 选择“图层 2”，单击鼠标右键，在弹出的快捷菜单中选择“遮罩层”命令，将图层转换为遮罩层，如图 11-131 所示。

图 11-130 移动文字

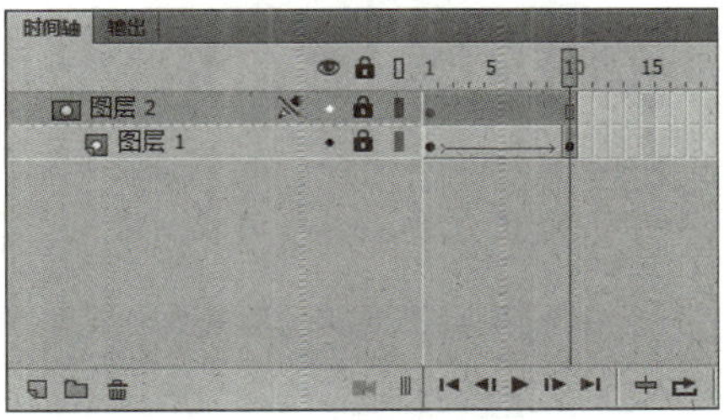

图 11-131 创建“遮罩层”

31 新建“图层 3”，选择第 10 帧，按 F6 键插入关键帧，如图 11-132 所示。

32 打开“动作”面板，输入停止动画播放的动作命令“stop();”，如图 11-133 所示。

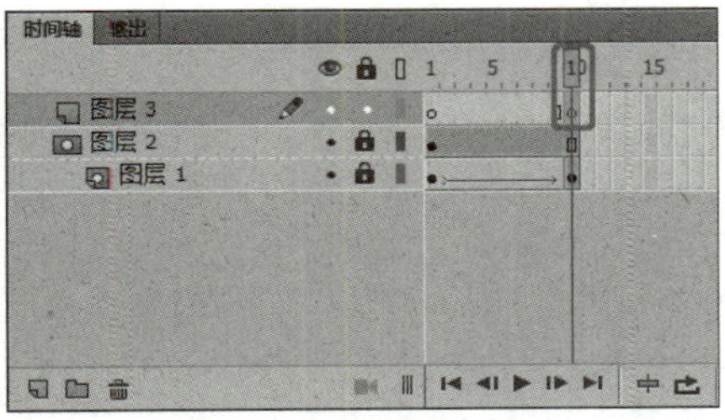

图 11-132 创建“图层 3”

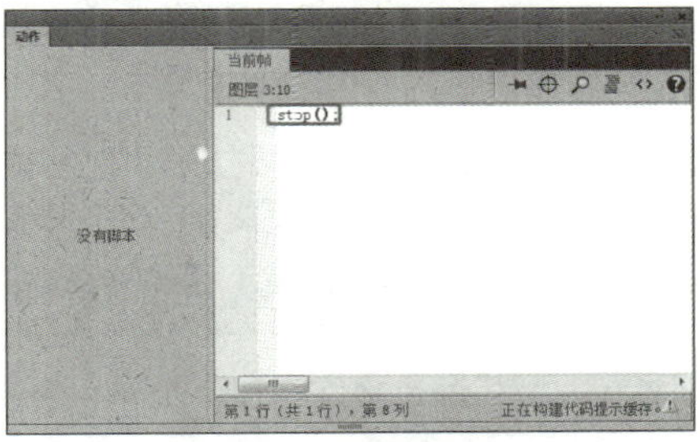

图 11-133 动作面板

33 返回到“首页”元件的场景舞台中，将文字在舞台中居中。在“时间轴”面板中选择“按下”帧，单击鼠标右键，在弹出的快捷菜单中选择“插入空白关键帧”命令，如图 11-134 所示。

34 在“库”面板中选择“m- 首页”元件，将其拖至舞台中，在“对齐”面板中单击“水平中齐”和“垂直中齐”按钮，使其与舞台对齐，如图 11-135 所示。

图 11-134 插入“空白关键帧”

图 11-135 拖入元件

35 在菜单栏中选择“修改”|“分离”命令，得到如图 11-136 所示的效果。

36 将半透明矩形删除，再次执行两次“分离”命令；使用“文本工具”编辑文字，选择“首页”按 Ctrl+X 组合键进行剪切，选择“HOME”，按 Ctrl+V 组合键进行粘贴；将“首页”文字的颜色设置为“#00FFFF”，并将其与舞台对齐，如图 11-137 所示。

37 在“时间轴”面板中选择“点击”帧，单击鼠标右键，在弹出的快捷菜单中选择“插入空白关键帧”命令，插入空白关键帧，如图 11-38 所示。

38 将“弹起”帧中的文字复制到“点击”帧，并设置在相同的位置上，将文字修改为“HOME”

绘制一个任意颜色的矩形，能够覆盖文字即可，将其作为按钮的鼠标感应区域，如图 11-39 所示。

图 11-136　分离元件

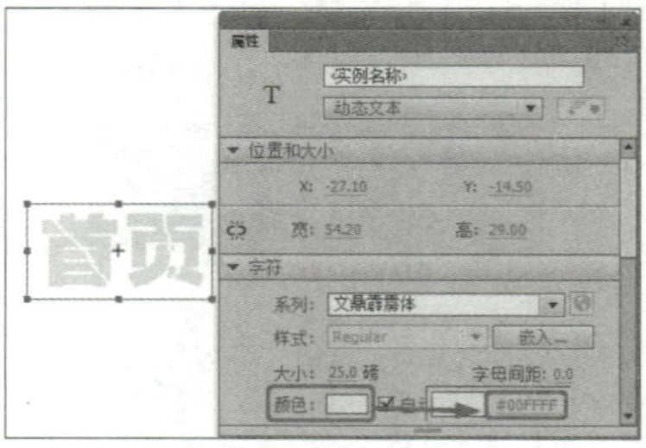

图 11-137　修改文字

图 11-138　插入空白关键帧

图 11-139　复制文字

39 使用前面所讲的方法，制作按钮“美妆”“服装”“食品”“百货”。制作完成后，将按钮元件拖至场景中，排列好位置，如图 11-140 所示。

40 新建“隔条”图层，在工具箱中选择“椭圆工具”，将“笔触颜色”设置为无，将“填充颜色”设置为“径向渐变”（“#F32EDB”到“#C6E2D7”的渐变），在舞台中进行绘制，并将其拖至“按钮”图层的下方，对其进行多次复制，完成后的效果如图 11-141 所示。

图 11-140　制作其他按钮

图 11-141　绘制隔条

41 新建“高光”图层，在工具箱中选择“矩形工具”，将“笔触颜色”设置为无，将“填充颜色”设置为白色到“#FE87FC”的线性渐变，如图 11-142 所示。

42 在工具箱中选择“渐变变形工具”，选择矩形的渐变填充部分，对其进行旋转并调整大小，如图 11-143 所示。

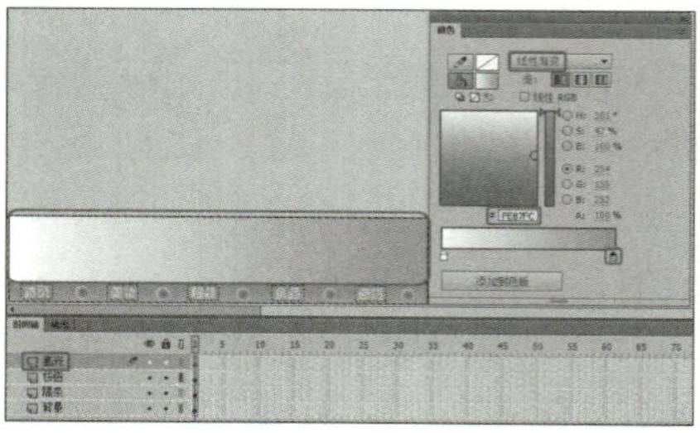

图 11-142　绘制矩形

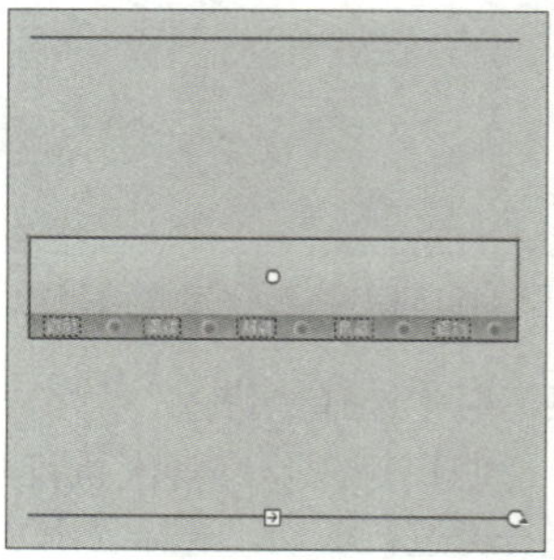

图 11-143　调整渐变色

43 在工具箱中选择“钢笔工具”，在舞台中绘制区域，如图 11-144 所示。

44 在工具箱中选择“颜料桶工具”，打开“颜色”面板，将“笔触颜色”设置为无，将“填充颜色”设置为白色到“#FF00FF”的径向渐变，进行填充，并使用“渐变变形工具”进行调整，完成后的效果如图 11-145 所示。

图 11-144 绘制区域

图 11-145 填充颜色

45 新建“装饰”图层，打开“库”面板，选择“星动画”元件将其拖至舞台，使用【任意变形工具】调整大小，完成后的效果如图 11-146 所示。

46 选择“文字 01”元件拖至舞台中，并使用“任意变形工具”调整位置及大小，如图 11-147 所示。

图 11-146 添加元件

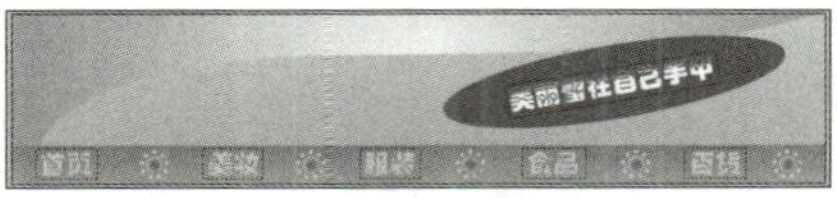

图 11-147 填充颜色

47 按 Ctrl+R 组合键，弹出“导入”对话框，选择素材，单击“打开”按钮，如图 11-148 所示。

48 选择导入的素材文件，在工具箱中选择“任意变形工具”，调整大小和位置，如图 11-149 所示。

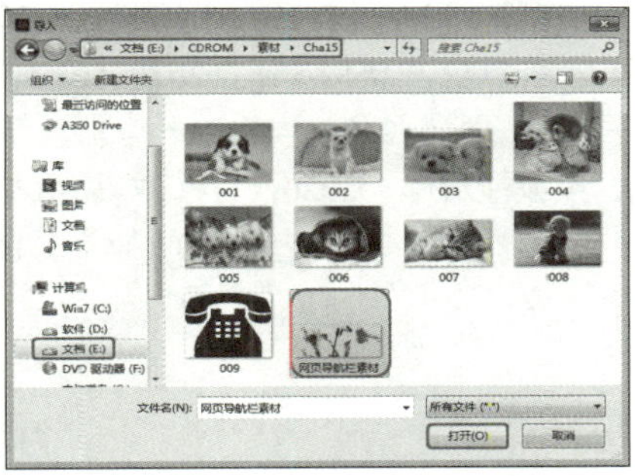

图 11-148 “导入”对话框

图 11-149 导入素材

49 打开“时间轴”面板，选择“按钮”图层，将其拖至“装饰”图层的最上方，按 Ctrl+Enter 组合键测试影片，如图 11-150 所示。

50 在菜单栏中选择“文件”|“导出”|“导出影片”命令，弹出“导出影片”对话框，设置“文件名”和“保存类型”，单击“保存”按钮，如图 11-151 所示。最后保存场景即可。

图 11-150 完成后的效果

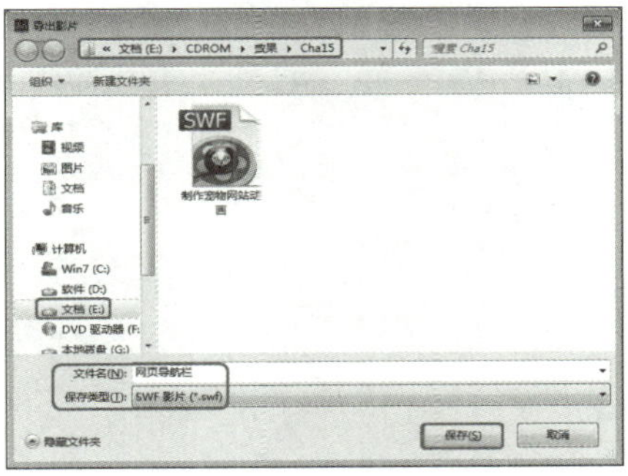

图 11-151 导入影片

参考文献

［1］胡晓霞．HTML+CSS+JavaScript网页设计从入门到精通［M］．清华大学出版社，2024．

［2］刘心美．Photoshop网页美工设计［M］．清华大学出版社，2024．

［3］夏霍，石秀君，罗燕君．网页美工设计（全彩）（含微课）［M］．江苏大学出版社，2024．

［4］乐蓓．高性能电子商务网站前端设计理念研究［J］．计算机产品与流通，2020（05）：95．

［5］杨晶晶．网站管理系统中数据库设计的应用［J］．福建茶叶，2020，42（04）：39．

［6］张德宝．网页欣赏精品分析教学平台的设计［J］．黑龙江科学，2020，11（07）：98-99．

［7］曹巍，尤晓东．《网页设计》课程的综合实验设计［J］．教育教学论坛，2020（14）：114-116．